Mathematik
6. Schuljahr

Herausgegeben von Oberstudiendirektor Wilhelm Kuypers
Professor Dr. Josef Lauter
Oberstudiendirektor Hans Wuttke

Erarbeitet von Dr. Klaus Dormanns
Dr. Josef Lauter
Gerhard Lowinski
Dr. Peter Rasfeld
Hans Wuttke

Cornelsen
SCHWANN

Zum Titelbild

1. Zu Adam Ries (bekannt auch als Adam Riese)

500 Jahre vor dem Erscheinen dieses Schulbuches wurde Adam Ries 1492 in Staffelstein am Main geboren. Ries wirkte als Rechenmeister in Erfurt, wo er 1518 eine Rechenschule gründete. Ab 1523 war er Bergschreiber in Annaberg im Erzgebirge, wo er am 30. März 1559 starb.
Berühmt wurde Adam Ries durch seine Lehrbücher des praktischen Rechnens: „Rechnung auff der Linihen" (1518), „Rechnung auff der Linihen und Federn" (1522) und „Rechnung nach der lenge/ auf den Linihen und Feder" (1550).

2. Zum Inhalt des Titelbildes

„Rechnung auff der Linihen und Federn" erschien bis 1656 in über 100 Auflagen und wurde damit zu einem wahren Volksrechenbuch. Ries behandelte darin sowohl den Umgang mit dem römischen Abacus (Linien) als auch das schriftliche Rechnen (Federn) mit den sich gerade durchsetzenden indisch-arabischen Ziffern. Das Rechenbuch fand so große Verbreitung, weil es nicht in lateinischer, sondern in deutscher Sprache geschrieben war. Dadurch wurde endlich auch dem einfachen Volk die „Kunst des Rechnens" zugänglich gemacht. Noch heute beruft man sich auf den legendären Rechenmeister mit den Worten „Nach Adam Riese ist zwei mal zwei vier".
Obwohl heute bereits viele Kinder mit einem Computer umgehen können und diesen auch als „Rechenknecht" zu nutzen verstehen, wird man wohl auch in Zukunft nicht ohne Fertigkeiten im Rechnen erfolgreich durchs Leben kommen.

Für den Gebrauch an Schulen

Bestellnummer 541061
1. Auflage
Druck 4 3 2 1 / 95 94 93 92
Alle Drucke derselben Auflage sind im Unterricht parallel verwendbar.

Vertrieb: Cornelsen Verlagsgesellschaft, Bielefeld
Illustrationen: Bettina Wölfel, Walluf
Technische Zeichnungen: Wolfgang Mattern, Bochum; Heidy Kohl, Essen
Einbandgestaltung: Bettina Wölfel, Walluf
Satz: Universitätsdruckerei H. Stürtz AG, Würzburg
Druck: Cornelsen Druck, Berlin
Bindearbeiten: Fritzsche/Ludwig, Berlin

ISBN 3-464-54106-1

Inhaltsverzeichnis

Vorbemerkungen

1) Das Buch ist in Paragraphen, Abschnitte (römische Ziffern) und Unterabschnitte (arabische Ziffern) gegliedert. Um die Benutzung des Buches zu erleichtern, sind auch alle Unterabschnitte mit eigenen Überschriften versehen.

2) Die Abschnitte beginnen unter der Überschrift **„1. Zur Einführung“** durchweg mit einem Beispiel, das in die jeweilige Thematik einführt. Der Lehrtext knüpft in der Regel an dieses Beispiel an.

Um den Lehrer nicht an das einführende Beispiel zu binden, ist ergänzend hierzu bei den an den Lehrtext anschließenden „Aufgaben und Beispielen“ unter der Überschrift **„Zum Einstieg“** fast immer ein **alternatives Einführungsbeispiel** angegeben.

3) Außer den Beispielen, an denen die jeweilige Thematik entfaltet wird, enthält das Buch – sowohl im Lehrtext wie bei den Aufgaben – **Beispiele**, die durch einen grünen Rahmen gekennzeichnet sind. Diese Beispiele sollen der Einübung von Rechenverfahren und von Lösungsmethoden dienen. Sie sind insbesondere als **Hilfen für die Bearbeitung von Aufgaben** gedacht.

Bei den Aufgaben sind diese Beispiele in aller Regel hinter dem Aufgabentext einer einschlägigen Aufgabe eingeordnet.

4) Die **Aufgaben** sind durch Zwischenüberschriften nach Inhalt und Art gegliedert.

5) Um die Behandlung elementarer Figuren nicht mit Orientierungsfragen zu belasten, werden in § 12, IV nichtorientierte Winkel (als „Figurenwinkel“) eingeführt. Wegen der notwendigen Eindeutigkeit der Festlegung werden überstumpfe Winkel durch diesen Winkelbegriff nicht erfaßt. Überstumpfe Winkel, wie sie z.B. in nichtkonvexen Vielecken auftreten, sind stets als orientierte Winkel („Drehwinkel“) aufzufassen.

6) Dem Lehrtext ist ein kurzer Abschnitt **„Spielerisches Rechentraining“** vorangestellt. Die dort beschriebenen Spiele sind als Anregungen zu verstehen, wie auf spielerische Weise die Rechenfertigkeit der Schüler gefördert werden kann.

7) Der **Wegweiser** auf den Seiten 6 und 7 soll Anhaltspunkte für eine individuelle Auswahl des Stoffes und der Aufgaben geben. Er ist nach den folgenden Gesichtspunkten gegliedert:

Kernstücke	Kernstücke des Aufbaus
Ergänzungen I	Wichtigere Ergänzungen und Vertiefungen zur Auswahl
Ergänzungen II	Zusätzliche Ergänzungen und Vertiefungen

Schon im Kern sind – namentlich zur Bruchrechnung – mehr Aufgaben enthalten, als im Normalfall genutzt werden können. Der Lehrer hat also auch hier die Möglichkeit der Auswahl.

Wegweiser

Kernstücke	Ergänzungen I	Ergänzungen II
§ 1: Teilbarkeit I, II und III ohne die angegebenen Ergänzungen	§ 1, I, **6. Komplementäre Teiler**; Aufg. 12, 16 – 19, 21 – 23, 31 – 34	§ 1, I, Aufg. 20, 24 – 27, 35 – 44
	§ 1, II, Aufg. 15, 16, 23	§ 1, II, Aufg. 24 – 26
	§ 1, III, **5. Alle Teiler einer Zahl**; Aufg. 9 – 13	§ 1, III, Aufg. 14 – 17
§ 2: Gemeinsame Vielfache und gemeinsame Teiler I, II und III ohne die angegebenen Ergänzungen	§ 2, I, Aufg. 6 – 8	§ 2, I, Aufg. 10
	§ 2, II, Aufg. 4, 5, 7, 8	§ 2, II, Aufg. 6, 10
	§ 2, III, **3. Euklidischer Algorithmus**; Aufg. 8, 9	§ 2, III, Aufg. 14
§ 3: Einführung der Brüche I und II ohne die angegebenen Ergänzungen	§ 3, I, Aufg. 8, 46 – 53	
	§ 3, II, Aufg. 34 – 36	
§ 4: Einführung der Bruchzahlen I, II und III ohne die angegebenen Ergänzungen	§ 4, I, Aufg. 17 – 24	§ 4, I, Aufg. 27
	§ 4, II, **3. Darstellung mehrerer Bruchzahlen**; Aufg. 8, 9	§ 4, II, Aufg. 10
	§ 4, III, Aufg. 7 – 10, 20, 27 – 29	§ 4, III, Aufg. 30, 31
§ 5: Die Addition und die Subtraktion von Bruchzahlen I, II und III ohne die angegebenen Ergänzungen	§ 5, I, Aufg. 17, 27 – 28	§ 5, I, Aufg. 29
	§ 5, II, Aufg. 18, 39 – 42	§ 5, II, Aufg. 24 – 26, 43 – 52
	§ 5, III, Aufg. 21, 27 – 30	
§ 6: Die Multiplikation und die Division von Bruchzahlen I, II und III ohne die angegebenen Ergänzungen	§ 6, I, Aufg. 29 – 34	§ 6, I, Aufg. 22
	§ 6, II, Aufg. 3 – 5, 32 – 35, 37, 42, 43	§ 6, II, Aufg. 36
	§ 6, III, **4. Sonderfälle für die Zahl 0**; **5. Doppelbrüche**; **6. Kommutativgesetz und Assoziativgesetz gelten nicht**; Aufg. 3, 6, 9 – 15, 17, 21, 35 – 37, 48, 51, 56, 57, 63	§ 6, III, Aufg. 7, 8, 22, 38, 49, 50, 52 – 55, 58 – 60, 64 – 68
§ 7: Einführung der Dezimalzahlen I, II, III und IV ohne die angegebenen Ergänzungen	§ 7, I, Aufg. 11, 21	§ 7, I, Aufg. 12 – 14
	§ 7, II, Aufg. 6, 8	§ 7, II, Aufg. 7
	§ 7, III, Aufg. 13, 20, 24	§ 7, III, Aufg. 25 – 28
	§ 7, IV, **4. Erkennen der Rundungsstelle**; **6. Angabe der Rundungsstelle**; Aufg. 6, 10, 11, 14, 16	§ 7, IV, **5. Rundungsfehler**; Aufg. 9, 12, 13, 15

- **§ 8: Die Addition und die Subtraktion von Dezimalzahlen**
  I und II ohne die angegebenen Ergänzungen
  - § 8, I, **3. Addition von Näherungswerten**; **4. Überschlagsrechnungen**; Aufg. 10 – 12, 17 – 19, 23 – 26
    - § 8, I, Aufg. 22
  - § 8, II, **3. Subtraktion mehrerer Zahlen**; **4. Subtraktion von Näherungswerten**; **5. Überschlagsrechnungen**; Aufg. 8 – 10, 20, 23, 24, 26, 27
    - § 8, II, Aufg. 21, 22, 25
- **§ 9: Die Multiplikation und die Division von Dezimalzahlen**
  I und II ohne die angegebenen Ergänzungen
  - § 9, I, **4. Multiplikation von Näherungswerten**; **5. Überschlagsrechnungen**; Aufg. 18, 25, 26, 29, 31 – 39
  - § 9, II, **5. Bruchzahlen und Dezimalzahlen**; **6. Division von Näherungswerten**; **7. Überschlagsrechnungen**; Aufg. 15, 22, 27 – 30, 32, 35 – 37, 39, 42 – 46, 49 – 53
    - § 9, II, Aufg. 31, 33, 34, 38, 40, 41, 47, 48, 54, 55
- **§ 10: Periodische Dezimalzahlen**
  I und II ohne die angegebenen Ergänzungen
  - § 10, I, Aufg. 6, 8, 9, 12, 13
    - § 10, I, Aufg. 10, 11
  - § 10, II, **2. Umwandlung gemischt-periodischer Dezimalbrüche**; **5. Näherungswerte bei periodischen Dezimalzahlen**; Aufg. 4, 6
    - § 10, II, Aufg. 10, 11
- **§ 11: Verschiebungen**
  I, II, III und IV ohne die angegebenen Ergänzungen
  - § 11, I, Aufg. 1 – 4
  - § 11, II, Aufg. 1, 9
    - § 11, II, Aufg. 10
  - § 11, III, Aufg. 4, 5
  - § 11, IV, **4. Vergleich von Vektoren und Bruchzahlen**; Aufg. 12, 15
    - § 11, IV, Aufg. 13, 14
- **§ 12: Drehungen**
  I bis V ohne die angegebenen Ergänzungen
  - § 12, I, Aufg. 6
  - § 12, II, Aufg. 3, 4, 8 – 10
    - § 12, II, Aufg. 7, 11
  - § 12, III, Aufg. 7
  - § 12, IV, Aufg. 5
  - § 12, V, Aufg. 11, 12
    - § 12, V, Aufg. 13, 14
- **§ 13: Spiegelungen**
  I und II ohne die angegebenen Ergänzungen
  - § 13, I, **2. Spiegelschriften**; **3. An einer Glasplatte spiegeln**; Aufg. 1 – 5, 12 – 14
    - § 13, I, **6. Spiegeln durch Falten**; Aufg. 16–18
  - § 13, II, Aufg. 9 – 14
    - § 13, II, Aufg. 15 – 20
  - § 13, III: **Verkettung von Spiegelungen**; Aufg. 1 – 6
    - § 13, III, Aufg. 7, 8

Übersicht über die wichtigsten vorkommenden Zeichen

Zahlen, Mengen

Zeichen	Bedeutung	Beispiel
$=$	gleich	$3+4=7$
$\approx$	ungefähr gleich	$49:4 \approx 12$
$<$; $>$	kleiner, größer	$5<8$; $8>5$
$(x \mid y)$	Zahlenpaar	$(5 \mid 2)$
kgV	kleinstes gemeinsames Vielfaches	kgV $(12 \mid 15) = 60$
ggT	größter gemeinsamer Teiler	ggT $(12 \mid 15) = 3$
w	wahr	$3 \cdot 7 = 21$ (w)
f	falsch	$16 - 11 = 4$ (f)
$\mathbb{N}$	Menge der natürlichen Zahlen	$\mathbb{N} = \{0; 1; 2; 3; 4; \ldots\}$
$\mathbb{N}^*$	Menge der natürlichen Zahlen ohne die Zahl 0	$\mathbb{N}^* = \{1; 2; 3; 4; 5; \ldots\}$
T_n	Teilermenge der Zahl n	$T_{15} = \{1; 3; 5; 15\}$
V_n	Vielfachenmenge der Zahl n	$V_{15} = \{15; 30; 45; 60; \ldots\}$

Geometrie

Zeichen	Bedeutung	Beispiel
A, B, …, P, Q, …	Punkte	• A • P
$P(x \mid y)$	Punkt mit den Koordinaten x und y	$P(5 \mid 2)$
$\overline{AB}$	Strecke mit den Endpunkten A und B	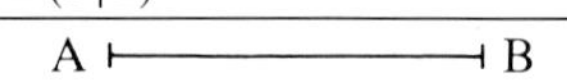
$\lvert\overline{AB}\rvert$	Länge der Strecke $\overline{AB}$, Entfernung der Punkte A und B	$\lvert\overline{AB}\rvert = 2{,}5$ cm
a, b, c, …	Länge einer Strecke, Länge einer Seite	$a = 7$ cm
s, t, s_1, s_2, …	Strahlen, Halbgeraden	
s(A, B)	Strahl mit dem Anfangspunkt A durch den Punkt B	
g, h, g_1, g_2	Geraden	
g(A, B)	Gerade durch die Punkte A und B	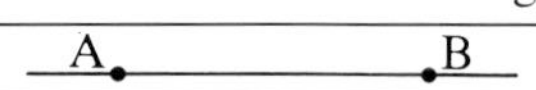
$\parallel$	parallel	$g \parallel h$: g ist parallel zu h
$\perp$	senkrecht	$g \perp h$: g ist senkrecht zu h
$\overrightarrow{AB}$	Pfeil mit dem Anfangspunkt A und der Spitze B	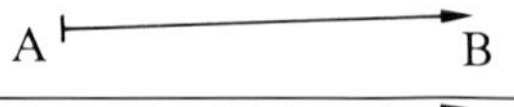
$\vec{a}$, $\vec{b}$, $\vec{c}$, …	Vektoren	
$\begin{pmatrix} x \\ y \end{pmatrix}$	Vektor mit den Koordinaten x und y	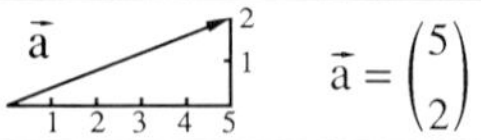
$\sphericalangle(s, t)$; $\sphericalangle ASB$	Winkel mit dem Scheitelpunkt S und den Schenkeln s(S, A) und t(S, B)	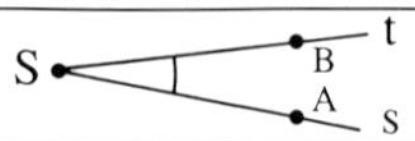
$\alpha, \beta, \gamma, \ldots, \varphi, \ldots$	Winkelmaße	$\alpha = 35°$
K(M; r)	Kreis um den Mittelpunkt M mit dem Radius r	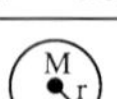 K(M; 3 mm)

Spielerisches Rechentraining

1. Das Teilerspiel

Die Klasse wird in Gruppen zu 3 oder 4 Schülern aufgeteilt. Jeder Spieler notiert auf einem Zettel die Zahlen von 1 bis 9. In jeder Gruppe wirft ein Spieler drei Würfel und bildet aus den Augenzahlen – in beliebiger Reihenfolge – eine dreistellige Zahl. Der rechte Nachbar des Spielers sucht einen einstelligen Teiler dieser Zahl und streicht ihn in seiner Liste. Der nächste Mitspieler sucht einen **anderen** Teiler der Zahl und streicht ihn auf seiner Liste. Findet ein Mitspieler keinen weiteren Teiler, den er streichen kann, so muß er neu würfeln und eine neue Zahl bilden. Sein rechter Nachbar darf den ersten Teiler dieser Zahl bestimmen. Gewonnen hat, wer als erster alle Zahlen auf seinem Zettel gestrichen hat.

2. Zahlenrallye

Der Lehrer gibt eine Startzahl vor; z. B. „17". Zwei Schüler nennen abwechselnd die Vielfachen dieser Zahl. Der erste Schüler beginnt mit „34", der zweite nennt daraufhin „51", dann folgt vom ersten „68" usw. bis zum Zehnfachen, also „170" und anschließend ohne Unterbrechung wieder zur „17" zurück. Bei einem falschen Ergebnis werden jeweils drei Sekunden addiert. Welches Team schafft den Durchgang in der kürzesten Zeit?

Variante mit Bruchzahlen

Der Lehrer gibt eine Bruchzahl vor. Spieler A verdoppelt (halbiert) diese Zahl; Spieler B verdoppelt (halbiert) das Ergebnis usw. Alle Zahlen sind so weit wie möglich zu kürzen und gegebenenfalls als gemischte Zahl anzugeben. Ein Durchgang ist beendet, wenn jeder Spieler vier Zahlen genannt hat. Im zweiten Durchgang beginnt Spieler B.

Beispiel

Spieler A	Spieler B
Startzahl: $\frac{1}{24}$	
$\frac{1}{12}$	$\frac{1}{6}$
$\frac{1}{3}$	$\frac{2}{3}$
$1\frac{1}{3}$	$2\frac{2}{3}$
$5\frac{1}{3}$	$10\frac{2}{3}$

3. Klassenmeisterschaft

Zu Beginn des Schuljahres werden Mannschaften zu je 3 oder 4 Schülern gebildet. Jedes Team muß gegen jedes andere einen Wettkampf mit 10 Kopfrechenaufgaben austragen. Der Lehrer stellt beiden Mannschaften gleichzeitig dieselbe Aufgabe. Das Team, das als erstes die Lösung nennt, erzielt ein „Tor". Nach 10 Aufgaben wird das Endergebnis des Wettkampfes – wie im Fußball – mit zwei Punkten (Sieg), einem Punkt (Unentschieden) oder keinem Punkt (Niederlage) gewertet. Die Ergebnisse der Wettkämpfe werden in einer Tabelle festgehalten. Die Mannschaft mit dem höchsten Punktestand wird am Ende des Schuljahres zum „Klassenmeister" gekürt.

4. Zehnerpäckchen

Der Lehrer nennt mit nur kurzen Bedenkzeiten (2 bis 5 Sekunden) zehn nicht zu schwierige Kopfrechenaufgaben. Jede Aufgabe wird nur einmal genannt; der Aufgabentyp wechselt ständig. Die Schüler notieren ihre Ergebnisse. Am Ende werden die Ergebnisse verglichen.

Beispiele

1) Kettenaufgabe:
$3 \cdot 7 \,/\, +4 \,/\, :5 \,/\, +13 \,/\, \cdot 2 \,/\, -1 \,/\, :7$

2) $\frac{2}{3}$ von 27

3) 4 verhält sich zu 5 wie 16 zu …

4) 0,24 : 6

5) Wie groß ist ungefähr 324 : 15?

6) 1,7 dm in mm

7) $\frac{1}{2} + \frac{2}{3}$

8) Die Hälfte von $1\frac{1}{2}$

9) Schreibe als Bruch: 0,125

10) 2 mal wieviel ist 3?

Variante: Kopfgeometrie

Statt 10 Kopfrechenaufgaben werden 10 Fragen aus der Elementargeometrie gestellt, die mit einem einzigen Wort beantwortet werden können. Die Schüler notieren nur dieses Lösungswort.

Beispiele

1) Wie viele Kanten hat ein Würfel?

2) Die Verbindungslinie von zwei gegenüberliegenden Ecken in einem Viereck heißt …

3) Ein Viereck, bei dem zwei Seiten parallel sind, heißt …

5. Die kleinste Zahl

Wer schafft es, aus fünf vorgegebenen Zahlen mit den Grundrechenarten eine möglichst kleine Zahl zu erzeugen? Es müssen alle vorgegebenen Zahlen und jede Rechenart genau einmal in den Rechnungen vorkommen.

Bedenkzeit: 5 Minuten.

Beispiel Vorgegeben sind $\frac{2}{3}$; 0,4; $1\frac{1}{2}$; 3,8; 0,1.

Eine mögliche Lösung ist $(3{,}8 - 0{,}4) : 0{,}1 + \frac{2}{3} \cdot 1\frac{1}{2} = 35$

Eine kleinere Zahl erhält man aber mit $\left(\left(3{,}8 - 1\frac{1}{2} + 0{,}4\right) \cdot \frac{2}{3}\right) : 0{,}1 = 18$

6. Rechenkette

Der Lehrer schreibt eine Startzahl und vier Rechenvorschriften an die Tafel. Die Schülerinnen und Schüler haben dann drei Minuten Zeit, möglichst viele Rechenschritte in der vorgegebenen Reihenfolge auszuführen. Nach der letzten Rechenoperation beginnt man wieder mit der ersten. Es werden lediglich die Zwischenergebnisse auf einem Zettel notiert. Alle Rechnungen werden im Kopf ausgeführt. Verglichen werden anschließend die Zwischenergebnisse. Für jedes richtige Ergebnis gibt es einen Punkt. Wer erreicht bei drei Rechenketten die höchste Gesamtpunktzahl?

Beispiel Vorgegebene Operationen $:\frac{1}{3}$; $+1\frac{1}{2}$; $\cdot\frac{1}{2}$; $-2\frac{1}{2}$

Startzahl ist 6.

Notiert werden: 6 / 18 / $19\frac{1}{2}$ / $9\frac{3}{4}$ / $7\frac{1}{4}$ / $21\frac{3}{4}$ / $23\frac{1}{4}$ / $11\frac{5}{8}$ / $9\frac{1}{8}$ / usw.

7. Mathematisches Golfspiel

Beim „mathematischen Golfspiel“ müssen die Schüler versuchen, von einer „Startzahl“ zu einer „Zielzahl“ in möglichst wenig Rechenschritten zu gelangen. Verwendet werden dürfen dabei zwei (oder drei) „Schlagzahlen“, die zur Startzahl wiederholt addiert oder subtrahiert werden müssen. Das Spiel läßt sich mit natürlichen Zahlen ebenso spielen wie mit Bruch- oder Dezimalzahlen.

Beispiel Die Startzahl ist 4, die Zielzahl 41. Schlagzahlen sind 13 und 19.

Der kürzeste Rechenweg benötigt sieben Schritte:

$$4 \xrightarrow[+19]{} 23 \xrightarrow[+19]{} 42 \xrightarrow[+19]{} 61 \xrightarrow[+19]{} 80 \xrightarrow[-13]{} 67 \xrightarrow[-13]{} 54 \xrightarrow[-13]{} 41.$$

8. Bruchwürfeln

Man bildet Kleingruppen zu 3 oder 4 Spielern. Jede Gruppe erhält zwei Würfel sowie drei Spielmarken. Es wird reihum gewürfelt und aus den geworfenen Augenzahlen jeweils eine Bruchzahl gebildet. Wer die größte Bruchzahl wirft, erhält von seinen Mitspielern eine Spielmarke. Erzielen mehrere Schüler dieselbe maximale Bruchzahl, so erhalten sie jeder von den Verlierern eine Marke. Wer keine Marke mehr hat, scheidet aus. Gewonnen hat, wer als letzter übrigbleibt.

Beispiel

Antje würfelt 3 und 4, Michael 2 und 3, Sebastian 3 und 5 und Claudia 6 und 6.
Sebastian hat in dieser Runde mit der Zahl $\frac{5}{3}$ die größte Bruchzahl erzielt und erhält von seinen Mitspielern je eine Spielmarke.
Hätte auch Claudia die Zahlen 3 und 5 gewürfelt, so müßten Antje und Michael sowohl an Sebastian als auch an Claudia eine Spielmarke abgeben.

Variante:

Man verwendet vier Würfel und bildet aus jeweils zwei Augenzahlen Zähler bzw. Nenner als zweistellige Zahl.

Beispiel

Aus den vier Zahlen 3, 3, 5, 6 läßt sich die größtmögliche Bruchzahl $\frac{65}{33}$ bilden.

9. Verfolgungsjagd

Wir befinden uns in einer Stadt, in der alle Häuser durchnumeriert sind. Die Polizei sitzt stets im Haus Nummer 4. Sie erhält einen Hinweis, in welchem Haus sich der gesuchte Dieb aufhält, und versucht ihn zu fangen. Es gibt zwischen den Häusern aber nur drei mögliche Verbindungswege: man gelangt zum Nachbarhaus durch Anhängen der Ziffer 0 oder der Ziffer 4 oder durch Halbieren der Hausnummer.

Beispielsweise gelangt man von Haus Nummer 18 nur zu den Häusern mit den Nummern 180, 184 und 9. Von Haus Nummer 19 nur zu den Häusern 190 und 194.

Beispiel Wie gelangt die Polizei zum Haus Nummer 13?

Mögliche Lösung:
Die Polizei durchläuft nacheinander die Häuser mit folgenden Nummern:

$$4 \longrightarrow 40 \longrightarrow 20 \longrightarrow 10 \longrightarrow 104 \longrightarrow 52 \longrightarrow 26 \longrightarrow 13.$$

§ 1 Teilbarkeit

I. Vielfache und Teiler

1. Zur Einführung

Im Verlauf des Trainings im Schwimmbad (Bild 1) gibt der Trainer verschiedene Anweisungen. Zunächst sollen sich alle Schwimmer einschwimmen; jeder muß 6 Bahnen in einem selbstgewählten Stil zurücklegen. Dann will der Trainer kontrollieren, welche Stilart besonders gefördert werden muß. Dazu sollen alle Sportler je eine Bahn in den verschiedenen Lagen Brust, Rücken, Schmetterling und Kraul schwimmen. Um Ausdauer und Schnelligkeit zu trainieren, müssen die Schwimmer anschließend mehrmals 3 Bahnen in normalem Tempo und eine Bahn möglichst schnell zurücklegen. Zum Schluß des Trainings werden 8 Bahnen im Bruststil auf Zeit geschwommen.

Der Tabelle ist zu entnehmen, welche Strecken zurückzulegen sind, wenn eine Bahn 25 m lang ist.

Die Maßzahlen aller angegebenen Streckenlängen sind Vielfache von 25.

Bild 1

Anzahl der Bahnen		Streckenlänge
6	6 · 25 m	150 m
1	1 · 25 m	25 m
4	4 · 25 m	100 m
3	3 · 25 m	75 m
8	8 · 25 m	200 m

2. Vielfache einer Zahl

Wir haben früher schon gelernt, daß man ein Vielfaches einer Zahl[1] a erhält, indem man a mit einer Zahl n multipliziert. Wir halten fest:

Multipliziert man eine Zahl a mit einer Zahl n, so heißt das Produkt n · a „Vielfaches von a".

Beispiele

1) 20 ist ein Vielfaches von 5; denn es gilt 20 = 4 · 5.
2) 91 ist ein Vielfaches von 13; denn es gilt 91 = 7 · 13.
3) 8 ist ein Vielfaches von 8; den es gilt 8 = 1 · 8.
4) 17 ist kein Vielfaches von 4; denn es gibt keine Zahl n, für die 17 = n · 4 ist.

[1] Wir vereinbaren, daß wir in § 1 und § 2 unter „Zahlen" von Null verschiedene natürliche Zahlen verstehen.

Alle Vielfachen einer Zahl faßt man zu einer Menge, der **Vielfachenmenge**, zusammen.

Beispiele

1) $V_8 = \{8; 16; 24; 32; \dots\}$
2) $V_{17} = \{17; 34; 51; 68; \dots\}$

Jede Vielfachenmenge enthält **unendlich viele Elemente**; das deuten die drei Punkte in der Schreibweise an.

Jede Zahl ist ein **Vielfaches von sich selbst**.

Eine Vielfachenmenge besitzt also ein **kleinstes**, aber **kein größtes** Element.

3. Teiler einer Zahl

Weil 20 ein Vielfaches von 5 ist, geht die Division $20:5=4$ auf; wir sagen: „5 ist **Teiler** von 20". Wir halten fest:

> Wenn sich eine Zahl b durch eine Zahl a ohne Rest teilen läßt, sagt man „a ist ein Teiler von b" oder „b ist durch a teilbar".

Beispiele

1) 3 ist ein Teiler von 18; denn es gilt $18:3=6$.
2) 4 ist ein Teiler von 48; denn es gilt $48:4=12$.
3) 30 ist durch 6 teilbar; denn es gilt $30:6=5$.
4) 20 ist nicht durch 3 teilbar; denn bei Division von 20 durch 3 bleibt der Rest 2.

Alle Teiler einer Zahl faßt man zu einer Menge, der **Teilermenge**, zusammen.

Beispiele

1) $T_{12} = \{1; 2; 3; 4; 6; 12\}$
2) $T_{30} = \{1; 2; 3; 5; 6; 10; 15; 30\}$

Jede Teilermenge enthält **endlich viele Elemente**; sie hat deshalb ein **kleinstes** und ein **größtes** Element.

4. Triviale Teiler

Jede Zahl ist durch 1 und durch sich selbst teilbar. Diese Teiler nennt man daher **triviale Teiler**[1] der Zahl.

Beispiele

1) 1 und 12 sind die trivialen Teiler von 12.
2) 1 und 30 sind die trivialen Teiler von 30.

Die Zahl 1 hat nur den Teiler 1. Jede andere Zahl hat wenigstens zwei Teiler, nämlich die beiden trivialen Teiler.

---

[1] trivialis (lat.), gewöhnlich (hier: selbstverständlich)

5. Zusammenhang zwischen Vielfachen und Teilern

Wir haben schon festgestellt: Weil 20 ein Vielfaches von 5 ist, geht die Division $20:5=4$ auf. Also ist 5 ein Teiler von 20.

Wir können also sagen:

> Eine Zahl a ist ein Teiler einer Zahl b, wenn b ein Vielfaches von a ist.

Beispiele

1) 3 ist ein Teiler von 12, weil 12 ein Vielfaches von 3 ist.
2) 4 ist ein Teiler von 28, weil 28 ein Vielfaches von 4 ist.

Umgekehrt gilt auch: Weil 5 ein Teiler von 20 ist, geht die Division $20:5=4$ ohne Rest auf. Die Probe liefert $4 \cdot 5 = 20$; 20 ist also ein Vielfaches von 5. Es gilt also auch:

> Eine Zahl b ist ein Vielfaches einer Zahl a, wenn a ein Teiler von b ist.

Beispiele

1) 36 ist ein Vielfaches von 9, und 9 ist ein Teiler von 36.
2) 42 ist ein Vielfaches von 7, und 7 ist ein Teiler von 42.

6. Komplementäre Teiler

Schreibt man eine Zahl als Produkt von zwei Faktoren, dann sind beide Faktoren Teiler der Zahl.

Beispiel Es gilt: $24 = 3 \cdot 8$; daher sind 3 und 8 Teiler von 24.

Zwei Zahlen, deren Produkt eine Zahl a ist, nennt man **komplementäre Teiler**[1] der Zahl a.

Beispiele

1) 3 und 4 sind komplementäre Teiler von 12; denn es gilt $3 \cdot 4 = 12$.
2) 5 und 6 sind komplementäre Teiler von 30; denn es gilt $5 \cdot 6 = 30$.
3) Es ist $64 = 8 \cdot 8$. Man sagt in diesem Fall, daß 8 ein zu sich selbst komplementärer Teiler von 64 ist.

7. Primzahlen

Es gibt Zahlen, die nur die trivialen Teiler haben und solche, die außerdem noch nichttriviale Teiler besitzen. Bei den Zahlen, die nur triviale Teiler haben, müssen wir noch einen Unterschied beachten.

Beispiele

1) 1 hat nur **einen** Teiler, den trivialen Teiler 1.
2) 7 hat genau **zwei** Teiler, die trivialen Teiler 1 und 7.
3) 23 hat genau **zwei** Teiler, die trivialen Teiler 1 und 23.

[1] complere (lat.), ergänzen

Es gibt unter den Zahlen, die nur triviale Teiler haben, eine – nämlich 1 – mit genau **einem** Teiler; alle anderen besitzen genau **zwei** Teiler.

Wir vereinbaren:

Eine Zahl, die genau zwei verschiedene Teiler hat, heißt „Primzahl".

Beispiele

1) 5 ist Primzahl, da 5 genau zwei verschiedene Teiler hat, nämlich 1 und 5.
2) 17 ist Primzahl, da 17 genau zwei verschiedene Teiler hat, nämlich 1 und 17.
3) 1 ist keine Primzahl, da 1 nur **einen** Teiler hat.
4) 6 ist keine Primzahl, da 6 mehr als zwei verschiedene Teiler hat, nämlich außer den trivialen Teilern 1 und 6 noch die nichttrivialen Teiler 2 und 3.

Wir werden später noch erklären, warum man die Zahl 1 nicht zu den Primzahlen hinzunimmt (Seite 32).

Der griechische Mathematiker Eratosthenes[1] hat ein Verfahren erfunden, mit dem man Primzahlen ermitteln kann. Dieses Verfahren wird in der Aufgabe 32 behandelt.

Unter den Zahlen von 1 bis 100 gibt es folgende Primzahlen:

2; 3; 5; 7; 11; 13; 17; 19; 23; 29; 31; 37; 41; 43; 47; 53; 59; 61; 67; 71; 73; 79; 83; 89; 97.

[1] Eratosthenes (ca. 284 – 202 v. Chr.), griech. Gelehrter

Aufgaben und Beispiele

Zum Einstieg
Die Klasse 6c macht einen Tagesausflug in den Zoo. Für Fahrt und Eintritt sammelt Herr Roeder als Klassenlehrer von jedem Kind 5 DM ein.
a) Welchen Betrag hat er zur Verfügung, wenn in der Klasse 25 Kinder sind?
b) Die Kinder bringen das Geld nicht alle am selben Tag in die Schule mit. Herr Roeder hat heute von einigen den Betrag erhalten und zählt zu Hause die eingesammelte Summe nach. Er kommt auf 73 DM und stutzt. Obwohl er nicht genau im Kopf hat, wie viele Kinder ihm heute die 5 DM gegeben haben, weiß er doch, daß der nachgezählte Betrag nicht stimmen kann. Woran merkt er das?

Bild 2

Vielfache und Teiler

1. Wie heißen die zehn kleinsten Vielfachen von
a) 4, **b)** 6, **c)** 12, **d)** 13, **e)** 14,
f) 15, **g)** 16, **h)** 17, **i)** 18, **j)** 19?

2. Bestimme die zwischen 50 und 100 liegenden Vielfachen der Zahlen
a) 7, **b)** 8, **c)** 11, **d)** 15, **e)** 18,
f) 20, **g)** 22, **h)** 25, **i)** 27, **j)** 32!

3. Welche der folgenden Zahlen sind Vielfache von 12?
a) 36 **b)** 60 **c)** 44 **d)** 12 **e)** 6
f) 108 **g)** 86 **h)** 74 **i)** 4 **j)** 144

4. Welcher Geldbetrag läßt sich unter acht Personen ohne Rest so aufteilen, daß alle denselben Anteil in vollen DM erhalten?
a) 24 DM **b)** 27 DM **c)** 64 DM **d)** 95 DM
e) 81 DM **f)** 96 DM **g)** 49 DM **h)** 70 DM

5. Welche Zahlen sind durch 3 teilbar?
a) 8 **b)** 18 **c)** 28 **d)** 38 **e)** 48
f) 55 **g)** 57 **h)** 75 **i)** 87 **j)** 95

6. Welche Zahlen sind durch 4, welche durch 5, welche durch beide Zahlen und welche durch keine von beiden teilbar?
a) 12 **b)** 30 **c)** 40 **d)** 46 **e)** 70
f) 64 **g)** 94 **h)** 50 **i)** 120 **j)** 222

7. Ist 144 ein Vielfaches von
a) 3, **b)** 4, **c)** 5, **d)** 6, **e)** 7, **f)** 8?
Mit welcher Zahl muß man gegebenenfalls multiplizieren, um 144 zu erhalten?

8. Welche natürlichen Zahlen größer 50 und kleiner 100 haben
a) 6, **b)** 9, **c)** 12, **d)** 14, **e)** 17, **f)** 19
als Teiler?

9. Von welchen natürlichen Zahlen ist
a) 8, **b)** 10, **c)** 16, **d)** 18, **e)** 24,
f) 40, **g)** 43, **h)** 45, **i)** 47, **j)** 49
ein Vielfaches? Nenne jeweils alle Zahlen!

10. Wie läßt sich die Aufgabenstellung zu Aufgabe 9 mit dem Begriff „Teiler“ formulieren?

11. Mit welcher Zahl muß man 14 multiplizieren, um
a) 42, **b)** 126, **c)** 98, **d)** 70, **e)** 196,
f) 56, **g)** 154, **h)** 84, **i)** 14, **j)** 182
zu erhalten?

12. Bei einem Ski-Langlauf startet alle dreißig Sekunden ein Läufer. Der erste Teilnehmer geht um 9.03 Uhr in die Loipe. Das Fernsehen möchte die Starts der Teilnehmer mit den Nummern 8, 17 und 22 aufzeichnen. Wann gehen diese drei Läufer ins Rennen?

13. Wenn Herr Lange seinen Daumen und seinen Zeigefinger spreizt, kann er eine Strecke von 20 cm abgreifen (Bild 3).
a) Wie kann er auf diese Weise eine Strecke von 1 m bestimmen?
b) Wie oft muß er die Spanne hintereinander abtragen, um 2,80 m abzumessen?
c) Warum kann er auf diese Weise keine Strecke der Länge 1,35 m abmessen?

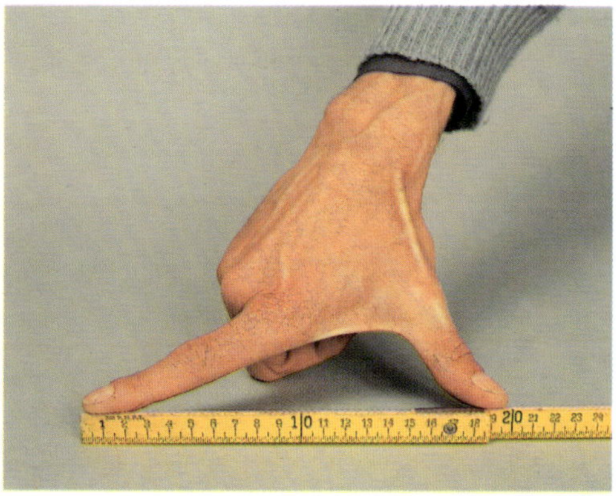

Bild 3

14. Ist die Aussage wahr oder falsch?
a) 3 ist ein Teiler von 21.
b) 29 ist ein Vielfaches von 3.
c) 74 läßt sich durch 3 ohne Rest teilen.
d) 3 teilt 48.
e) 34 ist kein Vielfaches von 3.
f) 3 ist kein Teiler von 51.

15. Ersetze die drei Punkte durch „ist ein Teiler von" oder „ist kein Teiler von", so daß wahre Aussagen entstehen!

a) 4 ... 36 **b)** 42 ... 14 **c)** 7 ... 105
d) 13 ... 76 **e)** 17 ... 17 **f)** 19 ... 171

16. Ergänze die fehlenden Zahlen in den Pfeildiagrammen! Was haben alle Zahlen in den Kästchen eines Diagramms gemeinsam?

a)

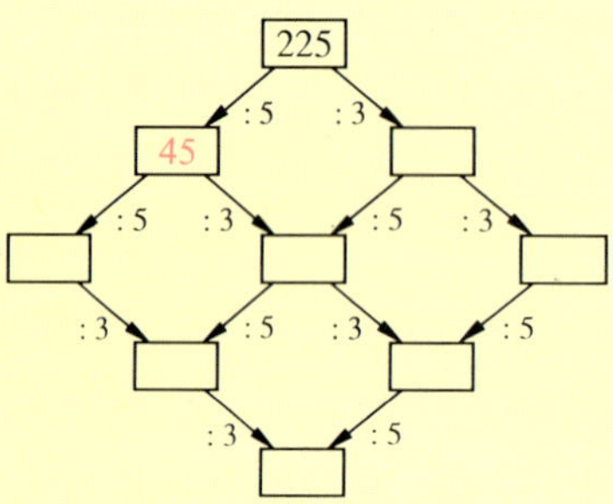

b)

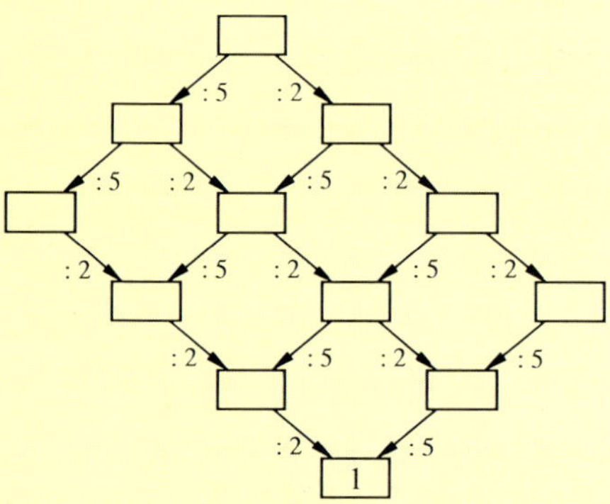

c)

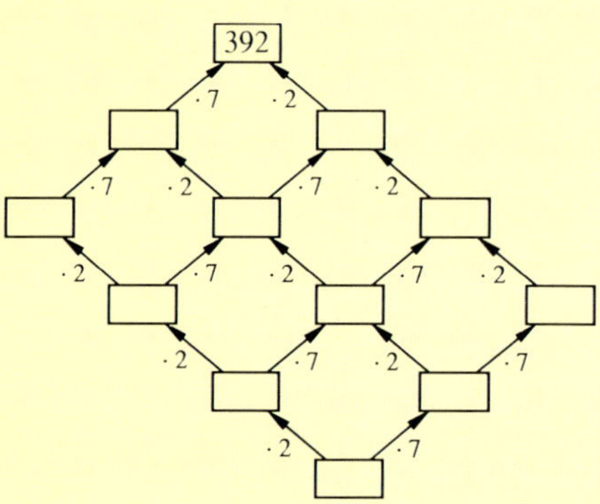

Teilermengen

17. Begründe, warum die folgenden Mengen keine Teilermengen sind!

a) {2; 3; 6} **b)** {1; 2; 8}
c) {1; 2; 3} **d)** {1; 2; 3; 6; 12}

18. In den folgenden Teilermengen sind nicht alle Teiler aufgeführt. Die angegebenen Zahlen sind aber der Größe nach geordnet. Bestimme die fehlenden Teiler!

a) {_, _, _, _, 16}
b) {_, 3, 7, _}
c) {_, 2, _, _, 9, _}
d) {_, _, 4, _, 14, _}
e) {_, _, _, 10, 25, _}
f) {_, _, 4, _, _, _, 25, _, _}

19. Suche die kleinste Zahl, zu deren Teilermenge die folgenden Zahlen gehören!

a) 1; 2; 3; 4 **b)** 1; 3; 4
c) 2; 4; 8; 16 **d)** 3; 5
e) 3; 8 **f)** 15; 18

20. a) Gibt es eine Teilermenge mit nur einem Element?
b) Kann eine Teilermenge unendlich viele Teiler enthalten?
c) Kann die Teilermenge einer Zahl ganz in der Teilermenge einer anderen Zahl enthalten sein?

Zerlegungen von Zahlen

21. Bestimme den Teiler von 72, der zu
a) 2, **b)** 3, **c)** 4, **d)** 12, **e)** 72
komplementär ist!

22. a) Schreibe die Zahl 80 auf möglichst viele Arten als Produkt von zwei Zahlen! Beginne dabei mit dem Produkt 1 · 80 und vergrößere dann den ersten Faktor Schritt für Schritt!
b) Durch die Produkte in Teil a) wird die Zahl 80 in jeweils zwei Faktoren zerlegt. Notiere anhand dieser Zerlegungen die zugehörige Teilermenge von 80!

23. Verfahre wie in Aufgabe 22 mit den folgenden Zahlen!
a) 42 **b)** 49 **c)** 66 **d)** 76 **e)** 23
f) 64 **g)** 41 **h)** 140 **i)** 164 **j)** 180

24. Welche Zahlen haben eine ungerade Anzahl von Teilern? Begründe den Sachverhalt!

25. Wie heißt die Zahl?
a) Eine Zahl besitzt genau vier Teiler. Die beiden nichttrivialen Teiler sind 3 und 5.
b) Eine Zahl besitzt genau drei Teiler. Der nichttriviale Teiler ist 7.

26. 1133 hat genau vier Teiler, einer davon ist 11. Wie heißen die übrigen?

27. a) Die Zahlen 34 und 35 sind zwei komplementäre Teiler einer Zahl. Nenne, ohne diese Zahl zu bestimmen, zwei andere zueinander komplementäre Teiler derselben Zahl!
b) Verfahre wie bei a) mit den Zahlen 25 und 27!

Primzahlen

28. Untersuche, ob die folgenden Zahlen Primzahlen sind!
a) 5 **b)** 7 **c)** 9 **d)** 11 **e)** 13
f) 15 **g)** 17 **h)** 19 **i)** 23 **j)** 27
k) 29 **l)** 33 **m)** 37 **n)** 41 **o)** 43
p) 45 **q)** 47 **r)** 49 **s)** 50 **t)** 51

29. Verfahre wie in Aufgabe 28!
a) 53 **b)** 57 **c)** 59 **d)** 61 **e)** 63
f) 67 **g)** 69 **h)** 71 **i)** 73 **j)** 75
k) 77 **l)** 79 **m)** 81 **n)** 83 **o)** 91

30. Schreibe auf möglichst viele Arten als Produkt mit zwei Faktoren! Welche der Zahlen sind Primzahlen?
a) 49 **b)** 56 **c)** 72 **d)** 69 **e)** 99
f) 111 **g)** 90 **h)** 31 **i)** 115 **j)** 73
k) 97 **l)** 83 **m)** 87 **n)** 119 **o)** 121

31. Warum sind die folgenden Zahlen keine Primzahlen?
a) 590 **b)** 172 **c)** 145 **d)** 333 **e)** 9999
f) 777 **g)** 2121 **h)** 505 **i)** 123 **j)** 7171

32. Im 3. Jh. vor Chr. fand Eratosthenes von Kyrene ein Verfahren, Primzahlen zu ermitteln. Wir erläutern das nach ihm benannte **Sieb des Eratosthenes** in dieser Aufgabe.
a) Notiere die natürlichen Zahlen von 1 bis 100! Streiche dann der Reihe nach alle Zahlen, die durch 2 teilbar sind außer 2 selbst.
b) Verfahre entsprechend mit 3, d.h. streiche alle Zahlen, die durch 3 teilbar sind außer 3 selbst.
c) Warum ist es nicht mehr notwendig, die Vielfachen von 4 zu streichen?
d) Setze das Verfahren fort mit den Vielfachen von 5 und von 7! Warum braucht man die Vielfachen von 6 nicht mehr zu streichen?
e) Welche Zahlen sind bisher noch nicht gestrichen worden? Von welchen Zahlen muß man die Vielfachen zusätzlich streichen, um alle Primzahlen kleiner als 100 zu erhalten?

Zur Vertiefung

33. Woran erkennt man sofort, daß
a) 17597 kein Vielfaches von 2,
b) 10 kein Teiler von 3447,
c) 649 kein Vielfaches von 5,
d) 4 kein Teiler von 193 ist?

34. a) In Berlin leben etwa fünfmal so viele Einwohner wie in Bremen, in Niedersachsen etwa doppelt so viele wie in Berlin. Vergleiche die Einwohnerzahlen von Bremen und Niedersachsen miteinander!
b) Die Sowjetunion hatte 1990 15mal so viele Einwohner wie Afghanistan und fünfmal so viele wie Großbritannien. Was läßt sich über die Einwohnerzahlen von Afghanistan und Großbritannien im Vergleich aussagen?

35. In Bild 4 siehst du drei Zahnräder, die ineinander greifen. Zahnrad A hat 48, Zahnrad B hat 8 und Zahnrad C hat 16 Zähne. Rad B dreht sich folglich sechsmal so oft wie Rad A und doppelt so oft wie C.

a) Vergleiche die Anzahl der Zähne an den Zahnrädern miteinander! Was stellst du fest?

b) Vergleiche die Umdrehungszahl von B mit der von A, die von B mit der von C und die von C mit der von A!

c) Ergänze die fehlenden Zahlen in der Tabelle!

Rad	Anzahl der Umdrehungen						
A	1	2	5				
B				18	48		
C						18	21

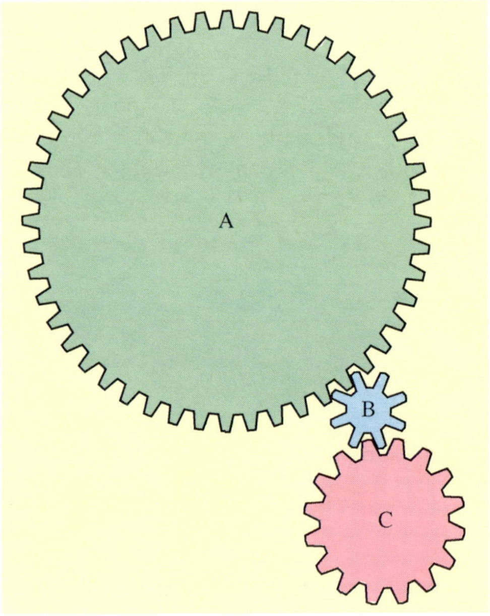

Bild 4

36. Erwin Schlaukopf sagt: „Ich denke mir zwei Zahlen. Die eine ist ein Teiler der anderen und die größere von beiden ist eine einstellige Quadratzahl."
Welche Zahlen könnte er sich gedacht haben? Nenne alle Möglichkeiten!

37. a) Die Teiler einer Zahl a, die von a verschieden sind, nennt man **echte Teiler**. Die Zahl 6 hat z.B. die echten Teiler 1, 2 und 3. Bestimme die echten Teiler der Zahlen von 10 bis 20!

b) Welche Zahlen haben nur einen echten Teiler? Welcher ist das?

c) Zahlen, bei denen die Summe der echten Teiler genauso groß ist wie die Zahl selbst, heißen **vollkommene Zahlen**. Überprüfe, ob die folgenden Zahlen vollkommene Zahlen sind!

Beispiel

Die Summe der echten Teiler von 6 ist
$1 + 2 + 3 = 6$;
also ist 6 eine vollkommene Zahl.

(1) 8 **(2)** 15 **(3)** 18 **(4)** 28
(5) 30 **(6)** 36 **(7)** 48 **(8)** 496

38. Christian Goldbach (1707 – 1783) vermutete, jede gerade Zahl größer als 2 lasse sich als Summe aus zwei Primzahlen schreiben. Die Vermutung ist bis heute nicht bewiesen.
Schreibe die folgenden geraden Zahlen als Summe von zwei Primzahlen.

Beispiel

$48 = 31 + 17$

a) $16 = \square + \square$ **b)** $32 = \square + \square$
c) $20 = \square + \square$ **d)** $36 = \square + \square$
e) $52 = \square + \square$ **f)** $38 = \square + \square$
g) $42 = \square + \square$ **h)** $44 = \square + \square$

39. Zwei Primzahlen, deren Differenz 2 ist, heißen „Primzahlzwillinge".
a) Nenne fünf Primzahlzwillinge!
b) Suche einen Primzahlzwilling größer 100!

40. Der Russe Tschebyscheff (1821 – 1894) bewies: Zwischen einer Zahl größer 1 und ihrem Doppelten liegt mindestens eine Primzahl. Nenne eine Primzahl zwischen
a) 8 und 16, **b)** 12 und 24,
c) 24 und 48, **d)** 45 und 90,
e) 54 und 108, **f)** 111 und 222!

41. Die Zahl 142857 hat eine besondere Eigenschaft. Bilde die ersten sechs Vielfachen! Was fällt dir auf?

42. Suche vier Zahlen, bei denen die Summe aller Teiler eine Primzahl ist.

43. Der Computer und die Teiler. Peters große Schwester hat ein Computerspiel erfunden. Die Zahlen von 1 bis 24 sollen zwischen dir und dem Computer aufgeteilt werden. Ziel ist dabei, die Zahlen so zu wählen, daß die Summe deiner Zahlen größer ist als die Summe der Zahlen des Computers.
Der Computer erhält stets alle Teiler der Zahl, die du gewählt hast. Jede der Zahlen von 1 bis 24 darf aber nur einmal notiert werden, und der Computer darf nie leer ausgehen.
Beginnen wir einfach mal! Du wählst zum Beispiel die Zahl 12. Der Computer erhält dann alle übrigen Teiler von 12. Das sind die Zahlen 1; 2; 3; 4 und 6. 12 erhält er nicht mehr, da ja jede Zahl nur einmal auftreten darf.
Du wählst als zweite Zahl beispielsweise 15. Da die Teiler 1 und 3 bereits notiert wurden, bekommt der Computer diesmal nur die „5". Damit ist aber klar, daß auch die Zahl 10 an den Computer geht. Alle Teiler von 10 – außer 10 selbst – sind nämlich bereits vergeben, und der Computer darf nie leer ausgehen. Aus demselben Grund mußt du auch 23 dem Computer überlassen.

Deine Zahlen	Zahlen des Computers
12	1; 2; 3; 4; 6
15	5
–	10
–	23

Wenn alle Zahlen von 1 bis 24 genau einmal in der Tabelle notiert worden sind, wird aufsummiert. Schaffst du es, den Computer zu schlagen?
Wer erreicht das beste Ergebnis in der Klasse?

44. Im Kerker eines mächtigen Maharadschas schmachteten einst 30 Gefangene, die von 30 Wächtern bewacht wurden. An seinem 60. Geburtstag zeigte sich der Herrscher großzügig und befahl, einige Gefangene zu entlassen. Er ordnete dafür folgendes Verfahren an.
Die Wärter sollten der Reihe nach an den Türen vorbeigehen. Dabei sollte der erste alle Zellentüren öffnen, der zweite sollte jede zweite Zellentür wieder verschließen, der dritte sollte jedes dritte Schloß betätigen, also geöffnete Türen verschließen und geschlossene Türen öffnen. Entsprechend sollte der vierte jedes vierte Schloß betätigen usw. Alle Gefangenen, deren Zellentüren am Ende offenstanden, sollten die Freiheit erhalten.

a) Fertige für die 30 Türen und die 30 Wärter eine Tabelle nach folgendem Muster an! (a bedeutet „aufschließen", z bedeutet „zuschließen").

Wärter Nr.	Tür Nr.							
	1	2	3	4	5	6	7	...
1	a	a	a	a	a	a	a	...
2		z		z		z		...
3			z			a		...
4				a				...
5					z			...
...								...

b) Welche Gefangene erhalten die Freiheit, welche nicht?

c) Welche Schlösser werden am häufigsten betätigt?

d) Welche Schlösser werden genau zweimal betätigt?

Bild 5

II. Teilbarkeitsregeln

1. Zur Einführung

In einem Supermarkt werden 40 Kartons mit je 12 Packungen Fruchtsaft angeliefert (Bild 6). In der Rechnung werden 500 Packungen Fruchtsaft berechnet. Der Geschäftsführer des Supermarktes sieht sofort, daß das nicht richtig sein kann; denn die Gesamtzahl der Packungen ist $40 \cdot 12$. Da 12 durch 3 teilbar ist, muß auch $40 \cdot 12$ durch 3 teilbar sein. 500 ist aber nicht durch 3 teilbar.

Der Geschäftsführer hat bei seiner Rechnung von **Teilbarkeitsregeln** Gebrauch gemacht. Mit Teilbarkeitsregeln kann man in vielen Fällen schnell erkennen, ob eine Zahl durch eine andere Zahl teilbar ist oder nicht.

Bild 6

2. Produktregel

Im vorstehenden Beispiel hatte der Geschäftsführer geschlossen:

12 ist durch 3 teilbar; deshalb ist auch $40 \cdot 12$ durch 3 teilbar.

Diese Überlegung läßt sich folgendermaßen begründen:

12 ist durch 3 teilbar, weil $12 = 4 \cdot 3$ ist.

Setzt man in $40 \cdot 12$ für 12 das Produkt $4 \cdot 3$ ein, so erhält man:

$$40 \cdot 12 = 40 \cdot (4 \cdot 3) = (40 \cdot 4) \cdot 3 = 160 \cdot 3.$$

Das heißt: $40 \cdot 12$ ist ein Vielfaches von 3, also ist auch $40 \cdot 12$ durch 3 teilbar.

Allgemein gilt die **Produktregel**:

> Ist eine Zahl a durch eine Zahl b teilbar, dann ist auch jedes Vielfache von a durch b teilbar.

Beispiele

1) Da 21 durch 7 teilbar ist, ist auch $9 \cdot 21$, also 189, durch 7 teilbar.
2) Da 42 durch 6 teilbar ist, ist auch $5 \cdot 42$, also 210, durch 6 teilbar.

Für die Anwendung der Produktregel ist eine andere Formulierung oft von Vorteil:

> Läßt sich eine Zahl a so in ein Produkt zerlegen, daß wenigstens ein Faktor durch eine Zahl b teilbar ist, dann ist auch a durch b teilbar.

Beispiel

1) 520 ist durch 13 teilbar, weil $520 = 10 \cdot 52$ und 52 durch 13 teilbar ist.
2) 240 ist durch 15 teilbar, weil $240 = 4 \cdot 60$ und 60 durch 15 teilbar ist.

3. Summen- und Differenzenregel

Dir ist sicher schon aufgefallen, daß dein Geburtstag von Jahr zu Jahr um einen Wochentag weiterrückt. Nur wenn zwischen zwei aufeinanderfolgenden Geburtstagen der 29. Februar eines Schaltjahres liegt, rückt der Geburtstag um zwei Wochentage weiter. Wie kann man das erklären?
Von einem Wochentag zum gleichen Wochentag der nächsten Woche sind es 7 Tage. Allgemein ist die Anzahl der Tage von einem Wochentag bis zu einem späteren gleichen Wochentag ein Vielfaches von 7. Deshalb muß die Anzahl der Tage von deinem Geburtstag bis zum Tag vor deinem Geburtstag im nächsten Jahr ein Vielfaches von 7 sein, wenn kein Schalttag dazwischen liegt. Das normale Jahr hat 365 Tage; also müßte 364 ein Vielfaches von 7 sein. Will man im Kopf überprüfen, ob 364 durch 7 teilbar ist, kann man 364 so in eine Summe zerlegen, daß ein Summand eine durch 7 teilbare Zahl und der andere eine kleine Zahl ist, deren Teilbarkeit durch 7 leicht zu überprüfen ist, z. B.:

$$364 = 350 + 14.$$

350 ist nach der Produktregel eine durch 7 teilbare Zahl. Da 14 durch 7 teilbar ist, ist auch 364 durch 7 teilbar; denn es gilt:

$$364 = 350 + 14 = 50 \cdot 7 + 2 \cdot 7 = (50 + 2) \cdot 7 = 52 \cdot 7;$$

also ist 364 ein Vielfaches von 7, und somit ist 364 durch 7 teilbar.

Allgemein gilt die **Summenregel**:

Sind zwei Zahlen a und b durch eine Zahl c teilbar, dann ist auch die Summe $a + b$ durch c teilbar.

Beispiel

$1400 + 35$ ist durch 7 teilbar, da 1400 und 35 durch 7 teilbar sind.

Entsprechend kann man auch mit Differenzen verfahren.

Beispiel

$3400 - 51$ ist durch 17 teilbar, da 3400 und 51 durch 17 teilbar sind. Es gilt nämlich:

$$3400 - 51 = 200 \cdot 17 - 3 \cdot 17 = (200 - 3) \cdot 17 = 197 \cdot 17.$$

Allgemein gilt die **Differenzenregel**:

Sind zwei Zahlen a und b mit $a > b$ durch eine Zahl c teilbar, dann ist auch die Differenz $a - b$ durch c teilbar.

Beispiel

$760 - 38$ ist durch 19 teilbar, da 760 und 38 durch 19 teilbar sind.

Ist nur **eine** der beiden Zahlen a und b, aus denen die Summe bzw. die Differenz gebildet wird, durch die Zahl c teilbar, dann sind Summe und Differenz nicht durch c teilbar.

Beispiel

420 ist durch 7 teilbar, aber 12 nicht. Dann sind $420 + 12 = 432$ und auch $420 - 12 = 408$ nicht durch 7 teilbar; denn nach der Differenzenregel müßten sonst $432 - 420 = 12$ und $420 - 408 = 12$ durch 7 teilbar sein.

4. Anwendungen von Summen- und Differenzenregel

Mit Hilfe der Summen- bzw. der Differenzenregel kann man untersuchen, ob eine Zahl a durch eine Zahl b teilbar ist. Man zerlegt dazu a so in eine Summe oder eine Differenz von zwei Zahlen, daß die erste Zahl durch b teilbar ist. Die zweite Zahl soll eine kleine Zahl sein, die sich leicht auf Teilbarkeit durch b untersuchen läßt.

Beispiele

1) Ist 1824 durch 6 teilbar?
Da 1800 durch 6 teilbar ist, zerlegen wir 1824 in die Summe $1824 = 1800 + 24$. Auch der zweite Summand 24 ist durch 6 teilbar. Also ist 1824 durch 6 teilbar.

2) Ist 557 durch 13 teilbar?
Da 520 durch 13 teilbar ist, zerlegen wir 557 in die Summe $557 = 520 + 37$. Der zweite Summand 37 ist nicht durch 13 teilbar. Also ist 557 nicht durch 13 teilbar.

3) Ist 2086 durch 7 teilbar?
Da 2100 durch 7 teilbar ist, zerlegen wir 2086 in die Differenz $2086 = 2100 - 14$. Auch der Subtrahend 14 ist durch 7 teilbar. Also ist 2086 durch 7 teilbar.

4) Ist 592 durch 12 teilbar?
Da 600 durch 12 teilbar ist, zerlegen wir 592 in die Differenz $592 = 600 - 8$. Der Subtrahend 8 ist nicht durch 12 teilbar. Also ist 592 nicht durch 12 teilbar.

5. Teilbarkeit durch 10, 100, 1000, ...

Man multipliziert eine Zahl mit 10, indem man eine Null an das Zahlzeichen anhängt. Entsprechende Regeln gelten für das Multiplizieren mit 100, 1000, ...

Daraus ergibt sich:

Eine Zahl ist durch 10 teilbar, wenn die letzte Ziffer eine Null ist. Eine Zahl ist durch 100 (1000, ...) teilbar, wenn die letzten zwei (drei, ...) Ziffern Nullen sind.

Beispiele

1) 970 ist durch 10 teilbar, weil die letzte Ziffer eine Null ist.
2) 3800 ist durch 100 teilbar, weil die letzten zwei Ziffern Nullen sind.
3) 45000 ist durch 1000 teilbar, weil die letzten drei Ziffern Nullen sind.
4) 3200000 ist durch 100000 teilbar, weil die letzten fünf Ziffern Nullen sind.

6. Teilbarkeit durch 2 und durch 5

Die Vielfachen von 2 sind die geraden Zahlen:

2, 4, 6, 8, 10, 12, 14, 16, 18, 20, … .

Bei den geraden Zahlen sind die Endziffern 0, 2, 4, 6 oder 8. Daher gilt:

Eine Zahl ist durch 2 teilbar, wenn die letzte Ziffer 0, 2, 4, 6 oder 8 ist, sonst nicht.

Die Vielfachen von 5 sind:

5, 10, 15, 20, 25, 30, 35, 40, … .

Bei diesen Zahlen sind die Endziffern 0 oder 5. Daher gilt:

Eine Zahl ist durch 5 teilbar, wenn die letzte Ziffer 0 oder 5 ist, sonst nicht.

Beispiele

1) 742 ist durch 2, aber nicht durch 5 teilbar, da die letzte Ziffer 2 ist.
2) 1435 ist durch 5, aber nicht durch 2 teilbar, da die letzte Ziffer 5 ist.
3) 837 ist weder durch 2 noch durch 5 teilbar, da die letzte Ziffer 7 ist.
4) 540 ist durch 2 und durch 5 teilbar, da die letzte Ziffer 0 ist.

7. Teilbarkeit durch 4, 8, 25 und 125

100 ist durch 4 und durch 25 teilbar. Nach der Produktregel sind dann auch alle Vielfachen von 100 durch 4 und durch 25 teilbar. Um nach der Summenregel entscheiden zu können, ob eine Zahl durch 4 oder durch 25 teilbar ist, zerlegt man die Zahl in die Summe eines Vielfachen von 100 und eines höchstens zweistelligen Restes.

Beispiel $675 = 600 + 75$

Da 600 durch 4 und durch 25 teilbar ist, hängt es nur vom Summanden 75 ab, ob auch 675 durch 4, durch 25 oder durch beide Zahlen teilbar ist. Da 75 durch 25, aber nicht durch 4 teilbar ist, ist auch 675 durch 25, aber nicht durch 4 teilbar. Der Summand 75 wird aus den letzten beiden Ziffern von „675“ dargestellt.

Als Regel können wir uns merken:

Eine Zahl ist durch 4 (25) teilbar, wenn die letzten beiden Ziffern eine durch 4 (25) teilbare Zahl darstellen oder Nullen sind, sonst nicht.

Beispiele

1) 1424 ist durch 4, aber nicht durch 25 teilbar, da 24 durch 4, aber nicht durch 25 teilbar ist.
2) 3250 ist durch 25, aber nicht durch 4 teilbar, da 50 durch 25, aber nicht durch 4 teilbar ist.
3) 83421 ist weder durch 4 noch durch 25 teilbar, da 21 weder durch 4 noch durch 25 teilbar ist.

Da 1000 durch 8 und durch 125 teilbar ist, kann man eine entsprechende Regel für die Teilbarkeit durch 8 bzw. 125 aufstellen.

Eine Zahl ist durch 8 (125) teilbar, wenn die letzten drei Ziffern eine durch 8 (125) teilbare Zahl darstellen oder Nullen sind, sonst nicht.

Beispiele

1) 12424 ist durch 8, aber nicht durch 125 teilbar, weil 424 durch 8, aber nicht durch 125 teilbar ist.

2) 43750 ist durch 125, aber nicht durch 8 teilbar, weil 750 durch 125, aber nicht durch 8 teilbar ist.

3) 321000 ist durch 8 und durch 125 teilbar, weil die letzten drei Ziffern Nullen sind.

4) 81730 ist weder durch 8 noch durch 125 teilbar, weil 730 weder durch 8 noch durch 125 teilbar ist.

8. Teilbarkeit durch 9

Zerlegt man eine Zahl in eine Summe aus einer durch 9 teilbaren Zahl und aus einem Rest, so kann man nach der Summenregel am Rest ablesen, ob die Zahl durch 9 teilbar ist.

Wir sehen unmittelbar ein, daß die Zahlen 9, 99, 999, ... durch 9 teilbar sind. Das nutzen wir bei der Zerlegung aus.

Beispiele

1) $\mathbf{50} = \mathbf{5} \cdot 10 = \mathbf{5} \cdot (9+1) = \mathbf{5} \cdot 9 + \mathbf{5}$
Der erste Summand $5 \cdot 9$ ist durch 9 teilbar, der zweite Summand 5 aber nicht. Daher ist 50 nicht durch 9 teilbar.

2) $\mathbf{400} = \mathbf{4} \cdot 100 = \mathbf{4} \cdot (99+1) = \mathbf{4} \cdot 99 + \mathbf{4}$
Der erste Summand $4 \cdot 99$ ist nach der Produktregel durch 9 teilbar, der zweite Summand 4 aber nicht. Daher ist 400 nicht durch 9 teilbar.

3) $\mathbf{8000} = \mathbf{8} \cdot 1000 = \mathbf{8} \cdot (999+1) = \mathbf{8} \cdot 999 + \mathbf{8}$
Der erste Summand $8 \cdot 999$ ist nach der Produktregel durch 9 teilbar, der zweite Summand 8 aber nicht. Daher ist 8000 nicht durch 9 teilbar.

Bei den vorstehenden Beispielen handelt es sich um Vielfache von 10, 100 und 1000. Eine beliebige Zahl zerlegen wir wie im folgenden

Beispiel:

$$\begin{aligned}\mathbf{2853} &= \mathbf{2} \cdot 1000 + \mathbf{8} \cdot 100 + \mathbf{5} \cdot 10 + \mathbf{3}\\ &= \mathbf{2} \cdot (999+1) + \mathbf{8} \cdot (99+1) + \mathbf{5} \cdot (9+1) + \mathbf{3}\\ &= 2 \cdot 999 + \mathbf{2} + 8 \cdot 99 + \mathbf{8} + 5 \cdot 9 + \mathbf{5} + \mathbf{3}\\ &= (2 \cdot 999 + 8 \cdot 99 + 5 \cdot 9) + (\mathbf{2} + \mathbf{8} + \mathbf{5} + \mathbf{3})\end{aligned}$$

Jeder Summand in der ersten Klammer der letzten Zeile ist durch 9 teilbar, daher ist auch die Summe in der ersten Klammer durch 9 teilbar. Es hängt also von der Summe in der zweiten Klammer ab, ob 2853 durch 9 teilbar ist oder nicht.

Die Summanden der zweiten Summe $2 + 8 + 5 + 3$ werden aber durch die einzelnen Ziffern von „2853" dargestellt. Diese Summe nennt man die **Quersumme** von 2853. Die Quersumme $2 + 8 + 5 + 3$ ist gleich 18. Da 18 durch 9 teilbar ist, ist auch 2853 durch 9 teilbar.

Allgemein gilt:

Eine Zahl ist durch 9 teilbar, wenn ihre Quersumme durch 9 teilbar ist, sonst nicht.

Beispiele

1) 82431 ist durch 9 teilbar; denn die Quersumme ist 18, und 18 ist durch 9 teilbar.
2) 5261723 ist nicht durch 9 teilbar; denn die Quersumme ist 26, und 26 ist nicht durch 9 teilbar.

9. Teilbarkeit durch 3

Auf die gleiche Weise kann man eine Regel für die Teilbarkeit durch 3 herleiten.

Beispiel

$$\begin{aligned}\mathbf{3264} &= \mathbf{3} \cdot 1000 + \mathbf{2} \cdot 100 + \mathbf{6} \cdot 10 + \mathbf{4}\\ &= \mathbf{3} \cdot (999 + 1) + \mathbf{2} \cdot (99 + 1) + \mathbf{6} \cdot (9 + 1) + \mathbf{4}\\ &= 3 \cdot 999 + \mathbf{3} + 2 \cdot 99 + \mathbf{2} + 6 \cdot 9 + \mathbf{6} + \mathbf{4}\\ &= (3 \cdot 999 + 2 \cdot 99 + 6 \cdot 9) + (\mathbf{3} + \mathbf{2} + \mathbf{6} + \mathbf{4})\end{aligned}$$

Die Summe in der ersten Klammer der letzten Zeile ist durch 9 und damit auch durch 3 teilbar.

Daher entscheidet die Summe in der zweiten Klammer darüber, ob die Zahl 3264 durch 3 teilbar ist oder nicht. Die Summe in der zweiten Klammer ist aber die Quersumme von 3264. Da die Quersumme $3 + 2 + 6 + 4$ gleich 15 ist und 15 durch 3 teilbar ist, ist auch 3264 durch 3 teilbar.

Wir können uns als Regel für die Teilbarkeit durch 3 merken:

Eine Zahl ist durch 3 teilbar, wenn ihre Quersumme durch 3 teilbar ist, sonst nicht.

Beispiele

1) 430212 ist durch 3 teilbar; denn die Quersumme ist 12, und 12 ist durch 3 teilbar.
2) 7856324 ist nicht durch 3 teilbar; denn die Quersumme ist 35, und 35 ist nicht durch 3 teilbar.

Mit dieser Teilbarkeitsregel konnte der Geschäftsführer aus dem einführenden Beispiel (S. 22) sofort feststellen, daß 500 nicht durch 3 teilbar ist; denn die Quersumme von 500 ist 5.

Aufgaben und Beispiele

Zum Einstieg

Jessica kauft in der Bäckerei 4 Vollkornbrötchen und 2 Croissants. Die Verkäufering verlangt 5,25 DM. Jessica überlegt und meint: „Sie müssen sich verrechnet haben!" Woran hat sie das gemerkt?

Bild 7

Teilbarkeitsregeln

1. Welche der folgenden Zahlen sind durch 10, welche durch 100, welche durch 1000 teilbar?

a) 40 **b)** 2000 **c)** 405 **d)** 12300
e) 258 **f)** 123450 **g)** 10001 **h)** 100100

2. Wie viele Nullen müssen am Ende einer Zahl stehen, damit sie durch
a) 10, **b)** 1000, **c)** 10000, **d)** 1000000
teilbar ist?

3. Welche der folgenden Zahlen sind durch 1000 teilbar?
a) 10^3 **b)** 10^2 **c)** 10^6 **d)** 10^4 **e)** 10^7

4. Eine Zehnerpotenz hat im Exponenten die Zahl 5. Durch welche Zehnerpotenzen ist sie dann teilbar?

5. Begründe die folgenden Aussagen mit der Produktregel!

Beispiel

1900 ist durch 25 teilbar; denn 1900 ist durch 100 teilbar, und 100 ist Vielfaches von 25.

a) 1900 ist durch 4 teilbar.
b) 270 hat den Teiler 5.
c) 34000 ist ein Vielfaches von 200.
d) 21000 ist durch 40 teilbar.
e) 4800 hat den Teiler 50.
f) 100000 ist ein Vielfaches von 8.

6. a) Die Zahl 4390 ist durch 10 teilbar. Durch welche weiteren Zahlen ist diese Zahl deshalb auch teilbar?
b) 1275 ist durch 75 teilbar. Welche Zahlen sind deshalb auch Teiler von 1275?
c) Woran läßt sich leicht erkennen, daß die Zahl 79000 durch 250 teilbar ist?
d) Warum ist jede Zahl mit 3 Nullen am Ende durch 8 teilbar?

7. Stelle mit der Summenregel fest, ob die erste Zahl durch die zweite teilbar ist!

Beispiel

391; 17

340 ist durch 17 teilbar, denn es gilt
$340 = 20 \cdot 17$.
Wir zerlegen deshalb 391 in die Summe
$391 = 340 + 51$.
Auch 51 ist durch 17 teilbar; also ist 391 durch 17 teilbar.

a) 112; 8 **b)** 155; 3 **c)** 154; 7
d) 490; 12 **e)** 244; 24 **f)** 540; 45
g) 263; 13 **h)** 589; 19 **i)** 725; 35
j) 682; 22 **k)** 494; 16 **l)** 588; 14

8. Verfahre wie in Aufgabe 7 mit der Differenzenregel!
a) 133; 7 **b)** 173; 9 **c)** 196; 7
d) 234; 8 **e)** 228; 12 **f)** 353; 3
g) 405; 45 **h)** 308; 11 **i)** 404; 56
j) 663; 17 **k)** 691; 99 **l)** 612; 34

9. Welche der folgenden Zahlen sind durch 2, durch 5, durch 2 und durch 5, weder durch 2 noch durch 5 teilbar?

a) 4224	**b)** 635	**c)** 1207	**d)** 1000
e) 41441	**f)** 1515	**g)** 3770	**h)** 8484
i) $2^2 \cdot 5$	**j)** $2 \cdot 3 \cdot 5$	**k)** $3 \cdot 5^2$	**l)** 2^4

10. Welche der folgenden Zahlen sind durch 4 teilbar?

a) 3124	**b)** 4010	**c)** 15001	**d)** 714
e) 668	**f)** 1026	**g)** 900	**h)** 3452
i) 102	**j)** 938	**k)** 888	**l)** 666

11. Welche Zahlen sind durch 4, durch 25, durch 4 und durch 25, weder durch 4 noch durch 25 teilbar?

a) 225	**b)** 224	**c)** 220	**d)** 350
e) 3000	**f)** 1240	**g)** 1184	**h)** 662
i) 4250	**j)** 2500	**k)** 3600	**l)** 5660

12. Ergänze bei der Zahl 4325_ die fehlende Endziffer, so daß eine durch
a) 2, **b)** 5, **c)** 10, **d)** 4, **e)** 25
teilbare Zahl entsteht! Nenne jeweils alle möglichen Ziffern!

13. Welche der folgenden Zahlen sind durch 8, durch 125, durch 8 und durch 125, weder durch 8 noch durch 125 teilbar?

a) 960	**b)** 250	**c)** 258	**d)** 1000
e) 1500	**f)** 500	**g)** 800	**h)** 875
i) 2400	**j)** 5000	**k)** 625	**l)** 925

14. Warum läßt sich
a) 14511 nicht durch 2,
b) 7654 nicht durch 5,
c) 92446 nicht durch 4,
d) 17004 nicht durch 8,
e) 6303 nicht durch 6,
f) 19115 nicht durch 25,
g) 3450 nicht durch 125
teilen?

15. Nenne die größte und die kleinste fünfstellige Zahl, die durch
a) 4 teilbar ist,
b) 8 teilbar ist,
c) 25 teilbar ist.

16. Die Teilbarkeitsregeln für 5 und 25 lassen sich beim Kopfrechnen nutzen. Ermittle die Ergebnisse im Kopf!

Beispiele

1) Um $68 \cdot 5$ zu berechnen, halbieren wir 68 und hängen eine Null an. Die Zahlen 2 und 5 ergänzen sich nämlich bei der Produktbildung zu 10.

$$68 \cdot 5 = (34 \cdot 2) \cdot 5 = 34 \cdot (2 \cdot 5) = 34 \cdot 10.$$

2) Ist die Zahl ungerade, so halbieren wir die um 1 kleinere Zahl und hängen eine 5 an:

$$73 \cdot 5 = 36 \cdot 10 + 5 = 365.$$

3) Das Produkt $28 \cdot 25$ bestimmen wir entsprechend. Es gilt $4 \cdot 25 = 100$. Folglich dividieren wir durch 4 und hängen zwei Nullen an:

$$28 \cdot 25 = (28 : 4) \cdot (4 \cdot 25) = 7 \cdot 100 = 700.$$

4) Bleibt bei der Division durch 4 der Rest 1, so addiert man 25:

$$37 \cdot 25 = (36 : 4) \cdot 100 + 1 \cdot 25 = 900 + 25.$$

5) Bleibt der Rest 2, so addiert man 50, und beim Rest 3 entsprechend 75:

$$42 \cdot 25 = 1000 + 50 = 1050,$$
$$19 \cdot 25 = 400 + 75 = 475.$$

a) $46 \cdot 5$	**b)** $84 \cdot 5$	**c)** $96 \cdot 5$	**d)** $52 \cdot 5$
e) $76 \cdot 5$	**f)** $23 \cdot 5$	**g)** $35 \cdot 5$	**h)** $47 \cdot 5$
i) $12 \cdot 25$	**j)** $24 \cdot 25$	**k)** $36 \cdot 25$	**l)** $48 \cdot 25$
m) $17 \cdot 25$	**n)** $26 \cdot 25$	**o)** $35 \cdot 25$	**p)** $43 \cdot 25$

Quersummenregeln

17. Welche der folgenden Zahlen sind durch 3, durch 9, durch 3 und durch 9, weder durch 3 noch durch 9 teilbar?

a) 111	**b)** 213	**c)** 108	**d)** 412
e) 576	**f)** 482	**g)** 714	**h)** 369
i) 526	**j)** 971	**k)** 8751	**l)** 6354
m) 9204	**n)** 6451	**o)** 4777	**p)** 5373

18. Die Zahl 147852 ist durch 9 teilbar. Warum ist dann auch die Zahl 124578 durch 9 teilbar?

19. Ergänze eine Ziffer, so daß eine durch 3 teilbare Zahl entsteht! Nenne alle möglichen Ziffern!

a) 1_6 **b)** 20_ **c)** _25 **d)** 6_6
e) _41 **f)** 67_ **g)** _33 **h)** 10_
i) 9_2 **j)** 99_ **k)** _17 **l)** 2_7

20. Löse Aufgabe 19 so, daß eine durch 9 teilbare Zahl entsteht!

21. Begründe, warum sich die folgenden Zahlen durch 12 teilen lassen!

Beispiel

3720 läßt sich durch 3 teilen, da die Quersumme 12 durch 3 teilbar ist.

3720 läßt sich durch 4 teilen, da 20 durch 4 teilbar ist.

Also ist 3720 durch 3 und 4 und somit auch durch 12 teilbar.

a) 6360 **b)** 11112 **c)** 7704 **d)** 6501000

22. Warum ist die Zahl
a) 12340 nicht durch 30,
b) 33330 nicht durch 90,
c) 34345 nicht durch 15,
d) 89875 nicht durch 75,
e) 45679 nicht durch 39,
f) 77375 nicht durch 375,
g) 44000 nicht durch 300
teilbar?

23. Ergänze an den letzten beiden Stellen Ziffern, so daß durch 12 teilbare Zahlen entstehen!

a) 1__ **b)** 2__ **c)** 3__ **d)** 4__
e) 15__ **f)** 36__ **g)** 74__ **h)** 91__
i) 70__ **j)** 88__ **k)** 54__ **l)** 48__

24. Teilt man eine Zahl durch 2, so bleibt der Rest 1. Teilt man sie durch 3, so bleibt der Rest 2.
a) Welches ist die kleinste Zahl mit dieser Eigenschaft?
b) Nenne fünf weitere Zahlen, die diese Bedingungen erfüllen!

25. a) Schreibe drei beliebige aufeinanderfolgende Zahlen auf und prüfe, ob sich darunter eine durch drei teilbare Zahl befindet. Ist das stets der Fall?
b) Gilt das auch für zwei beliebige aufeinanderfolgende Zahlen?
c) Untersuche die Situation für vier, fünf und sechs aufeinanderfolgende Zahlen! Wie oft befinden sich Zahlen darunter, die durch 3 teilbar sind?
d) Wie viele durch 3 teilbare Zahlen befinden sich unter 50 aufeinanderfolgenden Zahlen mindestens? Wie viele höchstens?

26. Birgit und Frauke vereinbaren folgendes Spiel. Sie zeichnen auf ein Blatt Papier sechs nebeneinanderliegende Felder. Dann schreiben sie abwechselnd so lange je eine der Ziffern von 0 bis 9 in ein beliebiges noch freies Feld, bis alle Felder besetzt sind. Verschiedene Felder dürfen dabei mit derselben Ziffer belegt werden.
Auf diese Weise entsteht eine sechsstellige Zahl.

Beispiel

0	4	2	0	7	1

a) Die beiden legen fest: Wer die letzte Ziffer hinschreibt, hat gewonnen, wenn die entstandene sechsstellige Zahl durch 3 teilbar ist. Daraufhin besteht Birgit darauf, daß Frauke anfängt. Warum wohl?
b) Nenne einen weiteren Teiler dieser sechsstelligen Zahl, bei dem der 2. Spieler durch geschicktes Spiel den Gewinn erzwingen kann! Wie muß er jeweils seine Ziffern wählen?
c) Für welche Teiler kann der 1. Spieler mit der 1. Ziffer das Spiel direkt für sich entscheiden?
d) Wie wird Birgit ihre Taktik bei der Teilbarkeit durch 3 ändern, wenn das Spielfeld auf 5 Felder verkleinert wird?

III. Primfaktorzerlegung

1. Zur Einführung

Suchen wir alle Teiler einer Zahl, so können wir nach der Anzahl der Teiler folgende Fälle unterscheiden:

1) Die Zahl 1 hat nur **einen** Teiler.
2) Alle Primzahlen haben genau **zwei** Teiler.
3) Alle anderen Zahlen haben **drei oder mehr** Teiler. Diese Zahlen nennt man zusammengesetzte Zahlen, weil man sie als Produkt nichttrivialer Teiler darstellen kann.

Wie man alle Teiler einer zusammengesetzten Zahl finden kann, zeigt das folgende

Beispiel: Wir bestimmen alle Teiler von 24.
Wir schreiben die Zahl 24 auf alle möglichen Arten als Produkt komplementärer Teiler:
$24 = 1 \cdot 24 = 2 \cdot 12 = 3 \cdot 8 = 4 \cdot 6 = 6 \cdot 4 = 8 \cdot 3 = 12 \cdot 2 = 24 \cdot 1$
Also ist $T_{24} = \{1; 2; 3; 4; 6; 8; 12; 24\}$.

Ordnet man die Produkte komplementärer Teiler so wie im Beispiel an, daß der erste Faktor – beginnend mit 1 – von Produkt zu Produkt größer wird, dann wird der zweite Faktor von Produkt zu Produkt kleiner. Man kann das Verfahren abbrechen, wenn der erste Faktor größer als der zweite ist. Wegen des Kommutativgesetzes der Multiplikation wiederholen sich von dieser Stelle an bereits ermittelte Teiler.

Beispiele

1) $45 = 1 \cdot 45 = 3 \cdot 15 = 5 \cdot 9\,(= 9 \cdot 5 = 15 \cdot 3 = 45 \cdot 1)$;
$T_{45} = \{1; 3; 5; 9; 15; 45\}$.
2) $36 = 1 \cdot 36 = 2 \cdot 18 = 3 \cdot 12 = 4 \cdot 9 = 6 \cdot 6\,(= 9 \cdot 4 = \ldots)$;
$T_{36} = \{1; 2; 3; 4; 6; 9; 12; 18; 36\}$.

Ist die zusammengesetzte Zahl groß, kann dieses Verfahren zur Bestimmung aller Teiler einer Zahl jedoch zu umständlich werden. Auf Seite 33 werden wir ein Verfahren kennenlernen, das uns in diesen Fällen weiterhelfen kann.

2. Primfaktordarstellung

Wir wissen, daß sich zusammengesetzte Zahlen als Produkte nichttrivialer Teiler schreiben lassen.

Beispiele **1)** $36 = 3 \cdot 12$ **2)** $40 = 4 \cdot 10$ **3)** $54 = 9 \cdot 6$ **4)** $30 = 3 \cdot 10$

In dieser Produktdarstellung einer zusammengesetzten Zahl können die Faktoren Primzahlen oder zusammengesetzte Zahlen sein. Ist ein Faktor eine zusammengesetzte Zahl, kann man diese wieder in ein Produkt aus zwei nichttrivialen Teilern zerlegen. Dieses Verfahren kann man fortsetzen, bis alle Faktoren Primzahlen sind.

Beispiele

1) $36 = 3 \cdot 12 = 3 \cdot 2 \cdot 6 = 3 \cdot 2 \cdot 2 \cdot 3$
2) $40 = 4 \cdot 10 = 2 \cdot 2 \cdot 2 \cdot 5$
3) $54 = 9 \cdot 6 = 3 \cdot 3 \cdot 2 \cdot 3$
4) $30 = 3 \cdot 10 = 3 \cdot 2 \cdot 5$

Wir fassen das Ergebnis zusammen:

Jede zusammengesetzte Zahl läßt sich als Produkt von Primzahlen schreiben.

Diese Produktdarstellung heißt **Primfaktordarstellung**.

Beispiele

1) $36 = 3 \cdot 2 \cdot 2 \cdot 3$
2) $40 = 2 \cdot 2 \cdot 2 \cdot 5$
3) $54 = 3 \cdot 3 \cdot 2 \cdot 3$
4) $30 = 3 \cdot 2 \cdot 5$

In der Regel ordnet man die Faktoren in einer Primfaktordarstellung der Größe nach. Gleiche Primzahlen können zu **Primzahlpotenzen** zusammengefaßt werden.

Beispiele

1) $36 = 2 \cdot 2 \cdot 3 \cdot 3 = 2^2 \cdot 3^2$
2) $40 = 2 \cdot 2 \cdot 2 \cdot 5 = 2^3 \cdot 5$
3) $54 = 2 \cdot 3 \cdot 3 \cdot 3 = 2 \cdot 3^3$
4) $30 = 2 \cdot 3 \cdot 5$

3. Eindeutigkeit der Primfaktordarstellung

Man kann eine Zahl auf verschiedene Arten in ein Produkt von Primfaktoren zerlegen.

Beispiele

1) $36 = 2 \cdot 18 = 2 \cdot 2 \cdot 9 = 2 \cdot 2 \cdot 3 \cdot 3 = 2^2 \cdot 3^2$
2) $36 = 4 \cdot 9 = 2 \cdot 2 \cdot 3 \cdot 3 = 2^2 \cdot 3^2$
3) $36 = 3 \cdot 12 = 3 \cdot 3 \cdot 4 = 3 \cdot 3 \cdot 2 \cdot 2 = 2^2 \cdot 3^2$
4) $36 = 6 \cdot 6 = 2 \cdot 3 \cdot 2 \cdot 3 = 2^2 \cdot 3^2$

Wie wir sehen, hängt das Ergebnis der Zerlegung in Primfaktoren nicht davon ab, wie man vorgegangen ist. Man kommt immer zur gleichen Primfaktordarstellung.

An dieser Stelle können wir erklären, warum man die Zahl 1 nicht zu den Primzahlen zählt.

Beispiel

Wäre 1 eine Primzahl, dann hätte 6 nicht nur die Primfaktordarstellung $6 = 2 \cdot 3$, sondern auch:

$6 = 1 \cdot 2 \cdot 3$; $6 = 1^2 \cdot 2 \cdot 3$; $6 = 1^3 \cdot 2 \cdot 3$; ....

In diesem Fall wäre die Primfaktordarstellung nicht mehr **eindeutig** bestimmt.

4. Aufsuchen der Primfaktordarstellung

Sucht man die Primfaktordarstellung einer zusammengesetzten Zahl, dann kann man von leicht erkennbaren Teilern der Zahl ausgehen. Diese Teiler werden dann weiter zerlegt.

Beispiele

1) $180 = 18 \cdot 10 = 2 \cdot 9 \cdot 2 \cdot 5 = 2 \cdot 3 \cdot 3 \cdot 2 \cdot 5 = 2 \cdot 2 \cdot 3 \cdot 3 \cdot 5 = 2^2 \cdot 3^2 \cdot 5$
2) $1200 = 12 \cdot 100 = 2 \cdot 6 \cdot 2 \cdot 50 = 2 \cdot 2 \cdot 3 \cdot 2 \cdot 2 \cdot 25 = 2 \cdot 2 \cdot 3 \cdot 2 \cdot 2 \cdot 5 \cdot 5 = 2^4 \cdot 3 \cdot 5^2$

In manchen Fällen sind nichttriviale Teiler nicht unmittelbar erkennbar. Dann prüft man, mit der kleinsten Primzahl beginnend, durch welche Primzahlen die zu zerlegende Zahl teilbar ist. Bei diesen Zerlegungen kann man die Teilbarkeitsregeln mit Vorteil anwenden.

Beispiele

1) $252 = 2 \cdot 126 = 2 \cdot 2 \cdot 63 = 2 \cdot 2 \cdot 3 \cdot 21 = 2 \cdot 2 \cdot 3 \cdot 3 \cdot 7 = 2^2 \cdot 3^2 \cdot 7$
2) $945 = 3 \cdot 315 = 3 \cdot 3 \cdot 105 = 3 \cdot 3 \cdot 3 \cdot 35 = 3 \cdot 3 \cdot 3 \cdot 5 \cdot 7 = 3^3 \cdot 5 \cdot 7$

5. Alle Teiler einer Zahl

Mit Hilfe der Primfaktordarstellung einer Zahl kann man alle ihre Teiler ermitteln. Die Teiler werden aus den Primfaktoren der Primfaktordarstellung gebildet. Dieses Verfahren bietet sich an, wenn das früher behandelte Verfahren (Seite 31) zu umständlich ist.

Beispiel

Wir bestimmen alle Teiler von 180.

Die Primfaktordarstellung von 180 ist $2^2 \cdot 3^2 \cdot 5$. Sie enthält **fünf** Primfaktoren; nichttriviale Teiler von 180 dürfen also höchstens **vier** Primzahlen enthalten.

Teiler, die aus **einer** Primzahl gebildet werden:
2, **3** und **5**.

Teiler, die aus **zwei** Primzahlen gebildet werden:
$2 \cdot 2 = \mathbf{4}$, $2 \cdot 3 = \mathbf{6}$, $2 \cdot 5 = \mathbf{10}$, $3 \cdot 3 = \mathbf{9}$, $3 \cdot 5 = \mathbf{15}$.

Teiler, die aus **drei** Primzahlen gebildet werden:
$2 \cdot 2 \cdot 3 = \mathbf{12}$, $2 \cdot 2 \cdot 5 = \mathbf{20}$, $2 \cdot 3 \cdot 3 = \mathbf{18}$, $2 \cdot 3 \cdot 5 = \mathbf{30}$, $3 \cdot 3 \cdot 5 = \mathbf{45}$.

Teiler, die aus **vier** Primzahlen gebildet werden:
$2 \cdot 2 \cdot 3 \cdot 3 = \mathbf{36}$, $2 \cdot 2 \cdot 3 \cdot 5 = \mathbf{60}$, $2 \cdot 3 \cdot 3 \cdot 5 = \mathbf{90}$.

Dazu kommen die trivialen Teiler **1** und **180**. Alle Teiler von 180 sind:
1; 2; 3; 4; 5; 6; 9; 10; 12; 15; 18; 20; 30; 36; 45; 60; 90; 180.

Aufgaben und Beispiele

Primfaktorzerlegungen

1. Zerlege in Primfaktoren!

a) 12 **b)** 18 **c)** 20 **d)** 24 **e)** 30
f) 32 **g)** 36 **h)** 45 **i)** 52 **j)** 56
k) 60 **l)** 70 **m)** 72 **n)** 80 **o)** 84
p) 90 **q)** 96 **r)** 98 **s)** 102 **t)** 104

2. Berechne im Kopf!

a) 2^3 **b)** 3^2 **c)** 4^2 **d)** 5^3 **e)** 6^3
f) 2^5 **g)** 3^4 **h)** 4^3 **i)** 2^8 **j)** 10^6

3. Mit welcher Zahl muß man $2^4 \cdot 3^2$ multiplizieren, um die folgenden Zahlen zu erhalten?

a) $2^5 \cdot 3^2$ **b)** $2^4 \cdot 3^4$ **c)** $2^5 \cdot 3^5$ **d)** $2^4 \cdot 3^4 \cdot 5^2$

4. Nenne je drei Zahlen, die nur den Primfaktor **a)** 2, **b)** 3, **c)** 5, **d)** 7 haben!

5. Nenne drei Zahlen, die nur zwei verschiedene Primfaktoren enthalten!

a) 2 und 3 **b)** 2 und 5 **c)** 3 und 5

6. Zerlege in Primfaktoren und fasse gleiche Primzahlen zu Potenzen zusammen!

a) 100 **b)** 120 **c)** 124 **d)** 128
e) 250 **f)** 324 **g)** 365 **h)** 396
i) 400 **j)** 484 **k)** 576 **l)** 625
m) 676 **n)** 780 **o)** 784 **p)** 6561

7. Verfahre wie in Aufgabe 6!

a) 1000 **b)** 1024 **c)** 1275 **d)** 1400
e) 3348 **f)** 3136 **g)** 3375 **h)** 5472
i) 6912 **j)** 7272 **k)** 8892 **l)** 9648

8. Wie heißt die kleinste Zahl, die in ihrer Primfaktordarstellung genau
a) zwei, **b)** drei, **c)** vier
verschiedene Primfaktoren enthält?

9. a) Zerlege die Quadratzahlen von 4 bis 400 in Primfaktoren und stelle die Produkte in der Potenzschreibweise dar!
b) Vergleiche die Exponenten (Hochzahlen) miteinander! Warum erhält man nur gerade Exponenten?

Teiler einer Zahl

10. a) Durch welche Zahlen ist das Produkt $2 \cdot 3 \cdot 5 \cdot 7$ teilbar? Nenne alle Teiler!
b) Warum ist das Produkt nicht durch 18 teilbar?

11. Zerlege die Zahl in Primfaktoren und bestimme alle ihre Teiler!

a) 6 **b)** 8 **c)** 10 **d)** 12 **e)** 18
f) 30 **g)** 36 **h)** 45 **i)** 60 **j)** 64

12. Verfahre wie in Aufgabe 11!

a) 72 **b)** 87 **c)** 102 **d)** 144 **e)** 195
f) 204 **g)** 225 **h)** 300 **i)** 340 **j)** 370

13. Bei den folgenden Produkten ist jeweils nur ein Faktor bekannt. Der unbekannte Faktor wird durch n dargestellt. Durch welche Zahlen lassen sich die Produkte auf jeden Fall teilen?

a) $2 \cdot n$ **b)** $3 \cdot n$ **c)** $6 \cdot n$ **d)** $8 \cdot n$
e) $10 \cdot n$ **f)** $15 \cdot n$ **g)** $20 \cdot n$ **h)** $25 \cdot n$
i) $36 \cdot n$ **j)** $40 \cdot n$ **k)** $49 \cdot n$ **l)** $84 \cdot n$

14. Cowboy Joe betritt die Bar. Er verlangt eine Flasche Whisky für 3 Dollar, eine Tabakpfeife für 6 Dollar, 3 Päckchen Tabak und 6 Schachteln Streichhölzer. Der Preis für den Tabak und die Streichhölzer ist ihm nicht bekannt. Der Barkeeper verlangt 11 Dollar. Darauf greift Joe zur Pistole. Warum?

15. Auf einem Schiff befinden sich mehr als vier Kinder. Ihre Anzahl ist aber kleiner als das Alter des Kapitäns an Jahren, und diese Zahl ist wiederum kleiner als die Schiffslänge in Metern. Multipliziert man schließlich alle drei Zahlen miteinander, so ergibt sich als Produkt 32118.
a) Wie viele Kinder befinden sich an Bord?
b) Wie alt ist der Kapitän?
c) Wie lang ist das Schiff?

Bild 8

16. Das Produkt $4 \cdot n$ stellt eine durch 4 teilbare Zahl dar.
a) Warum läßt sich $4 \cdot n + 1$ nicht durch 4 teilen, unabhängig davon, welche Zahl für n gewählt wird?
b) Wie heißt die nächstgrößere durch 4 teilbare Zahl?

17. Welche beiden Zahlen haben jeweils drei Primfaktoren, deren Summe 11 ist, und eine Quadratzahl als Teiler?

§ 2 Gemeinsame Vielfache und gemeinsame Teiler

I. Gemeinsame Vielfache

1. Zur Einführung

An einer Bushaltestelle fahren die Busse der Linien 920 und 924 um 7.00 Uhr gleichzeitig ab (Bild 1). Die Linie 920 verkehrt im Abstand von 10 Minuten, die Linie 924 im Abstand von 15 Minuten.

Wann fahren Busse beider Linien wieder zur gleichen Zeit von dieser Haltestelle ab?

Bild 1

Wir schreiben die Anzahl der Minuten auf, die vergehen, bis ein Bus der Linie 920 wieder von der Haltestelle abfährt:

10, 20, 30, 40, 50, 60, 70, 80, 90, ...

Es sind Vielfache von 10.

Entsprechend notieren wir für die Busse der Linie 924:

15, 30, 45, 60, 75, 90, ...

Es sind Vielfache von 15.

Wir erkennen, daß die Busse 30, 60, 90, ... Minuten nach 7.00 Uhr wieder zur gleichen Zeit von der Haltestelle abfahren.

Die Zahlen 30, 60, 90, ... sind gemeinsame Vielfache von 10 und 15.

2. Gemeinsame Vielfache mehrerer Zahlen

Wir haben gesehen, daß unter den Vielfachen von zwei Zahlen **gemeinsame Vielfache** beider Zahlen von Bedeutung sind. Wir betrachten dazu noch weitere

Beispiele:

1) 5 und 7 haben die gemeinsamen Vielfachen 35, 70, 105, ...
2) 9 und 27 haben die gemeinsamen Vielfachen 27, 54, 81, ...
3) 4 und 6 haben die gemeinsamen Vielfachen 12, 24, 36, ...
4) 30 ist kein gemeinsames Vielfaches von 12 und 15, da 30 kein Vielfaches von 12 ist.

Man kann auch von mehr als zwei Zahlen gemeinsame Vielfache bilden.

Beispiele

1) 10, 30 und 50 haben die gemeinsamen Vielfachen 150, 300, 450, … .
2) 12, 15, 20 und 30 haben die gemeinsamen Vielfachen 60, 120, 180, … .

Wir erkennen an diesen Beispielen, daß es unendlich viele gemeinsame Vielfache von mehreren Zahlen gibt.

3. Kleinstes gemeinsames Vielfaches

Wir haben im einführenden Beispiel festgestellt, daß die Busse der Linien 920 und 924 nach 30, 60, 90, … Minuten wieder zur gleichen Zeit von der Haltestelle abfahren. Fragen wir, nach welcher Zeit die Busse beider Linien zum ersten Mal wieder gemeinsam von der Haltestelle abfahren, dann müssen wir das kleinste der gemeinsamen Vielfachen von 10 und 15 bilden. Nach 30 Minuten fahren die Busse beider Linien zum ersten Mal wieder gemeinsam von der Haltestelle ab.

Man kann von zwei oder mehr Zahlen stets das **kleinste gemeinsame Vielfache** bilden.

Beispiele

1) Das kleinste gemeinsame Vielfache von 5 und 7 ist 35.
2) Das kleinste gemeinsame Vielfache von 9 und 27 ist 27.
3) Das kleinste gemeinsame Vielfache von 4 und 6 ist 12.
4) Das kleinste gemeinsame Vielfache von 10, 30 und 50 ist 150.
5) Das kleinste gemeinsame Vielfache von 12, 15, 20 und 30 ist 60.

Wir schreiben das kleinste gemeinsame Vielfache von 4 und 6:

kgV (4|6) (gelesen: „k-g-V von 4 und 6“). Es ist also: kgV (4|6) = 12.

Beispiele **1)** kgV (5|7) = 35 **2)** kgV (9|27) = 27 **3)** kgV (10|30|50) = 150

Aufgaben und Beispiele

Zum Einstieg
Bild 2 zeigt die Vielfachen der Zahlen 2 und 3 am Zahlenstrahl. Welche Zahlen treten in beiden Zahlenreihen gemeinsam auf?
Bestimme entsprechend gemeinsame Vielfache von
a) 4 und 6, **b)** 6 und 8, **c)** 3 und 4,
d) 2 und 5, **e)** 6 und 9, **f)** 4 und 10!

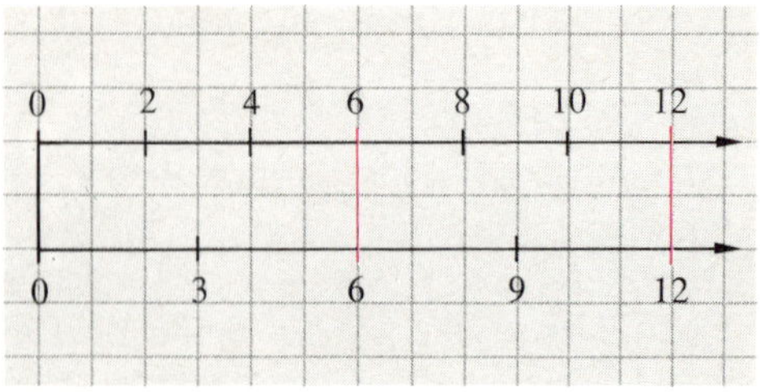

Bild 2

Gemeinsame Vielfache

1. Bestimme die fünf kleinsten Vielfachen sowie das kleinste gemeinsame Vielfache von
a) 2 und 3, **b)** 2 und 4, **c)** 3 und 4,
d) 4 und 6, **e)** 6 und 8, **f)** 8 und 10,
g) 6 und 12, **h)** 8 und 12, **i)** 10 und 15!

2. Bestimme die Vielfachen der beiden Zahlen bis zum kgV!
a) 15; 21 **b)** 18; 24 **c)** 20; 25
d) 21; 35 **e)** 72; 144 **f)** 72; 90
g) 51; 85 **h)** 38; 114 **i)** 100; 120
j) 60; 108 **k)** 54; 90 **l)** 44; 110

3. Suche im Kopf die kleinste Zahl, die die folgenden Teiler enthält!
a) 6 und 10 **b)** 5 und 15
c) 15 und 20 **d)** 14 und 21
e) 20 und 30 **f)** 8 und 20
g) 4 und 7 **h)** 9 und 15
i) 6 und 9 **j)** 8 und 12

4. Bestimme das kgV im Kopf!
a) 3; 7 **b)** 4; 16 **c)** 12; 16
d) 10; 25 **e)** 20; 50 **f)** 12; 18
g) 24; 36 **h)** 12; 48 **i)** 26; 39
j) 30; 40 **k)** 30; 45 **l)** 17; 68

5. Herr Simmel geht mit seiner kleinen Tochter spazieren. Während er eine Schrittlänge von 75 cm hat, beträgt die Schrittlänge seiner Tochter 30 cm. In welchen Abständen treten beide gemeinsam auf?

6. Ein Zahnrad mit 15 Zähnen dreht ein anderes mit 24 Zähnen. Nach wieviel Umdrehungen eines jeden Rades greifen wieder dieselben Zähne ineinander?

7. Suche drei Beispiele und beantworte die Frage!
a) Wann ist das kgV von zwei Zahlen die größere der beiden Zahlen?
b) Wann erhält man das kgV von zwei Zahlen, indem man beide Zahlen miteinander multipliziert?

8. Mit einem Metronom (Bild 3) kann man das Tempo eines Musikstückes messen.
a) Zwei Metronome stehen nebeneinander. Das eine tickt alle 4, das andere alle 6 Zehntelsekunden. Wann hört man beide gleichzeitig?
b) Zu den beiden Metronomen aus Aufgabe a) wird noch ein weiteres hinzugestellt, das alle 8 Zehntelsekunden tickt. Wann hört man alle drei gleichzeitig?

Bild 3

9. Bestimme das kgV im Kopf!
a) 2; 3; 4 **b)** 2; 6; 8
c) 4; 5; 10 **d)** 6; 10; 12
e) 10; 15; 25 **f)** 6; 9; 12
g) 14; 21; 84 **h)** 6; 22; 33

10. Acht Mieter eines Hauses vereinbaren, an jedem Werktag solle morgens jeweils einer von ihnen Zeitungen und Brötchen für alle kaufen gehen. Der Reihe nach muß also jeder an jedem 8. Tag (der Sonntag wird ausgelassen) früh aufstehen. Herr Riese ärgert sich; denn er ist erstmalig an einem Samstag an der Reihe.
a) Wann wird das wieder der Fall sein?
b) Gibt es bei dieser Regelung einen Mieter, der niemals an einem Samstag früh aufzustehen braucht?
c) Was ändert sich bei den Antworten zu a) und b), falls 7 bzw. 6 Mieter diese Vereinbarung treffen?
d) Inwiefern spielt bei der Lösung dieser Aufgabe das kgV eine Rolle?

II. Gemeinsame Teiler

1. Zur Einführung

In einer Kantine werden jeden Tag zwei verschiedene Gerichte ausgegeben; das eine kostet 4,50 DM, das andere 6,00 DM. Damit das Personal während der Ausgabe des Essens nicht auch noch Geld wechseln muß, sollen die Mahlzeiten mit Essenmarken bezahlt werden (Bild 4). Es sollen einheitliche Essenmarken ausgegeben werden, mit denen beide Gerichte bezahlt werden können.

Welchen Wert kann eine einzelne Essenmarke dann haben?

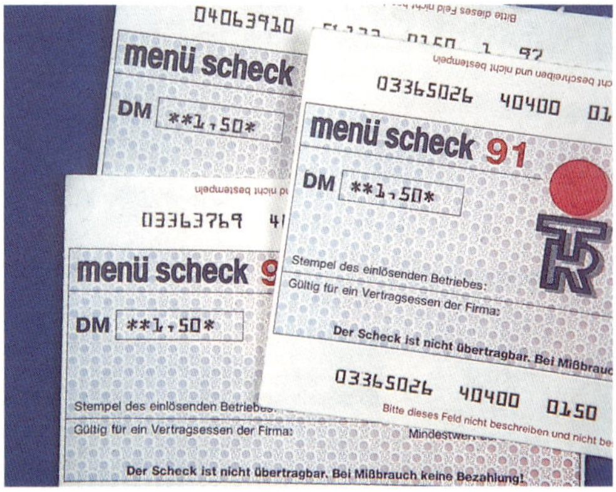

Bild 4

Die Preise von 4,50 DM (= 450 Pf) und von 6,00 DM (= 600 Pf) kann man bezahlen, wenn der Wert jeder Essenmarke einer der folgenden Beträge wäre:

1 Pf, 2 Pf, 5 Pf, 10 Pf, 25 Pf, 50 Pf, 75 Pf oder 150 Pf.

Man erkennt, daß die Maßzahl des Preises einer Essenmarke ein Teiler von 450 und 600, also ein **gemeinsamer Teiler** von 450 und 600 sein muß.

Natürlich ist es zweckmäßig, jede Mahlzeit mit **möglichst wenigen** Essenmarken bezahlen zu können. Daher wählt man unter den gemeinsamen Teilern von 450 und 600 den **größten** aus, also 150. Man wird also Essenmarken im Wert von 1,50 DM ausgeben.

2. Gemeinsame Teiler mehrerer Zahlen

Wir haben gesehen, daß unter den Teilern zweier Zahlen **gemeinsame Teiler** von beiden Zahlen von Bedeutung sind. Wir betrachten weitere

Beispiele:

1) 5 und 7 haben nur den gemeinsamen Teiler 1.
2) 3 und 9 haben die gemeinsamen Teiler 1 und 3.
3) 4 und 6 haben die gemeinsamen Teiler 1 und 2.
4) 12 und 18 haben die gemeinsamen Teiler 1, 2, 3 und 6.

Man kann auch von mehr als zwei Zahlen gemeinsame Teiler bilden.

Beispiele

1) 6, 9 und 15 haben die gemeinsamen Teiler 1 und 3.
2) 18, 36, 42 und 54 haben die gemeinsamen Teiler 1, 2, 3 und 6.

3. Teilerfremde Zahlen

Zwei Zahlen haben stets einen gemeinsamen Teiler, nämlich den trivialen Teiler 1. Haben die Zahlen keinen weiteren gemeinsamen Teiler, dann heißen die Zahlen **teilerfremd**.

Beispiele

1) 2 und 3 sind teilerfremd; denn 2 und 3 haben nur den gemeinsamen Teiler 1.
2) 16 und 21 sind teilerfremd; denn 16 und 21 haben nur den gemeinsamen Teiler 1.
3) 15 und 18 sind nicht teilerfremd; denn die beiden Zahlen haben außer 1 auch 3 als gemeinsamen Teiler.

4. Größter gemeinsamer Teiler

Im einführenden Beispiel haben wir gesehen, daß unter den gemeinsamen Teilern von zwei Zahlen der größte eine besondere Bedeutung haben kann.

Von zwei oder mehreren Zahlen kann man stets den **größten gemeinsamen Teiler** bilden.

Beispiele

1) Der größte gemeinsame Teiler von 5 und 7 ist 1.
2) Der größte gemeinsame Teiler von 9 und 27 ist 9.
3) Der größte gemeinsame Teiler von 12 und 18 ist 6.
4) Der größte gemeinsame Teiler von 6, 9 und 15 ist 3.
5) Der größte gemeinsame Teiler von 18, 36, 42 und 54 ist 6.

Wir schreiben den größten gemeinsamen Teiler von 12 und 18:

ggT (12|18) (gelesen: „g-g-T von 12 und 18“). Es ist also: ggT (12|18) = 6.

Beispiele **1)** ggT (5|7) = 1 **2)** ggT (9|27) = 9 **3)** ggT (6|9|15) = 3

Aufgaben und Beispiele

Zum Einstieg
Einige Staaten haben beschlossen, einen Vertrag miteinander auszuhandeln. Zu der vereinbarten Konferenz schicken alle Länder gleich viele Abgeordnete; zusammen sind das 48 Teilnehmer. Während der Konferenz kommt es zu Unstimmigkeiten. Einige Länder fordern ihre Abgeordneten auf, vorzeitig zurückzukehren. So verbleiben schließlich noch 30 Teilnehmer, die den Vertrag unterzeichnen. Was läßt sich über die Anzahl der beteiligten Staaten und die Größe der Delegationen aussagen?

Bild 5

Gemeinsame Teiler

1. Bestimme die Teiler von beiden Zahlen und ermittle die gemeinsamen Teiler!

a) 4; 6 **b)** 6; 12 **c)** 8; 12
d) 9; 12 **e)** 10; 15 **f)** 12; 18
g) 16; 24 **h)** 18; 24 **i)** 20; 28
j) 42; 48 **k)** 28; 42 **l)** 36; 48
m) 21; 49 **n)** 15; 33 **o)** 32; 63

2. Ermittle im Kopf den größten gemeinsamen Teiler!

a) 20; 30 **b)** 40; 80 **c)** 32; 48
d) 14; 42 **e)** 18; 54 **f)** 16; 27
g) 8; 30 **h)** 54; 81 **i)** 50; 75
j) 25; 36 **k)** 40; 64 **l)** 28; 63
m) 15; 105 **n)** 52; 65 **o)** 56; 84

3. Bestimme den ggT!

a) 18; 57 **b)** 26; 65 **c)** 48; 64
d) 75; 90 **e)** 56; 84 **f)** 85; 119
g) 17; 19 **h)** 21; 63 **i)** 80; 112
j) 49; 196 **k)** 48; 112 **l)** 66; 84
m) 132; 144 **n)** 42; 210 **o)** 164; 188

4. Suche jeweils drei Beispiele und beantworte die Frage!

a) Wann ist der ggT von zwei Zahlen die kleinere Zahl?

b) Wann erhält man als ggT die Zahl 1?

5. a) Der ggT von 24 und 28 ist 4. Welche weiteren gemeinsamen Teiler haben daher die Zahlen 24 und 28?

b) Nenne drei Zahlenpaare, deren ggT 12 ist!

6. a) Sabine hat ein 5-*l*- und ein 7-*l*-Gefäß. Wie kann sie damit durch Umschütten die Rauminhalte 2 *l*, 4 *l*, 3 *l*, 1 *l* ermitteln, wenn ein weiteres leeres Gefäß zur Verfügung steht?

b) Kann sie diese Rauminhalte auch mit einem 4-*l*- und einem 6-*l*-Gefäß bestimmen?

c) Welche Bedingung müssen die Maßzahlen der Rauminhalte von beiden Gefäßen erfüllen, damit ein Inhalt von 1 *l* (und damit auch jeder andere Inhalt) bestimmt werden kann?

7. Im Diagramm von Bild 6 sind alle Teiler von 72 dargestellt. Zugleich erkennt man aber z.B. auch, daß der ggT von 18 und 12 die Zahl 6 ist, bzw. daß das kgV von 18 und 12 die Zahl 36 ist.
Ermittle anhand des Diagramms den ggT und das kgV der Zahlen

a) 12 und 8, **b)** 36 und 24, **c)** 9 und 4,
d) 18 und 4, **e)** 18 und 2, **f)** 6 und 8!

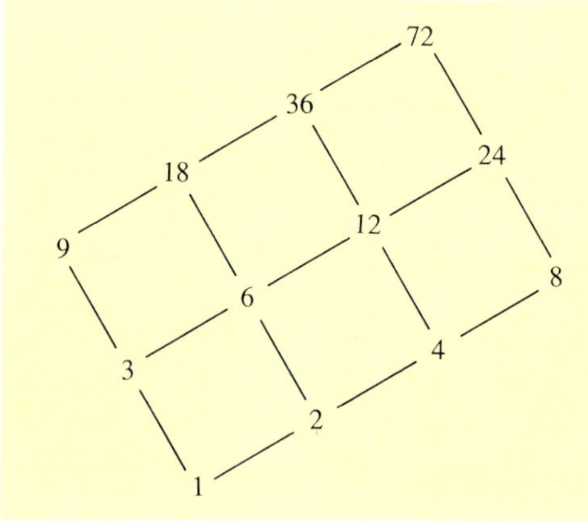

Bild 6

8. Erstelle ein Diagramm wie in Bild 6, aus dem der ggT und das kgV von 10 und 25 abgelesen werden können! (Hinweis: Überlege, welche Primfaktoren in 10 bzw. 25 enthalten sind!)

9. Untersuche, ob die folgenden Zahlen teilerfremd sind!

a) 5; 7 **b)** 4; 9 **c)** 6; 15
d) 20; 21 **e)** 12; 22 **f)** 31; 93
g) 28; 57 **h)** 51; 81 **i)** 56; 91
j) 69; 72 **k)** 25; 42 **l)** 40; 63

10. Als Ali Baba mit 32 seiner 40 Räuber einen Schatz von Goldstücken erbeutet hatte, sprach er zu seinen Kumpanen: „Wir könnten unsere Beute heute zwar ohne Rest unter uns 33 so aufteilen, daß alle dieselbe Zahl an Goldstücken erhalten. Wir wollen aber auch die anderen, die heute nicht dabei waren, nicht vergessen. Unser Schatz läßt sich ja auch durch 41 ohne Rest teilen."
Wie groß war die Beute mindestens?

III. Bestimmung des kgV und des ggT

1. Bestimmung des kgV von zwei Zahlen

In vielen Fällen kann man das kgV von zwei Zahlen ohne weiteres „im Kopf“ bestimmen.

Bild 7

Beispiele

1) kgV (2|3) = 6
2) kgV (4|8) = 8
3) kgV (8|12) = 24

Besonders einfach ist die Bestimmung des kgV, wenn beide Zahlen teilerfremd sind wie in Beispiel 1); in diesem Fall ist das Produkt der beiden Zahlen das kgV.
Ist eine der beiden Zahlen Vielfaches der anderen wie in Beispiel 2), dann ist diese Zahl das kgV.

Ist das kgV nicht sofort zu erkennen, bildet man der Reihe nach die Vielfachen der größten Zahl und prüft bei jedem Schritt, ob es sich auch um ein Vielfaches der anderen Zahl handelt.

Beispiele

1) Es soll das kgV (8|20) bestimmt werden.
Unter den Vielfachen von 20: 20, 40, 60, … ist 40 die erste Zahl, die auch Vielfaches von 8 ist. Also gilt: kgV (8|20) = 40.
2) Es ist das kgV (15|50) zu bestimmen.
Man bildet 50, 100, 150, 200, … . Also gilt: kgV (15|50) = 150.

2. Bestimmung des kgV von mehreren Zahlen

Die Bestimmung des kgV vereinfacht sich, wenn eine dieser Zahlen Teiler einer der anderen Zahlen ist. In diesem Fall kann man den Teiler unberücksichtigt lassen.

Beispiele

1) kgV (3|6|8) = kgV (6|8) = 24
2) kgV (5|10|15) = kgV (10|15) = 30
3) kgV (2|3|9|10) = kgV (9|10) = 90
4) kgV (2|3|6|15) = kgV (6|15) = 30

Im anderen Fall bestimmt man zunächst das kgV von zwei Zahlen, dann das kgV von dieser Zahl und einer dritten Zahl usw.

Beispiele

1) kgV (4|5|6) = kgV (20|6) = 60
2) kgV (6|8|10) = kgV (24|10) = 120
3) kgV (2|3|5|7) = kgV (6|5|7) = kgV (30|7) = 210 oder kürzer:
kgV (2|3|5|7) = kgV (6|35) = 210

3. Bestimmung des ggT mit dem Euklidischen Algorithmus

Den ggT von zwei Zahlen kann man in vielen Fällen unmittelbar „im Kopf" bestimmen.

Beispiele

1) ggT (4|9) = 1 **2)** ggT (6|18) = 6 **3)** ggT (6|8) = 2

Die Bestimmung ist besonders einfach, wenn man erkennt, daß die zwei Zahlen teilerfremd sind wie in Beispiel 1); dann ist der ggT der Zahlen gleich 1.

Ist eine der beiden Zahlen Teiler der anderen wie in Beispiel 2), dann ist diese Zahl der ggT.

Ist der ggT zweier Zahlen nicht sofort zu erkennen, bildet man die Differenz der beiden Zahlen. Die gemeinsamen Teiler beider Zahlen sind nach der Differenzenregel Teiler der Differenz. Damit ist auch der ggT beider Zahlen Teiler der Differenz.

Beispiele

1) Gesucht ist der ggT (78|66).
Alle gemeinsamen Teiler von 78 und 66 sind auch Teiler von 78 − 66 = 12.
Unter den Teilern von 12 erkennen wir 6 als den ggT (78|66).

2) Gesucht ist der ggT (207|184).
Alle gemeinsamen Teiler von 207 und 184 sind auch Teiler von 207 − 184 = 23.
Eine Überprüfung zeigt: ggT (207|184) = 23.

Dieses Verfahren bietet sich an, wenn die Differenz wie in Beispiel 1) klein ist gegenüber den gegebenen Zahlen oder wenn sie wie in Beispiel 2) eine Primzahl ist.

Das Verfahren kann man noch weiterführen.

Beispiel Gesucht ist der ggT (135|81).
135 − 81 = 54.

Wir wissen, daß alle gemeinsamen Teiler von 135 und 81 auch Teiler von 54 sind (Differenzenregel). Umgekehrt sind auch alle gemeinsamen Teiler von 81 und 54 Teiler von 135 (Summenregel).

Es gilt also: ggT (135|81) = ggT (81|54).
Da 81 − 54 = 27 ist, gilt auch: ggT (81|54) = ggT (54|27).
Da 54 − 27 = 27 ist, gilt auch: ggT (54|27) = ggT (27|27).
Selbstverständlich ist ggT (27|27) = 27.

Der Gleichung	entspricht die Gleichung:
135 − 81 = 54	ggT (135|81) = ggT (81|54)
81 − 54 = 27	ggT (81|54) = ggT (54|27)
54 − 27 = 27	ggT (54|27) = ggT (27|27)

Also gilt: ggT (135|81) = 27.

Dieses Verfahren nennt man **Euklidischen Algorithmus**[1].

[1] Euklid (um 300 v. Chr.), griech. Mathematiker

Beispiele

1) Gesucht ist der ggT (209|152).

$$\begin{aligned} 209 - 152 &= 57 \\ 152 - 57 &= 95 \\ 95 - 57 &= 38 \\ 57 - 38 &= 19 \\ 38 - 19 &= 19 \end{aligned} \qquad \text{also} \qquad \begin{aligned} \text{ggT}(209|152) &= \text{ggT}(152|57) \\ &= \text{ggT}(95|57) \\ &= \text{ggT}(57|38) \\ &= \text{ggT}(38|19) \\ &= \text{ggT}(19|19) \\ &= 19 \end{aligned}$$

Also ist ggT (209|152) = 19.

2) Gesucht ist der ggT (147|105).

$$\begin{aligned} 147 - 105 &= 42 \\ 105 - 42 &= 63 \\ 63 - 42 &= 21 \\ 42 - 21 &= 21 \end{aligned} \qquad \text{also} \qquad \begin{aligned} \text{ggT}(147|105) &= \text{ggT}(105|42) \\ &= \text{ggT}(63|42) \\ &= \text{ggT}(42|21) \\ &= \text{ggT}(21|21) \\ &= 21 \end{aligned}$$

Also ist ggT (147|105) = 21.

4. Bestimmung des ggT und des kgV durch Primfaktorzerlegung

Ein anderes Verfahren, den ggT und das kgV von zwei oder mehr Zahlen zu bestimmen, beruht auf der Primfaktordarstellung der betreffenden Zahlen. Es hat den Vorteil, auch bei größeren Zahlen und bei mehr als zwei Zahlen schnell zum Ziel zu führen.

Beispiel Gesucht sind der ggT (24|36) und das kgV (24|36).

Wir zerlegen beide Zahlen in ihre Primfaktoren.

$$\begin{aligned} 24 &= \boxed{2} \cdot \boxed{2} \cdot 2 \cdot \boxed{3} \\ 36 &= \boxed{2} \cdot \boxed{2} \cdot \boxed{3} \cdot 3 \end{aligned}$$

Bei der Bestimmung des ggT brauchen wir nur die Faktoren zu berücksichtigen, die in **beiden** Zahlen auftreten. Aus diesem Grund haben wir diese Faktoren untereinander geschrieben. Bei den anderen Faktoren haben wir eine Lücke gelassen. Man erkennt sofort, daß

$$\text{ggT}(24|36) = 2 \cdot 2 \cdot 3 = 12$$

ist.

In der Primfaktordarstellung des kgV müssen die Primfaktoren von **jeder** der beiden Zahlen vorkommen. Allerdings sind die Faktoren, die in **beiden** Zahlen auftreten, nur **einmal** zu berücksichtigen. Daher gilt:

$$\text{kgV}(24|36) = 2 \cdot 2 \cdot 2 \cdot 3 \cdot 3 = 8 \cdot 9 = 72.$$

Die Primfaktordarstellung erlaubt zugleich die Bestimmung des ggT und des kgV.

Beispiele

1) Gesucht sind der ggT (12|54|90) und das kgV (12|54|90).

$$\begin{array}{rcccccccl} 12 = & 2 & \cdot 2 \cdot & 3 & & & & & \\ 54 = & 2 & \cdot & 3 & \cdot 3 & \cdot 3 & & & \\ 90 = & 2 & \cdot & 3 & \cdot 3 & & \cdot 5 & & \\ \hline \text{ggT}(12|54|90) = & 2 & \cdot & 3 & & & & = 6 \\ \text{kgV}(12|54|90) = & 2 & \cdot 2 \cdot & 3 & \cdot 3 & \cdot 3 & \cdot 5 & = 540 \end{array}$$

oder

$$\begin{array}{rl} 12 = & 2^2 \cdot 3 \\ 54 = & 2 \cdot 3^3 \\ 90 = & 2 \cdot 3^2 \cdot 5 \\ \hline \text{ggT}(12|54|90) = & 2 \cdot 3 = 6 \\ \text{kgV}(12|54|90) = & 2^2 \cdot 3^3 \cdot 5 = 540 \end{array}$$

2) Gesucht sind der ggT (36|60|84) und das kgV (36|60|84).

$$\begin{array}{rccccccccl} 36 = & 2 & \cdot & 2 & \cdot & 3 & \cdot 3 & & & \\ 60 = & 2 & \cdot & 2 & \cdot & 3 & & \cdot 5 & & \\ 84 = & 2 & \cdot & 2 & \cdot & 3 & & & \cdot 7 & \\ \hline \text{ggT}(36|60|84) = & 2 & \cdot & 2 & \cdot & 3 & & & & = 12 \\ \text{kgV}(36|60|84) = & 2 & \cdot & 2 & \cdot & 3 & \cdot 3 & \cdot 5 & \cdot 7 & = 1260 \end{array}$$

oder

$$\begin{array}{rl} 36 = & 2^2 \cdot 3^2 \\ 60 = & 2^2 \cdot 3 \cdot 5 \\ 84 = & 2^2 \cdot 3 \cdot 7 \\ \hline \text{ggT}(36|60|84) = & 2^2 \cdot 3 = 12 \\ \text{kgV}(36|60|84) = & 2^2 \cdot 3^2 \cdot 5 \cdot 7 = 1260 \end{array}$$

Es ist zweckmäßig, die Primfaktordarstellung der Zahlen in einer Nebenrechnung zu bestimmen. Dann kann man gleiche Primfaktoren in der natürlichen Reihenfolge untereinander schreiben und gegebenenfalls Lücken lassen. Tut man das nicht, muß man in Kauf nehmen, daß nicht alle Primfaktoren in der natürlichen Reihenfolge auftreten.

Beispiel

Gesucht sind der ggT (75|90|120) und das kgV (75|90|120).

$$\begin{array}{rcccccccccl} 75 = & 3 & \cdot & 5 & \cdot 5 & & & & & \\ 90 = & 3 & \cdot & 5 & & \cdot 2 & \cdot 3 & & & \\ 120 = & 3 & \cdot & 5 & & \cdot 2 & & \cdot 2 & \cdot 2 & \\ \hline \text{ggT}(75|90|120) = & 3 & \cdot & 5 & & & & & & = 15 \\ \text{kgV}(75|90|120) = & 3 & \cdot & 5 & \cdot 5 & \cdot 2 & \cdot 3 & \cdot 2 & \cdot 2 & = 1800 \end{array}$$

Aufgaben und Beispiele

Bestimmung des kgV

1. Bestimme im Kopf das kgV!

a) 14; 21 **b)** 20; 25 **c)** 18; 36
d) 6; 10 **e)** 16; 20 **f)** 6; 13
g) 15; 25 **h)** 24; 72 **i)** 21; 28

2. Berechne!

a) 2^3 **b)** 3^2 **c)** 10^3 **d)** 5^3 **e)** 3^4
f) 2^7 **g)** $2^2 \cdot 3^2$ **h)** $3^3 \cdot 5^2$ **i)** $3^2 \cdot 2^4$ **j)** $2^3 \cdot 5^3$

3. Zerlege in Primfaktoren!

a) 28 **b)** 32 **c)** 36 **d)** 40 **e)** 48
f) 54 **g)** 64 **h)** 80 **i)** 81 **j)** 96

4. Zerlege in Primfaktoren und stelle in Potenzschreibweise dar!

a) 120 **b)** 125 **c)** 140 **d)** 144
e) 160 **f)** 176 **g)** 180 **h)** 200
i) 225 **j)** 256 **k)** 324 **l)** 400
m) 450 **n)** 484 **o)** 576 **p)** 600

5. Bestimme das kgV!

a) $2^2; 3^2$ **b)** $2^3 \cdot 3; 2^2 \cdot 3$

c) $2 \cdot 3 \cdot 5; 2^2 \cdot 3^2 \cdot 5^2$ **d)** $2 \cdot 3^3; 2^2 \cdot 3^2$

e) $2^2 \cdot 3 \cdot 5^2; 2 \cdot 3^2 \cdot 5$ **f)** $2^4 \cdot 3^3; 2 \cdot 3 \cdot 5$

g) $3^3 \cdot 5^2; 2^2 \cdot 3^2$ **h)** $2^3 \cdot 3^2 \cdot 5; 2^2 \cdot 3^2 \cdot 7$

6. Zerlege in Primfaktoren und bestimme das kgV!

a) 32; 80 **b)** 80; 96 **c)** 64; 160

d) 80; 176 **e)** 27; 72 **f)** 52; 117

g) 36; 84 **h)** 175; 210 **i)** 144; 216

j) 135; 180 **k)** 250; 400 **l)** 375; 625

m) 100; 140 **n)** 240; 280 **o)** 243; 405

Bestimmung des ggT

7. Ermittle im Kopf den ggT!

a) 16; 24 **b)** 28; 42 **c)** 56; 72

d) 52; 91 **e)** 36; 96 **f)** 24; 72

g) 20; 33 **h)** 68; 102 **i)** 48; 64

8. Bestimme den ggT mit Hilfe des Euklidischen Algorithmus!

a) 48; 84 **b)** 32; 40 **c)** 76; 342

d) 168; 504 **e)** 45; 585 **f)** 222; 592

g) 54; 243 **h)** 22; 132 **i)** 440; 275

9. Bestimme den ggT der Zahlen in

a) Aufgabe 5, **b)** Aufgabe 6!

10. Zerlege in Primfaktoren und ermittle den ggT und das kgV!

a) 42; 105 **b)** 90; 315 **c)** 51; 119

d) 168; 224 **e)** 115; 184 **f)** 121; 55

g) 108; 144 **h)** 162; 108 **i)** 425; 170

j) 324; 288 **k)** 264; 484 **l)** 96; 640

11. Verfahre wie in Aufgabe 10!

a) 12; 20; 15 **b)** 8; 18; 36

c) 9; 10; 15 **d)** 14; 21; 28

e) 20; 30; 40 **f)** 4; 16; 32

g) 24; 36; 12 **h)** 25; 75; 15

i) 6; 30; 21 **j)** 60; 50; 24

12. Verfahre wie in Aufgabe 10!

a) 45; 81; 225 **b)** 24; 72; 60

c) 56; 70; 84 **d)** 52; 78; 39

e) 10; 11; 12 **f)** 20; 25; 45

13. Bestimme den ggT und das kgV durch Primfaktorzerlegung!

a) 100; 120; 150 **b)** 125; 8; 40

c) 250; 200; 75 **d)** 30; 110; 66

e) 81; 625; 16 **f)** 84; 336; 48

14. Löse das Kreuzzahlrätsel!

Waagerecht:

1. Quadratzahl
3. Ein Teiler von 1. waagerecht
5. Ein gemeinsames Vielfaches von 2 und 3
6. kgV (8|52)
7. Ein Vielfaches von 3
10. Eine Zahl, die durch 23 teilbar ist
12. Diese Zahl ist 10 größer als 8. senkrecht
14. Die Zahl in 5. waagerecht ist ein Teiler dieser Zahl
16. kgV (5|7)
17. Quadratzahl zwischen 100 und 200

Senkrecht:

1. ggT (99|121)
2. kgV (9|47)
3. kgV (8|20)
4. $2^3 \cdot 3 \cdot 5 \cdot 7$
6. 9 und 13 sind Teiler dieser Zahl
8. 2^8
9. Man erhält diese Zahl, indem man in 7. waagerecht die Einer- und Hunderterziffer vertauscht.
11. Vielfaches von 1. waagerecht
13. Ein Teiler von 325
15. Primzahl zwischen 20 und 30

§ 3 Einführung der Brüche

I. Brüche

1. Zur Einführung

Thomas erzählt seinem Freund Karsten: „Wir haben heute in unserer Klasse abgestimmt, ob wir bei unserem Ausflug eine Hafenrundfahrt in Duisburg machen, den Zoo in Wuppertal besuchen oder zum Halterner See fahren sollen. Von den 30 Schülern unserer Klasse will ein Drittel nach Duisburg, zwei Fünftel wollen nach Wuppertal und der Rest will nach Haltern."

Karsten überlegt, wohin die Fahrt nun geht.

Ein Drittel von 30 Schülern, also der dritte Teil von 30 Schülern, sind 10 Schüler (Bild 1).

Um auszurechnen, wieviel zwei Fünftel von 30 Schülern sind, berechnet Karsten zunächst, wieviel ein Fünftel von 30 Schülern ist: das ist der fünfte Teil, also 6 Schüler. Dann sind zwei Fünftel von 30 Schülern 12 Schüler (Bild 2).

Wenn 10 Schüler nach Duisburg und 12 Schüler nach Wuppertal wollen, dann bleiben noch 8 Schüler, die sich für Haltern entschieden haben. Also geht die Fahrt nach Wuppertal.

Bild 1

Bild 2

2. Die Anwendung von Brüchen auf Größen

Ähnliche Angaben wie in diesem Beispiel begegnen uns oft bei Größen: zwei Drittel Tafeln Schokolade, drei Viertel Liter Milch, drei Achtel Würfel Holz oder drei halbe Kuchen.

Diese Größenangaben können wir mit Hilfe von **Brüchen** schreiben:

$$\frac{2}{3}\text{ Tafeln Schokolade, } \frac{3}{4}\,l\text{ Milch, } \frac{3}{8}\text{ Würfel Holz, } \frac{3}{2}\text{ Kuchen.}$$

In diesen Beispielen werden Brüche jeweils auf eine Größe angewendet. Wir wollen erklären, wie diese Größenangaben zu verstehen sind.

Beispiele

1) „$\frac{2}{3}$ Tafeln Schokolade" bedeutet, daß wir eine Tafel Schokolade in drei gleich große Teile zerlegen und zwei dieser Teile nehmen, also den dritten Teil einer Tafel Schokolade zweimal nehmen (Bild 3).

Bild 3

2) „$\frac{3}{4}$ *l* Milch" bedeutet, daß wir den vierten Teil von 1 *l* Milch dreimal nehmen (Bild 4).

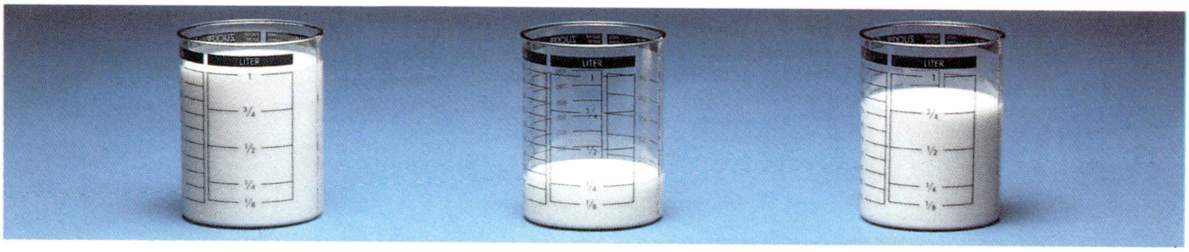

Bild 4

3) „$\frac{3}{8}$ Würfel Holz" bedeutet, daß wir den Würfel in acht gleich große Teile zerlegen und drei Teile nehmen (Bild 5).

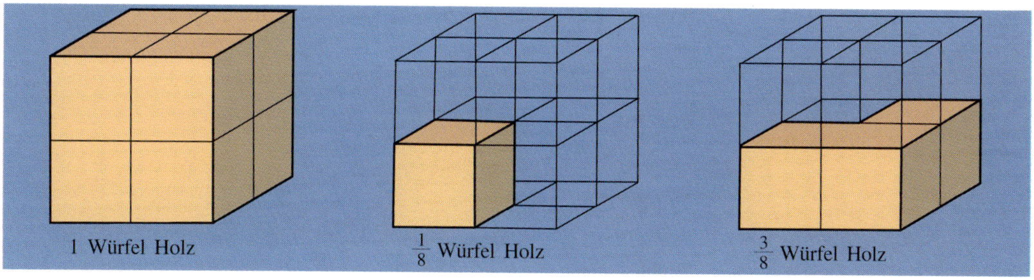

Bild 5

An diesen Beispielen erkennen wir, wie man einen Bruch auf eine Größe anwendet.

Man wendet einen Bruch $\frac{a}{b}$ auf eine Größe an, indem man

1) die Größe durch b teilt und

2) das Ergebnis a-mal nimmt.

a und b sind natürliche Zahlen, wobei $b \neq 0$ sein muß; denn das Zerlegen in b gleiche Teile ist nur möglich, wenn b von 0 verschieden ist.
Man nennt die Zahl a den **Zähler** und die Zahl b den **Nenner** des Bruches $\frac{a}{b}$. Der Strich zwischen a und b heißt **Bruchstrich**.

3. Der Zähler eines Bruches kann größer als der Nenner sein

Ist der Zähler eines Bruches größer als der Nenner, dann kann man folgendermaßen vorgehen.

Beispiel Es soll erklärt werden, was „$\frac{3}{2}$ Kuchen" bedeutet.

Halbiert man **einen** Kuchen, so erhält man zwei Hälften; davon kann man keine drei Hälften nehmen. Man muß statt dessen **mindestens zwei** Kuchen halbieren. Nimmt man davon drei Hälften, so erhält man $\frac{3}{2}$ Kuchen (Bild 6).

Bild 6

4. Eine andere Erklärung der Anwendung von Brüchen auf Größen

Wir haben erklärt, was $\frac{3}{4}\,l$ bedeutet: wir nehmen den **vierten** Teil von 1 *l* **dreimal** (Bild 4). Wir können auch so vorgehen, daß wir das **Dreifache** von 1 *l* durch **vier** teilen. Dieses Teilen können wir wie in Bild 7 oder wie in Bild 8 durchführen.

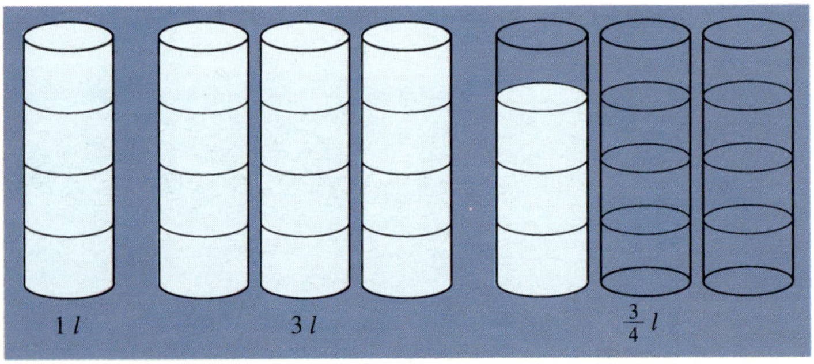

Bild 7

Bild 8

In jedem Fall erhalten wir das Ergebnis, das auch in Bild 4 veranschaulicht ist. Wir können also die Anwendung eines Bruches auf eine Größe auch folgendermaßen erklären:

Man wendet den Bruch $\frac{a}{b}$ auf eine Größe an, indem man

1) die Größe a-mal nimmt und
2) das Ergebnis durch b teilt.

Beim Anwenden eines Bruches auf eine Größe können wir also zuerst die Größe durch den Nenner teilen und das Ergebnis mit dem Zähler malnehmen oder zuerst die Größe mit dem Zähler malnehmen und dann das Ergebnis durch den Nenner teilen. In beiden Fällen kommt man zum gleichen Endergebnis.
Bei beiden Verfahren kann der Zähler des Bruches größer als der Nenner sein.

Beispiel

$\frac{5}{4}$ m erhält man, indem man den vierten Teil von 1 m fünfmal nimmt (Bild 9).

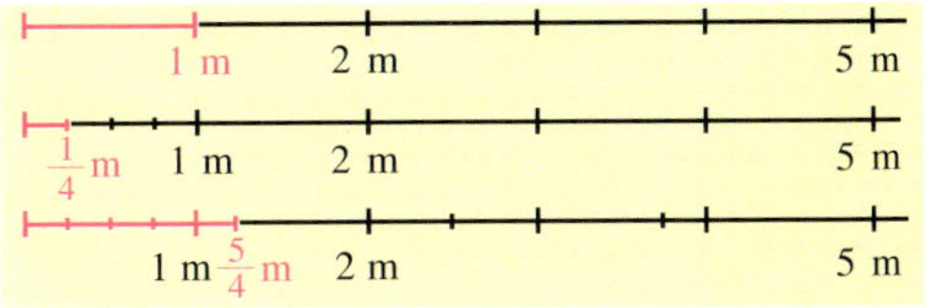

Bild 9

$\frac{5}{4}$ m erhält man auch, indem man das Fünffache von 1 m durch 4 teilt (Bild 10).

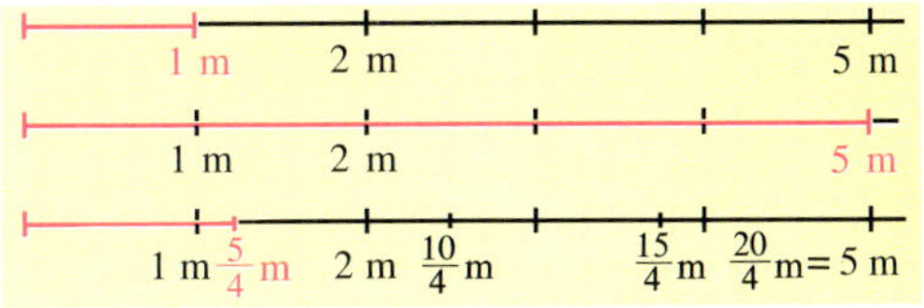

Bild 10

5. Berechnung von Bruchteilen einer Größe

Wenn man einen Bruch $\frac{a}{b}$ auf eine Größe anwendet, erhält man einen Bruchteil dieser Größe. Um diesen Bruchteil zu berechnen, kann man die Größe zunächst in b gleiche Teile zerlegen. Dabei sind mehrere Fälle zu unterscheiden.

1) Die Maßzahl der Größe läßt sich durch b dividieren.

Beispiel

Was bedeutet $\frac{3}{4}$ von 60 DM?

$\frac{1}{4}$ von 60 DM = 15 DM; denn es gilt: 60 DM : 4 = 15 DM;

$\frac{3}{4}$ von 60 DM = 45 DM; denn es gilt: $3 \cdot 15$ DM = 45 DM.

2) Die Maßzahl der Größe läßt sich nicht durch b dividieren. Man kann aber die Maßeinheit durch eine kleinere Maßeinheit ersetzen, und die sich daraus ergebende neue Maßzahl läßt sich durch b dividieren.

Beispiel

Was bedeutet $\frac{8}{5}$ von 4 DM?

$\frac{8}{5}$ von 4 DM = $\frac{8}{5}$ von 400 Pf; denn es gilt: 1 DM = 100 Pf;

$\frac{1}{5}$ von 400 Pf = 80 Pf und $\frac{8}{5}$ von 400 Pf = 640 Pf; also gilt:

$\frac{8}{5}$ von 4 DM = 640 Pf = 6,40 DM.

3) Man kann die Maßzahl nicht durch b dividieren, selbst dann nicht, wenn man die Maßeinheit durch eine kleinere ersetzt hat.

Beispiel

Was bedeutet $\frac{2}{3}$ von 5 m?

5 m = 50 dm = 500 cm = 5000 mm.

Auch die Zahlen 50, 500 und 5000 lassen sich nicht durch 3 dividieren.

Wir können $\frac{2}{3}$ von 5 m mit den uns bekannten Maßeinheiten und Maßzahlen nicht ausdrücken.

Wir werden neue Zahlen kennenlernen, so daß wir auch in diesem letzten Fall den Bruchteil der gegebenen Größe ausdrücken können.

Aufgaben und Beispiele

Zum Einstieg

Schau dir das nebenstehende Bild an!

a) In wie viele gleich große Teile ist der Kuchen geteilt? Welcher Anteil des Kuchens ist ein Stück?

b) Silvia hat sich sofort zwei Stücke auf ihren Teller gelegt (Bild 11). Welchen Anteil des Kuchens hat sie genommen? Welcher Anteil liegt noch auf dem Tortenblech?

c) Martin legt dann Julia und sich selbst je ein Stück auf den Teller. Wie viele Stücke sind nun insgesamt vergeben? Welcher Anteil des Kuchens ist das?

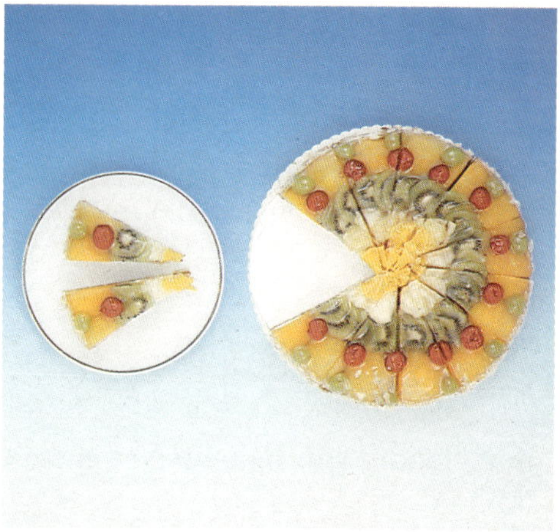

Bild 11

Zum Begriff des Bruches

1. Die Klasse 6a hat 24 Schüler. Wie viele von ihnen bilden

a) eine Hälfte, **b)** ein Drittel,
c) ein Sechstel, **d)** drei Viertel,
e) drei Achtel, **f)** fünf Zwölftel?

2. Eine Orange läßt sich in 15 gleich große Teile zerlegen. Wie viele Stücke bilden

a) ein Drittel, **b)** ein Fünftel,
c) vier Fünftel, **d)** zwei Fünfzehntel?

3. Ein Losverkäufer bietet 200 Lose zum Verkauf an. Ein Viertel der Lose sind Gewinne, ein Vierzigstel sogar Hauptgewinne.

4. Eine Tafel Schokolade wiegt 100 g. Welches Gewicht haben

a) $\frac{3}{10}$ Tafeln, **b)** $\frac{7}{25}$ Tafeln,
c) $\frac{3}{50}$ Tafeln, **d)** $\frac{3}{2}$ Tafeln,
e) $\frac{5}{4}$ Tafeln, **f)** $\frac{7}{5}$ Tafeln?

5. Bei einem Test werden einem Bewerber 50 Fragen vorgelegt. Wenn er vier Fünftel davon richtig beantwortet, hat er die Prüfung bestanden.

6. Erläutere mit Worten, was die Brüche ausdrücken!

Beispiel

$\frac{3}{10}$ *l* Milch bedeutet:

Teile einen Liter Milch in 10 gleiche Teile und nimm 3 davon.

a) $\frac{2}{3}$ Tafeln Schokolade **b)** $\frac{3}{2}$ *l* Fruchtsaft
c) $\frac{4}{5}$ kg Käse **d)** $\frac{3}{4}$ Jahr **e)** $\frac{7}{6}$ h
f) $\frac{3}{20}$ min **g)** $\frac{3}{8}$ km **h)** $\frac{9}{5}$ cm

7. Welche Brüche sind in folgenden Bildern dargestellt?

a)

Bild 12

b)

Bild 13

8. In seinem berühmt gewordenen „Rechenbuch auff Linien“, das 1518 erstmals veröffentlicht wurde, schreibt Adam Ries (häufig auch Adam Riese genannt):

Willst du wissen, was man unter dem Bruch $\frac{3}{7}$ versteht, so dividiere durch den Nenner 7 und multipliziere mit dem Zähler 3!

Erläutere, inwiefern diese Anweisung mit unserer Regel für die Anwendung eines Bruches auf eine Größe übereinstimmt!

Anwenden von Brüchen

9. Rechne im Kopf!

a) $\frac{1}{2}$ von 20 Pf **b)** $\frac{3}{4}$ von 20 DM
c) $\frac{5}{8}$ von 24 km **d)** $\frac{2}{3}$ von 30 min
e) $\frac{2}{9}$ von 27 t **f)** $\frac{4}{5}$ von 45 cm
g) $\frac{5}{6}$ von 18 mm **h)** $\frac{3}{7}$ von 28 h
i) $\frac{3}{10}$ von 50 cm^2 **j)** $\frac{5}{12}$ von 60 *l*
k) $\frac{10}{11}$ von 33 g **l)** $\frac{3}{14}$ von 28 kg

10. Rechne im Kopf!

a) $\frac{3}{2}$ von 14 km **b)** $\frac{6}{5}$ von 25 h
c) $\frac{11}{6}$ von 42 min **d)** $\frac{9}{7}$ von 42 g
e) $\frac{9}{4}$ von 20 cm^3 **f)** $\frac{13}{3}$ von 9 t
g) $\frac{17}{8}$ von 32 a **h)** $\frac{15}{11}$ von 88 km^2
i) $\frac{15}{14}$ von 56 hl **j)** $\frac{19}{16}$ von 64 ha
k) $\frac{21}{20}$ von 100 dm **l)** $\frac{23}{12}$ von 36 mm

11. Schreibe ohne Bruch!

a) $\frac{6}{7}$ von 42 **b)** $\frac{3}{4}$ von 44
c) $\frac{4}{5}$ von 35 **d)** $\frac{4}{3}$ von 12
e) $\frac{5}{2}$ von 10 **f)** $\frac{7}{4}$ von 16
g) $\frac{9}{8}$ von 64 **h)** $\frac{13}{10}$ von 20

12. Schreibe die angegebene Größe zunächst in einer kleineren Einheit und berechne dann im Kopf!

a) $\frac{1}{5}$ von 1 cm **b)** $\frac{1}{4}$ von 1 m
c) $\frac{1}{8}$ von 1 kg **d)** $\frac{3}{4}$ von 1 h
e) $\frac{4}{5}$ von 1 t **f)** $\frac{5}{3}$ von 1 min
g) $\frac{5}{2}$ von 1 dm **h)** $\frac{3}{8}$ von 1 m

13. Verfahre wie in Aufgabe 12!

a) $\frac{11}{10}$ von 2 m **b)** $\frac{13}{20}$ von 3 h
c) $\frac{7}{3}$ von 2 min **d)** $\frac{9}{5}$ von 3 cm
e) $\frac{71}{50}$ von 3 hl **f)** $\frac{5}{8}$ von 2 km
g) $\frac{11}{6}$ von 5 h **h)** $\frac{3}{4}$ von 2 m^2

14. Wie viele Pfennige sind

a) $\frac{1}{2}$ DM, **b)** $\frac{1}{4}$ DM, **c)** $\frac{1}{10}$ DM,
d) $\frac{1}{5}$ DM, **e)** $\frac{1}{20}$ DM, **f)** $\frac{3}{10}$ DM,
g) $\frac{4}{5}$ DM, **h)** $\frac{3}{4}$ DM, **i)** $\frac{3}{50}$ DM,
j) $\frac{9}{100}$ DM, **k)** $\frac{13}{10}$ DM, **l)** $\frac{7}{20}$ DM?

15. Wie viele Meter sind

a) $\frac{1}{2}$ km, **b)** $\frac{1}{5}$ km, **c)** $\frac{3}{5}$ km,
d) $\frac{1}{4}$ km, **e)** $\frac{3}{4}$ km, **f)** $\frac{3}{20}$ km,
g) $\frac{7}{100}$ km, **h)** $\frac{5}{4}$ km, **i)** $\frac{9}{25}$ km,
j) $\frac{11}{200}$ km, **k)** $\frac{11}{10}$ km, **l)** $\frac{3}{8}$ km?

16. Wie viele Gramm sind

a) $\frac{1}{4}$ kg, **b)** $\frac{3}{4}$ kg, **c)** $\frac{2}{5}$ kg,
d) $\frac{3}{10}$ kg, **e)** $\frac{7}{20}$ kg, **f)** $\frac{2}{25}$ kg,
g) $\frac{9}{4}$ kg, **h)** $\frac{111}{100}$ kg, **i)** $\frac{3}{2}$ kg,
j) $\frac{11}{8}$ kg, **k)** $\frac{21}{20}$ kg, **l)** $\frac{251}{100}$ kg?

17. Wie viele Minuten sind

a) $\frac{1}{2}$ h, **b)** $\frac{1}{4}$ h, **c)** $\frac{1}{3}$ h, **d)** $\frac{1}{5}$ h,
e) $\frac{3}{4}$ h, **f)** $\frac{4}{5}$ h, **g)** $\frac{7}{12}$ h, **h)** $\frac{5}{6}$ h,
i) $\frac{7}{10}$ h, **j)** $\frac{9}{4}$ h, **k)** $\frac{31}{20}$ h, **l)** $\frac{3}{2}$ h?

18. Wie viele Liter sind

a) $\frac{1}{2}$ hl, **b)** $\frac{3}{4}$ hl, **c)** $\frac{5}{4}$ hl,
d) $\frac{9}{10}$ hl, **e)** $\frac{23}{20}$ hl, **f)** $\frac{51}{10}$ hl,
g) $\frac{7}{100}$ hl, **h)** $\frac{11}{25}$ hl, **i)** $\frac{32}{25}$ hl?

19. Wie viele Millimeter sind

a) $\frac{1}{2}$ cm, **b)** $\frac{1}{2}$ dm, **c)** $\frac{1}{2}$ m,
d) $\frac{2}{5}$ m, **e)** $\frac{3}{4}$ dm, **f)** $\frac{4}{5}$ cm,
g) $\frac{3}{2}$ cm, **h)** $\frac{7}{10}$ m, **i)** $\frac{3}{8}$ m,
j) $\frac{5}{4}$ dm, **k)** $\frac{9}{20}$ m, **l)** $\frac{7}{50}$ m?

20. Ergänze die fehlenden Zahlen!

a) $\frac{3}{5}$ DM = ... Pf **b)** $\frac{1}{60}$ h = ... min
c) $\frac{7}{4}$ km = ... m **d)** $\frac{3}{8}$ kg = ... g
e) $\frac{4}{5}$ cm = ... mm **f)** $\frac{3}{20}$ min = ... s
g) $\frac{13}{20}$ m = ... mm **h)** $\frac{7}{20}$ h = ... min
i) $\frac{27}{10}$ t = ... kg **j)** $\frac{11}{25}$ kg = ... g
k) $\frac{3}{4}$ cm^2 = ... mm^2 **l)** $\frac{3}{25}$ km^2 = ... m^2

21. Berechne, sofern es möglich ist! In manchen Beispielen läßt sich das Ergebnis nicht bestimmen. Erläutere in diesen Fällen, woran das liegt!

a) $\frac{4}{5}$ von 20 DM **b)** $\frac{4}{5}$ von 3 DM
c) $\frac{4}{7}$ von 3 DM **d)** $\frac{4}{3}$ h
e) $\frac{12}{11}$ h **f)** $\frac{12}{11}$ von 11 h
g) $\frac{7}{9}$ von 81 km **h)** $\frac{7}{9}$ km

22. Tina möchte einen Kassettenrecorder für 200 DM kaufen. Ein Viertel des Betrages hat sie schon gespart, zwei Fünftel will ihr eine Patentante geben.
Wieviel DM muß sie noch sparen?

23. Bei einer Mathematikarbeit sind 80 Punkte zu erreichen. Für die Note „5“ benötigt man ein Viertel, für eine „4“ die Hälfte, für eine „3“ fünf Achtel, für eine „2“ drei Viertel und für eine „1“ sieben Achtel der Punkte. Bestimme die Punktgrenzen für jede Note!

24. Wendet man den Bruch $\frac{3}{4}$ auf eine Größe an, so nimmt man den 4. Teil der Größe mit 3 mal. Die Darstellungen in Bild 14 veranschaulichen den Sachverhalt auf zwei Arten. In a) sind $\frac{3}{4}$ der Kreisfläche blau gefärbt; in b) sind 3 von 4 Kreisen blau gefärbt.

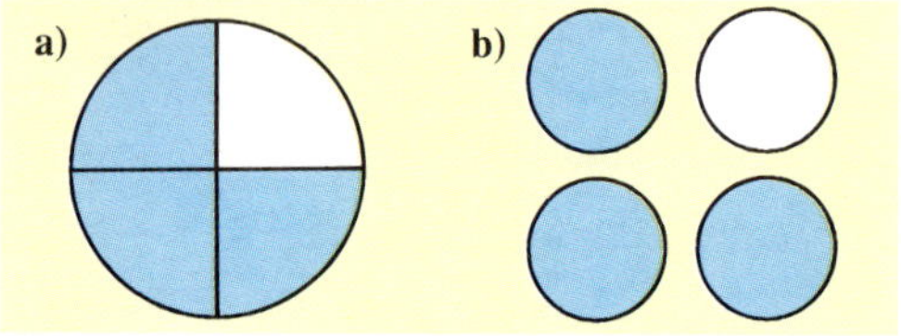

Bild 14

Veranschauliche die Brüche $\frac{1}{2}$, $\frac{2}{3}$, $\frac{3}{8}$ und $\frac{5}{6}$ auf zwei Arten anhand von Kreisflächen!

25. Beschreibe den Inhalt der folgenden Aussagen mit Worten ohne Bruchangabe!

Beispiel

„Vier Fünftel der Erdbevölkerung leben heute in Entwicklungsländern“
läßt sich auch so wiedergeben:
„Im Durchschnitt leben heute vier von fünf Menschen der Erdbevölkerung in Entwicklungsländern.“

a) Vier Dreißigstel aller Unterrichtsstunden einer 6. Klasse entfallen auf das Fach Mathematik.
b) Etwa zwölf Tausendstel aller Menschen auf der Erde leben in Deutschland.
c) In Deutschland wiesen 1990 etwa drei Fünftel der Waldflächen Schäden auf.
d) Ein geregelter Katalysator verringert schädliche Autoabgase um etwa neun Zehntel.

Bestimmen von Brüchen

26. Schreibe in der Einheit DM!

Beispiel

20 Pf = $\frac{20}{100}$ DM, weil 1 Pf = $\frac{1}{100}$ DM ist.

a) 60 Pf **b)** 95 Pf **c)** 7 Pf **d)** 250 Pf

27. Schreibe in der Einheit kg!
a) 240 g **b)** 36 g **c)** 500 g **d)** 1000 g

28. Schreibe in der Einheit km!
a) 7 m **b)** 900 m **c)** 1700 m **d)** 1 m

29. Schreibe in der Einheit h!
a) 20 min **b)** 45 min **c)** 80 min **d)** 1 min

30. Schreibe in der Einheit m!
a) 4 dm **b)** 17 cm **c)** 27 dm
d) 1750 mm **e)** 3 mm **f)** 180 cm

31. Peter zerlegt eine Orange in 16 gleich große Teile und nimmt sich 12 davon. Welcher Anteil ist das?

32. Eine Klasse hat 21 Schüler; 3 fehlen heute. Wie groß ist der Anteil?

33. Von 12 Stücken einer Torte werden 9 gegessen. Welcher Anteil bleibt übrig?

34. Bei einer Polizeikontrolle werden bei 8 von 48 überprüften Autos Mängel festgestellt. Welcher Anteil ist das?

35. Von 100 Männern in Deutschland sind im Durchschnitt 8 farbenblind. Wie groß ist der Anteil?

36. Bei einer Klassenarbeit sind 6 von 26 Arbeiten gut oder sehr gut. Bestimme den Anteil!

37. Claudia färbt von den 16 Feldern eines Quadrates 10 blau und 6 bleiben weiß (Bild 15). Bestimme die Farbanteile!

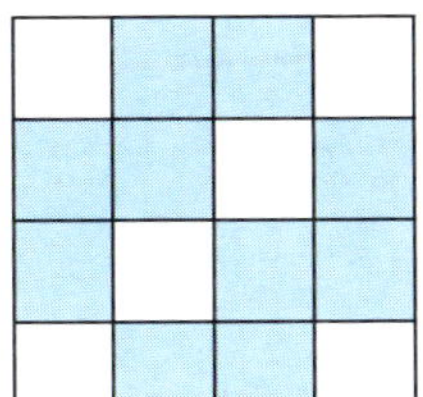

Bild 15

38. In einem Stadion mit einer 400 m-Laufbahn wird ein 1500 m-Lauf gestartet. Welchen Anteil der Strecke haben die Läufer zwei Runden nach dem Start zurückgelegt?

Aufgaben aus der Geometrie

39. Welcher Anteil der Kreisflächen in Bild 16 ist blau gefärbt?

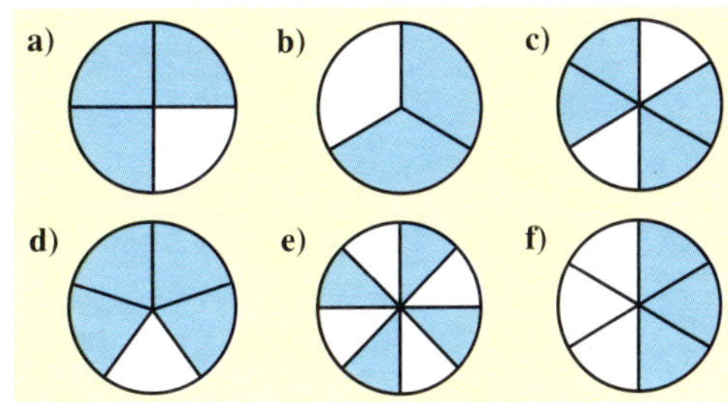

Bild 16

40. Welcher Anteil der Flächen in Bild 17 ist rot gefärbt?

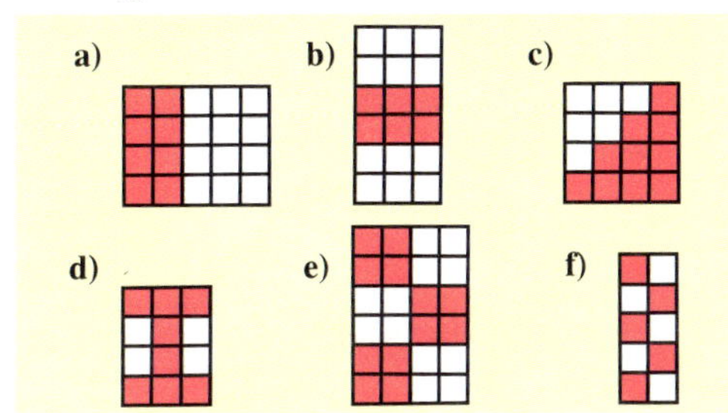

Bild 17

41. Welcher Anteil der Strecken in Bild 18 ist grün markiert?

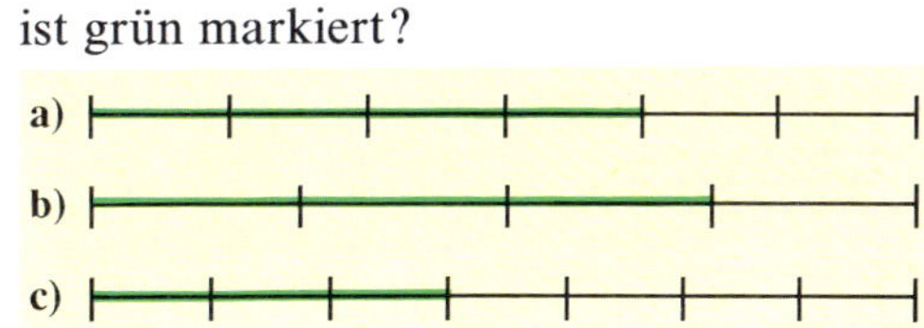

Bild 18

42. Welcher Anteil der Quadrate in Bild 19 ist blau gefärbt?

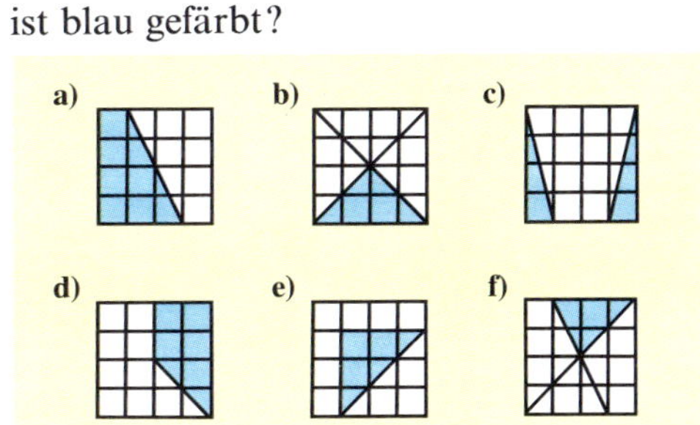

Bild 19

43. **a)** Zeichne mit dem Zirkel einen Kreis und teile ihn in Halbe, Viertel und Achtel!
b) Färbe drei Achtel des Kreises blau und fünf Achtel rot!

44. **a)** Zeichne in dein Heft (kariertes Papier) ein Rechteck, das 10 Kästchen lang und 6 Kästchen breit ist!
b) Teile das Rechteck in Fünftel!
c) Male drei Fünftel des Rechtecks gelb und zwei Fünftel blau aus!

Weiterführende Aufgaben

45. Bei einer Verkehrszählung werden an einer Zählstelle die vorbeikommenden Kraftfahrzeuge gezählt. Zwischen 8 Uhr und 9 Uhr morgens werden 200 Fahrzeuge notiert: 15 Motorräder, 160 Pkw und 25 Lkw (Bild 20). Wie groß ist der Anteil der Motorräder? Wie groß sind die Anteile der Pkw und der Lkw?

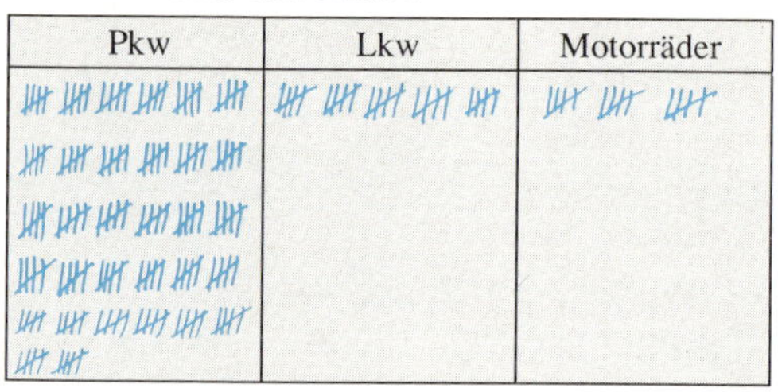

Bild 20

46. Karin wirft 60mal einen Würfel und erzielt 15 Sechsen. Wie groß ist der Anteil der Sechsen an der Gesamtzahl der Würfe? Wie viele Sechsen hätte sie etwa erwarten können?

47. Bei einem Fahrradrennen erreichten nur 32 Teilnehmer das Ziel. Das waren $\frac{2}{3}$ aller gestarteten Fahrer. Wie viele Fahrer haben teilgenommen?

48. „Jetzt haben wir schon $\frac{3}{4}$ der Strecke hinter uns und müssen immer noch 150 km fahren", sagt Nina zu ihren Eltern während der Fahrt in den Urlaub. Wie lang ist die Strecke insgesamt?

49. Ein Geschäft senkt alle Preise um $\frac{1}{3}$.
a) Was kostet jetzt ein Mantel, der vorher mit 240 DM ausgezeichnet war?
b) Wie teuer ist jetzt ein Paar Schuhe, das vorher 168 DM kostete?
c) Wie teuer war vorher ein Hemd, das nun zum Preis von 48 DM angeboten wird?

Bild 21

50. Ursula hat eine 24 cm hohe, zylindrisch geformte Kerze gekauft, die aus drei verschieden gefärbten Wachsschichten besteht. Die untere Schicht nimmt die Hälfte der Kerze ein, die darüberliegende $\frac{1}{3}$.
a) Ermittle die Höhen aller Schichten!
b) Wie groß ist der Anteil der obersten Schicht an der ganzen Kerze?

51. Uli hat $\frac{3}{4}$ kg Weintrauben zu 1,20 DM gekauft. Werner zahlte für $\frac{1}{2}$ kg 0,90 DM. Wer hat günstiger eingekauft?

52. Familie Sommer hat 18 Tage Urlaub gemacht. $\frac{1}{6}$ der Zeit hat es geregnet, $\frac{2}{9}$ der Zeit war der Himmel bedeckt, aber es war trocken. An den restlichen Tagen schien die Sonne. Bestimme den Anteil der Sonnentage im Urlaub!

53. Der Kessel eines Kaffeeautomaten faßt 150 l Wasser und ist zu $\frac{3}{5}$ gefüllt. Es werden 180 Tassen zu je $\frac{1}{4}$ l entnommen.
Wieviel Liter Wasser sind noch in dem Kessel und wie groß ist der Anteil am Kesselinhalt?

II. Erweitern und Kürzen

1. Zur Einführung

Bild 22

Bild 23

Bild 24

Sabine, Annette und Janine sind bei einer Hausaufgabe zu verschiedenen Ergebnissen gekommen. Es sollten 45 Minuten mit einem Bruch in der Einheit Stunden geschrieben werden. Sabine begründet ihr Ergebnis: „15 Minuten sind eine viertel Stunde, dann sind 45 Minuten drei viertel Stunden, also sind 45 min $= \frac{3}{4}$ h“ (Bild 22).

Annette meint: „5 Minuten sind der zwölfte Teil von einer Stunde, dann sind 45 Minuten neun zwölftel Stunden, also sind 45 min $= \frac{9}{12}$ h“ (Bild 23).

Janine berichtet: „Ich habe mir überlegt, daß eine Minute der 60. Teil einer Stunde ist, 45 Minuten sind dann $\frac{45}{60}$ Stunden, also sind 45 min $= \frac{45}{60}$ h“ (Bild 24).

2. Gleichwertige Brüche

Die Ergebnisse von Sabine, Annette und Janine sind alle richtig. Es gilt also:

$$\frac{3}{4}\,\text{h} = \frac{9}{12}\,\text{h} = \frac{45}{60}\,\text{h}.$$

Obwohl die drei Brüche $\frac{3}{4}$, $\frac{9}{12}$ und $\frac{45}{60}$ verschieden sind, sind die Größen $\frac{3}{4}$ h, $\frac{9}{12}$ h und $\frac{45}{60}$ h gleich. Die Brüche $\frac{3}{4}$, $\frac{9}{12}$ und $\frac{45}{60}$ nennen wir deshalb **gleichwertig**.

Beispiele

1) $\frac{2}{3}$, $\frac{4}{6}$, $\frac{6}{9}$, $\frac{8}{12}$, ... sind gleichwertige Brüche. Wenden wir sie auf einen Kuchen an, so erhalten wir immer den gleichen Teil des Kuchens (Bild 25).

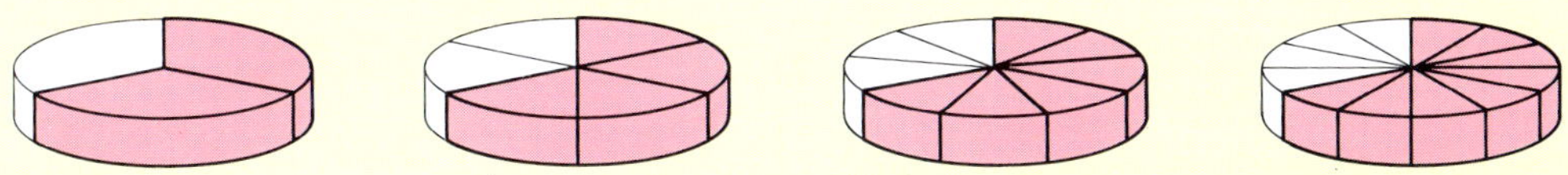

a) $\frac{2}{3}$ Kuchen **b)** $\frac{4}{6}$ Kuchen **c)** $\frac{6}{9}$ Kuchen **d)** $\frac{8}{12}$ Kuchen

Bild 25

An den Bildern 25 a) – d) erkennen wir, warum wir immer den gleichen Teil vom Kuchen erhalten. In demselben Maß, in dem wir die Kuchenstücke verkleinern, vergrößern wir die Anzahl der Kuchenstücke.

2) $\frac{3}{2}$, $\frac{6}{4}$, $\frac{9}{6}$, $\frac{12}{8}$, ... sind gleichwertige Brüche. Denn wenden wir sie auf eine Länge von 100 cm an, so erhalten wir immer die gleiche Länge (Bild 26).

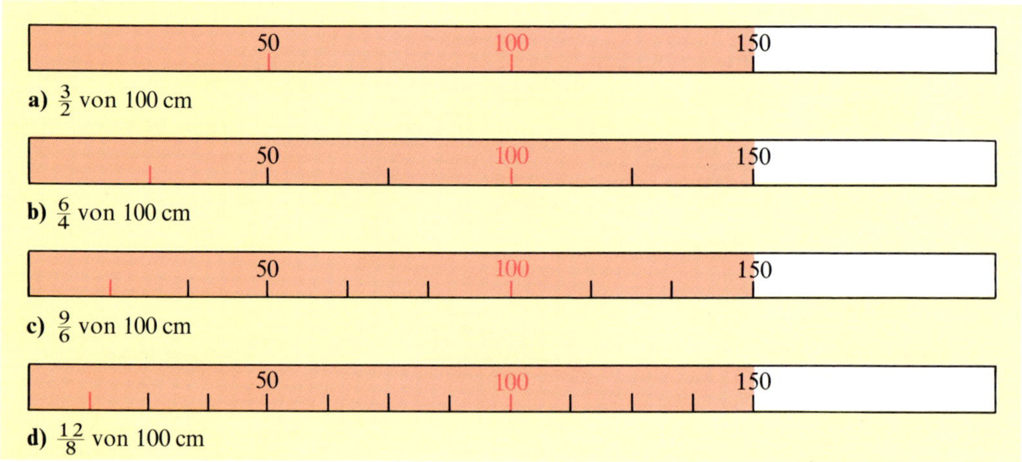

Bild 26

3. Erweitern

Aus dem Bruch $\frac{2}{3}$ entstehen die gleichwertigen Brüche $\frac{4}{6}$, $\frac{6}{9}$, $\frac{8}{12}$, ... rechnerisch, indem wir Zähler und Nenner mit derselben natürlichen Zahl multiplizieren.

Beispiele 1) $\frac{2}{3} \xrightarrow{2} \frac{2 \cdot 2}{3 \cdot 2} = \frac{4}{6}$; 2) $\frac{2}{3} \xrightarrow{4} \frac{2 \cdot 4}{3 \cdot 4} = \frac{8}{12}$.

Diese Umformung, bei der wir Zähler und Nenner mit derselben Zahl multiplizieren, nennen wir **Erweitern**.

Ein Bruch wird erweitert, indem man Zähler und Nenner mit derselben Zahl multipliziert:

$$\frac{a}{b} \xrightarrow{n} \frac{a \cdot n}{b \cdot n}.$$

Beispiele

1) $\frac{2}{5} \xrightarrow{3} \frac{6}{15}$ 2) $\frac{7}{4} \xrightarrow{5} \frac{35}{20}$ 3) $\frac{6}{13} \xrightarrow{4} \frac{24}{52}$

4. Kürzen

Wir haben durch Erweitern mit 4 aus dem Bruch $\frac{2}{3}$ den gleichwertigen Bruch $\frac{8}{12}$ erhalten. Aus dem Bruch $\frac{8}{12}$ entsteht umgekehrt der gleichwertige Bruch $\frac{2}{3}$, indem wir Zähler und Nenner durch dieselbe natürliche Zahl, nämlich 4, dividieren. Diese Zahl ist ein gemeinsamer Teiler von Zähler und Nenner.

Beispiele

1) Bei $\frac{4}{6}$ haben Zähler und Nenner den gemeinsamen Teiler 2.

Also gilt: $\frac{4}{6} \xrightarrow[2]{} \frac{4:2}{6:2} = \frac{2}{3}$.

2) Bei $\frac{16}{24}$ haben Zähler und Nenner den gemeinsamen Teiler 4.

Also gilt: $\frac{16}{24} \xrightarrow[4]{} \frac{16:4}{24:4} = \frac{4}{6}$.

Diese Umformung eines Bruches, bei der wir Zähler und Nenner durch einen gemeinsamen Teiler dividieren, nennen wir Kürzen.

Ein Bruch wird gekürzt, indem man Zähler und Nenner durch einen gemeinsamen Teiler dividiert:

$$\frac{a}{b} \xrightarrow[n]{} \frac{a:n}{b:n}.$$

Beispiel

Wir kürzen den Bruch $\frac{48}{72}$ durch 2, 6 und 24:

$$\frac{48}{72} \xrightarrow[2]{} \frac{24}{36}; \qquad \frac{48}{72} \xrightarrow[6]{} \frac{8}{12}; \qquad \frac{48}{72} \xrightarrow[24]{} \frac{2}{3}.$$

5. Alle zu einem Bruch gleichwertigen Brüche

Zu einem gegebenen Bruch erhält man den **einfachsten gleichwertigen Bruch**, indem man den Bruch durch den größten gemeinsamen Teiler von Zähler und Nenner kürzt.

Beispiel

Welches ist der einfachste zu $\frac{18}{24}$ gleichwertige Bruch? Es gilt: ggT $(18|24) = 6$.

Wir kürzen also durch 6: $\frac{18}{24} \xrightarrow[6]{} \frac{3}{4}$; $\frac{3}{4}$ ist der einfachste zu $\frac{18}{24}$ gleichwertige Bruch.

Alle zu einem gegebenen Bruch gleichwertigen Brüche erhält man, indem man den einfachsten gleichwertigen Bruch mit allen von 0 verschiedenen natürlichen Zahlen erweitert.

Beispiele

1) Wir suchen alle zu $\frac{4}{6}$ gleichwertigen Brüche. $\frac{2}{3}$ ist der einfachste zu $\frac{4}{6}$ gleichwertige Bruch.
Wir denken uns $\frac{2}{3}$ mit allen von 0 verschiedenen natürlichen Zahlen erweitert.
$\frac{2}{3}, \frac{4}{6}, \frac{6}{9}, \frac{8}{12}, \frac{10}{15}, \ldots$ sind alle zu $\frac{4}{6}$ gleichwertigen Brüche.

2) Wir suchen alle zu $\frac{21}{12}$ gleichwertigen Brüche. $\frac{7}{4}$ ist der einfachste zu $\frac{21}{12}$ gleichwertige Bruch.
Wir denken uns $\frac{7}{4}$ mit allen von 0 verschiedenen natürlichen Zahlen erweitert.
$\frac{7}{4}, \frac{14}{8}, \frac{21}{12}, \frac{28}{16}, \ldots$ sind alle zu $\frac{21}{12}$ gleichwertigen Brüche.

Daraus ergibt sich:

Zwei Brüche sind gleichwertig, wenn zu beiden derselbe einfachste gleichwertige Bruch gehört.

Beispiele

1) $\frac{12}{16}$ und $\frac{18}{24}$ sind gleichwertige Brüche, weil zu beiden $\frac{3}{4}$ als einfachster gleichwertiger Bruch gehört.

2. $\frac{25}{20}$ und $\frac{45}{36}$ sind gleichwertige Brüche, weil zu beiden $\frac{5}{4}$ als einfachster gleichwertiger Bruch gehört.

Wir sehen, daß die gleichwertigen Brüche durch Kürzen und Erweitern auseinander entstanden sind. Wir können also festhalten:

Zwei Brüche sind gleichwertig, wenn sie durch Kürzen oder Erweitern ineinander umgeformt werden können.

Beispiele

1) $\frac{8}{12}$ und $\frac{14}{21}$ sind gleichwertige Brüche; denn es gilt:

$$\frac{8}{12} \xrightarrow[4]{} \frac{2}{3} \xrightarrow{7} \frac{14}{21}.$$

2) $\frac{10}{4}$ und $\frac{45}{18}$ sind gleichwertige Brüche; denn es gilt:

$$\frac{10}{4} \xrightarrow[2]{} \frac{5}{2} \xrightarrow{9} \frac{45}{18}.$$

Aufgaben und Beispiele

Zum Einstieg

Frau Werner hat für Ulrike und ihre Freundinnen Michaela, Dorothee und Christina Pizza gebacken. Sie teilt sie in gleich große Teile.

a) Ulrike findet, daß die Stücke zu groß sind. Sie teilt die Pizza deshalb in acht gleich große Teile. Wie viele Stücke erhält nun jeder? Welcher Anteil der Pizza ist das?

b) Was ergibt sich, wenn Ulrike die Pizza in zwölf gleich große Teile schneidet?

Bild 27

Erweitern und Kürzen

1. Erweitere mit 2 und mit 3!

a) $\frac{1}{2}$ **b)** $\frac{1}{4}$ **c)** $\frac{2}{3}$ **d)** $\frac{3}{5}$ **e)** $\frac{5}{6}$
f) $\frac{4}{7}$ **g)** $\frac{7}{4}$ **h)** $\frac{6}{9}$ **i)** $\frac{4}{11}$ **j)** $\frac{7}{16}$
k) $\frac{9}{13}$ **l)** $\frac{15}{8}$ **m)** $\frac{7}{10}$ **n)** $\frac{11}{12}$ **o)** $\frac{13}{18}$

2. Erweitere mit 4 und mit 5!

a) $\frac{3}{11}$ **b)** $\frac{13}{10}$ **c)** $\frac{7}{15}$ **d)** $\frac{7}{8}$ **e)** $\frac{5}{11}$
f) $\frac{9}{5}$ **g)** $\frac{12}{7}$ **h)** $\frac{10}{1}$ **i)** $\frac{5}{14}$ **j)** $\frac{17}{13}$
k) $\frac{8}{8}$ **l)** $\frac{3}{7}$ **m)** $\frac{3}{3}$ **n)** $\frac{4}{13}$ **o)** $\frac{15}{7}$

3. Erweitere mit 2, 3, 4, 5, 6, 7, 8, 9 und 10!

a) $\frac{3}{4}$ **b)** $\frac{5}{7}$ **c)** $\frac{9}{8}$ **d)** $\frac{12}{17}$ **e)** $\frac{1}{1}$

4. Kürze durch 2!

a) $\frac{4}{6}$ **b)** $\frac{8}{10}$ **c)** $\frac{12}{14}$ **d)** $\frac{18}{20}$ **e)** $\frac{26}{24}$
f) $\frac{52}{62}$ **g)** $\frac{112}{106}$ **h)** $\frac{156}{172}$ **i)** $\frac{196}{98}$ **j)** $\frac{16}{16}$

5. Kürze durch 3!

a) $\frac{3}{3}$ **b)** $\frac{12}{18}$ **c)** $\frac{15}{9}$ **d)** $\frac{36}{24}$ **e)** $\frac{300}{120}$
f) $\frac{27}{21}$ **g)** $\frac{45}{54}$ **h)** $\frac{42}{45}$ **i)** $\frac{63}{51}$ **j)** $\frac{102}{93}$

6. Kürze durch 5!

a) $\frac{10}{5}$ **b)** $\frac{25}{15}$ **c)** $\frac{45}{60}$ **d)** $\frac{65}{50}$ **e)** $\frac{95}{35}$
f) $\frac{40}{15}$ **g)** $\frac{80}{85}$ **h)** $\frac{55}{135}$ **i)** $\frac{205}{105}$ **j)** $\frac{125}{110}$

7. Kürze durch 2, 3 und 6!

a) $\frac{24}{18}$ **b)** $\frac{42}{30}$ **c)** $\frac{96}{72}$ **d)** $\frac{150}{144}$ **e)** $\frac{12}{84}$
f) $\frac{78}{120}$ **g)** $\frac{66}{84}$ **h)** $\frac{36}{138}$ **i)** $\frac{180}{120}$ **j)** $\frac{306}{156}$

8. Kürze durch 2, 4 und 8!

a) $\frac{16}{8}$ **b)** $\frac{24}{56}$ **c)** $\frac{8}{64}$ **d)** $\frac{32}{48}$ **e)** $\frac{40}{96}$
f) $\frac{88}{72}$ **g)** $\frac{120}{104}$ **h)** $\frac{144}{152}$ **i)** $\frac{168}{112}$ **j)** $\frac{232}{128}$

9. Kürze durch 3, 5 und 15!

a) $\frac{15}{90}$ **b)** $\frac{105}{30}$ **c)** $\frac{45}{75}$ **d)** $\frac{150}{135}$ **e)** $\frac{60}{120}$

10. Kürze!

a) $\frac{72}{144}$ durch 2, 3, 4, 6, 8, 9, 12, 18, 24, 36 und 72!

b) $\frac{120}{80}$ durch 2, 4, 5, 8, 10, 20 und 40!

c) $\frac{96}{108}$ durch 2, 3, 4, 6 und 12!

d) $\frac{120}{150}$ durch 2, 3, 5, 6, 10, 15 und 30!

Bild 28

Textaufgaben

Nenne bei den Aufgaben 11 bis 18 jeweils die Anteile mit möglichst einfachen Brüchen!

11. Rolf teilt einen Kuchen in 12 gleich große Teile und nimmt 3 davon.

Bild 29

12. Herr Höffken legt sein Arbeitszimmer mit 40 Teppichfliesen aus. 24 Stück sind bereits verlegt.

13. Von 120 Punkten erreicht Sebastian bei einem Physiktest 96.

14. Unter 24 Kindern einer Klasse sind 14 Mädchen.

15. Bei einer Wanderung hat Familie Müller von 24 Kilometern schon 16 Kilometer zurückgelegt.

16. Bei 400 Würfen mit einem Würfel erzielt Sabine 64mal die Augenzahl „1".

17. Im Durchschnitt sind von 100 Einwohnern einer Stadt 16 älter als 80 Jahre.

18. Von einer Fläche, die 80 cm^2 groß ist, sind 60 cm^2 rot ausgemalt.

Gleichwertige Brüche

19. Mit welcher Zahl wurde erweitert?

a) $\frac{1}{2} \to \frac{2}{4}$ **b)** $\frac{2}{5} \to \frac{6}{15}$ **c)** $\frac{3}{4} \to \frac{15}{20}$
d) $\frac{4}{7} \to \frac{32}{56}$ **e)** $\frac{9}{8} \to \frac{27}{24}$ **f)** $\frac{5}{6} \to \frac{45}{54}$
g) $\frac{3}{2} \to \frac{30}{20}$ **h)** $\frac{14}{17} \to \frac{56}{68}$ **i)** $\frac{22}{19} \to \frac{154}{133}$

20. Mit welcher Zahl muß man den ersten Bruch erweitern, um den zweiten Bruch zu erhalten?

a) $\frac{1}{5}; \frac{4}{20}$ **b)** $\frac{3}{2}; \frac{18}{12}$ **c)** $\frac{7}{11}; \frac{21}{33}$ **d)** $\frac{12}{9}; \frac{60}{45}$
e) $\frac{8}{7}; \frac{96}{84}$ **f)** $\frac{9}{4}; \frac{81}{36}$ **g)** $\frac{13}{6}; \frac{52}{24}$ **h)** $\frac{21}{22}; \frac{84}{88}$

21. Durch welche Zahl wurde gekürzt?

a) $\frac{30}{80} \to \frac{3}{8}$ **b)** $\frac{24}{16} \to \frac{3}{2}$ **c)** $\frac{15}{18} \to \frac{5}{6}$
d) $\frac{12}{36} \to \frac{3}{9}$ **e)** $\frac{16}{20} \to \frac{4}{5}$ **f)** $\frac{21}{28} \to \frac{3}{4}$
g) $\frac{25}{35} \to \frac{5}{7}$ **h)** $\frac{32}{24} \to \frac{4}{3}$ **i)** $\frac{48}{12} \to \frac{4}{1}$

22. Durch welche Zahl muß man den ersten Bruch kürzen, um den zweiten zu erhalten?

a) $\frac{18}{27}; \frac{2}{3}$ **b)** $\frac{36}{16}; \frac{9}{4}$ **c)** $\frac{30}{40}; \frac{6}{8}$ **d)** $\frac{54}{48}; \frac{9}{8}$
e) $\frac{72}{88}; \frac{9}{11}$ **f)** $\frac{91}{28}; \frac{13}{4}$ **g)** $\frac{70}{56}; \frac{5}{4}$ **h)** $\frac{65}{39}; \frac{5}{3}$

23. Mit welcher Zahl wurde erweitert bzw. durch welche Zahl wurde gekürzt?

a) $\frac{4}{9} \to \frac{24}{54}$ **b)** $\frac{26}{39} \to \frac{2}{3}$ **c)** $\frac{36}{69} \to \frac{12}{23}$
d) $\frac{11}{13} \to \frac{88}{104}$ **e)** $\frac{76}{120} \to \frac{19}{30}$ **f)** $\frac{56}{70} \to \frac{4}{5}$
g) $\frac{14}{15} \to \frac{154}{165}$ **h)** $\frac{56}{72} \to \frac{7}{9}$ **i)** $\frac{96}{48} \to \frac{2}{1}$
j) $\frac{7}{20} \to \frac{35}{100}$ **k)** $\frac{75}{60} \to \frac{5}{4}$ **l)** $\frac{27}{81} \to \frac{1}{3}$

24. Wie muß man den ersten Bruch umformen, um den zweiten zu erhalten?

a) $\frac{4}{7}; \frac{20}{35}$ **b)** $\frac{42}{36}; \frac{7}{6}$ **c)** $\frac{21}{27}; \frac{7}{9}$ **d)** $\frac{64}{48}; \frac{4}{3}$
e) $\frac{2}{3}; \frac{60}{90}$ **f)** $\frac{26}{39}; \frac{2}{3}$ **g)** $\frac{18}{12}; \frac{3}{2}$ **h)** $\frac{68}{52}; \frac{17}{13}$
i) $\frac{7}{12}; \frac{84}{144}$ **j)** $\frac{175}{375}; \frac{7}{15}$ **k)** $\frac{3}{8}; \frac{375}{1000}$

25. Ergänze die fehlende Zahl, so daß gleichwertige Brüche entstehen! Mit welcher Zahl wird erweitert bzw. durch welche wird gekürzt?

a) $\frac{1}{2} \to \frac{2}{x}$ **b)** $\frac{2}{4} \to \frac{x}{2}$ **c)** $\frac{x}{2} \to \frac{9}{6}$
d) $\frac{3}{x} \to \frac{12}{16}$ **e)** $\frac{12}{15} \to \frac{x}{5}$ **f)** $\frac{x}{10} \to \frac{1}{2}$
g) $\frac{4}{x} \to \frac{20}{15}$ **h)** $\frac{x}{24} \to \frac{3}{2}$ **i)** $\frac{18}{x} \to \frac{54}{3}$
j) $\frac{2}{3} \to \frac{x}{27}$ **k)** $\frac{50}{20} \to \frac{25}{x}$ **l)** $\frac{x}{84} \to \frac{5}{7}$

26. Mit welcher Zahl muß man erweitern, um einen Bruch mit dem Nenner 48 zu erhalten?

a) $\frac{1}{2}$ **b)** $\frac{3}{4}$ **c)** $\frac{7}{12}$ **d)** $\frac{11}{24}$ **e)** $\frac{5}{8}$ **f)** $\frac{5}{3}$
g) $\frac{19}{6}$ **h)** $\frac{11}{16}$ **i)** $\frac{5}{2}$ **j)** $\frac{12}{12}$ **k)** $\frac{2}{3}$ **l)** $\frac{9}{4}$

27. Erweitere auf einen Bruch mit dem Nenner 100 und nenne die Zahl, mit der erweitert wird!

a) $\frac{7}{20}$ **b)** $\frac{19}{50}$ **c)** $\frac{37}{10}$ **d)** $\frac{4}{25}$ **e)** $\frac{1}{2}$ **f)** $\frac{3}{5}$
g) $\frac{3}{4}$ **h)** $\frac{9}{5}$ **i)** $\frac{17}{20}$ **j)** $\frac{61}{10}$ **k)** $\frac{7}{4}$ **l)** $\frac{5}{2}$

28. Kann man den zweiten Bruch aus dem ersten erhalten? Ermittle gegebenenfalls die Zahl, mit der erweitert oder durch die gekürzt werden muß!

a) $\frac{2}{3}; \frac{6}{9}$ **b)** $\frac{14}{28}; \frac{1}{2}$ **c)** $\frac{4}{5}; \frac{16}{25}$
d) $\frac{3}{2}; \frac{21}{14}$ **e)** $\frac{15}{20}; \frac{2}{3}$ **f)** $\frac{28}{35}; \frac{7}{9}$
g) $\frac{6}{11}; \frac{18}{33}$ **h)** $\frac{24}{13}; \frac{48}{39}$ **i)** $\frac{20}{45}; \frac{4}{9}$

29. Durch welche Zahlen lassen sich die folgenden Brüche kürzen? Nenne alle Möglichkeiten!

a) $\frac{6}{12}$ **b)** $\frac{14}{28}$ **c)** $\frac{15}{9}$ **d)** $\frac{40}{60}$ **e)** $\frac{65}{52}$ **f)** $\frac{32}{56}$
g) $\frac{24}{36}$ **h)** $\frac{45}{36}$ **i)** $\frac{75}{25}$ **j)** $\frac{84}{70}$ **k)** $\frac{18}{21}$ **l)** $\frac{49}{98}$

30. Kürze durch den größten gemeinsamen Teiler von Zähler und Nenner!

a) $\frac{12}{16}$ **b)** $\frac{20}{48}$ **c)** $\frac{16}{18}$ **d)** $\frac{15}{9}$ **e)** $\frac{36}{40}$ **f)** $\frac{64}{36}$
g) $\frac{33}{55}$ **h)** $\frac{93}{62}$ **i)** $\frac{24}{15}$ **j)** $\frac{42}{48}$ **k)** $\frac{48}{24}$ **l)** $\frac{30}{100}$

31. Suche den einfachsten gleichwertigen Bruch! Durch welche Zahl wird gekürzt?

a) $\frac{8}{12}$ **b)** $\frac{20}{42}$ **c)** $\frac{32}{28}$ **d)** $\frac{100}{25}$ **e)** $\frac{200}{800}$
f) $\frac{60}{220}$ **g)** $\frac{72}{144}$ **h)** $\frac{77}{121}$ **i)** $\frac{18}{45}$ **j)** $\frac{375}{875}$
k) $\frac{84}{24}$ **l)** $\frac{39}{52}$ **m)** $\frac{85}{68}$ **n)** $\frac{76}{171}$ **o)** $\frac{99}{66}$

32. Kürze so weit wie möglich! Wenn du nicht unmittelbar den größten gemeinsamen Teiler von Zähler und Nenner siehst, dann kürze mehrmals durch kleinere gemeinsame Teiler!

Beispiel

Beim Bruch $\frac{378}{216}$ sind Zähler und Nenner gerade, also kann man durch 2 kürzen:

$$\frac{378}{216} \xrightarrow[2]{} \frac{189}{108}.$$

Die Quersummen von 189 und 108 sind durch 9 teilbar, also kann man durch 9 kürzen:

$$\frac{189}{108} \xrightarrow[9]{} \frac{21}{12}.$$

Der größte gemeinsame Teiler von 21 und 12 ist 3, also kann man durch 3 kürzen!

$$\frac{21}{12} \xrightarrow[3]{} \frac{7}{4}.$$

Kurz: $\frac{378}{216} \xrightarrow[2]{} \frac{189}{108} \xrightarrow[9]{} \frac{21}{12} \xrightarrow[3]{} \frac{7}{4}.$

a) $\frac{144}{180}$ **b)** $\frac{196}{140}$ **c)** $\frac{760}{950}$ **d)** $\frac{780}{936}$ **e)** $\frac{450}{1260}$

f) $\frac{256}{288}$ **g)** $\frac{784}{896}$ **h)** $\frac{405}{999}$ **i)** $\frac{400}{648}$ **j)** $\frac{220}{3960}$

k) $\frac{192}{360}$ **l)** $\frac{325}{260}$ **m)** $\frac{396}{924}$ **n)** $\frac{168}{560}$ **o)** $\frac{1620}{4590}$

Zur Vertiefung

33. Welcher Anteil der Kreise in Bild 30 ist blau unterlegt? Vergleiche die Anteile der blau gefärbten Flächen in den vier Kreisflächen!

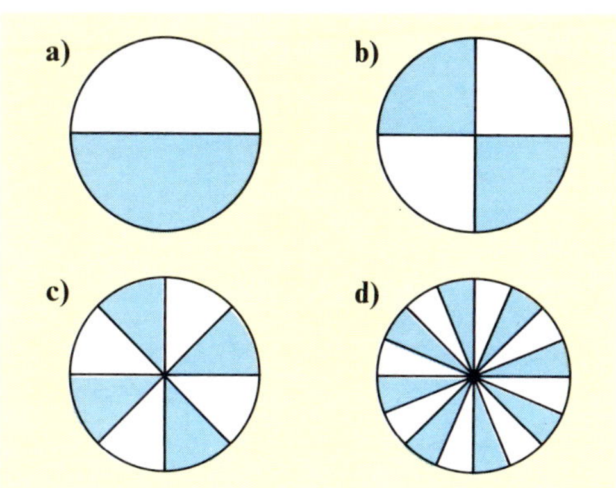

Bild 30

34. In ein Rechteck mit den Seitenlängen 4 cm und 6 cm ist ein kleineres Rechteck mit den Seitenlängen 2 cm und 3 cm eingezeichnet (Bild 31).

a) Berechne die Flächeninhalte beider Rechtecke! Welchen Anteil des großen Rechtecks nimmt das kleine Rechteck ein?

b) Lies an der Zeichnung ab, durch welche anderen Brüche sich der Anteil der kleineren Rechtecksfläche an der größeren angeben läßt!

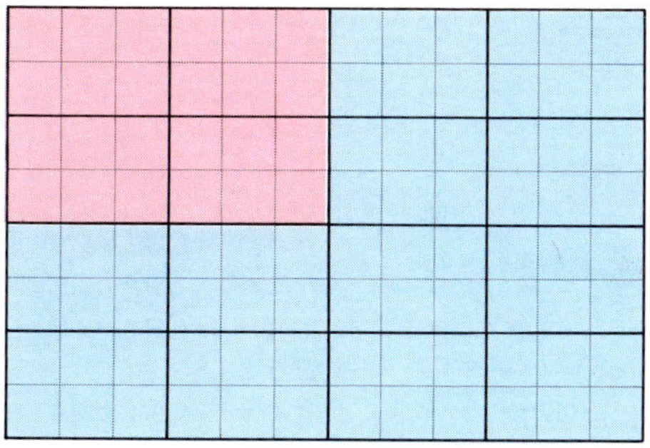

Bild 31

35. Begründe, daß folgende Brüche gleichwertig sind!

a) $\frac{15}{25}; \frac{6}{10}$ **b)** $\frac{12}{16}; \frac{9}{12}$ **c)** $\frac{20}{30}; \frac{18}{27}$

d) $\frac{28}{35}; \frac{32}{40}$ **e)** $\frac{18}{24}; \frac{21}{28}$ **f)** $\frac{27}{54}; \frac{50}{100}$

g) $\frac{21}{84}; \frac{5}{20}$ **h)** $\frac{12}{36}; \frac{5}{15}$ **i)** $\frac{80}{120}; \frac{60}{90}$

j) $\frac{24}{30}; \frac{44}{55}$ **k)** $\frac{57}{19}; \frac{51}{17}$ **l)** $\frac{40}{100}; \frac{6}{15}$

m) $\frac{56}{64}; \frac{84}{96}$ **n)** $\frac{10}{95}; \frac{8}{76}$ **o)** $\frac{105}{70}; \frac{45}{30}$

36. Einer der vier Brüche ist nicht zu den anderen gleichwertig.

Beispiel

Wir kürzen alle Brüche so weit wie möglich und vergleichen:

$$\frac{8}{14} \xrightarrow[2]{} \frac{4}{7} \qquad \frac{24}{42} \xrightarrow[6]{} \frac{4}{7}$$

$$\frac{12}{28} \xrightarrow[4]{} \frac{3}{7} \qquad \frac{20}{35} \xrightarrow[5]{} \frac{4}{7}$$

$\frac{12}{28}$ ist nicht gleichwertig zu $\frac{8}{14}$, $\frac{24}{42}$ und $\frac{20}{35}$.

a) $\frac{10}{12}, \frac{15}{20}, \frac{20}{24}, \frac{45}{54}$ **b)** $\frac{12}{20}, \frac{9}{24}, \frac{3}{8}, \frac{21}{56}$

c) $\frac{26}{39}, \frac{24}{36}, \frac{28}{42}, \frac{30}{48}$ **d)** $\frac{12}{4}, \frac{16}{8}, \frac{27}{9}, \frac{54}{18}$

e) $\frac{28}{12}, \frac{49}{21}, \frac{91}{39}, \frac{98}{49}$ **f)** $\frac{9}{50}, \frac{12}{100}, \frac{15}{125}, \frac{21}{175}$

g) $\frac{3}{24}, \frac{13}{104}, \frac{125}{1000}, \frac{19}{171}$ **h)** $\frac{48}{28}, \frac{144}{48}, \frac{72}{42}, \frac{108}{63}$

§ 4 Einführung der Bruchzahlen

I. Bruchzahlen

1. Brüche stellen Zahlen dar

Zur Angabe einer Größe gehören Maßzahl und Maßeinheit.

Beispiele **1)** 25 km **2)** 4 h **3)** 12 *l* **4)** 45 DM

Im vorigen Paragraphen haben wir gelernt, daß auch Brüche mit einer Maßeinheit eine Größe angeben.

Beispiele **1)** $\frac{3}{4}\,l$ **2)** $\frac{1}{2}$ km **3)** $\frac{2}{3}$ h **4)** $\frac{4}{5}$ m

Daher können wir sagen, daß Brüche ebenfalls Zahlen darstellen. Diese Zahlen nennen wir **Bruchzahlen**; wir bezeichnen die Menge der Bruchzahlen mit $\mathbb{B}$.

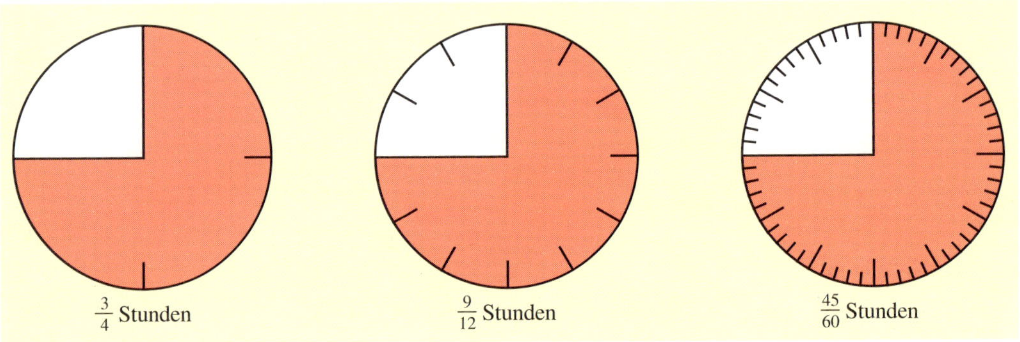

Bild 1

An Bild 1 sehen wir: $\frac{3}{4}\,\text{h} = \frac{9}{12}\,\text{h} = \frac{45}{60}\,\text{h}$.

Entsprechend schreiben wir auch für die Bruchzahlen: $\frac{3}{4} = \frac{9}{12} = \frac{45}{60}$.

Gleichwertige Brüche bezeichnen gleiche Bruchzahlen.

Da gleichwertige Brüche gleiche Zahlen darstellen, setzen wir zwischen gleichwertige Brüche Gleichheitszeichen. Wenn wir einen Bruch schreiben, meinen wir in der Regel die durch den Bruch dargestellte Bruchzahl. Sollte ausnahmsweise der Bruch gemeint sein, sagen wir das ausdrücklich.

Wir wissen, daß nur Brüche Zähler und Nenner haben; trotzdem sprechen wir manchmal verkürzt vom Zähler bzw. Nenner einer Bruchzahl. In diesem Fall meinen wir den Zähler bzw. Nenner des Bruches, durch den die Bruchzahl dargestellt ist.

2. Bruchzahlen und natürliche Zahlen

Wir haben vereinbart, daß Zähler und Nenner eines Bruches $\frac{a}{b}$ natürliche Zahlen sind, wobei $b \neq 0$ ist. Für den Zähler können wir die Zahl 0 zulassen. Das zeigt folgendes

Beispiel:

Was bedeutet $\frac{0}{5}$ DM?

Wir können das Ergebnis auf zwei Arten erklären:

1) Wir multiplizieren 1 DM mit 0 und erhalten 0 DM. Diese Größe dividieren wir durch 5 und erhalten wieder 0 DM. Es ist also $\frac{0}{5}$ DM = 0 DM.

2) Wir dividieren 1 DM = 100 Pf durch 5 und erhalten 20 Pf. Diese Größe multiplizieren wir mit 0. Wir erhalten 0 Pf = 0 DM. Es ist also $\frac{0}{5}$ DM = 0 DM.

An diesem Beispiel erkennen wir: Bruchzahlen mit dem Zähler 0 sind gleich 0.

Was Brüche mit dem Nenner 1 bedeuten, untersuchen wir an einem weiteren

Beispiel:

Was bedeutet $\frac{4}{1}$ kg?

Das Ergebnis können wir auch hier auf zwei Arten erklären:

1) Wir multiplizieren 1 kg mit 4 und dividieren das Ergebnis durch 1.
$4 \cdot 1$ kg = 4 kg; 4 kg : 1 = 4 kg; also gilt: $\frac{4}{1}$ kg = 4 kg.

2) Wir dividieren 1 kg durch 1 und multiplizieren das Ergebnis mit 4.
1 kg : 1 = 1 kg; $4 \cdot 1$ kg = 4 kg; also gilt: $\frac{4}{1}$ kg = 4 kg.

An diesem Beispiel erkennen wir: Bruchzahlen mit dem Nenner 1 sind natürliche Zahlen. Es gilt:

$$\mathbb{N} = \left\{\frac{0}{1}, \frac{1}{1}, \frac{2}{1}, \frac{3}{1}, \frac{4}{1}, \frac{5}{1}, \ldots\right\}.$$

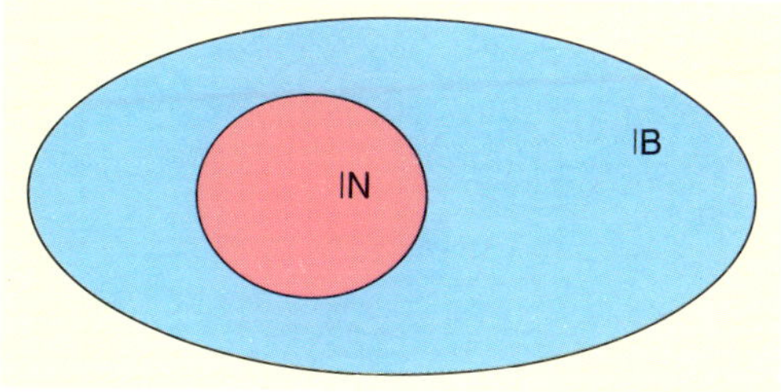

Bild 2

Das heißt:

Jede natürliche Zahl ist auch eine Bruchzahl.

Der Sachverhalt ist in Bild 2 veranschaulicht.

Aufgaben und Beispiele

Gleiche Bruchzahlen

1. Stelle jede Bruchzahl durch drei weitere Brüche dar!

Beispiel

$$\frac{2}{3}=\frac{4}{6}=\frac{6}{9}=\frac{8}{12}$$

a) $\frac{2}{5}$ **b)** $\frac{4}{3}$ **c)** $\frac{1}{2}$ **d)** $\frac{7}{6}$ **e)** $\frac{4}{5}$
f) $\frac{10}{9}$ **g)** $\frac{12}{7}$ **h)** $\frac{11}{14}$ **i)** $\frac{13}{12}$ **j)** $\frac{25}{20}$

2. Suche drei einfachere Brüche, die dieselbe Zahl darstellen!
a) $\frac{40}{50}$ **b)** $\frac{150}{600}$ **c)** $\frac{200}{1000}$ **d)** $\frac{180}{100}$ **e)** $\frac{125}{2500}$
f) $\frac{480}{12}$ **g)** $\frac{625}{500}$ **h)** $\frac{324}{90}$ **i)** $\frac{216}{72}$ **j)** $\frac{68}{102}$

3. Suche den einfachsten zugehörigen Bruch!
a) $\frac{12}{15}$ **b)** $\frac{10}{20}$ **c)** $\frac{16}{20}$ **d)** $\frac{14}{21}$ **e)** $\frac{28}{49}$
f) $\frac{24}{18}$ **g)** $\frac{25}{35}$ **h)** $\frac{30}{12}$ **i)** $\frac{18}{48}$ **j)** $\frac{36}{27}$

4. Welche der folgenden Brüche stellen die Bruchzahl $\frac{3}{7}$ dar?
a) $\frac{9}{27}$ **b)** $\frac{15}{35}$ **c)** $\frac{12}{21}$ **d)** $\frac{9}{49}$ **e)** $\frac{13}{17}$
f) $\frac{27}{63}$ **g)** $\frac{30}{700}$ **h)** $\frac{54}{126}$ **i)** $\frac{36}{84}$ **j)** $\frac{66}{154}$

5. Schreibe mit dem Nenner 24!
a) $\frac{1}{8}$ **b)** $\frac{2}{3}$ **c)** $\frac{5}{6}$ **d)** $\frac{3}{4}$ **e)** $\frac{7}{12}$ **f)** $\frac{5}{2}$

6. Schreibe die Bruchzahl $\frac{2}{5}$ mit dem Nenner
a) 10, **b)** 15, **c)** 25, **d)** 45, **e)** 75, **f)** 100!

7. Wie läßt sich die Bruchzahl $\frac{12}{5}$ darstellen?
a) mit dem Nenner 30 (100),
b) mit dem Zähler 48 (72)?

8. Schreibe mit dem Nenner 48!

Beispiel

$\frac{45}{30}$ kürzt man z.B. durch 15 und erweitert dann mit 24:

$$\frac{45}{30} \underset{15}{=} \frac{3}{2} \overset{24}{=} \frac{72}{48}.$$

a) $\frac{10}{20}$ **b)** $\frac{30}{40}$ **c)** $\frac{20}{15}$ **d)** $\frac{21}{28}$ **e)** $\frac{7}{7}$
f) $\frac{25}{80}$ **g)** $\frac{63}{56}$ **h)** $\frac{33}{72}$ **i)** $\frac{48}{144}$ **j)** $\frac{43}{86}$

9. Stellen beide Brüche dieselbe Zahl dar?
a) $\frac{4}{5}$; $\frac{16}{20}$ **b)** $\frac{12}{18}$; $\frac{10}{15}$ **c)** $\frac{14}{28}$; $\frac{21}{35}$
d) $\frac{40}{100}$; $\frac{25}{75}$ **e)** $\frac{36}{52}$; $\frac{49}{91}$ **f)** $\frac{16}{64}$; $\frac{12}{72}$
g) $\frac{26}{39}$; $\frac{28}{42}$ **h)** $\frac{140}{70}$; $\frac{76}{38}$ **i)** $\frac{56}{42}$; $\frac{76}{57}$
j) $\frac{12}{8}$; $\frac{18}{12}$ **k)** $\frac{48}{64}$; $\frac{36}{52}$ **l)** $\frac{44}{120}$; $\frac{55}{140}$

10. Prüfe, welche Bruchzahlen gleich sind!
a) $\frac{14}{21}$; $\frac{12}{18}$; $\frac{22}{33}$; $\frac{38}{54}$; $\frac{24}{36}$; $\frac{30}{45}$
b) $\frac{9}{15}$; $\frac{21}{35}$; $\frac{27}{45}$; $\frac{24}{30}$; $\frac{36}{60}$; $\frac{42}{90}$
c) $\frac{24}{12}$; $\frac{40}{30}$; $\frac{72}{27}$; $\frac{88}{33}$; $\frac{96}{36}$; $\frac{56}{28}$
d) $\frac{60}{16}$; $\frac{135}{36}$; $\frac{105}{28}$; $\frac{45}{12}$; $\frac{90}{24}$; $\frac{180}{48}$
e) $\frac{18}{81}$; $\frac{24}{108}$; $\frac{26}{127}$; $\frac{10}{45}$; $\frac{36}{162}$; $\frac{44}{198}$

Bruchzahlen und natürliche Zahlen

11. Welche natürlichen Zahlen werden durch die folgenden Brüche dargestellt?
a) $\frac{2}{1}$ **b)** $\frac{6}{2}$ **c)** $\frac{10}{5}$ **d)** $\frac{16}{4}$ **e)** $\frac{25}{25}$
f) $\frac{54}{9}$ **g)** $\frac{78}{6}$ **h)** $\frac{60}{15}$ **i)** $\frac{98}{7}$ **j)** $\frac{300}{6}$
k) $\frac{100}{20}$ **l)** $\frac{102}{6}$ **m)** $\frac{56}{14}$ **n)** $\frac{69}{23}$ **o)** $\frac{91}{13}$

12. Schreibe die natürlichen Zahlen als Brüche mit dem Nenner 6!
a) 3 **b)** 1 **c)** 6 **d)** 10 **e)** 14 **f)** 18

13. Schreibe die natürlichen Zahlen 1, 2, 3, 4, 5, 10 und 100 als
a) Halbe, **b)** Drittel, **c)** Viertel,
d) Fünftel, **e)** Zehntel, **f)** Hundertstel!

14. Welche Brüche stellen natürliche Zahlen dar?
a) $\frac{30}{5}$; $\frac{30}{15}$; $\frac{30}{20}$ **b)** $\frac{36}{13}$; $\frac{64}{2}$; $\frac{60}{15}$
c) $\frac{100}{25}$; $\frac{64}{12}$; $\frac{80}{16}$ **d)** $\frac{93}{31}$; $\frac{84}{12}$; $\frac{96}{14}$
e) $\frac{30}{10}$; $\frac{45}{9}$; $\frac{120}{24}$ **f)** $\frac{102}{6}$; $\frac{111}{11}$; $\frac{121}{11}$
g) $\frac{144}{16}$; $\frac{144}{9}$; $\frac{144}{18}$ **h)** $\frac{88}{11}$; $\frac{96}{8}$; $\frac{199}{3}$
i) $\frac{160}{40}$; $\frac{120}{30}$; $\frac{150}{2}$ **j)** $\frac{20}{3}$; $\frac{30}{4}$; $\frac{70}{6}$
k) $\frac{144}{11}$; $\frac{72}{9}$; $\frac{125}{25}$ **l)** $\frac{84}{7}$; $\frac{156}{8}$; $\frac{91}{13}$

Weiterführende Aufgaben

15. Ein Dominostein besteht aus zwei Hälften. Wir betrachten solche Steine, die in jeder Hälfte eine der Augenzahlen von 1 bis 6 enthalten. Deutet man den Teilungsstrich zwischen den Hälften als Bruchstrich, so lassen sich Dominosteine als Brüche auffassen (Bild 3).

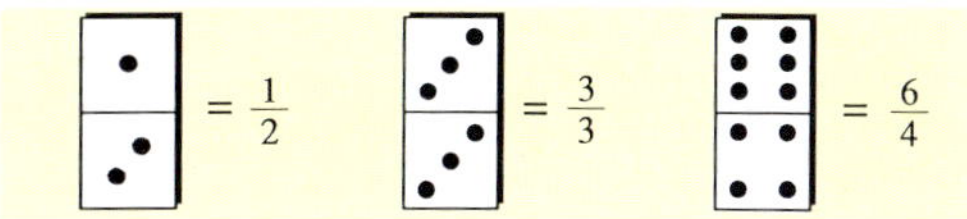

Bild 3

Wie können die leeren Flächen auf den Dominosteinen in Bild 5 ergänzt werden, damit die entsprechenden Brüche natürliche Zahlen darstellen? Notiere im Heft für jede Teilaufgabe alle Lösungen!

Beispiel

Für den Dominostein in Bild 4 gibt es zwei Lösungen.

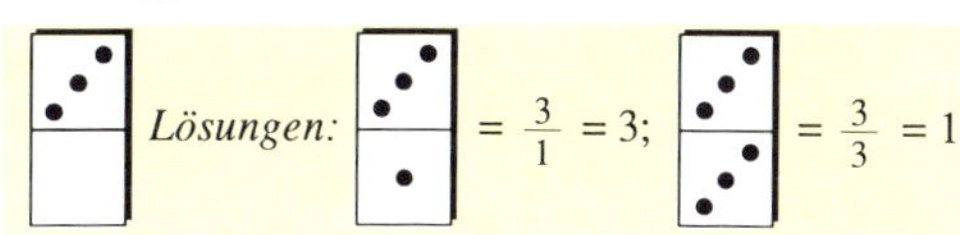

Bild 4

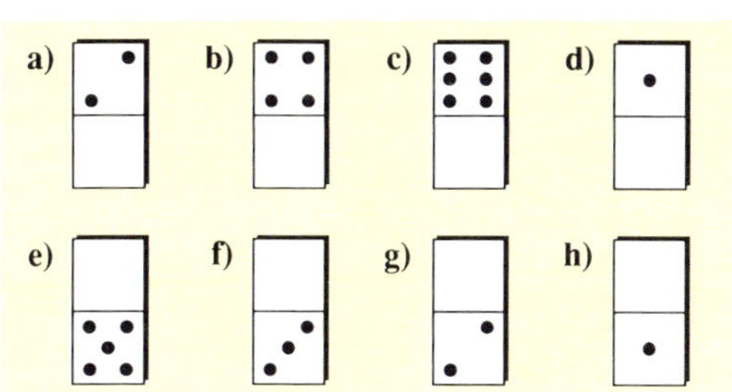

Bild 5

16. Welche natürliche Zahl muß man für x einsetzen, damit eine wahre Aussage entsteht?

a) $\frac{3}{4} = \frac{x}{12}$ **b)** $\frac{4}{5} = \frac{12}{x}$ **c)** $\frac{5}{7} = \frac{x}{49}$

d) $\frac{8}{7} = \frac{x}{63}$ **e)** $\frac{x}{42} = \frac{6}{7}$ **f)** $\frac{39}{x} = 3$

g) $\frac{x}{4} = \frac{7}{7}$ **h)** $\frac{1}{x} = \frac{1}{3}$ **i)** $\frac{4}{1} = x$

j) $\frac{20}{48} = \frac{15}{x}$ **k)** $\frac{12}{14} = \frac{x}{21}$ **l)** $\frac{x}{25} = \frac{6}{30}$

17. Bei einem Bruch läßt sich der Bruchstrich auf verschiedene Arten mit Worten beschreiben. Man sagt z.B. auch „drei verhält sich zu vier“, wenn man den Bruch $\frac{3}{4}$ meint. Die Gleichung $\frac{3}{4} = \frac{9}{12}$ gibt dann z.B. die Aussage wieder: 3 verhält sich zu 4 wie 9 zu 12.

Beispiel

Welche Zahl verhält sich zu 5 wie 16 zu 20?

Lösung:
Wir suchen für x eine Zahl, die die Gleichung $\frac{x}{5} = \frac{16}{20}$ erfüllt:

$$\frac{16}{20} \overset{}{\underset{4}{=}} \frac{4}{5}, \quad \text{also gilt } x = 4.$$

a) Welche Zahl verhält sich zu 6 wie 3 zu 18?
b) 12 verhält sich zu 28 wie 3 zu einer Zahl. Welche Zahl ist das?
c) Eine Zahl verhält sich zu 40 wie 3 zu 5. Wie heißt die Zahl?
d) 36 verhält sich zu 30 wie eine Zahl zu 5. Welche Zahl ist das?
e) 9 verhält sich zu einer Zahl wie 72 zu 64.
f) Welche Zahl verhält sich zu 6 wie 6 zu 9?
g) 18 verhält sich zu 24 wie 21 zu einer Zahl.

18. Zwischen welchen aufeinanderfolgenden natürlichen Zahlen liegt die Bruchzahl?

Beispiel

Bei $\frac{13}{4}$ verfahren wir folgendermaßen:
Wir verkleinern den Zähler um 1 und erhalten: $\frac{12}{4} = 3$.
Wir vergrößern den Zähler um 3 und erhalten: $\frac{16}{4} = 4$.
$\frac{13}{4}$ liegt zwischen 3 und 4.

a) $\frac{3}{2}$ **b)** $\frac{6}{5}$ **c)** $\frac{19}{3}$ **d)** $\frac{17}{4}$ **e)** $\frac{28}{5}$

f) $\frac{31}{7}$ **g)** $\frac{16}{3}$ **h)** $\frac{37}{2}$ **i)** $\frac{46}{17}$ **j)** $\frac{59}{18}$

Aufgaben zum Prozentbegriff

Brüche mit dem Nenner 100 spielen im täglichen Leben eine besondere Rolle. Man hat deshalb dafür eine eigene Bezeichnung eingeführt. Statt **drei Hundertstel** sagt man häufig auch **drei von Hundert** oder **drei Prozent**. Man schreibt:

$\frac{3}{100}$ oder 3 v. H. oder 3%.

19. Stelle die Brüche in der Prozentschreibweise dar!

Beispiel

$$\frac{3}{4} = \frac{3 \cdot 25}{4 \cdot 25} = \frac{75}{100} = 75\%$$

a) $\frac{1}{50}$ **b)** $\frac{3}{25}$ **c)** $\frac{17}{10}$ **d)** $\frac{9}{5}$ **e)** $\frac{11}{20}$
f) $\frac{55}{50}$ **g)** $\frac{100}{400}$ **h)** $\frac{90}{1000}$ **i)** $\frac{8}{1}$ **j)** $\frac{19}{20}$

20. Schreibe mit dem Prozentzeichen!
a) $\frac{70}{350}$ **b)** $\frac{200}{250}$ **c)** $\frac{90}{600}$ **d)** $\frac{12}{75}$ **e)** $\frac{81}{225}$

21. Schreibe als Bruch und kürze so weit wie möglich!
a) 8% **b)** 40% **c)** 2% **d)** 25%
e) 75% **f)** 100% **g)** 150% **h)** 350%
i) 10 v. H. **j)** 50 v. H. **k)** 80 v. H. **l)** 3 v. H.

22. Was bedeuten die Prozentangaben in Bild 6 bis 9?

Bild 6

Bild 7

Bild 8

Bild 9

23. Das Deutsche Rote Kreuz hat in einem Aufruf zur Blutspende eine Übersicht über die Verteilung der Blutgruppen in Deutschland veröffentlicht (Bild 10).
Was sagen die Angaben in Bild 10 für
a) eine Stadt mit 800 000 Einwohnern,
b) ein Dorf mit 250 Einwohnern aus?

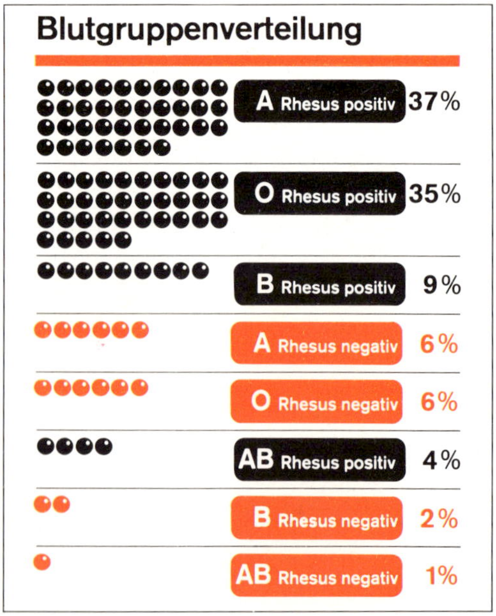

Bild 10

24. Erweitere, sofern es möglich ist, auf den Nenner 100! Warum geht das bei manchen Brüchen nicht?

a) $\frac{1}{5}$ **b)** $\frac{7}{10}$ **c)** $\frac{3}{4}$ **d)** $\frac{1}{3}$ **e)** $\frac{2}{7}$ **f)** $\frac{9}{20}$

g) $\frac{10}{40}$ **h)** $\frac{1}{2}$ **i)** $\frac{10}{70}$ **j)** $\frac{12}{15}$ **k)** $\frac{165}{75}$ **l)** $\frac{25}{60}$

25. Die Erdoberfläche ist zu knapp 30% von Land und zu etwas mehr als 70% von Meer bedeckt (Bild 11).

a) Schreibe die Prozentangaben in Bruchanteilen!

b) Was läßt sich über den Anteil der Fläche des Meeres im Vergleich zum Anteil der Landfläche aussagen? In welchem Verhältnis stehen Meer- und Landfläche zueinander? Drücke das Verhältnis durch einen Bruch aus!

Bild 11 Die Erde (Aufnahme von Apollo 8)

26. Die Darstellung in Bild 12 zeigt, daß heute 72% der Waldfläche von Ost- und Westafrika zerstört sind. Von der ursprünglich bewaldeten Fläche sind noch 28% übrig geblieben. Die Flächeninhalte im Balkendiagramm geben die Prozentzahlen wieder.

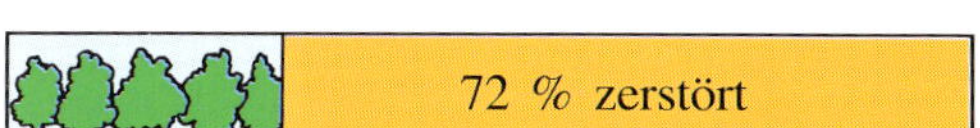

Bild 12

Stelle die folgenden Prozentzahlen ebenfalls in solchen Balkendiagrammen dar!

zerstörte Waldfläche	
Zentralafrika:	45%
Südasien:	63%
Südostasien:	38%
Lateinamerika:	37%

27. Bei der Verbrennung von Holz, Kohle, Öl oder Gas wird Kohlendioxid (CO_2) freigesetzt. Dieses kann wesentlich zur Erwärmung der Erdatmosphäre („Treibhauseffekt") beitragen. Es ist deshalb wichtig, andere Energiequellen zu nutzen.

a) Der Zeitungsausschnitt in Bild 13 erwähnt, daß der CO_2-Ausstoß in der Bundesrepublik Deutschland bis zum Jahre 2005 um mindestens 30% der heutigen Menge (Stand 1990) gesenkt werden soll. Wieviel Tonnen CO_2 sollen demnach im Jahre 2005 noch höchstens produziert werden?

b) Weltweit wurden 1990 etwa 6 Milliarden Tonnen CO_2 erzeugt. Wieviel Prozent davon wurden damals allein in der Bundesrepublik produziert? Runde auf Einer!

c) Etwa 15% des in der Bundesrepublik produzierten CO_2 stammen aus Autoabgasen. Wie viele Tonnen waren das 1990 etwa?

„Zehn Mark für jede Tonne Kohlendioxid"

BONN (dpa). Zur Eindämmung des Treibhauseffekts will der Bundesumweltminister jede Tonne Kohlendioxid (CO_2) mit einer Abgabe von zehn Mark belasten. Jährlich wird in der Bundesrepublik etwa eine Milliarde Tonnen CO_2 bei allen Arten von Verbrennungsprozessen erzeugt. Wie der Bundesumweltminister gestern in Bonn erklärte, soll die Abgabe nicht nur bei Industrie und Kraftwerken, sondern auch bei Autobesitzern erhoben werden. Mit der Abgabe sollen bessere Wärmedämmung in Häusern und der Ausbau der Fernwärme gefördert werden. Die Bundestagskommission „Schutz der Erdatmosphäre" fordert eine mindestens 30prozentige Senkung des CO_2-Ausstoßes bis zum Jahr 2005, um den Temperaturanstieg durch den Treibhauseffekt (der zur Hälfte von CO_2 verursacht wird) in Grenzen zu halten.

Bild 13

II. Zahlen auf dem Zahlenstrahl

1. Natürliche Zahlen auf dem Zahlenstrahl

Du weißt bereits, daß man die natürlichen Zahlen als Punkte auf dem Zahlenstrahl darstellen kann (Bild 14).

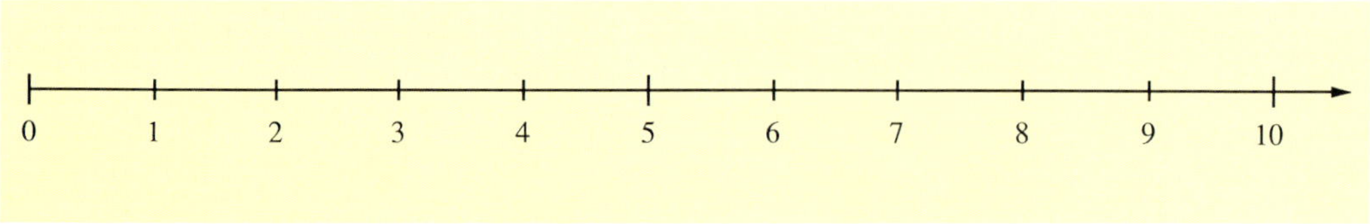

Bild 14

Zu jeder natürlichen Zahl gehört genau ein Punkt auf dem Zahlenstrahl. Dabei können wir den Abstand der Punkte für 0 und für 1 beliebig wählen. Die Punkte für zwei aufeinanderfolgende Zahlen müssen dann genauso weit voneinander entfernt sein wie die Punkte für 0 und 1.

2. Bruchzahlen auf dem Zahlenstrahl

Wir können auch die Bruchzahlen auf dem Zahlenstrahl durch Punkte darstellen.

Beispiele

1) Um den Punkt für die Bruchzahl $\frac{2}{3}$ zu finden, gehen wir folgendermaßen vor:

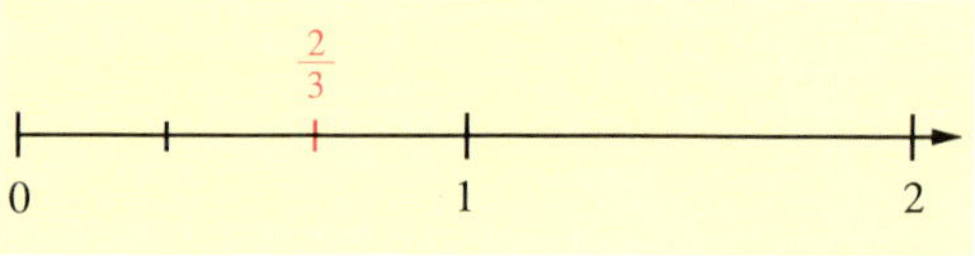

Bild 15

a) Wir wählen die Punkte für 0 und für 1 auf dem Zahlenstrahl so, daß sich ihr Abstand leicht in drei gleich lange Teile zerlegen läßt (z.B. 3 cm oder 3 Kästchen im Heft).
b) Wir teilen diese Strecke in **drei** gleich lange Teilstecken.
c) Wir tragen vom Punkt für 0 aus **zwei** Teilstrecken ab. Der Endpunkt ist der Punkt für $\frac{2}{3}$ (Bild 15).

2) Den Punkt für $\frac{7}{4}$ finden wir folgendermaßen:

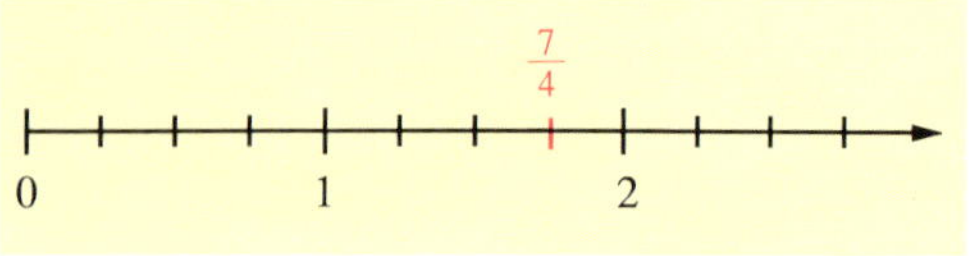

Bild 16

a) Wir wählen die Punkte für 0 und für 1 auf dem Zahlenstrahl so, daß sich ihr Abstand leicht in vier gleich lange Teile zerlegen läßt (z.B. 4 cm oder 4 Kästchen im Heft).
b) Wir teilen die Strecke in **vier** gleich lange Teilstrecken.
c) Wir tragen vom Punkt 0 aus **sieben** Teilstrecken ab. Der Endpunkt ist der Punkt für $\frac{7}{4}$ (Bild 16).

3. Darstellung mehrerer Bruchzahlen

Wir können auch mehrere Bruchzahlen auf einem Zahlenstrahl gemeinsam darstellen (Bild 17). Dabei kann es schwierig sein, den Abstand der Punkte für 0 und für 1 so zu wählen, daß sich diese Strecke für jede darzustellende Bruchzahl $\frac{a}{b}$ leicht in b gleich lange Teilstrecken zerlegen läßt. Um die Lage der Teilpunkte näherungsweise angeben zu können, kann man die Zerlegung nach Augenmaß (eventuell unter Zuhilfenahme der Maßeinteilung des Lineals) durchführen. In Aufgabe 10 wird ein Verfahren angegeben, wie man eine beliebige Strecke in gleich lange Teilstrecken zerlegen kann.

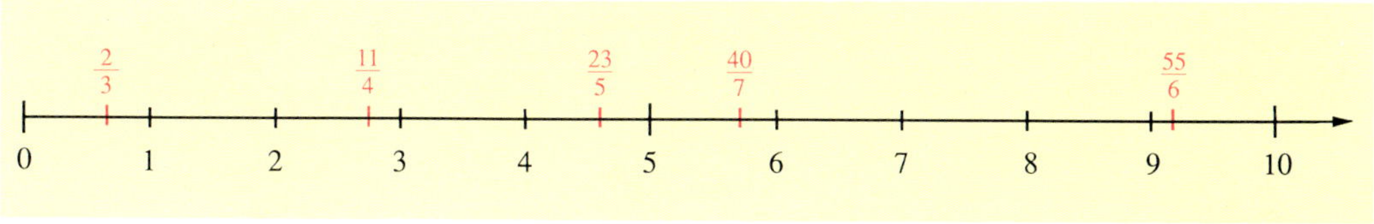

Bild 17

Sind die darzustellenden Bruchzahlen alle durch zueinander gleichwertige Brüche gegeben, dann werden diese Bruchzahlen auf dem Zahlenstrahl durch denselben Punkt dargestellt (Bild 18).

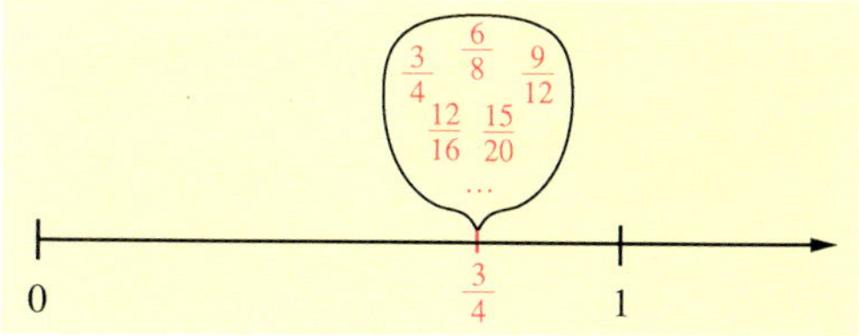

Bild 18

Aufgaben und Beispiele

Ablesen am Zahlenstrahl

1. Welche Bruchzahlen gehören zu den Punkten A, B, C, …, K? Nutze beim Ablesen die Kästcheneinteilung!

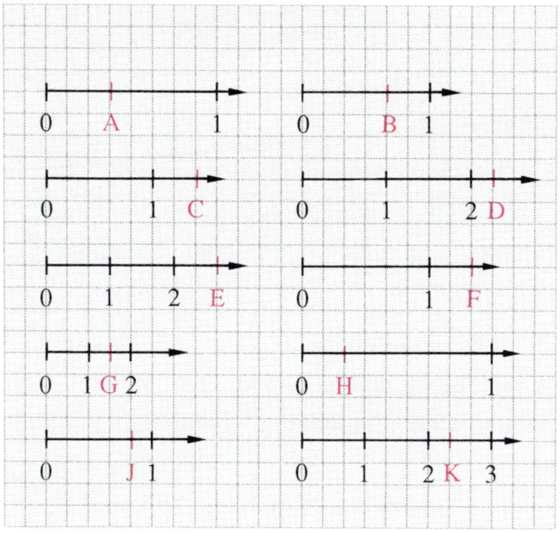

Bild 19

2. Suche die Bruchzahlen, die zu den gekennzeichneten Punkten (Bild 21) gehören!

Beispiel

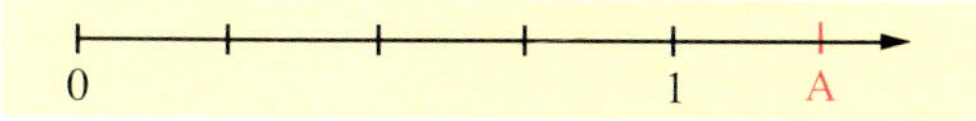

Bild 20

Die Länge der Strecke zwischen 0 und 1 in Bild 20 beträgt 4 cm. 1 cm entspricht also einem Viertel der Einheitsstrecke. Der Punkt A liegt 5 cm vom Nullpunkt entfernt. Also gehört zum Punkt A die Bruchzahl $\frac{5}{4}$.

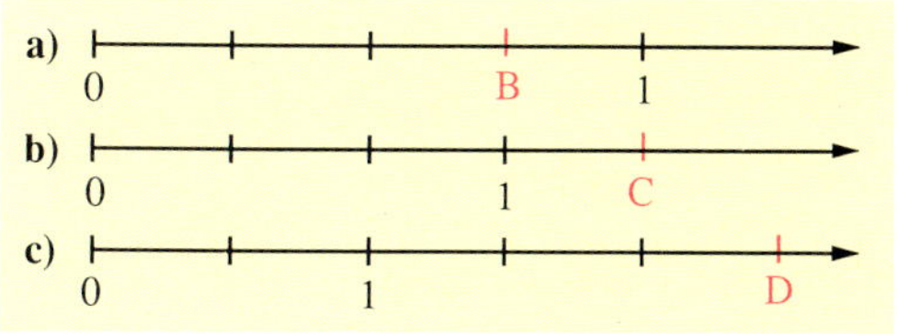

Bild 21

3. Welche Bruchzahlen gehören jeweils zu den Punkten A, B, C und D?

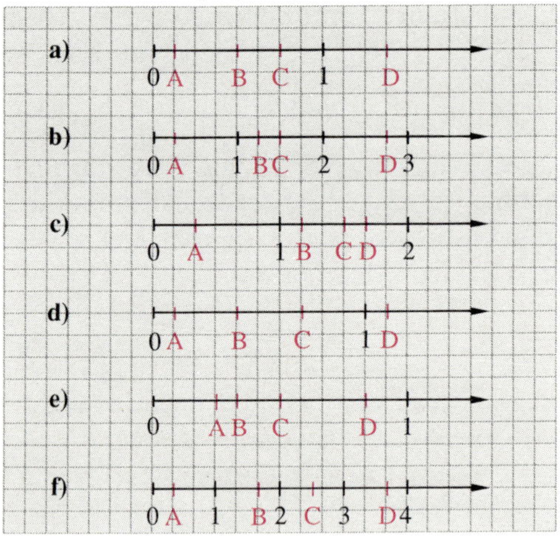

Bild 22

4. Bei den folgenden Darstellungen soll die Einheitsstrecke auf dem Zahlenstrahl stets 1 cm lang sein. Bestimme die Bruchzahlen, die zu den Punkten A, B, C, D (Bild 24) gehören! Nutze beim Ablesen die Millimetereinteilung deines Lineals!

Beispiel

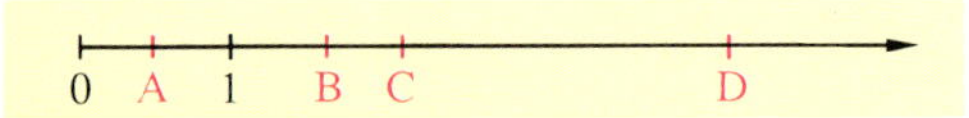

Bild 23

In Bild 23 ist Punkt A etwa 5 mm, B 17 mm, C 22 mm und D 44 mm vom Nullpunkt entfernt. Da die Einheit 1 cm = 10 mm gewählt wurde, gilt:

Zum Punkt A gehört $\frac{5}{10} = \frac{1}{2}$, zum Punkt B gehört $\frac{17}{10}$, zum Punkt C gehört $\frac{22}{10} = \frac{11}{5}$, zum Punkt D gehört $\frac{44}{10} = \frac{22}{5}$.

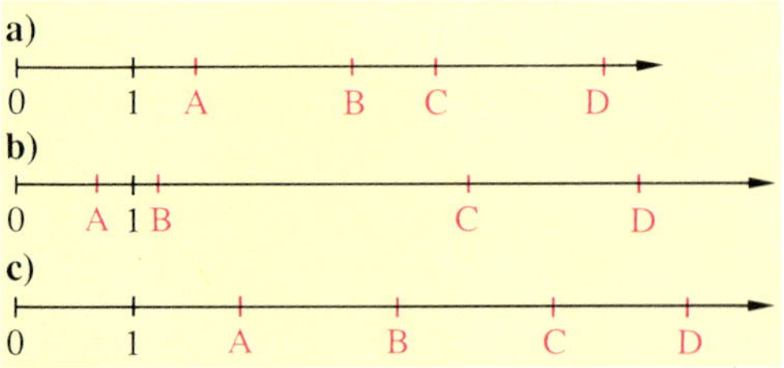

Bild 24

5. Verfahre mit Bild 25 wie in Aufgabe 4!

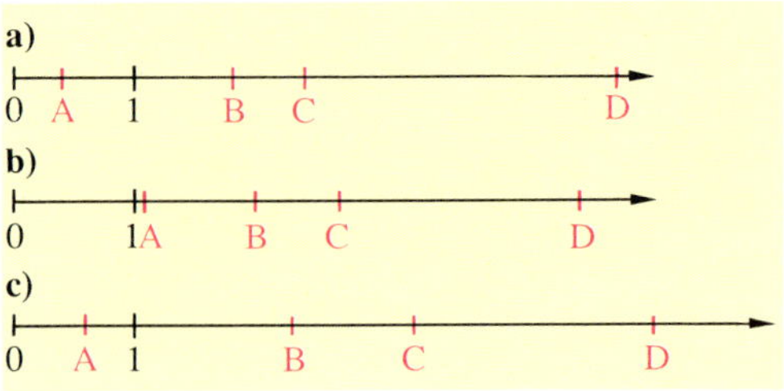

Bild 25

6. Welche Bruchzahlen sind in Bild 26 durch die Punkte A, B, C, D und E dargestellt?

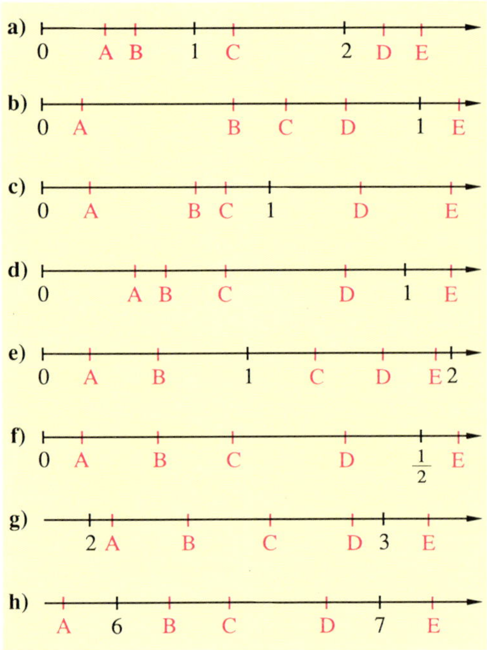

Bild 26

Darstellen am Zahlenstrahl

7. Stelle jede der folgenden Zahlen auf je einem Zahlenstrahl dar! Nutze dabei die Kästchen auf kariertem Papier. Außer der genannten Bruchzahl muß auch der Punkt für die Zahl 1 angegeben werden.

a) $\frac{3}{4}$	**b)** $\frac{4}{5}$	**c)** $\frac{7}{6}$	**d)** $\frac{10}{3}$	**e)** $\frac{15}{2}$
f) $\frac{15}{4}$	**g)** $\frac{16}{7}$	**h)** $\frac{13}{8}$	**i)** $\frac{19}{11}$	**j)** $\frac{7}{10}$
k) $\frac{6}{7}$	**l)** $\frac{15}{13}$	**m)** $\frac{11}{9}$	**n)** $\frac{1}{3}$	**o)** $\frac{12}{5}$

8. Erweitere oder kürze folgende Bruchzahlen so, daß Brüche mit dem Nenner 10 entstehen! Stelle sie dann gemeinsam auf einem Zahlenstrahl dar!
Wähle für die Einheitsstrecke die Länge von 10 Kästchen!

a) $\frac{11}{5}$; $\frac{3}{2}$; $\frac{9}{10}$; $\frac{24}{20}$ **b)** $\frac{3}{5}$; $\frac{18}{12}$; $\frac{36}{30}$; $\frac{25}{25}$
c) $\frac{75}{50}$; $\frac{52}{40}$; $\frac{63}{45}$; $\frac{8}{8}$ **d)** $\frac{9}{6}$; $\frac{24}{16}$; $\frac{68}{85}$; $\frac{18}{20}$
e) $\frac{27}{15}$; $\frac{6}{5}$; $\frac{11}{11}$; $\frac{6}{4}$ **f)** $\frac{2}{5}$; $\frac{1}{2}$; $\frac{18}{20}$; $\frac{45}{75}$

9. Stelle auf einem Zahlenstrahl dar!

Beispiel

$$\frac{3}{4};\ \frac{2}{3};\ \frac{5}{6}$$

Anleitung:
Das kleinste gemeinsame Vielfache der Nenner 4, 3 und 6 ist 12. Wir zeichnen eine Strecke auf kariertem Papier, die 12 Kästchen lang ist. Den Anfangspunkt dieser Strecke bezeichnen wir mit 0, den Endpunkt mit 1. Wir berechnen:

$\frac{3}{4}$ von 12 Kästchen = 9 Kästchen,
$\frac{2}{3}$ von 12 Kästchen = 8 Kästchen,
$\frac{5}{6}$ von 12 Kästchen = 10 Kästchen.

$\frac{2}{3}$ liegt also 8, $\frac{3}{4}$ liegt 9 und $\frac{5}{6}$ liegt 10 Kästchen rechts vom Punkt für 0.

Die Lösung zeigt Bild 27.

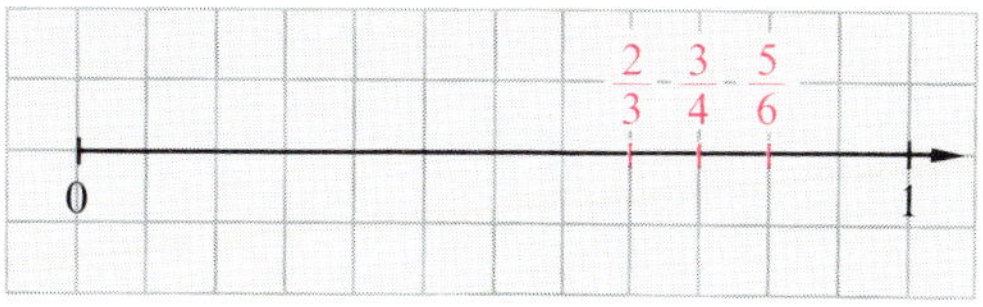

Bild 27

a) $\frac{3}{4}$; $\frac{7}{8}$; $\frac{1}{2}$ **b)** $\frac{1}{4}$; $\frac{1}{3}$; $\frac{1}{2}$
c) $\frac{2}{5}$; $\frac{1}{2}$; $\frac{1}{4}$ **d)** $\frac{7}{10}$; $\frac{7}{20}$; $\frac{3}{4}$
e) $\frac{3}{5}$; $\frac{3}{4}$; $\frac{9}{10}$ **f)** $\frac{5}{6}$; $\frac{5}{4}$; $\frac{4}{3}$
g) $\frac{23}{10}$; $\frac{5}{2}$; $\frac{12}{5}$ **h)** $\frac{3}{2}$; $\frac{11}{6}$; $\frac{8}{9}$
i) $\frac{14}{3}$; $\frac{7}{4}$; $\frac{9}{8}$ **j)** $\frac{3}{4}$; $\frac{13}{14}$; $\frac{6}{7}$
k) $\frac{4}{15}$; $\frac{3}{5}$; $\frac{1}{2}$ **l)** $\frac{5}{9}$; $\frac{2}{3}$; $\frac{1}{2}$

10. Markiere auf dem Zahlenstrahl den Punkt C, der bei gegebener Einheitsstrecke $\overline{AB}$ der Bruchzahl $\frac{a}{b}$ entspricht!

Beispiel

Für a = 3 und b = 7 erhält man den Punkt C im Bild 28 durch folgende Konstruktion.

Zu $\overline{AB}$ zeichnen wir eine Parallele und tragen darauf eine Strecke von 7 cm Länge ab. Den Anfangspunkt bezeichnen wir mit 0, den Endpunkt mit 7. Wir verbinden A mit dem Punkt für 0 und B mit dem Punkt für 7. Die Verbindungsgeraden schneiden sich im Punkt S. Wir verbinden S mit den Punkten für 1, 2, 3, 4, 5 und 6. Die Verbindungsgeraden schneiden $\overline{AB}$ und teilen die Strecke in 7 gleich lange Teilstrecken. C ist der Punkt für $\frac{3}{7}$.

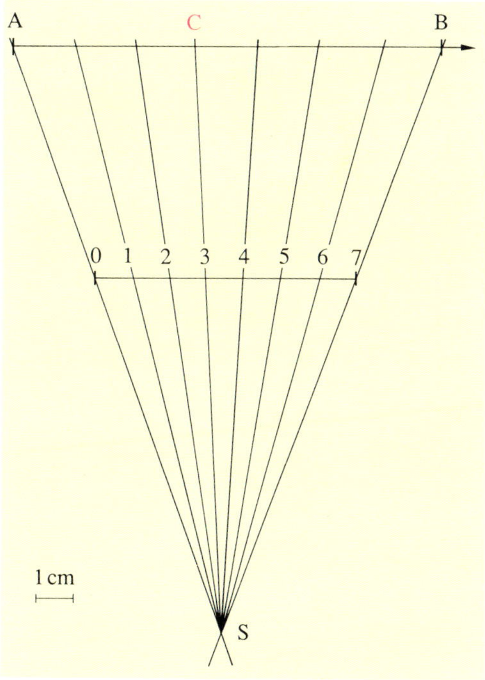

Bild 28

a) a = 2, b = 7 **b)** a = 3, b = 8 **c)** a = 5, b = 3
d) a = 7, b = 4 **e)** a = 11, b = 6 **f)** a = 6, b = 11
g) a = 4, b = 5 **h)** a = 13, b = 9 **i)** a = 9, b = 10

III. Größenvergleich von Bruchzahlen

1. Zur Einführung

Arndt ist ein Verehrer des Radrennfahrers Nicki Sausewind, Bettina hält zu Jacki Pfeilschnell. Bei den Sportnachrichten erfahren sie in einem Bericht über ein Radrennen (Bild 29), daß Nicki Sausewind nach $\frac{2}{3}$ h das Rennen wegen eines Reifenschadens aufgeben mußte und daß Jacki Pfeilschnell nach $\frac{3}{4}$ h wegen einer defekten Schaltung nicht mehr weiterfahren konnte.

Nun streiten die beiden darüber, welcher Rennfahrer länger durchgehalten hat.

Bild 29

2. Größenvergleich am Zahlenstrahl

Wir stellen beide Zahlen auf dem Zahlenstrahl dar (Bild 30). Da der Punkt für $\frac{2}{3}$ links von dem Punkt für $\frac{3}{4}$ liegt, muß $\frac{2}{3}$ kleiner als $\frac{3}{4}$ sein.

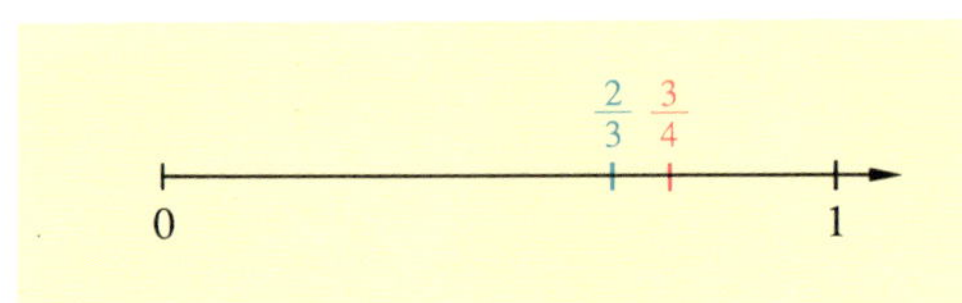

Bild 30

Wie bei den natürlichen Zahlen liegt der Punkt für die kleinere Zahl auf dem Zahlenstrahl links von dem Punkt für die größere.

Beispiel

Wir vergleichen $\frac{1}{2}$ mit $\frac{3}{5}$.
Der Punkt für $\frac{1}{2}$ liegt auf dem Zahlenstrahl links von dem Punkt für $\frac{3}{5}$.
Also gilt:

$$\frac{1}{2} < \frac{3}{5} \text{ (Bild 31).}$$

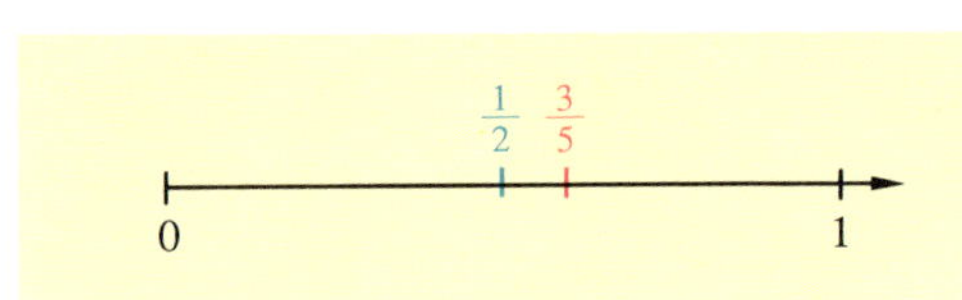

Bild 31

3. Größenvergleich ohne Zahlenstrahl

Wir wollen überlegen, wie wir Bruchzahlen vergleichen können, ohne sie auf dem Zahlenstrahl darzustellen. Wir vergleichen $\frac{2}{3}$ h und $\frac{3}{4}$ h.

$$\frac{2}{3}\,\text{h} = \frac{40}{60}\,\text{h} = 40\,\text{min}; \qquad \frac{3}{4}\,\text{h} = \frac{45}{60}\,\text{h} = 45\,\text{min}.$$

Da 40 min weniger als 45 min sind, sind auch $\frac{40}{60}$ h weniger als $\frac{45}{60}$ h, also $\frac{2}{3}$ h weniger als $\frac{3}{4}$ h.

An diesem Beispiel erkennen wir, daß man zwei Bruchzahlen leicht vergleichen kann, wenn man sie durch Brüche mit gleichem Nenner dargestellt hat. Solche Brüche heißen **gleichnamige** Brüche.

Bei gleichnamigen Brüchen vergleicht man nur die Zähler.

Beispiel

1) Es gilt $\frac{3}{7} < \frac{5}{7}$, weil $3 < 5$ ist.

2) Es gilt $\frac{17}{5} > \frac{4}{5}$, weil $17 > 4$ ist.

4. Hauptnenner

Zwei Bruchzahlen lassen sich stets durch gleichnamige Brüche darstellen.

Beispiele

1) $\frac{4}{5}$ und $\frac{7}{8}$: $\frac{4}{5} = \frac{32}{40}$ und $\frac{7}{8} = \frac{35}{40}$;

40 ist ein gemeinsames Vielfaches von 5 und 8.

2) $\frac{5}{6}$ und $\frac{7}{9}$: $\frac{5}{6} = \frac{15}{18}$ und $\frac{7}{9} = \frac{14}{18}$;

18 ist ein gemeinsames Vielfaches von 6 und 9.

Wenn wir Bruchzahlen durch gleichnamige Brüche darstellen, sagen wir, wir haben die Bruchzahlen gleichnamig gemacht. Wir sprechen dann auch von gleichnamigen Bruchzahlen.

Der gemeinsame Nenner gleichnamiger Brüche ist ein gemeinsames Vielfaches der ursprünglichen Nenner. Besonders einfach wird das Gleichnamig-Machen, wenn man als Nenner das **kleinste** gemeinsame Vielfache der einzelnen Nenner sucht. Diesen Nenner nennt man **Hauptnenner**.

Für die Nenner der Brüche $\frac{5}{6}$ und $\frac{7}{9}$ gibt es außer dem kleinsten gemeinsamen Vielfachen 18 noch weitere gemeinsame Vielfache:

36, 54, 72, ...

Mit diesen gemeinsamen Vielfachen wird der Rechenaufwand größer, weil Zähler und Nenner der Brüche größere Zahlen sind.

Beispiel

$\frac{5}{6}$ und $\frac{7}{9}$: $\frac{5}{6} = \frac{15}{18}$ und $\frac{7}{9} = \frac{14}{18}$; $\frac{5}{6} = \frac{30}{36}$ und $\frac{7}{9} = \frac{28}{36}$;

$\frac{5}{6} = \frac{45}{54}$ und $\frac{7}{9} = \frac{42}{54}$; $\frac{5}{6} = \frac{60}{72}$ und $\frac{7}{9} = \frac{56}{72}$.

5. Größenvergleich ungleichnamiger Bruchzahlen

Auch Bruchzahlen, die durch Brüche mit verschiedenen Nennern dargestellt sind, können wir vergleichen. Wir machen die Bruchzahlen gleichnamig und vergleichen die Zähler.

Beispiele

1) $\frac{5}{8}$ und $\frac{7}{12}$

Der Hauptnenner ist das kleinste gemeinsame Vielfache von 8 und 12, also 24.

$\frac{5}{8} = \frac{15}{24}$ und $\frac{7}{12} = \frac{14}{24}$. Da $15 > 14$ ist, gilt $\frac{5}{8} > \frac{7}{12}$.

2) $\frac{7}{9}$ und $\frac{11}{15}$

Der Hauptnenner ist das kgV $(9|15)$, also 45.

$\frac{7}{9} = \frac{35}{45}$ und $\frac{11}{15} = \frac{33}{45}$. Da $35 > 33$ ist, gilt $\frac{7}{9} > \frac{11}{15}$.

3) $\frac{5}{6}$, $\frac{7}{10}$ und $\frac{13}{15}$

Der Hauptnenner ist das kgV $(6|10|15)$, also 30.

$\frac{5}{6} = \frac{25}{30}$, $\frac{7}{10} = \frac{21}{30}$ und $\frac{13}{15} = \frac{26}{30}$. Da $21 < 25 < 26$ ist, gilt $\frac{7}{10} < \frac{5}{6} < \frac{13}{15}$.

Aufgaben und Beispiele

Zum Einstieg

In den beiden gleich großen Rechtecken in Bild 32 ist jeweils ein Teil blau unterlegt. In welchem Rechteck ist der Anteil größer?

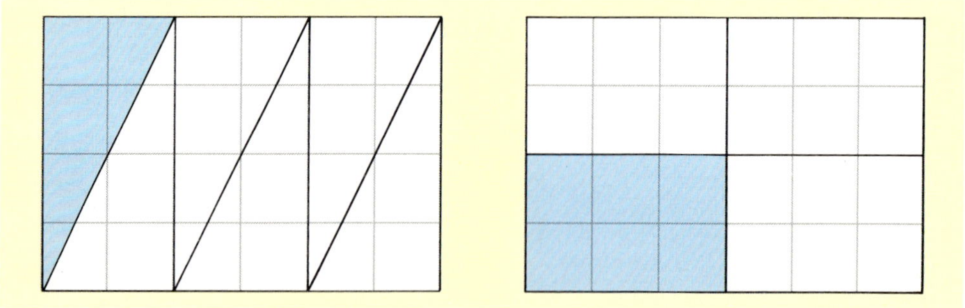

Bild 32

Größenvergleich am Zahlenstrahl

1. Stelle die Zahlen auf einem Zahlenstrahl dar und vergleiche sie!

a) $\frac{1}{2}$ und $\frac{1}{3}$ **b)** $\frac{2}{3}$ und $\frac{3}{4}$ **c)** $\frac{3}{5}$ und $\frac{7}{10}$
d) $\frac{7}{6}$ und $\frac{5}{4}$ **e)** $\frac{11}{3}$ und $\frac{7}{2}$ **f)** $\frac{19}{8}$ und $\frac{8}{3}$

2. Zu welchen Punkten A, B oder C auf dem Zahlenstrahl gehören jeweils die angegebenen Bruchzahlen? Ordne sie der Größe nach!

a) $\frac{3}{2}$; $\frac{6}{5}$; $\frac{7}{9}$

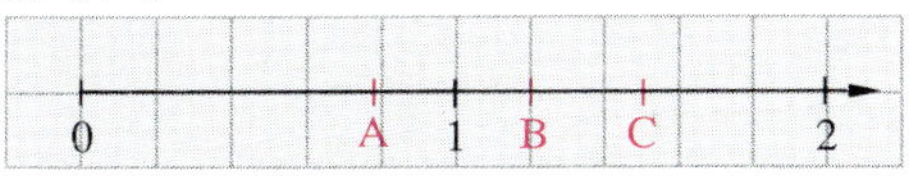

b) $\frac{1}{2}$; $\frac{1}{3}$; $\frac{1}{4}$

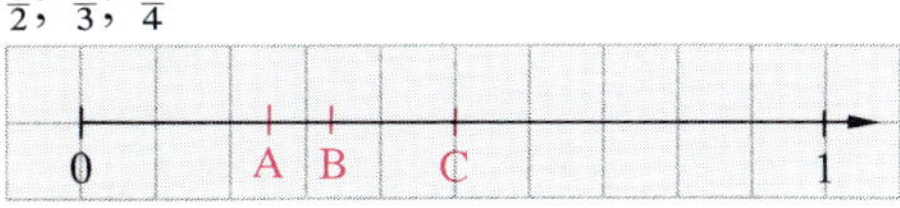

c) $\frac{11}{3}$; $\frac{12}{5}$; $\frac{19}{6}$

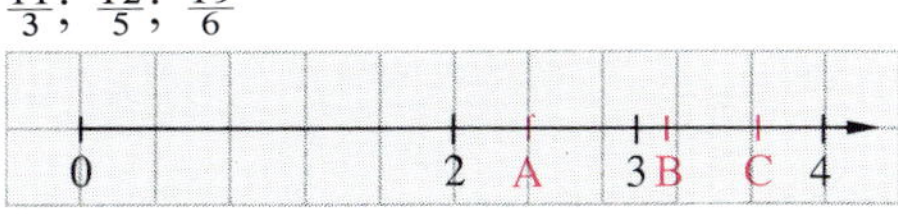

d) $\frac{3}{4}$; $\frac{11}{12}$; $\frac{12}{11}$

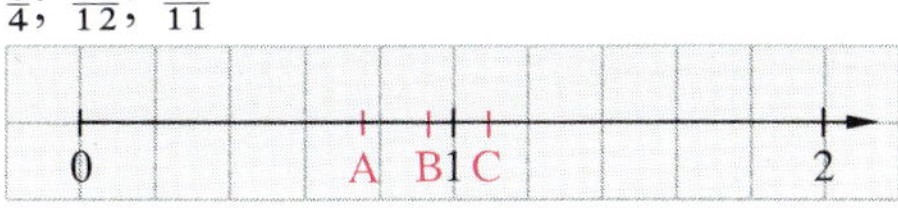

e) $\frac{3}{2}$; $\frac{8}{7}$; $\frac{6}{5}$

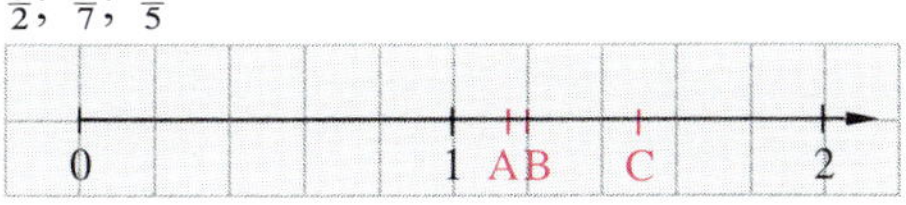

3. Welche natürlichen Zahlen kann man für x einsetzen, so daß die entstehende Bruchzahl auf dem Zahlenstrahl rechts von 0 und links von 1 liegt?

a) $\frac{x}{3}$ **b)** $\frac{x}{7}$ **c)** $\frac{x}{9}$ **d)** $\frac{x}{2}$
e) $\frac{x}{10}$ **f)** $\frac{x}{100}$ **g)** $\frac{x}{1}$ **h)** $\frac{1}{x}$

4. Löse Aufgabe 3 für den Fall, daß die entstehenden Bruchzahlen auf dem Zahlenstrahl
a) rechts von 2 und links von 3 liegen,
b) größer 4,
c) kleiner 4
sind!

Größenvergleich ohne Zahlenstrahl

5. Vergleiche die Bruchzahlen! Manchmal ist es sinnvoll, zunächst zu kürzen.

a) $\frac{1}{2}$; $\frac{3}{2}$ **b)** $\frac{3}{4}$; $\frac{2}{4}$ **c)** $\frac{2}{3}$; $\frac{7}{3}$
d) $\frac{11}{5}$; $\frac{10}{5}$ **e)** $\frac{12}{9}$; $\frac{11}{9}$ **f)** $\frac{4}{17}$; $\frac{3}{17}$
g) $\frac{5}{20}$; $\frac{15}{20}$ **h)** $\frac{12}{12}$; $\frac{10}{10}$ **i)** $\frac{30}{100}$; $\frac{3}{10}$
j) $\frac{10}{7}$; $\frac{33}{21}$ **k)** $\frac{10}{11}$; $\frac{13}{11}$ **l)** $\frac{125}{50}$; $\frac{35}{14}$
m) $\frac{6}{4}$; $\frac{6}{3}$ **n)** $\frac{8}{12}$; $\frac{3}{9}$ **o)** $\frac{11}{15}$; $\frac{16}{30}$

6. Schreibe in einer kleineren Einheit und vergleiche!

a) $\frac{1}{3}$ h; $\frac{1}{2}$ h **b)** $\frac{3}{4}$ km; $\frac{1}{2}$ km
c) $\frac{3}{2}$ m; $\frac{7}{4}$ m **d)** $\frac{2}{5}$ min; $\frac{5}{12}$ min
e) $\frac{5}{4}$ dm; $\frac{6}{5}$ dm **f)** $\frac{9}{10}$ m^2; $\frac{89}{100}$ m^2
g) $\frac{9}{8}$ t; $\frac{113}{100}$ t **h)** $\frac{17}{12}$ h; $\frac{77}{60}$ h

7. Zwischen welchen beiden benachbarten natürlichen Zahlen liegen folgende Bruchzahlen?

a) $\frac{13}{4}$ **b)** $\frac{29}{7}$ **c)** $\frac{31}{6}$ **d)** $\frac{15}{4}$ **e)** $\frac{39}{7}$
f) $\frac{90}{13}$ **g)** $\frac{68}{3}$ **h)** $\frac{121}{20}$ **i)** $\frac{173}{25}$ **j)** $\frac{100}{3}$

8. Überlege zunächst, zwischen welchen benachbarten natürlichen Zahlen die angegebenen Bruchzahlen liegen und entscheide dann, welche von beiden Bruchzahlen die größere ist!

a) $\frac{3}{4}$; $\frac{7}{5}$ **b)** $\frac{11}{7}$; $\frac{1}{3}$ **c)** $\frac{4}{3}$; $\frac{13}{6}$
d) $\frac{33}{10}$; $\frac{48}{11}$ **e)** $\frac{68}{3}$; $\frac{79}{4}$ **f)** $\frac{100}{7}$; $\frac{121}{8}$

9. Welche natürliche Zahl liegt zwischen

a) $\frac{4}{5}$ und $\frac{5}{4}$, **b)** $\frac{13}{2}$ und $\frac{16}{3}$, **c)** $\frac{13}{4}$ und $\frac{30}{7}$,
d) $\frac{46}{5}$ und $\frac{74}{9}$, **e)** $\frac{55}{18}$ und $\frac{69}{17}$, **f)** $\frac{121}{20}$ und $\frac{98}{19}$?

10. Bestimme alle natürlichen Zahlen, die zwischen den folgenden Bruchzahlen liegen!

a) $\frac{11}{12}$; $\frac{20}{3}$ **b)** $\frac{9}{2}$; $\frac{7}{10}$ **c)** $\frac{5}{31}$; $\frac{31}{5}$
d) $\frac{7}{3}$; $\frac{65}{33}$ **e)** $\frac{17}{2}$; $\frac{72}{13}$ **f)** $\frac{2}{3}$; $\frac{40}{7}$
g) $\frac{3}{5}$; $\frac{16}{5}$ **h)** $\frac{7}{2}$; $\frac{91}{18}$ **i)** $\frac{16}{7}$; $\frac{16}{3}$

Gleichnamig machen

11. Mache die Brüche gleichnamig!

a) $\frac{1}{2}; \frac{1}{3}$ **b)** $\frac{1}{2}; \frac{2}{5}$ **c)** $\frac{1}{3}; \frac{1}{4}$
d) $\frac{3}{7}; \frac{1}{4}$ **e)** $\frac{4}{5}; \frac{2}{9}$ **f)** $\frac{3}{8}; \frac{4}{3}$
g) $\frac{3}{2}; \frac{5}{9}$ **h)** $\frac{8}{7}; \frac{1}{6}$ **i)** $\frac{3}{5}; \frac{3}{4}$
j) $\frac{9}{2}; \frac{9}{7}$ **k)** $\frac{2}{3}; \frac{3}{5}$ **l)** $\frac{7}{8}; \frac{9}{5}$

12. Mache die Brüche gleichnamig!

a) $\frac{3}{11}; \frac{1}{7}$ **b)** $\frac{5}{12}; \frac{4}{5}$ **c)** $\frac{9}{13}; \frac{2}{9}$
d) $\frac{11}{3}; \frac{7}{10}$ **e)** $\frac{14}{5}; \frac{7}{16}$ **f)** $\frac{13}{20}; \frac{1}{3}$
g) $\frac{12}{7}; \frac{6}{13}$ **h)** $\frac{15}{2}; \frac{3}{17}$ **i)** $\frac{19}{4}; \frac{12}{11}$

13. Mache die Brüche gleichnamig! Suche das **kleinste** gemeinsame Vielfache der Nenner!

a) $\frac{1}{2}; \frac{1}{4}$ **b)** $\frac{2}{3}; \frac{1}{6}$ **c)** $\frac{9}{10}; \frac{4}{5}$
d) $\frac{5}{6}; \frac{3}{4}$ **e)** $\frac{3}{14}; \frac{2}{21}$ **f)** $\frac{7}{15}; \frac{5}{12}$
g) $\frac{9}{8}; \frac{11}{10}$ **h)** $\frac{11}{15}; \frac{8}{9}$ **i)** $\frac{7}{18}; \frac{5}{9}$
j) $\frac{13}{12}; \frac{11}{4}$ **k)** $\frac{3}{16}; \frac{1}{48}$ **l)** $\frac{9}{20}; \frac{7}{30}$

14. Bringe die Brüche auf den Hauptnenner!

a) $\frac{7}{12}; \frac{3}{4}$ **b)** $\frac{11}{12}; \frac{8}{9}$ **c)** $\frac{3}{14}; \frac{6}{35}$
d) $\frac{7}{24}; \frac{13}{72}$ **e)** $\frac{17}{20}; \frac{23}{30}$ **f)** $\frac{19}{18}; \frac{21}{20}$
g) $\frac{29}{25}; \frac{17}{15}$ **h)** $\frac{11}{40}; \frac{3}{8}$ **i)** $\frac{41}{35}; \frac{17}{14}$
j) $\frac{26}{9}; \frac{9}{4}$ **k)** $\frac{4}{17}; \frac{11}{4}$ **l)** $\frac{11}{30}; \frac{19}{25}$

15. Verfahre wie in Aufgabe 14!

a) $\frac{7}{20}; \frac{9}{40}; \frac{1}{4}$ **b)** $\frac{3}{10}; \frac{2}{5}; \frac{1}{3}$
c) $\frac{11}{30}; \frac{1}{2}; \frac{2}{3}$ **d)** $\frac{7}{12}; \frac{3}{20}; \frac{11}{5}$
e) $\frac{5}{14}; \frac{2}{7}; \frac{13}{4}$ **f)** $\frac{7}{12}; \frac{15}{4}; \frac{3}{16}$
g) $\frac{1}{6}; \frac{7}{66}; \frac{3}{22}$ **h)** $\frac{5}{24}; \frac{7}{36}; \frac{1}{18}$

16. Suche für die folgenden Brüche die einfachsten gleichnamigen Darstellungen! Manchmal ist es sinnvoll, erst zu kürzen.

a) $\frac{4}{6}; \frac{2}{8}$ **b)** $\frac{10}{15}; \frac{3}{6}$ **c)** $\frac{6}{10}; \frac{15}{20}$
d) $\frac{12}{8}; \frac{14}{10}$ **e)** $\frac{6}{9}; \frac{12}{18}$ **f)** $\frac{18}{12}; \frac{20}{16}$
g) $\frac{15}{10}; \frac{35}{20}$ **h)** $\frac{17}{68}; \frac{36}{54}$ **i)** $\frac{32}{24}; \frac{48}{36}$

17. Mache die Brüche gleichnamig! Kürze, wo es sinnvoll ist!

a) $\frac{6}{8}; \frac{6}{12}; \frac{11}{3}$ **b)** $\frac{42}{28}; \frac{14}{7}; \frac{10}{15}$
c) $\frac{17}{24}; \frac{30}{40}; \frac{54}{48}$ **d)** $\frac{4}{12}; \frac{6}{12}; \frac{12}{144}$
e) $\frac{35}{14}; \frac{1}{2}; \frac{105}{8}$ **f)** $\frac{34}{85}; \frac{3}{3}; \frac{95}{114}$
g) $\frac{42}{21}; \frac{10}{25}; \frac{4}{100}$ **h)** $\frac{28}{49}; \frac{15}{7}; \frac{60}{21}$

Größenvergleich von Bruchzahlen

18. Welche Bruchzahl ist größer?

a) $\frac{7}{6}; \frac{6}{5}$ **b)** $\frac{2}{3}; \frac{4}{5}$ **c)** $\frac{12}{7}; \frac{8}{5}$ **d)** $\frac{3}{10}; \frac{20}{50}$
e) $\frac{5}{12}; \frac{1}{3}$ **f)** $\frac{6}{24}; \frac{2}{5}$ **g)** $\frac{5}{6}; \frac{7}{8}$ **h)** $\frac{70}{10}; \frac{90}{15}$
i) $\frac{16}{15}; \frac{6}{5}$ **j)** $\frac{12}{4}; \frac{9}{6}$ **k)** $\frac{14}{21}; \frac{4}{6}$ **l)** $\frac{28}{8}; \frac{66}{20}$

19. Vergleiche die Bruchzahlen, indem du vorher gleichnamig machst!

a) $\frac{9}{4}; \frac{23}{10}$ **b)** $\frac{8}{5}; \frac{15}{10}$ **c)** $\frac{23}{3}; \frac{37}{5}$
d) $\frac{17}{4}; \frac{33}{8}$ **e)** $\frac{20}{11}; \frac{10}{9}$ **f)** $\frac{3}{17}; \frac{4}{18}$
g) $\frac{18}{27}; \frac{30}{45}$ **h)** $\frac{19}{6}; \frac{28}{9}$ **i)** $\frac{7}{24}; \frac{375}{1000}$

20. Ordne der Größe nach!

Beispiel

$$\frac{3}{4}, \frac{3}{2}, \frac{5}{3}, \frac{2}{3}$$

Anleitung:
Wir könnten alle Brüche auf den Hauptnenner bringen und die Zähler vergleichen. Es geht aber einfacher:
$\frac{3}{2}$ und $\frac{5}{3}$ sind größer, $\frac{2}{3}$ und $\frac{3}{4}$ kleiner als 1. Es genügt somit, $\frac{3}{2}$ mit $\frac{5}{3}$ und $\frac{2}{3}$ mit $\frac{3}{4}$ zu vergleichen.

$$\frac{2}{3} = \frac{8}{12} \quad \text{und} \quad \frac{3}{4} = \frac{9}{12}, \quad \text{also} \quad \frac{2}{3} < \frac{3}{4}.$$

$$\frac{3}{2} = \frac{9}{6} \quad \text{und} \quad \frac{5}{3} = \frac{10}{6}, \quad \text{also} \quad \frac{3}{2} < \frac{5}{3}.$$

Als Ergebnis erhält man: $\frac{2}{3} < \frac{3}{4} < \frac{3}{2} < \frac{5}{3}$.

a) $\frac{19}{5}; \frac{33}{10}; \frac{5}{2}; \frac{17}{20}$ **b)** $\frac{9}{4}; \frac{21}{10}; \frac{99}{50}; \frac{39}{16}$
c) $\frac{5}{4}; \frac{11}{8}; \frac{3}{2}; \frac{7}{5}$ **d)** $\frac{28}{49}; \frac{17}{14}; \frac{25}{21}; \frac{6}{5}$
e) $\frac{32}{21}; \frac{7}{4}; \frac{41}{25}; \frac{100}{49}$ **f)** $\frac{1}{12}; \frac{17}{15}; \frac{37}{18}; \frac{1}{2}$
g) $\frac{1}{3}; \frac{1}{4}; \frac{1}{5}; \frac{1}{6}$ **h)** $\frac{3}{10}; \frac{2}{5}; \frac{4}{11}; \frac{5}{12}$

Textaufgaben

21. Ein Händler mußte 36 kg von 240 kg Obst aussondern. Ein anderer Händler konnte 22 kg von 176 kg nicht verkaufen. Bei wem war der Verlustanteil größer?

22. Bei einem Mathematikwettbewerb erhält eine Teilnehmerin $\frac{4}{5}$, eine andere $\frac{5}{7}$ der erreichbaren Punktezahl. Wer ist besser plaziert?

23. Bislang wird in Deutschland Wein in $\frac{7}{10}$-Liter-Flaschen verkauft. In Zukunft sollen nur noch $\frac{3}{4}$-Liter-Flaschen zugelassen werden. Ist in einer Flasche dann mehr oder weniger Wein?

24. Bild 33 zeigt den Grundriß einer Wohnung. Ermittle die Flächenanteile der einzelnen Zimmer an der gesamten Wohnfläche und vergleiche sie der Größe nach!

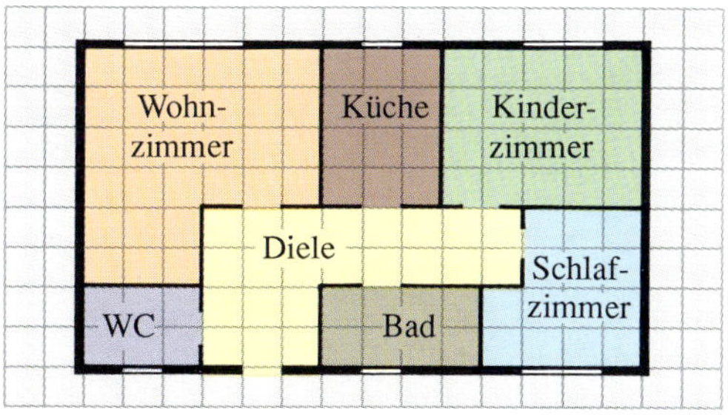

Bild 33

25. Von den 24 Schülerinnen und Schülern der Klasse 6a erhielten beim Sportfest 18 eine Urkunde. In der 6b schafften das von 21 Kindern 14 und in der 6c von 25 Kindern 20. In welcher Klasse war der Anteil am größten?

26. In einem Theater stellt man am Ende der Saison fest, daß bei Operetten und Musicals $\frac{9}{10}$, bei Schauspielen $\frac{3}{4}$, bei Opern $\frac{4}{5}$ der Karten verkauft worden sind. In welcher Reihenfolge stehen die Aufführungen nach den Besucherzahlen in der Gunst der Zuschauer, wenn das Angebot in allen drei Sparten gleich groß war?

Weiterführende Aufgaben

27. Ein Losverkäufer verspricht: Jedes 4. Los gewinnt. Ein anderer wirbt mit dem Versprechen: Die Chance zu gewinnen beträgt 20%. Welches Angebot ist vorzuziehen?

28. Prozentangaben gestatten einen schnellen Größenvergleich. Die folgende Aufgabe soll das verdeutlichen.
Peter erhält 20 DM, Karin 25 DM Taschengeld im Monat. Peter spart davon 6 DM, Karin 7 DM. Vergleiche die prozentualen Anteile der gesparten Beträge!

29. Brüche mit dem Zähler 1 nennt man **Stammbrüche**. Der Größenvergleich zwischen ihnen ist besonders einfach.
a) Ordne der Größe nach: $\frac{1}{2}, \frac{1}{3}, \frac{1}{4}, \frac{1}{5}, \frac{1}{6}$!
b) Wie kann man sofort erkennen, welcher von zwei Stammbrüchen der kleinere ist? Begründe deine Antwort!

30. Wenn man die Stammbrüche $\frac{1}{2}, \frac{1}{3}, \frac{1}{4}, \ldots$ auf einem Zahlenstrahl abträgt, so stellt man fest, daß man sich dem Nullpunkt immer mehr nähert.
a) Kann man den Nullpunkt auf diese Weise auch erreichen? Gibt es also einen Stammbruch, der den Wert 0 hat?
b) Gibt es einen kleinsten Stammbruch? Begründe deine Antwort anschaulich!

31. In einem chinesischen Rechenbuch aus dem 1. Jh. v. Chr. findet sich folgende Anleitung, Brüche auf den Hauptnenner zu bringen: Man multipliziere alle Nenner miteinander und jeden Zähler mit allen übrigen Nennern. Der indische Mathematiker Bhaskara II (12. Jh. n. Chr.) sagt dagegen, daß ein „intelligenter Rechner diese Zahl durch das kleinste gemeinsame Maß verkürzt".
a) Erläutere beide Verfahren jeweils an den Zahlen $\frac{1}{2}$ und $\frac{1}{3}$, $\frac{1}{2}$ und $\frac{1}{4}$, $\frac{1}{4}$ und $\frac{1}{6}$!
b) Warum nennt Bhaskara II denjenigen, der nach seiner Regel arbeitet, einen „intelligenten Rechner"?

§ 5 Die Addition und die Subtraktion von Bruchzahlen

I. Die Addition von Bruchzahlen

Vorbemerkung

Wir haben im vorigen Paragraphen die Bruchzahlen kennengelernt. Wir haben gesehen, daß die natürlichen Zahlen durch Brüche dargestellt werden können, also ebenfalls Bruchzahlen sind. Wie die natürlichen Zahlen können wir auch die Bruchzahlen auf dem Zahlenstrahl darstellen und sie in einer Kleiner- bzw. Größerbeziehung miteinander vergleichen. Um bei den Bruchzahlen mit vollem Recht von Zahlen sprechen zu können, müssen wir auch die Grundrechenarten Addition, Subtraktion, Multiplikation und Division für diese neuen Zahlen erklären.

1. Zur Einführung

Tanja und Daniel möchten einen Käsekuchen backen. Nach dem Rezept brauchen sie $\frac{2}{8}\,l$ Milch für den Teig und $\frac{3}{8}\,l$ Milch für die Käsefüllung. Wieviel l Milch benötigen sie insgesamt?

Im Bild 1 sehen wir, daß die beiden Milchmengen zusammen $\frac{5}{8}\,l$ Milch ergeben. Wir können das Ergebnis überprüfen, indem wir die Rauminhalte in der kleineren Einheit cm^3 angeben.

$$\frac{2}{8}\,l = 250\,\text{cm}^3; \qquad \frac{3}{8}\,l = 375\,\text{cm}^3;$$

$$\frac{5}{8}\,l = 625\,\text{cm}^3$$

In der Tat ist

$$250\,\text{cm}^3 + 375\,\text{cm}^3 = 625\,\text{cm}^3.$$

Also muß gelten:

$$\frac{2}{8} + \frac{3}{8} = \frac{5}{8}.$$

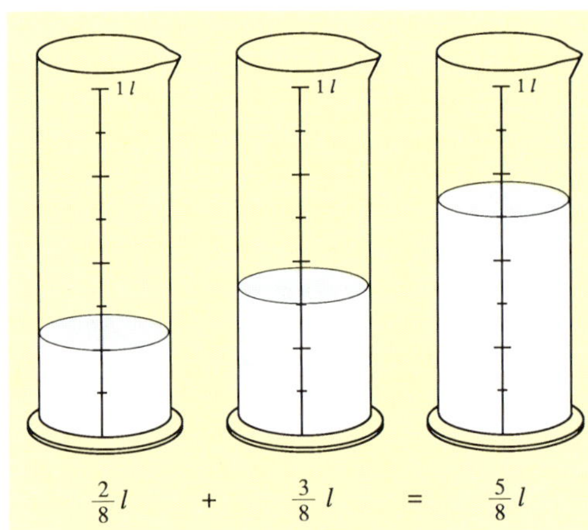

Bild 1

Wir betrachten noch ein weiteres

Beispiel:

$\frac{4}{12}$ Kuchen und $\frac{5}{12}$ Kuchen ergeben zusammen $\frac{9}{12}$ Kuchen (Bild 2).

Also gilt:

$$\frac{4}{12} + \frac{5}{12} = \frac{9}{12}.$$

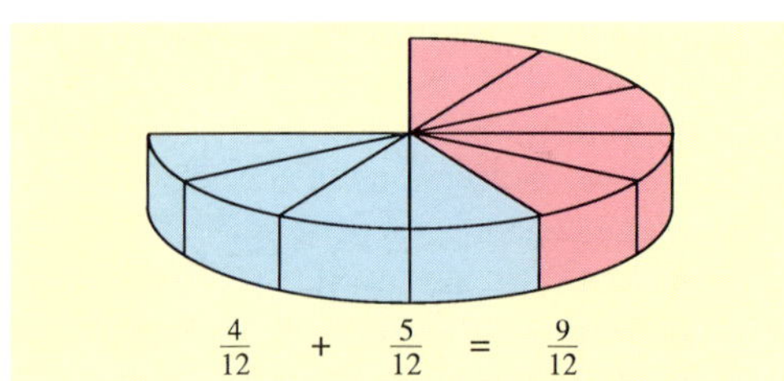

Bild 2

2. Erklärung der Addition

An den einführenden Beispielen erkennen wir, daß gleichnamige Bruchzahlen addiert werden, indem man die Zähler addiert und den Nenner beibehält.

Für alle gleichnamigen Bruchzahlen gilt: $\frac{a}{c} + \frac{b}{c} = \frac{a+b}{c}$.

Beispiele

1) $\frac{2}{7} + \frac{4}{7} = \frac{6}{7}$

2) $\frac{5}{9} + \frac{8}{9} = \frac{13}{9}$

3) $\frac{7}{8} + \frac{5}{8} = \frac{12}{8} = \frac{3}{2}$

4) $\frac{3}{4} + \frac{5}{4} = \frac{8}{4} = 2$

5) $\frac{7}{5}\,\text{m} + \frac{4}{5}\,\text{m} = \frac{11}{5}\,\text{m}$ (Bild 4)

6) $\frac{4}{10}\,\text{m}^2 + \frac{3}{10}\,\text{m}^2 = \frac{7}{10}\,\text{m}^2$ (Bild 3)

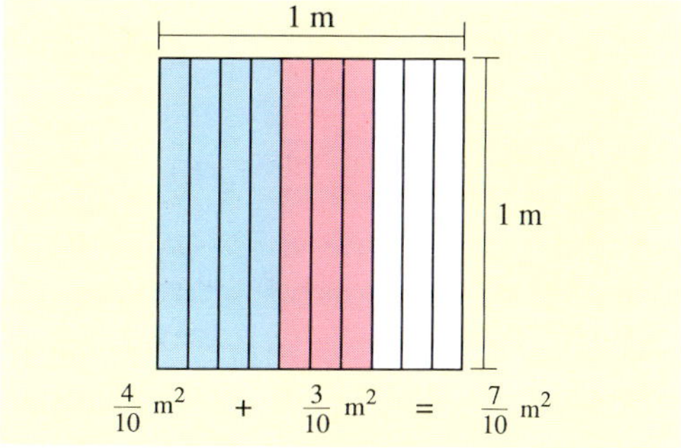

Bild 3

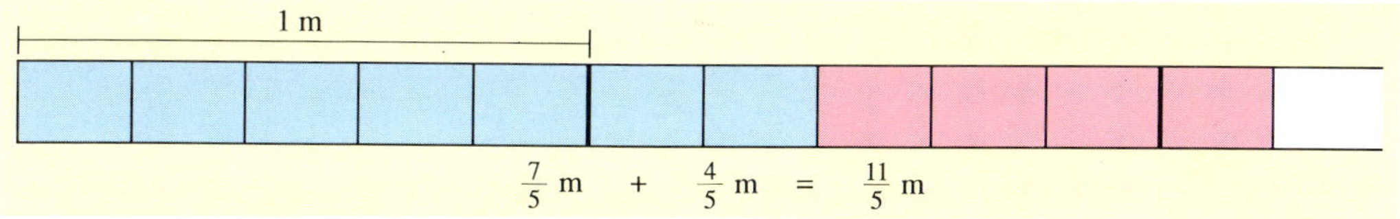

Bild 4

Im Einführungsbeispiel sind $\frac{2}{8}\,l$ Milch und $\frac{3}{8}\,l$ Milch zu addieren. Da die Bruchzahlen gleichnamig sind, brauchen wir nur ihre Zähler zu addieren. Lautet die Aufgabe dagegen: Addiere $\frac{1}{4}\,l$ Milch und $\frac{3}{8}\,l$ Milch, dann machen wir die Bruchzahlen erst gleichnamig und addieren dann:

$$\frac{1}{4}\,l + \frac{3}{8}\,l = \frac{2}{8}\,l + \frac{3}{8}\,l = \frac{5}{8}\,l.$$

Wir fassen zusammen:

Gleichnamige Bruchzahlen werden addiert, indem man die Zähler addiert und den gemeinsamen Nenner beibehält.
Ungleichnamige Bruchzahlen macht man vor dem Addieren gleichnamig.

Beispiele

1) $\frac{2}{3} + \frac{1}{4} = \frac{8}{12} + \frac{3}{12} = \frac{11}{12}$

2) $\frac{5}{4} + \frac{1}{2} = \frac{5}{4} + \frac{2}{4} = \frac{7}{4}$

3) $\frac{9}{8} + \frac{5}{6} = \frac{27}{24} + \frac{20}{24} = \frac{47}{24}$

3. Das Kommutativgesetz

Wie bei den natürlichen Zahlen können wir auch bei den Bruchzahlen in einer Summe die Summanden vertauschen **(Kommutativgesetz)**. Da man Bruchzahlen stets gleichnamig darstellen kann, behandeln wir ein Beispiel mit gleichnamigen Brüchen.

Beispiel $\frac{2}{7}+\frac{3}{7}=\frac{2+3}{7}=\frac{3+2}{7}=\frac{3}{7}+\frac{2}{7}$

Im Zähler haben wir das Kommutativgesetz für die Addition natürlicher Zahlen angewendet.

Also gilt: $\frac{2}{7}+\frac{3}{7}=\frac{3}{7}+\frac{2}{7}$.

4. Das Assoziativgesetz

Auch in einer Summe von Bruchzahlen kann man Klammern beliebig setzen oder weglassen **(Assoziativgesetz)**. Wir behandeln hier ebenfalls ein Beispiel mit gleichnamigen Brüchen.

Beispiel

$$\left(\frac{3}{11}+\frac{4}{11}\right)+\frac{2}{11}=\frac{3+4}{11}+\frac{2}{11}=\frac{(3+4)+2}{11}=\frac{3+(4+2)}{11}$$
$$=\frac{3}{11}+\frac{4+2}{11}=\frac{3}{11}+\left(\frac{4}{11}+\frac{2}{11}\right)$$

Im Zähler haben wir das Assoziativgesetz für die Addition natürlicher Zahlen angewendet.

Also gilt: $\left(\frac{3}{11}+\frac{4}{11}\right)+\frac{2}{11}=\frac{3}{11}+\left(\frac{4}{11}+\frac{2}{11}\right)$.

Mit Hilfe dieser Gesetze können wir manchmal Rechenvorteile nutzen (Aufgaben 13 und 14).

Aufgaben und Beispiele

Zum Einstieg

Max mischt $\frac{1}{4}\,l$ Bananensaft mit $\frac{1}{2}\,l$ Kirschsaft. Wieviel Liter ergibt sein Mixgetränk?

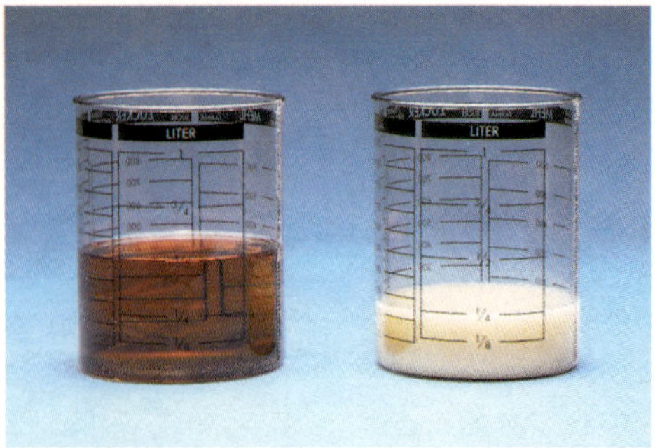

Bild 5

Gleichnamige Brüche

1. Rechne im Kopf!

a) $\frac{1}{5}+\frac{2}{5}$ **b)** $\frac{1}{4}+\frac{2}{4}$ **c)** $\frac{2}{7}+\frac{3}{7}$
d) $\frac{3}{8}+\frac{2}{8}$ **e)** $\frac{4}{9}+\frac{3}{9}$ **f)** $\frac{2}{5}+\frac{4}{5}$
g) $\frac{4}{3}+\frac{7}{3}$ **h)** $\frac{3}{4}+\frac{6}{4}$ **i)** $\frac{7}{2}+\frac{4}{2}$
j) $\frac{6}{1}+\frac{3}{1}$ **k)** $\frac{9}{8}+\frac{4}{8}$ **l)** $\frac{5}{6}+\frac{8}{6}$

2. Rechne im Kopf und kürze anschließend!

a) $\frac{2}{3}+\frac{4}{3}$ **b)** $\frac{7}{9}+\frac{2}{9}$ **c)** $\frac{6}{5}+\frac{9}{5}$
d) $\frac{3}{4}+\frac{3}{4}$ **e)** $\frac{5}{2}+\frac{3}{2}$ **f)** $\frac{5}{6}+\frac{1}{6}$
g) $\frac{5}{12}+\frac{1}{12}$ **h)** $\frac{3}{10}+\frac{9}{10}$ **i)** $\frac{5}{8}+\frac{1}{8}$
j) $\frac{10}{7}+\frac{4}{7}$ **k)** $\frac{7}{24}+\frac{5}{24}$ **l)** $\frac{2}{15}+\frac{4}{15}$

3. Welche Additionsaufgaben sind in Bild 6 dargestellt?

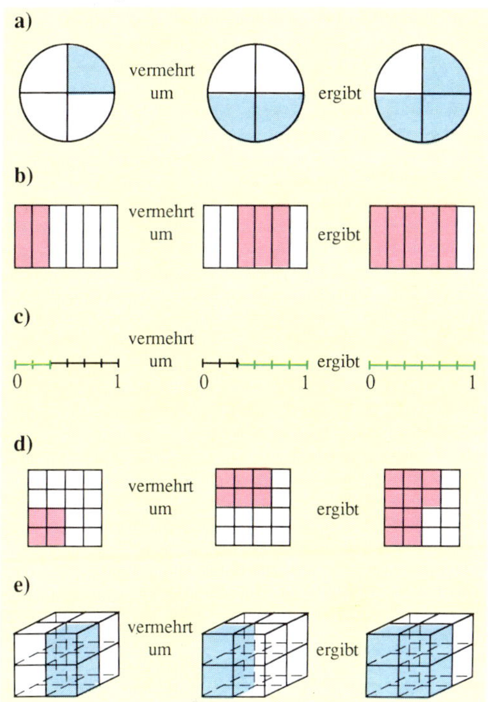

Bild 6

4. Kürze zuerst und addiere dann!

a) $\frac{4}{6}+\frac{1}{3}$ **b)** $\frac{5}{10}+\frac{3}{2}$ **c)** $\frac{6}{4}+\frac{3}{6}$
d) $\frac{6}{15}+\frac{4}{10}$ **e)** $\frac{14}{21}+\frac{10}{15}$ **f)** $\frac{3}{18}+\frac{10}{12}$
g) $\frac{11}{8}+\frac{9}{24}$ **h)** $\frac{8}{20}+\frac{42}{35}$ **i)** $\frac{10}{2}+\frac{8}{4}$
j) $\frac{3}{21}+\frac{16}{28}$ **k)** $\frac{15}{25}+\frac{20}{50}$ **l)** $\frac{24}{36}+\frac{24}{18}$

5. Welcher Anteil fehlt bei den farbigen Teilen am Ganzen? Drücke den Sachverhalt durch eine Summe aus!

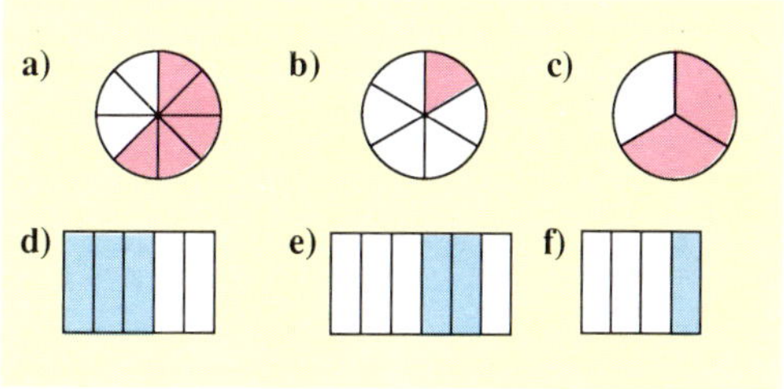

Bild 7

6. Um wieviel ist die vorgegebene Bruchzahl größer als 1?

Beispiel

$$\frac{13}{8}=\frac{8}{8}+\frac{5}{8}=1+\frac{5}{8}$$

$\frac{13}{8}$ ist um $\frac{5}{8}$ größer als 1.

a) $\frac{15}{8}$ **b)** $\frac{13}{12}$ **c)** $\frac{11}{6}$ **d)** $\frac{10}{3}$ **e)** $\frac{13}{2}$
f) $\frac{16}{5}$ **g)** $\frac{20}{7}$ **h)** $\frac{21}{20}$ **i)** $\frac{15}{4}$ **j)** $\frac{17}{6}$

Ungleichnamige Brüche

7. Bestimme die Summe und kürze das Ergebnis, falls es möglich ist!

a) $\frac{1}{2}+\frac{1}{4}$ **b)** $\frac{1}{3}+\frac{1}{4}$ **c)** $\frac{3}{4}+\frac{1}{8}$
d) $\frac{2}{3}+\frac{1}{6}$ **e)** $\frac{7}{10}+\frac{1}{2}$ **f)** $\frac{9}{20}+\frac{3}{5}$
g) $\frac{2}{9}+\frac{1}{2}$ **h)** $\frac{1}{5}+\frac{5}{6}$ **i)** $\frac{2}{7}+\frac{1}{10}$
j) $\frac{3}{8}+\frac{2}{9}$ **k)** $\frac{4}{5}+\frac{3}{2}$ **l)** $\frac{7}{4}+\frac{5}{6}$

8. Bestimme die Summe!

a) $\frac{7}{3}+\frac{1}{2}$ **b)** $\frac{4}{5}+\frac{1}{3}$ **c)** $\frac{3}{4}+\frac{7}{12}$
d) $\frac{9}{10}+\frac{1}{12}$ **e)** $\frac{3}{20}+\frac{7}{10}$ **f)** $\frac{2}{11}+\frac{1}{2}$
g) $\frac{1}{14}+\frac{1}{21}$ **h)** $\frac{21}{40}+\frac{3}{8}$ **i)** $\frac{11}{25}+\frac{11}{10}$
j) $\frac{7}{18}+\frac{5}{6}$ **k)** $\frac{5}{12}+\frac{4}{21}$ **l)** $\frac{19}{24}+\frac{1}{36}$

9. Bestimme die Summe!

a) $\frac{2}{5}+\frac{3}{4}$ **b)** $\frac{2}{3}+\frac{4}{9}$ **c)** $\frac{5}{7}+\frac{1}{2}$
d) $\frac{3}{8}+\frac{7}{10}$ **e)** $\frac{14}{5}+\frac{1}{3}$ **f)** $\frac{2}{15}+\frac{3}{10}$
g) $\frac{7}{20}+\frac{3}{25}$ **h)** $\frac{5}{6}+\frac{3}{8}$ **i)** $\frac{1}{9}+\frac{3}{4}$
j) $\frac{2}{11}+\frac{9}{10}$ **k)** $\frac{4}{15}+\frac{3}{25}$ **l)** $\frac{7}{16}+\frac{7}{2}$

10. Kürze, bevor du rechnest!

a) $\frac{2}{4}+\frac{3}{6}$ **b)** $\frac{6}{8}+\frac{2}{3}$ **c)** $2+\frac{3}{2}$
d) $\frac{10}{15}+\frac{10}{25}$ **e)** $\frac{8}{6}+\frac{3}{8}$ **f)** $\frac{7}{12}+\frac{12}{18}$
g) $\frac{4}{5}+\frac{10}{8}$ **h)** $\frac{36}{24}+\frac{39}{26}$ **i)** $\frac{40}{48}+\frac{2}{3}$
j) $\frac{15}{14}+\frac{28}{42}$ **k)** $\frac{9}{16}+\frac{4}{32}$ **l)** $\frac{11}{1}+\frac{20}{20}$

11. Bestimme die Summe!

a) $\frac{7}{6}+\frac{2}{3}$ **b)** $\frac{4}{5}+\frac{7}{4}$ **c)** $\frac{3}{14}+\frac{5}{21}$
d) $\frac{1}{35}+\frac{1}{42}$ **e)** $\frac{11}{12}+\frac{7}{18}$ **f)** $\frac{3}{50}+\frac{7}{150}$
g) $\frac{13}{24}+\frac{7}{60}$ **h)** $\frac{5}{54}+\frac{7}{72}$ **i)** $\frac{1}{40}+\frac{3}{100}$
j) $\frac{2}{15}+\frac{3}{20}$ **k)** $\frac{5}{18}+\frac{7}{24}$ **l)** $\frac{9}{22}+\frac{5}{33}$

12. Berechne!

a) $\frac{10}{3}+\frac{4}{9}$ **b)** $\frac{19}{20}+\frac{2}{5}$ **c)** $\frac{1}{5}+\frac{2}{3}$
d) $\frac{7}{10}+\frac{3}{5}$ **e)** $\frac{7}{38}+\frac{1}{2}$ **f)** $\frac{3}{17}+\frac{25}{51}$
g) $\frac{7}{3}+\frac{5}{12}$ **h)** $\frac{3}{2}+\frac{4}{3}$ **i)** $\frac{9}{11}+\frac{1}{9}$
j) $\frac{3}{8}+\frac{5}{12}$ **k)** $\frac{7}{30}+\frac{11}{20}$ **l)** $\frac{2}{5}+\frac{3}{10}$

13. Nutze Rechenvorteile!

a) $\frac{2}{1}+\frac{1}{2}+2$ **b)** $\frac{1}{2}+\frac{1}{3}+\frac{1}{2}$
c) $\frac{2}{5}+\frac{1}{4}+\frac{4}{5}$ **d)** $\frac{3}{2}+\frac{1}{5}+\frac{1}{2}$
e) $\frac{4}{5}+\frac{3}{8}+\frac{13}{8}$ **f)** $\frac{3}{2}+\frac{5}{4}+\frac{3}{4}$
g) $\frac{1}{5}+\frac{3}{10}+\frac{4}{5}$ **h)** $\frac{1}{3}+\frac{1}{6}+\frac{1}{2}+\frac{5}{2}$

14. Nutze Rechenvorteile!

a) $\frac{4}{5}+(\frac{1}{5}+\frac{1}{3})$ **b)** $(\frac{3}{4}+\frac{2}{7})+\frac{5}{7}$
c) $\frac{7}{5}+\frac{3}{4}+\frac{1}{4}$ **d)** $(\frac{4}{5}+\frac{1}{3})+(\frac{1}{6}+\frac{1}{2})$
e) $(\frac{3}{7}+\frac{3}{2})+(\frac{1}{2}+\frac{4}{7})$ **f)** $\frac{3}{8}+\frac{3}{4}+\frac{1}{4}+\frac{1}{8}$
g) $\frac{3}{2}+\frac{2}{5}+\frac{1}{2}+\frac{3}{5}$ **h)** $\frac{4}{7}+\frac{1}{2}+\frac{2}{7}+\frac{1}{2}+\frac{1}{7}$
i) $\frac{3}{10}+\frac{1}{2}+\frac{1}{5}+\frac{1}{2}$ **j)** $\frac{2}{9}+\frac{1}{3}+\frac{1}{6}+\frac{7}{9}+\frac{2}{3}$

15. Bestimme die Summen!

a) $\frac{1}{6}+\frac{2}{21}+\frac{3}{14}$ **b)** $\frac{1}{4}+\frac{5}{18}+\frac{1}{6}$
c) $\frac{3}{8}+\frac{11}{6}+\frac{5}{12}$ **d)** $\frac{7}{2}+\frac{9}{10}+\frac{4}{15}+\frac{7}{6}$
e) $\frac{2}{3}+\frac{5}{9}+\frac{3}{4}+\frac{7}{9}$ **f)** $\frac{7}{12}+\frac{3}{10}+\frac{9}{20}+\frac{1}{30}$
g) $\frac{5}{28}+\frac{3}{4}+\frac{5}{6}+\frac{3}{7}$ **h)** $\frac{3}{5}+\frac{9}{8}+\frac{11}{20}+\frac{7}{10}+\frac{1}{40}$

16. Berechne!

a) $\frac{5}{6}+\frac{3}{4}+\frac{1}{8}$ **b)** $\frac{7}{12}+\frac{3}{10}+\frac{1}{2}$
c) $\frac{4}{5}+2+\frac{5}{6}$ **d)** $\frac{4}{7}+\frac{3}{4}+\frac{5}{12}$
e) $\frac{14}{25}+\frac{1}{5}+\frac{4}{15}$ **f)** $\frac{9}{4}+\frac{9}{8}+\frac{9}{16}$
g) $\frac{7}{2}+\frac{3}{2}+\frac{5}{6}$ **h)** $\frac{7}{24}+\frac{5}{36}+\frac{1}{60}$

17. Rechne zunächst mit der angegebenen Maßeinheit! Überprüfe dann das Ergebnis, indem du die Einheit so wählst, daß die Maßzahlen natürliche Zahlen werden!

Beispiel

$\frac{7}{4}\,\text{kg}+\frac{3}{10}\,\text{kg}=(\frac{7}{4}+\frac{3}{10})\,\text{kg}$
$=\frac{35+6}{20}\,\text{kg}=\frac{41}{20}\,\text{kg}$

Andererseits gilt:

$\frac{7}{4}\,\text{kg}+\frac{3}{10}\,\text{kg}=1750\,\text{g}+300\,\text{g}=2050\,\text{g}$
$=\frac{2050}{1000}\,\text{kg}=\frac{41}{20}\,\text{kg}.$

a) $\frac{3}{4}\,\text{kg}+\frac{1}{2}\,\text{kg}$ **b)** $\frac{4}{5}\,\text{m}+\frac{1}{2}\,\text{m}$
c) $\frac{3}{8}\,\text{m}+\frac{7}{10}\,\text{m}$ **d)** $\frac{2}{5}\,\text{t}+\frac{1}{4}\,\text{t}$
e) $\frac{5}{12}\,\text{h}+\frac{2}{5}\,\text{h}$ **f)** $\frac{2}{3}\,\text{min}+\frac{3}{4}\,\text{min}$

Textaufgaben

18. Vor einer Achterbahn wartet eine lange Menschenschlange. Achim beobachtet, daß man für eine Fahrt von $\frac{1}{12}$ h Dauer durchschnittlich $\frac{1}{4}$ h anstehen muß. Wieviel Zeit benötigt man insgesamt, wenn man mit der Achterbahn fahren will?

Bild 8

19. Jens läuft in einer halben Stunde zum Bahnhof. Er wartet eine Viertelstunde auf den Zug, mit dem er dann $\frac{2}{3}$ h fährt. Wie lange ist er unterwegs?

20. Ein Fichtentrieb wächst im ersten Jahr $\frac{1}{4}$ m, im zweiten $\frac{1}{5}$ m, im dritten $\frac{3}{20}$ m. Welche Länge hat er nach drei Jahren erreicht?

21. Anne baut ein Segelflugzeug. Jeder Flügel ist $\frac{3}{4}$ m lang, und der Rumpf ist $\frac{3}{10}$ m breit. Wie groß ist die Spannweite des Flugzeugs?

22. Herr Fröhlich mischt $\frac{7}{10}$ *l* Wein, $\frac{3}{4}$ *l* Sekt und $\frac{4}{5}$ *l* Fruchtsaft zu einer Bowle. Wieviel Liter erhält er?

23. Für eine Marmelade werden $\frac{3}{2}$ kg Erdbeeren, $\frac{3}{4}$ kg Rhabarber und $\frac{17}{8}$ kg Gelierzucker verwendet. Welches Gewicht hat die Konfitüre vor dem Kochen?

24. a) Gehe am Zahlenstrahl von 0 aus zunächst $\frac{3}{8}$ Einheiten, dann $\frac{2}{3}$ Einheiten und schließlich noch $\frac{7}{12}$ Einheiten nach rechts! Welche Zahl gehört zu dem so erreichten Punkt (Bild 9)?
b) Wie ändert sich das Ergebnis, wenn man nicht bei 0, sondern bei 1 beginnt?

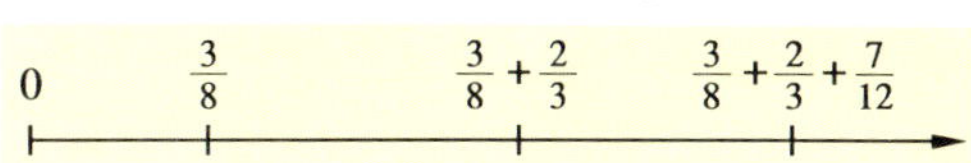

Bild 9

25. Steffi liest an einem Tag $\frac{1}{3}$ und am nächsten Tag $\frac{1}{4}$ eines Buches von 120 Seiten.
a) Wie viele Seiten schafft sie an den beiden Tagen und wie viele muß sie noch lesen?
b) Welchen Anteil des Buches kennt sie nach zwei Tagen und wie groß ist der Anteil, der noch bleibt?

26. Martin wünscht an der Käsetheke $\frac{1}{4}$ kg Gouda. Die Verkäuferin bietet ihm ein Stück an, das $\frac{1}{40}$ kg schwerer ist. Berechne das Gewicht des Stückes in Kilogramm und in Gramm! Rechne auf zwei verschiedenen Wegen!

Weiterführende Aufgaben

27. Ein Liter Limonade oder Cola enthält etwa 40 Stück Würfelzucker. Stefan trinkt an einem heißen Tag $\frac{2}{5}$ *l* Cola und $\frac{3}{4}$ *l* Limonade.
Wie viele Stück Würfelzucker hat er dadurch ungefähr verzehrt?
Löse die Aufgabe auf zwei Arten!

28. Bei einem Einstellungstest muß Ulf Prüfungen in drei Fächern ablegen. Er erreicht im ersten Fach $\frac{2}{3}$, im zweiten $\frac{1}{4}$ und im dritten $\frac{5}{8}$ der möglichen Punkte. Er hat den Test bestanden, wenn er wenigstens die Hälfte der Maximalpunktzahl erreicht hat. Ist ihm das gelungen, wenn in allen drei Fächern gleich viele Punkte vergeben werden?

29. Bezeichne die gesuchte Zahl mit x und stelle die Aufgabe dann durch eine Gleichung dar! Bestimme anschließend die Lösung!

Beispiel

Um wieviel ist 2 größer als $\frac{8}{5}$?

Aus der Frage ergibt sich die Gleichung
$\frac{8}{5} + x = 2$, also ist $\frac{8}{5} + x = \frac{10}{5}$.

Es ist $x = \frac{2}{5}$; denn es gilt $\frac{8}{5} + \frac{2}{5} = \frac{10}{5} = 2$.

a) Um wieviel ist 3 größer als $\frac{8}{3}$?

b) Welche Zahl muß man zu $\frac{3}{7}$ addieren, damit man als Ergebnis 1 erhält?

c) Wieviel muß man zu $\frac{3}{8}$ addieren, um $\frac{1}{2}$ zu erhalten?

d) Addiert man zu einer Zahl $\frac{1}{3}$, so erhält man $\frac{1}{2}$.

e) Welche Zahl ist um $\frac{1}{4}$ größer als $\frac{7}{8}$?

f) Welche Zahl steht am Zahlenstrahl $\frac{5}{3}$ Einheiten rechts von $\frac{1}{2}$?

g) Wie viele Einheiten muß man am Zahlenstrahl von $\frac{3}{4}$ nach rechts gehen, um zu $\frac{7}{5}$ zu gelangen?

II. Die Subtraktion von Bruchzahlen

1. Zur Einführung

Daniel hat in einem Meßbecher $\frac{5}{8}\,l$ Milch. Zum Anrühren des Kuchenteigs benötigt er $\frac{2}{8}\,l$ Milch; er gießt daher $\frac{2}{8}\,l$ Milch in einen zweiten Meßbecher. In Bild 10 erkennen wir, daß noch $\frac{3}{8}\,l$ Milch im ersten Meßbecher zurückbleiben.

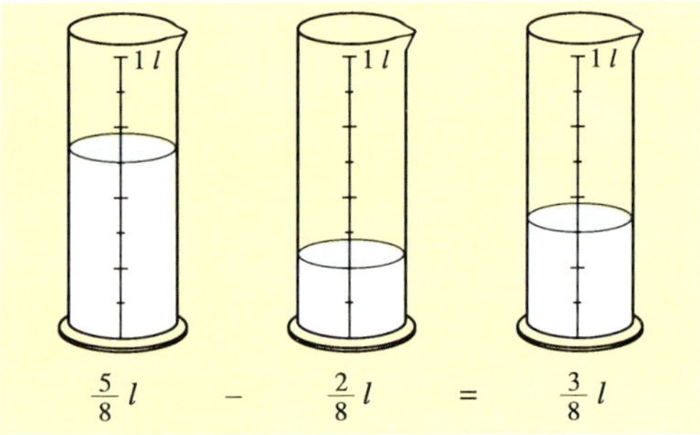

Bild 10

Es muß also gelten:

$$\frac{5}{8}-\frac{2}{8}=\frac{3}{8}.$$

Wir betrachten noch ein weiteres

Beispiel:

Bild 11 zeigt:

$\frac{9}{12}$ Kuchen $-\frac{4}{12}$ Kuchen $=\frac{5}{12}$ Kuchen.

Also gilt:

$$\frac{9}{12}-\frac{4}{12}=\frac{5}{12}.$$

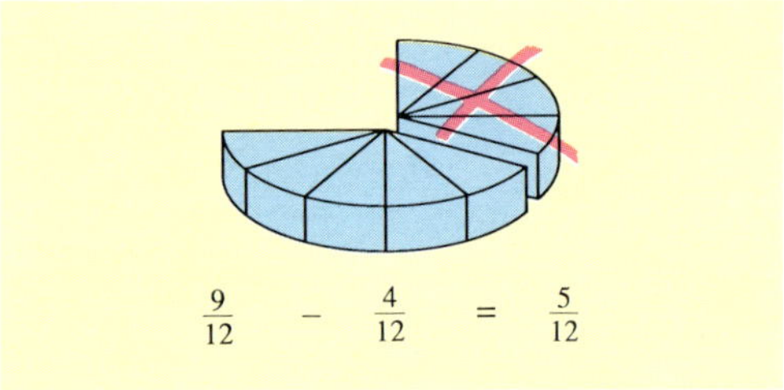

Bild 11

2. Erklärung der Subtraktion

An den einführenden Beispielen erkennen wir, daß man gleichnamige Bruchzahlen subtrahiert, indem man die Zähler subtrahiert und den Nenner beibehält. Wie bei den natürlichen Zahlen ist auch bei den Bruchzahlen die Subtraktion nicht immer ausführbar.

Beispiel

$\frac{1}{4}$ DM $-\frac{3}{4}$ DM $=25$ Pf -75 Pf.

Diese Rechnung läßt sich nicht ausführen, weil $\frac{1}{4}<\frac{3}{4}$ ist.

Wir fassen zusammen:

Für alle gleichnamigen Bruchzahlen gilt:

$$\frac{a}{c}-\frac{b}{c}=\frac{a-b}{c},\quad \text{wenn } a\geq b \text{ ist.}$$

Beispiele

1) $\frac{6}{7} - \frac{2}{7} = \frac{4}{7}$

2) $\frac{7}{10} - \frac{4}{10} = \frac{3}{10}$

3) $\frac{15}{4} - \frac{3}{4} = \frac{12}{4} = 3$

4) $\frac{6}{5}\,\text{m} - \frac{2}{5}\,\text{m} = \frac{4}{5}\,\text{m}$ (Bild 12)

5) $\frac{7}{8}\,\text{m}^2 - \frac{3}{8}\,\text{m}^2 = \frac{4}{8}\,\text{m}^2 = \frac{1}{2}\,\text{m}^2$
(Bild 13)

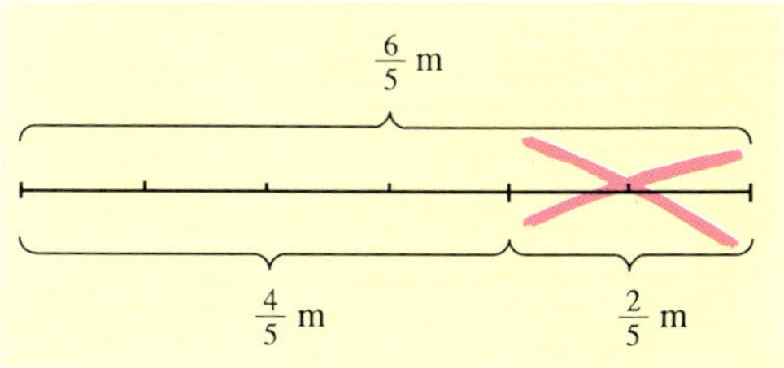

Bild 12

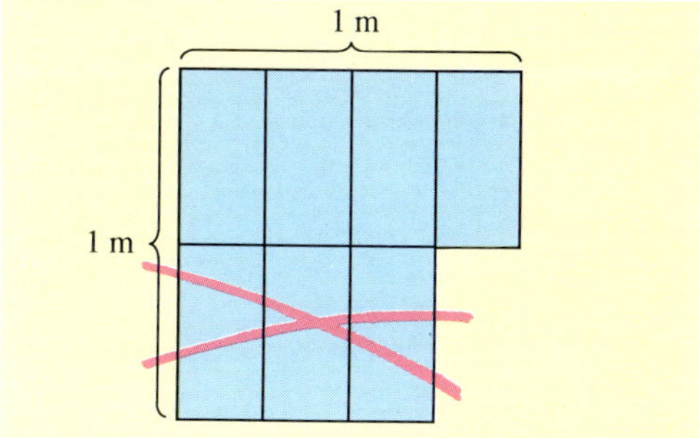

Bild 13

Sind die Bruchzahlen nicht gleichnamig, dann werden sie vor dem Subtrahieren gleichnamig gemacht.

Beispiele

1) $\frac{2}{3} - \frac{3}{7} = \frac{14}{21} - \frac{9}{21} = \frac{5}{21}$

2) $\frac{25}{6} - \frac{13}{9} = \frac{75}{18} - \frac{26}{18} = \frac{49}{18}$

Wir fassen zusammen:

> Gleichnamige Bruchzahlen werden subtrahiert, indem man die Zähler subtrahiert und den gemeinsamen Nenner beibehält.
> Ungleichnamige Bruchzahlen macht man vor dem Subtrahieren gleichnamig.

Beispiele

1) $\frac{6}{7} - \frac{4}{7} = \frac{2}{7}$

2) $\frac{2}{3} - \frac{1}{4} = \frac{8}{12} - \frac{3}{12} = \frac{5}{12}$

3) $\frac{7}{8} - \frac{3}{4} = \frac{7}{8} - \frac{6}{8} = \frac{1}{8}$

4) $\frac{9}{8} - \frac{5}{6} = \frac{27}{24} - \frac{20}{24} = \frac{7}{24}$

Beachte:
Bei der Subtraktion muß der Minuend mindestens so groß sein wie der Subtrahend.

Beispiele

1) $\frac{3}{2} - \frac{5}{2}$ hat kein Ergebnis, weil $\frac{3}{2} < \frac{5}{2}$ ist.

2) $\frac{3}{4} - \frac{7}{5}$ hat kein Ergebnis, weil $\frac{3}{4} < \frac{7}{5}$ ist.

3. Besonderheiten der Subtraktion

Wir haben schon festgestellt, daß die Subtraktion nicht immer ausführbar ist. Im Gegensatz zur Addition darf man bei der Subtraktion Zahlen in der Regel nicht vertauschen. Auch Klammern darf man bei der Subtraktion nicht beliebig setzen oder weglassen.

Beispiele

1) Es ist $\frac{6}{7}-\frac{4}{7}=\frac{2}{7}$; aber $\frac{4}{7}-\frac{6}{7}$ hat kein Ergebnis.

2) Es gilt: $\frac{9}{11}-\frac{5}{11}-\frac{2}{11}=\left(\frac{9}{11}-\frac{5}{11}\right)-\frac{2}{11}=\frac{4}{11}-\frac{2}{11}=\mathbf{\frac{2}{11}}$;

aber es ist: $\frac{9}{11}-\left(\frac{5}{11}-\frac{2}{11}\right)=\frac{9}{11}-\frac{3}{11}=\mathbf{\frac{6}{11}}$.

4. Entgegengesetzte Rechenarten

Addition und Subtraktion sind auch bei den Bruchzahlen **entgegengesetzte Rechenarten**.

Beispiel

Es gilt: $\left(\mathbf{\frac{7}{9}}+\frac{5}{9}\right)-\frac{5}{9}=\frac{12}{9}-\frac{5}{9}=\mathbf{\frac{7}{9}}$,

und es gilt auch: $\left(\mathbf{\frac{7}{9}}-\frac{5}{9}\right)+\frac{5}{9}=\frac{2}{9}+\frac{5}{9}=\mathbf{\frac{7}{9}}$.

Die Subtraktion einer Zahl macht die Addition derselben Zahl rückgängig.

Die Addition einer Zahl macht die Subtraktion derselben Zahl rückgängig.

Wir sagen:

Addition und Subtraktion sind entgegengesetzte Rechenarten.

5. Einander entsprechende Gleichungen

Die im letzten Beispiel durchgeführte Rechnung

$$\left(\frac{7}{9}-\frac{5}{9}\right)+\frac{5}{9}=\frac{2}{9}+\frac{5}{9}=\frac{7}{9}$$

kann in zwei einzelne Rechnungen zerlegt werden:

$$\frac{7}{9}-\frac{5}{9}=\frac{2}{9} \quad \text{und} \quad \frac{2}{9}+\frac{5}{9}=\frac{7}{9}.$$

Es entstehen eine Subtraktionsgleichung und eine Additionsgleichung. Diese einander entsprechenden Gleichungen zeigen ebenfalls, daß Addition und Subtraktion entgegengesetzte Rechenarten sind. Allgemein können wir sagen:

Jeder Subtraktionsgleichung entspricht eine Additionsgleichung und umgekehrt.

Beispiele

1) Der Subtraktionsgleichung $\frac{8}{7} - \frac{3}{7} = \frac{5}{7}$ entspricht

die Additionsgleichung $\frac{5}{7} + \frac{3}{7} = \frac{8}{7}$.

2) Der Additionsgleichung $\frac{3}{5} + \frac{6}{5} = \frac{9}{5}$ entspricht

die Subtraktionsgleichung $\frac{9}{5} - \frac{6}{5} = \frac{3}{5}$.

Da man in einer Summe die Summanden vertauschen kann, also mit

$$\frac{3}{5} + \frac{6}{5} = \frac{9}{5} \quad \text{auch} \quad \frac{6}{5} + \frac{3}{5} = \frac{9}{5} \quad \text{gilt,}$$

gibt es zu jeder Additionsgleichung sogar zwei entsprechende Subtraktionsgleichungen:

$$\frac{9}{5} - \frac{6}{5} = \frac{3}{5} \quad \text{und} \quad \frac{9}{5} - \frac{3}{5} = \frac{6}{5}.$$

Wir können also zusammenfassend sagen:

Der Subtraktionsgleichung	$a - b = c$ (mit $a \geq b$) entspricht
die Additionsgleichung	$c + b = a$.
Der Additionsgleichung	$a + b = c$ entsprechen
die Subtraktionsgleichungen	$c - b = a$ und $c - a = b$.

Beispiele

1) $\frac{3}{2} - \frac{2}{3} = \frac{5}{6}$ entspricht $\frac{5}{6} + \frac{2}{3} = \frac{3}{2}$.

2) $\frac{3}{4} + \frac{5}{6} = \frac{19}{12}$ entsprechen $\frac{19}{12} - \frac{5}{6} = \frac{3}{4}$ und $\frac{19}{12} - \frac{3}{4} = \frac{5}{6}$.

6. Probe für Subtraktionsaufgaben

Da jeder Subtraktionsaufgabe eine Additionsaufgabe entspricht, kann man das Ergebnis einer Subtraktionsaufgabe durch eine Addition überprüfen. Man nennt eine solche Überprüfung **Probe**.

Beispiele

1) $\frac{13}{15} - \frac{7}{10} = \frac{1}{6}$ wird durch die Probe $\frac{1}{6} + \frac{7}{10} = \frac{5}{30} + \frac{21}{30} = \frac{26}{30} = \frac{13}{15}$
als **richtig** bestätigt.

2) $\frac{11}{4} - \frac{14}{9} = \frac{7}{6}$ wird durch die Probe $\frac{7}{6} + \frac{14}{9} = \frac{21}{18} + \frac{28}{18} = \frac{49}{18} \neq \frac{11}{4}$
als **falsch** erkannt.

Aufgaben und Beispiele

Zum Einstieg

In einem $\frac{3}{4}$-Takt stehen zwei Noten. Eine davon ist eine Viertelnote. Was läßt sich über die zweite Note aussagen, wenn keine Pausenzeichen in diesem Takt vorkommen?

Bild 14

Zur Subtraktion

1. Rechne im Kopf!

a) $\frac{4}{5}-\frac{2}{5}$ **b)** $\frac{3}{4}-\frac{1}{4}$ **c)** $\frac{6}{7}-\frac{3}{7}$ **d)** $\frac{5}{8}-\frac{3}{8}$
e) $\frac{4}{9}-\frac{1}{9}$ **f)** $\frac{7}{5}-\frac{4}{5}$ **g)** $\frac{4}{3}-\frac{1}{3}$ **h)** $\frac{9}{4}-\frac{5}{4}$
i) $\frac{7}{2}-\frac{3}{2}$ **j)** $\frac{6}{1}-\frac{3}{1}$ **k)** $\frac{9}{8}-\frac{7}{8}$ **l)** $\frac{7}{6}-\frac{5}{6}$

2. Kürze zuerst und subtrahiere dann!

a) $\frac{4}{6}-\frac{1}{3}$ **b)** $\frac{6}{9}-\frac{2}{6}$ **c)** $\frac{16}{5}-\frac{9}{15}$
d) $\frac{3}{4}-\frac{6}{8}$ **e)** $\frac{5}{2}-\frac{9}{6}$ **f)** $\frac{6}{8}-\frac{2}{4}$
g) $\frac{18}{12}-\frac{1}{2}$ **h)** $\frac{24}{10}-\frac{2}{5}$ **i)** $\frac{4}{8}-\frac{3}{6}$
j) $\frac{14}{7}-\frac{5}{5}$ **k)** $\frac{18}{24}-\frac{3}{12}$ **l)** $\frac{12}{15}-\frac{14}{35}$

3. Um wieviel ist die Bruchzahl größer als 1?

a) $\frac{15}{8}$ **b)** $\frac{13}{12}$ **c)** $\frac{11}{6}$ **d)** $\frac{10}{3}$ **e)** $\frac{14}{9}$
f) $\frac{16}{5}$ **g)** $\frac{20}{7}$ **h)** $\frac{21}{20}$ **i)** $\frac{15}{4}$ **j)** $\frac{17}{6}$

4. Welche Bruchzahl muß subtrahiert werden, damit sich die Zahl 1 ergibt?

a) $\frac{10}{7}$ **b)** $\frac{11}{8}$ **c)** $\frac{76}{75}$ **d)** $\frac{20}{13}$ **e)** $\frac{55}{17}$

5. Bestimme die Differenzen!

a) $\frac{1}{2}-\frac{1}{4}$ **b)** $\frac{5}{6}-\frac{1}{3}$ **c)** $\frac{7}{8}-\frac{1}{2}$
d) $\frac{13}{12}-\frac{3}{4}$ **e)** $\frac{1}{2}-\frac{1}{3}$ **f)** $\frac{5}{7}-\frac{1}{3}$
g) $\frac{9}{8}-\frac{5}{6}$ **h)** $\frac{1}{5}-\frac{1}{6}$ **i)** $\frac{5}{4}-\frac{6}{7}$

6. Berechne!

a) $\frac{3}{8}-\frac{1}{3}$ **b)** $\frac{4}{7}-\frac{1}{2}$ **c)** $\frac{9}{5}-\frac{2}{3}$
d) $\frac{6}{11}-\frac{1}{4}$ **e)** $\frac{5}{9}-\frac{3}{7}$ **f)** $\frac{11}{12}-\frac{4}{5}$
g) $\frac{12}{7}-\frac{9}{8}$ **h)** $\frac{13}{10}-\frac{10}{9}$ **i)** $\frac{5}{3}-\frac{15}{11}$

7. Oft ist es sinnvoll, erst zu kürzen!

a) $\frac{8}{10}-\frac{3}{8}$ **b)** $\frac{5}{12}-\frac{1}{4}$ **c)** $\frac{6}{9}-\frac{3}{6}$
d) $\frac{6}{15}-\frac{4}{10}$ **e)** $\frac{16}{25}-\frac{9}{15}$ **f)** $\frac{17}{18}-\frac{10}{12}$
g) $\frac{11}{8}-\frac{7}{24}$ **h)** $\frac{9}{20}-\frac{3}{25}$ **i)** $\frac{13}{2}-\frac{5}{4}$
j) $\frac{3}{21}-\frac{1}{28}$ **k)** $\frac{15}{25}-\frac{20}{50}$ **l)** $\frac{64}{36}-\frac{14}{9}$

8. Berechne!

a) $\frac{10}{7}-\frac{5}{6}$ **b)** $\frac{3}{4}-\frac{2}{3}$ **c)** $\frac{9}{10}-\frac{4}{15}$
d) $\frac{7}{12}-\frac{5}{18}$ **e)** $\frac{5}{6}-\frac{4}{9}$ **f)** $\frac{11}{20}-\frac{11}{30}$
g) $\frac{3}{14}-\frac{5}{42}$ **h)** $\frac{19}{32}-\frac{3}{8}$ **i)** $\frac{2}{3}-\frac{5}{12}$
j) $\frac{11}{17}-\frac{31}{51}$ **k)** $\frac{5}{13}-\frac{7}{26}$ **l)** $\frac{27}{40}-\frac{9}{16}$

9. Berechne!

a) $\frac{5}{6}-\frac{1}{2}-\frac{1}{4}$ **b)** $2-\frac{2}{3}-\frac{3}{4}$
c) $\frac{3}{2}-\frac{2}{7}-\frac{1}{4}$ **d)** $\frac{17}{12}-\frac{1}{2}-\frac{1}{3}-\frac{1}{4}$
e) $\frac{13}{9}-\frac{1}{6}-\frac{5}{12}-\frac{2}{3}$ **f)** $\frac{29}{15}-\frac{3}{10}-\frac{5}{6}-\frac{7}{12}-\frac{1}{20}$
g) $\frac{12}{7}-\frac{1}{2}$ **h)** $\frac{13}{6}-\frac{2}{7}-\frac{4}{21}-\frac{5}{14}-\frac{1}{3}$
i) $\frac{5}{6}-\frac{7}{18}$ **j)** $\frac{31}{18}-\frac{7}{24}-\frac{11}{12}-\frac{1}{8}-\frac{2}{9}$

Vermischte Aufgaben

10. Berechne!

a) $\frac{1}{2}+\frac{1}{4}-\frac{1}{8}$ **b)** $\frac{1}{3}-\frac{1}{4}+\frac{1}{2}$
c) $\frac{3}{4}-\frac{1}{8}+\frac{2}{5}$ **d)** $\frac{9}{20}+\frac{1}{5}+\frac{3}{4}-\frac{1}{2}-\frac{3}{10}$
e) $\frac{7}{10}+\frac{1}{2}-\frac{4}{5}$ **f)** $\frac{2}{7}-\frac{1}{10}+\frac{3}{8}-\frac{3}{40}-\frac{2}{35}$

11. Berechne!

a) $\frac{7}{3}+\frac{1}{2}-\frac{9}{5}-\frac{1}{30}$ **b)** $\frac{4}{5}-\frac{1}{3}-\frac{7}{15}+\frac{3}{4}$
c) $\frac{10}{21}-\frac{1}{14}-\frac{1}{6}$ **d)** $\frac{3}{20}+\frac{7}{10}-\frac{2}{15}-\frac{2}{5}+\frac{1}{60}$
e) $\frac{11}{25}+\frac{11}{10}-\frac{7}{50}$ **f)** $\frac{5}{2}+\frac{5}{6}-\frac{7}{12}-\frac{11}{8}+\frac{1}{4}$

12. Kürze, wenn es sinnvoll ist, bevor du rechnest!

a) $\frac{2}{4}+\frac{3}{6}-\frac{6}{8}$ **b)** $\frac{12}{30}-\frac{14}{35}+\frac{28}{32}+\frac{3}{15}-\frac{3}{40}$

c) $\frac{12}{18}-\frac{15}{25}+\frac{4}{6}$ **d)** $\frac{4}{13}+\frac{3}{8}-\frac{5}{26}-\frac{13}{52}+\frac{1}{104}$

e) $\frac{40}{48}-\frac{2}{3}+\frac{21}{14}-\frac{14}{42}$ **f)** $\frac{90}{16}+\frac{12}{32}-\frac{51}{17}-\frac{48}{64}$

13. Berechne!

a) $\frac{3}{7}+\frac{1}{4}-\frac{1}{2}-\frac{1}{28}$ **b)** $\frac{12}{5}-\frac{3}{8}-\frac{7}{20}+\frac{1}{4}$

c) $\frac{5}{18}-\frac{2}{9}+\frac{1}{2}-\frac{1}{6}$ **d)** $\frac{3}{7}-\frac{1}{7}+\frac{1}{3}-\frac{1}{4}$

e) $\frac{17}{20}-\frac{3}{4}+\frac{7}{15}-\frac{1}{2}$ **f)** $\frac{3}{5}+\frac{3}{2}-\frac{2}{3}-\frac{5}{12}$

g) $2+\frac{17}{16}-\frac{3}{4}-\frac{1}{8}$ **h)** $\frac{8}{13}-\frac{1}{2}-\frac{1}{13}+\frac{1}{26}$

14. Nutze Rechenvorteile und kürze das Ergebnis, wenn es möglich ist!

a) $\frac{2}{1}-\frac{1}{2}-\frac{1}{2}$ **b)** $\frac{1}{2}+\frac{1}{3}-\frac{1}{2}$

c) $\frac{2}{5}-\frac{1}{4}+\frac{4}{5}$ **d)** $\frac{3}{2}-\frac{1}{12}-\frac{1}{2}$

e) $\frac{8}{5}-\frac{3}{8}-\frac{5}{8}$ **f)** $\frac{3}{2}-\frac{5}{4}+\frac{3}{4}$

g) $\frac{4}{5}-\frac{3}{10}-\frac{1}{5}+\frac{1}{2}$ **h)** $\frac{1}{3}+\frac{1}{2}-\frac{1}{6}-\frac{1}{2}$

15. Rechne im Kopf! Nutze Rechenvorteile!

a) $\frac{17}{4}-2-\frac{1}{4}$ **b)** $2-\frac{2}{3}-1$

c) $\frac{5}{8}-\frac{1}{4}-\frac{1}{8}$ **d)** $\frac{19}{5}-\frac{1}{5}-\frac{1}{5}-\frac{1}{5}-\frac{1}{5}$

e) $2-\frac{1}{2}-\frac{1}{4}-\frac{1}{8}-\frac{1}{8}$ **f)** $\frac{12}{5}-\frac{1}{5}-\frac{1}{4}-\frac{1}{5}$

g) $\frac{3}{8}+\frac{1}{2}-\frac{1}{4}-\frac{3}{8}-\frac{1}{4}$ **h)** $\frac{3}{2}-\frac{1}{8}-\frac{1}{4}-\frac{1}{8}-\frac{1}{4}-\frac{1}{4}$

16. Vergleiche!

a) $\frac{1}{2}+\frac{1}{3}$ und $\frac{1}{3}+\frac{1}{2}$

b) $\frac{1}{2}-\frac{1}{3}$ und $\frac{1}{3}-\frac{1}{2}$

c) $(\frac{1}{2}+\frac{1}{3})+\frac{1}{4}$ und $\frac{1}{2}+(\frac{1}{3}+\frac{1}{4})$

d) $\frac{1}{2}-(\frac{1}{3}-\frac{1}{4})$ und $(\frac{1}{2}-\frac{1}{3})-\frac{1}{4}$

e) $\frac{3}{4}-\frac{1}{8}-\frac{1}{3}$ und $(\frac{3}{4}-\frac{1}{8})-\frac{1}{3}$

f) $\frac{8}{3}-(\frac{1}{2}-\frac{1}{6})$ und $(\frac{8}{3}-\frac{1}{2})-\frac{1}{6}$

g) $\frac{3}{8}+(\frac{1}{2}-\frac{1}{5})$ und $(\frac{3}{8}+\frac{1}{2})-\frac{1}{5}$

h) $\frac{4}{3}-(\frac{2}{3}+\frac{1}{2})$ und $\frac{4}{3}-\frac{2}{3}+\frac{1}{2}$

i) $\frac{8}{9}-(\frac{1}{3}+\frac{1}{6})$ und $\frac{8}{9}-\frac{1}{3}-\frac{1}{6}$

17. Berechne!

a) $\frac{3}{7}-(\frac{1}{2}-\frac{1}{4})$ **b)** $\frac{9}{10}-(\frac{1}{6}+\frac{1}{4})$

c) $\frac{4}{5}+(\frac{1}{2}-\frac{1}{8})$ **d)** $(\frac{11}{12}-\frac{1}{3})-\frac{1}{4}$

e) $\frac{13}{20}+(\frac{3}{10}-\frac{1}{8})$ **f)** $(\frac{16}{15}-\frac{2}{5})+\frac{1}{10}$

g) $(\frac{1}{2}+\frac{3}{4})-\frac{7}{8}$ **h)** $\frac{7}{18}-(\frac{5}{12}-\frac{1}{4})$

i) $(1-\frac{5}{6})+(2-\frac{5}{4})$ **j)** $(\frac{2}{3}+\frac{3}{4})-(\frac{3}{8}+\frac{1}{6})$

Addition und Subtraktion

18. Durch welche Gleichungen lassen sich die Situationen in Bild 16 beschreiben?

Beispiel

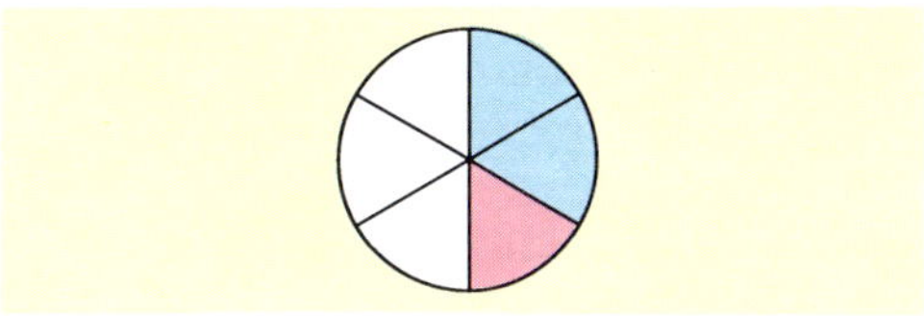

Bild 15

Der Sachverhalt in Bild 15 läßt sich durch die Additionsaufgabe

$$\frac{2}{6}+\frac{1}{6}=\frac{3}{6}=\frac{1}{2}$$

oder durch die Subtraktionsaufgaben

$$\frac{1}{2}-\frac{1}{6}=\frac{2}{6}=\frac{1}{3} \quad \text{bzw.} \quad \frac{1}{2}-\frac{2}{6}=\frac{1}{6}$$

beschreiben.

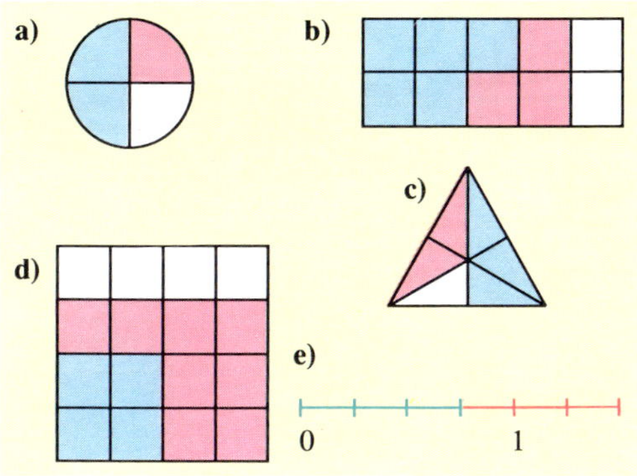

Bild 16

19. Nutze Rechenvorteile!

a) $\frac{2}{3}+\frac{4}{5}-\frac{4}{5}$ **b)** $\frac{3}{7}+\frac{2}{25}-\frac{3}{7}$

c) $\frac{2}{3}+\frac{5}{12}-\frac{1}{3}$ **d)** $\frac{9}{10}-\frac{1}{2}+\frac{1}{10}+\frac{1}{4}+\frac{1}{4}$

20. Setze für a, b und c die angegebenen Zahlen ein und bestimme die Ergebnisse von $\frac{a}{b}-\frac{b}{c}+\frac{c}{a}$!

	a)	b)	c)	d)	e)	f)
a	5	6	10	12	15	20
b	3	9	4	8	20	15
c	2	18	12	6	30	12

21. Berechne und mache die Probe!

a) $\frac{7}{8}-\frac{1}{2}$ **b)** $\frac{4}{9}-\frac{1}{6}$ **c)** $\frac{13}{10}-\frac{4}{5}$

d) $\frac{2}{3}-\frac{1}{4}$ **e)** $\frac{3}{4}-\frac{4}{7}$ **f)** $\frac{4}{3}-\frac{5}{6}$

g) $\frac{2}{3}-\frac{7}{15}$ **h)** $\frac{7}{5}-\frac{2}{3}$ **i)** $\frac{11}{12}-\frac{4}{7}$

22. Bestimme die Zahl x, indem du eine entsprechende Subtraktionsgleichung anwendest! Überprüfe dein Ergebnis!

Beispiel

$\frac{2}{3}+x=\frac{3}{2}$ entspricht $x=\frac{3}{2}-\frac{2}{3}=\frac{9-4}{6}=\frac{5}{6}$.

Probe: $\frac{2}{3}+\frac{5}{6}=\frac{4+5}{6}=\frac{9}{6}=\frac{3}{2}$.

a) $\frac{2}{7}+x=\frac{3}{4}$ **b)** $\frac{5}{9}+x=\frac{7}{8}$

c) $x+\frac{3}{5}=\frac{5}{6}$ **d)** $x+\frac{2}{9}=1$

e) $\frac{7}{24}+x=\frac{13}{16}$ **f)** $x+\frac{1}{10}=\frac{3}{20}$

23. Bestimme die Zahl x, indem du die entsprechende Additionsgleichung anwendest! Überprüfe dein Ergebnis!

Beispiel

$x-\frac{2}{7}=\frac{1}{4}$ entspricht $x=\frac{1}{4}+\frac{2}{7}=\frac{7+8}{28}=\frac{15}{28}$.

Probe: $\frac{15}{28}-\frac{2}{7}=\frac{15-8}{28}=\frac{7}{28}=\frac{1}{4}$.

a) $x-\frac{1}{4}=\frac{3}{8}$ **b)** $x-\frac{2}{3}=\frac{4}{5}$

c) $x-\frac{4}{9}=\frac{5}{12}$ **d)** $x-\frac{2}{5}=\frac{7}{10}$

e) $x-\frac{3}{2}=5$ **f)** $x-\frac{5}{6}=\frac{3}{4}$

24. Bestimme die Zahl x, indem du zweimal entsprechende Gleichungen anwendest! Überprüfe dein Ergebnis!

Beispiel

$\frac{3}{5}-x=\frac{1}{3}$ entspricht $\frac{3}{5}=\frac{1}{3}+x$;

$\frac{1}{3}+x=\frac{3}{5}$ entspricht $x=\frac{3}{5}-\frac{1}{3}=\frac{9-5}{15}=\frac{4}{15}$.

Probe: $\frac{3}{5}-\frac{4}{15}=\frac{9-4}{15}=\frac{5}{15}=\frac{1}{3}$.

a) $\frac{5}{4}-x=\frac{5}{6}$ **b)** $\frac{7}{8}-x=\frac{1}{6}$

c) $\frac{9}{10}-x=\frac{1}{3}$ **d)** $\frac{11}{5}-x=1$

e) $\frac{7}{12}-x=\frac{1}{2}$ **f)** $2-x=\frac{3}{7}$

25. Bestimme die Zahl x, indem du entsprechende Gleichungen anwendest! Prüfe dein Ergebnis!

a) $\frac{5}{6}+x=\frac{9}{4}$ **b)** $x+\frac{4}{5}=\frac{3}{2}$

c) $x-\frac{3}{7}=\frac{2}{5}$ **d)** $x-\frac{3}{8}=2$

e) $\frac{3}{4}-x=\frac{1}{3}$ **f)** $\frac{7}{12}-x=\frac{2}{9}$

26. Bestimme die Zahl x! Rechne möglichst geschickt! Überprüfe dein Ergebnis!

a) $\frac{5}{7}-\frac{1}{3}-\frac{4}{5}+x+\frac{2}{7}+\frac{4}{3}=\frac{8}{5}$

b) $\frac{4}{5}-\frac{1}{4}+x-\frac{3}{5}+\frac{3}{4}=1$

c) $\frac{5}{9}-\frac{2}{3}+2+x+\frac{5}{3}+\frac{4}{9}=5$

d) $\frac{4}{11}+2+\frac{1}{3}-x-\frac{1}{2}+\frac{7}{11}+\frac{5}{3}=\frac{3}{2}$

e) $\frac{3}{8}-\frac{1}{4}-x-1+\frac{5}{8}+\frac{5}{4}=1$

f) $\frac{5}{6}-\frac{3}{7}-x+\frac{1}{6}+\frac{4}{7}=1$

Textaufgaben

27. Holger möchte seine Hausaufgaben in $\frac{3}{4}$ Stunden schaffen. $\frac{1}{3}$ Stunde hat er bereits für das Fach Mathematik gearbeitet. Wieviel Zeit bleibt ihm noch?

28. Petra verschenkt von ihrer Tafel Schokolade $\frac{1}{4}$ an Monika, $\frac{1}{6}$ an Iris und $\frac{1}{12}$ an Benjamin. Welcher Anteil der Tafel bleibt ihr?

29. Lisa verteilt Gummibärchen. Sie gibt Torsten $\frac{3}{20}$, Michael $\frac{1}{5}$ und Sabine $\frac{1}{3}$ des Inhalts ihrer Tüte. Welchen Anteil behält sie für sich?

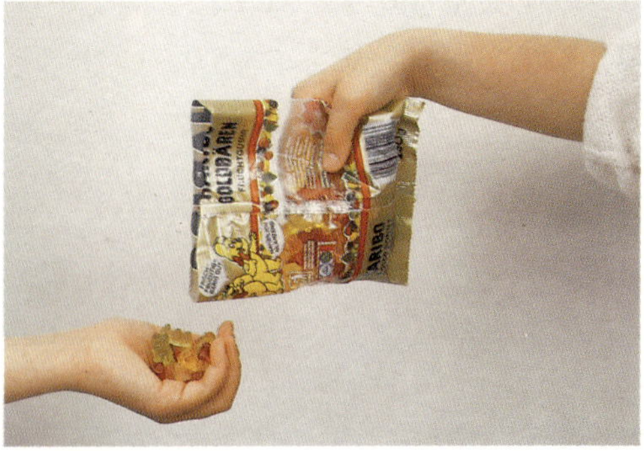

Bild 17

30. Bei einem Sportfest springt Jens $\frac{15}{4}$ m weit. Jörg schafft $\frac{3}{20}$ m weniger, Ulrike $\frac{3}{10}$ m mehr als Jens. Wie weit ist jeder gesprungen?

31. Von einem 2-m-Zollstock sind $\frac{7}{20}$ m abgebrochen. Wie lang ist er noch?

32. Von den Kosten für eine Klassenfahrt entfallen $\frac{1}{3}$ auf die Fahrt mit dem Bus und $\frac{7}{12}$ auf Unterkunft und Verpflegung. Welcher Anteil steht noch zur Verfügung?

33. Ein Lkw hat eine Wagenhöhe von $\frac{15}{4}$ m. Wieviel Meter Höhenfreiheit bleibt unter einer Brücke, die $\frac{21}{5}$ m hoch ist? Bestimme die Höhen auch in cm!

34. Bei einer Wahl verteilen sich die abgegebenen Stimmen auf vier Parteien. Partei A erhält $\frac{2}{5}$, Partei B $\frac{1}{4}$ und Partei C $\frac{3}{50}$ der Stimmen. Welchen Anteil erhält Partei D?

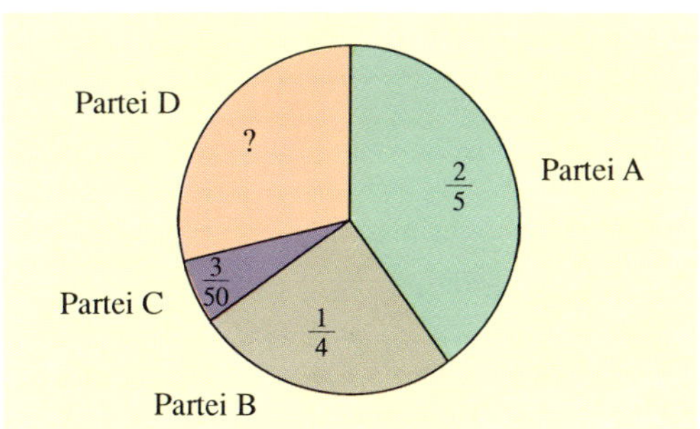

Bild 18

35. Von einem Stück Käse, das $\frac{13}{4}$ kg wiegt, werden $\frac{3}{8}$ kg, $\frac{1}{10}$ kg, $\frac{1}{2}$ kg, $\frac{2}{5}$ kg und schließlich noch $\frac{7}{8}$ kg abgeschnitten und verkauft. Wieviel Kilogramm bleiben übrig?

36. Von einem Stoffballen mit 10 m Länge werden $\frac{3}{4}$ m, $\frac{7}{2}$ m, $\frac{8}{5}$ m, $\frac{13}{10}$ m und $\frac{41}{20}$ m abgeschnitten. Wieviel Meter Stoff sind noch auf dem Ballen?

37. Welche Bruchzahl ist um

a) $\frac{1}{3}$ größer als $\frac{1}{2}$, **b)** $\frac{1}{3}$ kleiner als $\frac{1}{2}$,
c) $\frac{1}{6}$ größer als $\frac{1}{4}$, **d)** $\frac{1}{4}$ kleiner als $\frac{7}{8}$?

38. a) Gehe am Zahlenstrahl von 2 aus nach links, und zwar zunächst $\frac{3}{8}$ Einheiten, dann $\frac{2}{3}$ und schließlich noch $\frac{7}{12}$ Einheiten. Bei welchem Punkt befindest du dich?
b) Wie ändert sich das Ergebnis, wenn man nicht bei 2, sondern bei 3 beginnt?

Zusätzliche Aufgaben

39. a) Wie groß ist die Differenz von $\frac{2}{3}$ und $\frac{3}{5}$?
b) Was ergibt sich, wenn man $\frac{3}{4}$ um $\frac{1}{6}$ vermindert?
c) Um wieviel ist $\frac{9}{5}$ größer als $\frac{1}{2}$?
d) Welche Zahl muß man zu $\frac{5}{12}$ addieren, um $\frac{11}{15}$ zu erhalten?
e) Zu welcher Zahl gelangt man auf dem Zahlenstrahl, wenn man von $\frac{7}{8}$ aus um $\frac{1}{3}$ nach links geht?
f) Wie groß ist der Unterschied zwischen $\frac{9}{10}$ und $\frac{7}{15}$?
g) Vermehrt man eine Zahl um $\frac{1}{20}$, so erhält man $\frac{1}{2}$. Wie heißt die Zahl?

40. Schreibe als Gleichung und bestimme die Lösung!
a) Um wieviel muß man $\frac{2}{3}$ verringern, um $\frac{3}{5}$ zu erhalten?
b) Welche Zahl muß man zu $\frac{3}{11}$ addieren, um $\frac{2}{5}$ zu erhalten?
c) Die Differenz zwischen $\frac{7}{8}$ und einer Zahl beträgt $\frac{1}{3}$. Wie heißt die Zahl?
d) Welche beiden Zahlen sind auf dem Zahlenstrahl genau $\frac{1}{6}$ von $\frac{3}{4}$ entfernt?
e) Um wieviel ist $\frac{4}{5}$ kleiner als die Summe von $\frac{2}{3}$ und $\frac{3}{8}$?
f) Welche Zahl muß zur Differenz von $\frac{21}{32}$ und $\frac{3}{8}$ addiert werden, um $\frac{3}{8}$ zu erhalten?

41. Wie groß ist die Differenz von

a) $\frac{1}{2}$ und $\frac{1}{3}$, **b)** $\frac{1}{3}$ und $\frac{1}{4}$, **c)** $\frac{1}{4}$ und $\frac{1}{5}$,
d) $\frac{1}{5}$ und $\frac{1}{6}$, **e)** $\frac{1}{6}$ und $\frac{1}{7}$, **f)** $\frac{1}{7}$ und $\frac{1}{8}$?

Formuliere eine Regel, mit der man sofort das Ergebnis von $\frac{1}{11} - \frac{1}{12}$ nennen kann!

42. Kannst du das Ergebnis nennen, ohne zu rechnen?

a) $1 - \frac{1}{2}$

b) $1 - \frac{1}{2} - \frac{1}{4}$

c) $1 - \frac{1}{2} - \frac{1}{4} - \frac{1}{8}$

d) $1 - \frac{1}{2} - \frac{1}{4} - \frac{1}{8} - \frac{1}{16}$

e) $1 - \frac{1}{2} - \frac{1}{4} - \frac{1}{8} - \frac{1}{16} - \frac{1}{32}$

f) $1 - \frac{1}{2} - \frac{1}{4} - \frac{1}{8} - \frac{1}{16} - \frac{1}{32} - \frac{1}{64}$

43. Ersetze die Buchstaben so durch Ziffern, daß alle Gleichungen in wahre Aussagen übergehen! Dabei bedeuten verschiedene Buchstaben auch verschiedene Ziffern, und die Brüche sind stets so weit wie möglich gekürzt. Jeder Zähler ist kleiner als der zugehörige Nenner.

Ein Hinweis zur Hilfe: Der Buchstabe g steht für die Zahl 6.

$$\begin{array}{ccccc}
\frac{d}{g} & - & \frac{d}{da} & = & \frac{d}{da} \\
+ & & + & & + \\
\frac{h}{c} & - & \frac{d}{c} & = & \frac{a}{b} \\
= & & = & & = \\
\frac{dh}{de} & - & \frac{h}{bg} & = & \frac{b}{f}
\end{array}$$

Bild 19

44. Susanne hat drei Gefäße mit den Inhalten $\frac{1}{6}\,l$, $\frac{1}{2}\,l$ und $\frac{3}{5}\,l$. Wie kann sie die folgenden Flüssigkeitsmengen abmessen?

a) $\frac{2}{3}\,l$ **b)** $\frac{23}{30}\,l$ **c)** $\frac{11}{10}\,l$ **d)** $\frac{1}{3}\,l$

e) $\frac{13}{30}\,l$ **f)** $\frac{19}{15}\,l$ **g)** $\frac{1}{15}\,l$ **h)** $\frac{4}{15}\,l$

45. Wie kann man mit drei Gewichtsstücken von $\frac{1}{2}$ kg, $\frac{1}{4}$ kg und $\frac{1}{5}$ kg auf einer Balkenwaage (Bild 20) die folgenden Gewichte bestimmen?

a) $\frac{3}{4}$ kg **b)** $\frac{7}{10}$ kg **c)** $\frac{3}{10}$ kg

d) $\frac{1}{20}$ kg **e)** $\frac{19}{20}$ kg **f)** $\frac{9}{20}$ kg

Bild 20

46. Die folgenden Regeln zur Subtraktion von Bruchzahlen findet man im Rechenbuch von Adam Riese aus dem 16. Jh. Suche jeweils ein Beispiel und erläutere die Aussagen!

a) Haben die Brüche gleichen Nenner, so nimm einen Zähler vom andern und unter das Bleibende setze einen Nenner!

b) Sind ungleiche Nenner vorhanden, so multipliziere im Kreuz, nimm einen vom andern und unter das Bleibende setze die miteinander multiplizierten Nenner!

c) Willst du einen Bruch von 1 nehmen, so nimm den Zähler vom Nenner und unter das Bleibende setze den Nenner!

d) Willst du ganze und gebrochene Zahlen von ganzen und gebrochenen nehmen, so wandle die ganzen zunächst in Bruchteile, indem du sie mit dem Nenner malnimmst, addiere den Zähler und setze das Ergebnis als Zähler. Danach vollführe es im Kreuz!

Vertiefende Aufgaben zur Addition und zur Subtraktion

47. Brüche sind schon seit mehr als 4000 Jahren bekannt. Die Ägypter benutzten allerdings fast nur Brüche mit dem Zähler 1. (Solche Brüche nennt man „Stammbrüche“.) Sie schrieben das Zeichen für die natürliche Zahl des Nenners und setzten darüber das Zeichen für „Teil“. Das war die Hieroglyphe „⊖“, die später durch einen Punkt ersetzt wurde. Nur für die Zahl $\frac{1}{2}$ benutzten sie das besondere Zeichen „⊃“, was soviel wie „halber Teil“ bedeutet.

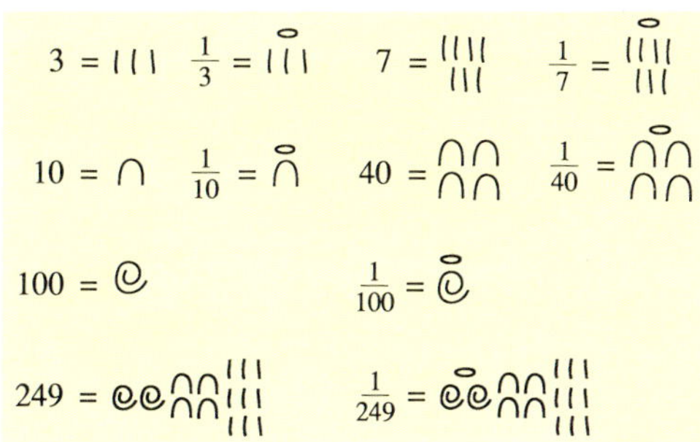

Bild 21

Brüche, deren Zähler von 1 verschieden sind, stellten die Ägypter als Summe von Stammbrüchen dar.

Beispiel

$\frac{3}{5}$ zerlegten sie in $\frac{1}{2} + \frac{1}{10}$
oder in $\frac{1}{3} + \frac{1}{5} + \frac{1}{15}$.

$\frac{9}{10}$ läßt sich entsprechend darstellen
durch $\frac{1}{2} + \frac{1}{3} + \frac{1}{15}$
oder durch $\frac{1}{2} + \frac{1}{4} + \frac{1}{10} + \frac{1}{20}$.

a) Stelle die Zahlen $\frac{5}{8}$, $\frac{2}{5}$ und $\frac{7}{9}$ jeweils als Summe von Stammbrüchen dar! Dabei soll kein Summand in einer Summe zweimal vorkommen.
b) Suche für die Zahl $\frac{11}{12}$ drei verschiedene Zerlegungen in Stammbrüche! Wie viele Zerlegungen dieser Art gibt es? Formuliere eine Vermutung und begründe sie am Beispiel der Zahl $\frac{11}{12}$!

48. Ergänze, so daß magische Quadrate entstehen!

a)

$\frac{4}{15}$	$\frac{3}{5}$	
$\frac{1}{5}$	$\frac{1}{3}$	
		$\frac{2}{5}$

b)

		$\frac{1}{12}$
	$\frac{1}{15}$	$\frac{1}{10}$
$\frac{1}{20}$		

c)

	$\frac{1}{12}$	$\frac{1}{16}$	$\frac{7}{24}$
$\frac{1}{8}$	$\frac{11}{48}$	$\frac{1}{4}$	$\frac{3}{16}$
$\frac{5}{48}$			$\frac{1}{24}$

49. Ein wohlhabender Araber hinterließ seinen drei Söhnen nach seinem Tode 23 Kamele. In seinem Testament lasen sie, daß der älteste Sohn die Hälfte, der zweite ein Drittel und der jüngste ein Achtel erben solle. Nachdem die drei Söhne lange überlegt hatten, wie sie den Wunsch des Vaters erfüllen könnten, gingen sie zu einem Weisen und fragten um Rat. Der Weise machte folgenden Vorschlag: „Ich gebe euch ein Kamel, so daß ihr insgesamt 24 Tiere habt. Nun berechnet ihr, wie viele Kamele jeder nach dem Testament bekommt: Für den Ältesten 12, für den zweiten 8 und für den dritten 3. Das sind zusammen 23 Kamele. Also erhalte auch ich mein Kamel zurück, und alle sind zufrieden.“ Was hältst du von diesem Vorschlag des Weisen?

Bild 22

50. Setze in die freien Felder der Figur Zahlen so ein, daß sich jede Zahl als Summe der beiden darunterstehenden Zahlen ergibt!

a)

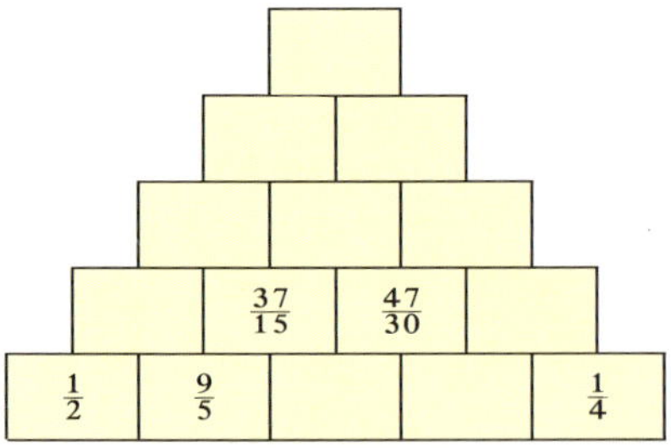

b)

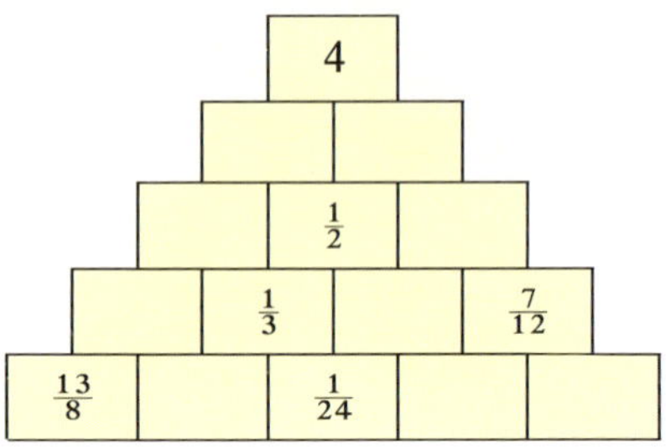

51. Das Volkslied in Bild 23 ist im $\frac{4}{4}$-Takt geschrieben. Es fehlen allerdings die Taktstriche. Bestimme, wo sie gesetzt werden müssen! Beginne erst nach dem Auftakt! In der nachstehenden Tabelle sind die Noten, das Pausenzeichen und die zugehörigen Werte zusammengestellt.

Note	♩	♪	♪.	𝅘𝅥𝅯
Pausenzeichen		𝄾		
Wert	$\frac{1}{4}$	$\frac{1}{8}$	$\frac{3}{16}$	$\frac{1}{16}$

52. Löse die Aufgaben a) bis j) und kürze die Ergebnisse so weit wie möglich, sofern es in der Aufgabenstellung nicht anders gefordert ist. Trage dann die errechneten Zahlen in die Tabelle ein!
Ersetzt man anschließend die natürlichen Zahlen von Zähler und Nenner durch die Buchstaben, die im Alphabet an der entsprechenden Stelle stehen (also 1 = a, 2 = b, 3 = c, 4 = d, usw.) so ergibt sich – fortlaufend von links nach rechts gelesen – ein Sprichwort, das gerade auch für den gilt, der das Bruchrechnen erlernt.

Aufgabe	a)	b)	c)	d)	e)	f)	g)	h)	i)	j)
Zähler										
Nenner										

a) $\frac{11}{28} - \frac{1}{4}$

b) Bestimme die Differenz $\frac{5}{2} - \frac{2}{3} - \frac{2}{9} - \frac{5}{18}$ und erweitere das Ergebnis mit 3!

c) $\frac{1}{2} + (1 - \frac{33}{38})$

d) Um wieviel ist $\frac{13}{12}$ größer als $\frac{5}{6}$? Bestimme diese Zahl und erweitere sie mit 5!

e) Diese Zahl ist $\frac{6}{19}$ größer als das Ergebnis von c).

f) Subtrahiere $\frac{5}{8}$ von $\frac{23}{24}$!

g) Berechne $\frac{9}{4} - (\frac{1}{3} + \frac{1}{6})$ und erweitere mit 2!

h) $2 - \frac{40}{23}$

i) $\frac{1}{15} + \frac{1}{6} - (\frac{3}{5} - \frac{8}{15} - \frac{1}{30})$

j) Bestimme $\frac{5}{3} - (\frac{2}{3} + \frac{2}{9})$ und erweitere mit 2!

Im Frühtau zu Berge

Neueres Volkslied aus Schweden

Bild 23

III. Gemischte Zahlen

1. Zur Einführung

Auf dem Markt steht an einem Stand mit Kartoffeln ein Preisschild (Bild 24).

Danach kosten $2\frac{1}{2}$ kg Kartoffeln 3,60 DM. Bisher sind uns Zahlen in dieser Schreibweise noch nicht begegnet. Was bedeutet „$2\frac{1}{2}$" in dieser Größenangabe?

Bild 24

2. Der Begriff der gemischten Zahl

„$2\frac{1}{2}$" ist eine Kurzschreibweise für „$2 + \frac{1}{2}$". Bei dieser verkürzten Schreibweise wird das Zeichen „+" weggelassen. Man spricht in diesem Fall von **gemischten Zahlen**.

Wie man diese Schreibweise in die uns bekannte Form umwandelt, zeigen die folgenden

Beispiele:

1) $2\frac{1}{2} = 2 + \frac{1}{2} = \frac{4}{2} + \frac{1}{2} = \frac{5}{2}$ (Bild 25); **2)** $7\frac{3}{5} = 7 + \frac{3}{5} = \frac{35}{5} + \frac{3}{5} = \frac{38}{5}$.

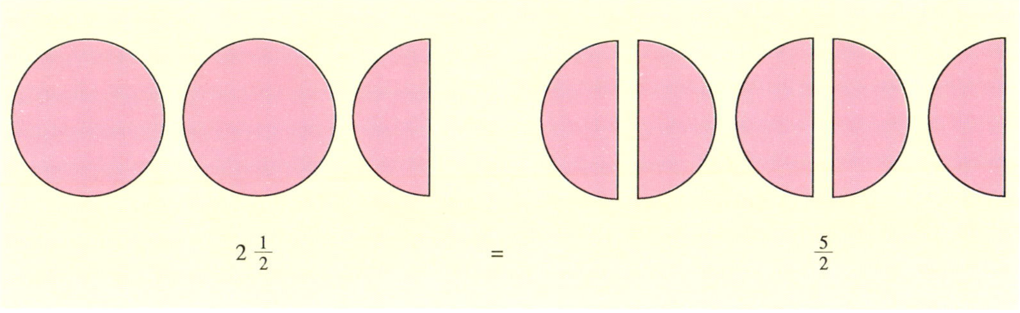

Bild 25

3. Umwandlung eines unechten Bruches in eine gemischte Zahl

Die Beispiele haben gezeigt, wie man gemischte Zahlen in Brüche umwandeln kann. Umgekehrt läßt sich eine Bruchzahl nur dann als gemischte Zahl schreiben, wenn sie größer als 1, der Zähler des betreffenden Bruches also größer als der Nenner ist.

Brüche, deren Zähler mindestens so groß ist wie der Nenner, nennt man **unechte Brüche**. Alle anderen Brüche heißen **echte Brüche**.

Beispiele

1) $\frac{5}{3} = \frac{3}{3} + \frac{2}{3}$
$= 1 + \frac{2}{3}$
$= 1\frac{2}{3}$

2) $\frac{43}{8} = \frac{40}{8} + \frac{3}{8}$
$= 5 + \frac{3}{8}$
$= 5\frac{3}{8}$

3) $\frac{4}{4} = 1$

4) $\frac{42}{7} = 6$

4. Addition von gemischten Zahlen

Gemischte Zahlen kann man addieren, indem man sie durch (unechte) Brüche darstellt und diese addiert. In der Regel ist es jedoch einfacher, folgendermaßen vorzugehen.

Beispiele

1) $2\frac{1}{2} + 1\frac{1}{4} = 2 + \frac{1}{2} + 1 + \frac{1}{4}$
$= 2 + 1 + \frac{1}{2} + \frac{1}{4}$
$= 3 + \frac{2}{4} + \frac{1}{4}$
$= 3 + \frac{3}{4}$
$= 3\frac{3}{4}$

(Bild 26)

2) $4\frac{2}{3} + 6\frac{3}{4} = 4 + \frac{2}{3} + 6 + \frac{3}{4}$
$= 4 + 6 + \frac{2}{3} + \frac{3}{4}$
$= 10 + \frac{8}{12} + \frac{9}{12}$
$= 10 + \frac{17}{12}$
$= 10 + 1\frac{5}{12}$
$= 11\frac{5}{12}$

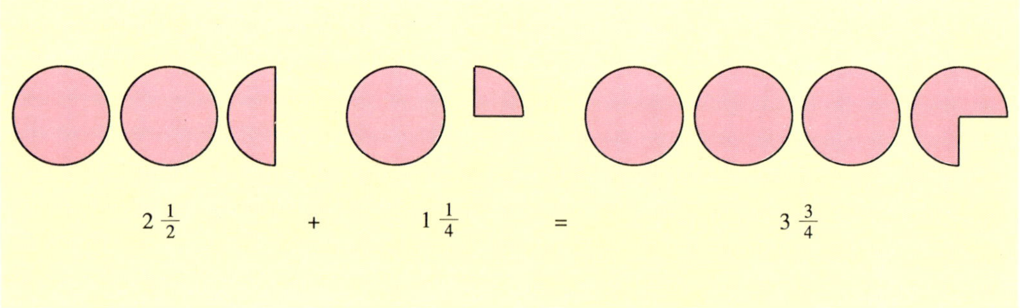

Bild 26

Die Rechnungen lassen sich folgendermaßen verkürzen.

Beispiele

1) $2\frac{1}{2} + 1\frac{1}{4} = 2\frac{2}{4} + 1\frac{1}{4}$
$= 3 + \frac{2+1}{4}$
$= 3\frac{3}{4}$

2) $4\frac{2}{3} + 6\frac{3}{4} = 4\frac{8}{12} + 6\frac{9}{12}$
$= 10 + \frac{8+9}{12} = 10\frac{17}{12}$
$= 11\frac{5}{12}$

5. Subtraktion von gemischten Zahlen

Auch beim Subtrahieren kann man gemischte Zahlen durch unechte Brüche darstellen. Einfacher ist meist jedoch das folgende Verfahren.

Beispiel

$$2\tfrac{1}{2} - 1\tfrac{1}{3} = (2 + \tfrac{1}{2}) - (1 + \tfrac{1}{3}) = (2 - 1) + (\tfrac{1}{2} - \tfrac{1}{3}) = 1 + \tfrac{3-2}{6} = 1\tfrac{1}{6};$$

kürzer geschrieben: $2\tfrac{1}{2} - 1\tfrac{1}{3} = 2\tfrac{3}{6} - 1\tfrac{2}{6} = 1\tfrac{1}{6}$.

Eine Schwierigkeit tritt beim Subtrahieren z.B. bei $4\tfrac{2}{5} - 1\tfrac{3}{5}$ auf, weil $\tfrac{2}{5} < \tfrac{3}{5}$ ist, $\tfrac{2}{5} - \tfrac{3}{5}$ also kein Ergebnis hat. In solchen Fällen wandeln wir den Minuenden folgendermaßen um.

Beispiel $4\tfrac{2}{5} = 4 + \tfrac{2}{5} = 3 + 1 + \tfrac{2}{5} = 3 + \tfrac{5}{5} + \tfrac{2}{5} = 3\tfrac{7}{5}$

Nach dieser Umformung kann die Subtraktion wie üblich durchgeführt werden.

Beispiele

1) $4\tfrac{2}{5} - 1\tfrac{3}{5} = 3\tfrac{7}{5} - 1\tfrac{3}{5}$
$= 2\tfrac{4}{5}$

2) $5\tfrac{3}{7} - 2\tfrac{2}{3} = 5\tfrac{9}{21} - 2\tfrac{14}{21}$
$= 4\tfrac{30}{21} - 2\tfrac{14}{21}$
$= 2\tfrac{16}{21}$

Aufgaben und Beispiele

Zum Einstieg

Der Unterricht beginnt um 8.00 Uhr.

a) Welchen Teil einer Umdrehung hat der Minutenzeiger hinter sich, wenn die erste Stunde um 8.45 Uhr vorbei ist?

b) Wie viele Umdrehungen hat er zurückgelegt, wenn es 12.30 Uhr ist?

c) Die letzte Stunde endet um 13.20 Uhr. Wievielmal hat sich der große Zeiger gedreht?

Bild 27

Gemischte Zahlen

1. Welche Gleichungen kann man aus den Darstellungen in Bild 29 ablesen?

Beispiel

Die Darstellung in Bild 28 macht deutlich, daß gilt: $2 + \frac{1}{4} = \frac{9}{4}$.

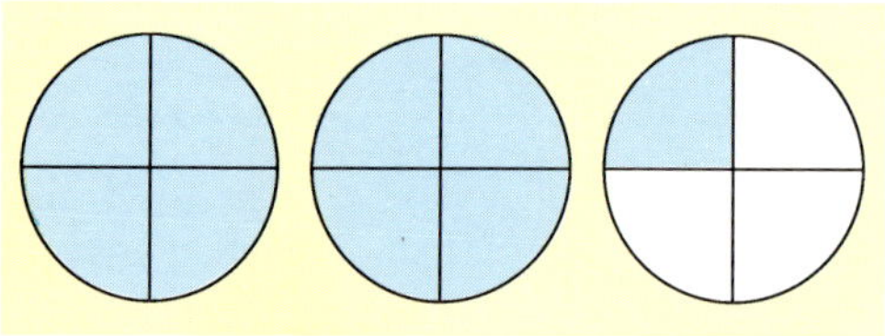

Bild 28

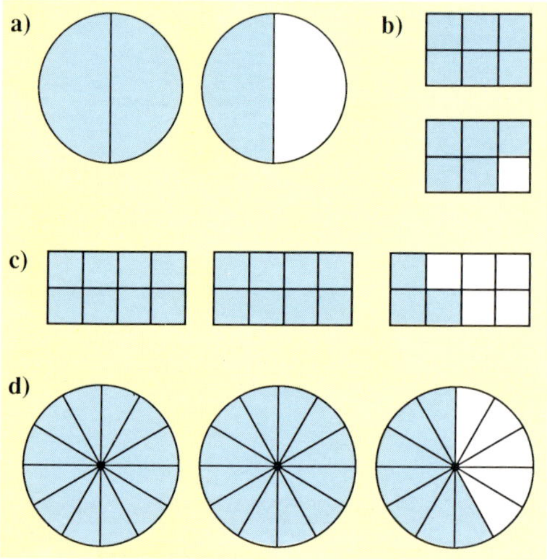

Bild 29

2. Schreibe als Bruch!

a) $1\frac{1}{2}$	**b)** $2\frac{1}{3}$	**c)** $4\frac{1}{5}$	**d)** $3\frac{2}{7}$
e) $1\frac{1}{6}$	**f)** $3\frac{3}{4}$	**g)** $4\frac{1}{8}$	**h)** $6\frac{3}{5}$
i) $7\frac{3}{10}$	**j)** $12\frac{2}{7}$	**k)** $5\frac{2}{9}$	**l)** $11\frac{3}{8}$
m) $13\frac{5}{6}$	**n)** $15\frac{7}{11}$	**o)** $10\frac{12}{19}$	**p)** $7\frac{3}{200}$

3. Schreibe die Zahl als Bruch! Kürze vorher, wenn es möglich ist!

a) $6\frac{20}{90}$	**b)** $13\frac{6}{7}$	**c)** $14\frac{8}{12}$	**d)** $15\frac{4}{20}$
e) $20\frac{21}{35}$	**f)** $12\frac{45}{60}$	**g)** $16\frac{4}{13}$	**h)** $14\frac{25}{30}$
i) $13\frac{2}{7}$	**j)** $18\frac{16}{20}$	**k)** $17\frac{12}{108}$	**l)** $15\frac{9}{24}$
m) $13\frac{4}{7}$	**n)** $12\frac{84}{96}$	**o)** $36\frac{19}{38}$	**p)** $27\frac{17}{51}$

4. Wandle die Maßeinheit so um, daß die Maßzahl eine natürliche Zahl wird!

Beispiel

$1\frac{3}{8}\,\text{kg} = 1\,\text{kg} + \frac{3}{8}\,\text{kg} = 1000\,\text{g} + 375\,\text{g}$
$= 1375\,\text{g}$

a) $1\frac{1}{5}$ kg	**b)** $4\frac{1}{2}$ km	**c)** $2\frac{3}{4}$ m
d) $7\frac{2}{3}$ h	**e)** $5\frac{7}{8}$ t	**f)** $1\frac{2}{5}$ dm
g) $3\frac{5}{6}$ min	**h)** $8\frac{3}{10}$ kg	**i)** $2\frac{9}{20}\,\text{m}^2$
j) $3\frac{2}{3}$ h	**k)** $7\frac{1}{25}$ dm	**l)** $5\frac{17}{50}$ DM
m) $9\frac{5}{8}$ cm	**n)** $6\frac{1}{4}\,l$	**o)** $3\frac{2}{5}\,\text{cm}^2$

5. Welche Zahl muß subtrahiert (addiert) werden, um die nächstkleinere (nächstgrößere) natürliche Zahl zu erhalten?

a) $1\frac{1}{2}$	**b)** $2\frac{3}{4}$	**c)** $4\frac{6}{7}$	**d)** $11\frac{11}{12}$
e) $7\frac{2}{5}$	**f)** $13\frac{7}{15}$	**g)** $1\frac{17}{100}$	**h)** $2\frac{9}{20}$
i) $4\frac{3}{29}$	**j)** $6\frac{6}{37}$	**k)** $8\frac{37}{42}$	**l)** $9\frac{3}{17}$
m) $16\frac{4}{51}$	**n)** $31\frac{11}{30}$	**o)** $46\frac{43}{46}$	**p)** $59\frac{3}{8}$

6. Schreibe als gemischte Zahl und nenne die beiden aufeinanderfolgenden natürlichen Zahlen, zwischen denen die Bruchzahl liegt!

Beispiel

$\frac{13}{3} = \frac{12}{3} + \frac{1}{3} = 4\frac{1}{3}$; also gilt $4 < 4\frac{1}{3} < 5$.

a) $\frac{4}{3}$	**b)** $\frac{5}{2}$	**c)** $\frac{10}{7}$	**d)** $\frac{16}{5}$	**e)** $\frac{11}{4}$
f) $\frac{26}{5}$	**g)** $\frac{15}{4}$	**h)** $\frac{25}{3}$	**i)** $\frac{17}{4}$	**j)** $\frac{89}{7}$
k) $\frac{96}{13}$	**l)** $\frac{83}{17}$	**m)** $\frac{101}{12}$	**n)** $\frac{76}{15}$	**o)** $\frac{91}{16}$
p) $\frac{73}{4}$	**q)** $\frac{125}{11}$	**r)** $\frac{73}{19}$	**s)** $\frac{80}{13}$	**t)** $\frac{71}{18}$

7. Verfahre wie in Aufgabe 6!

a) $\frac{5}{3}$	**b)** $\frac{12}{5}$	**c)** $\frac{18}{7}$	**d)** $\frac{43}{9}$	**e)** $\frac{43}{6}$
f) $\frac{79}{3}$	**g)** $\frac{25}{2}$	**h)** $\frac{15}{8}$	**i)** $\frac{32}{7}$	**j)** $\frac{102}{25}$
k) $\frac{77}{12}$	**l)** $\frac{26}{11}$	**m)** $\frac{101}{17}$	**n)** $\frac{113}{64}$	**o)** $\frac{112}{3}$
p) $\frac{73}{5}$	**q)** $\frac{109}{12}$	**r)** $\frac{97}{13}$	**s)** $\frac{75}{14}$	**t)** $\frac{47}{11}$

8. Schreibe mit der angegebenen Einheit! Stelle die Maßzahl als Bruch und als gemischte Zahl dar!

Beispiel

375 s (min)

$375\,\text{s} = \frac{375}{60}\,\text{min} = \frac{25}{4}\,\text{min} = 6\frac{1}{4}\,\text{min}$

a) 90 min (h) **b)** 140 cm (m)
c) 8250 g (kg) **d)** 725 mm (cm)
e) 1450 kg (t) **f)** 87 000 cm^2 (m^2)
g) 387 *l* (hl) **h)** 6800 m (km)
i) 1245 s (min) **j)** 4000 s (h)
k) 39 500 m (km) **l)** 7750 kg (t)

9. Vergleiche!

Beispiel

$\frac{9}{2}$ cm und $40\frac{3}{10}$ mm

$\frac{9}{2}\,\text{cm} = \frac{90}{2}\,\text{mm} = 45\,\text{mm}$;
also ist $\frac{9}{2}\,\text{cm} > 40\frac{3}{10}\,\text{mm}$.

a) $\frac{8}{5}$ h und $1\frac{1}{2}$ h **b)** $\frac{15}{2}$ m und $70\frac{3}{4}$ dm
c) $7\frac{2}{5}$ kg und 7200 g **d)** $\frac{21}{10}$ dm und $2\frac{1}{10}$ cm
e) $\frac{33}{20}$ m und $16\frac{1}{5}$ dm **f)** $2\frac{1}{8}$ km und $\frac{2501}{2}$ m
g) $\frac{67}{60}$ min und $\frac{33}{4}$ s **h)** $2\frac{1}{20}$ t und $\frac{7000}{3}$ kg
i) $\frac{9}{4}$ *l* und 2220 ml **j)** $\frac{28}{5}$ g und $\frac{16\,000}{3}$ mg
k) $7\frac{3}{7}$ km und 7400 m
l) $\frac{62}{3}$ cm und $205\frac{1}{3}$ mm

Addition und Subtraktion

10. Berechne, ohne die gemischten Zahlen in Brüche umzuwandeln!
a) $1\frac{3}{4} + \frac{3}{8}$ **b)** $2\frac{5}{6} + \frac{2}{3}$ **c)** $1\frac{1}{2} + \frac{3}{4}$
d) $4\frac{5}{7} + \frac{1}{2}$ **e)** $6\frac{5}{9} + \frac{5}{6}$ **f)** $3\frac{3}{10} + \frac{19}{20}$
g) $1\frac{4}{5} + \frac{2}{3}$ **h)** $5\frac{7}{8} + \frac{5}{12}$ **i)** $2\frac{4}{15} + \frac{4}{5}$

11. Verfahre wie in Aufgabe 10!
a) $1\frac{1}{2} + 1\frac{1}{3}$ **b)** $2\frac{1}{4} + 1\frac{1}{8}$ **c)** $1\frac{2}{5} + 2\frac{1}{6}$
d) $2\frac{3}{10} + 2\frac{1}{2}$ **e)** $1\frac{3}{8} + 3\frac{1}{5}$ **f)** $3\frac{2}{7} + 4\frac{1}{3}$
g) $2\frac{5}{12} + 1\frac{1}{4}$ **h)** $4\frac{1}{18} + 5\frac{4}{9}$ **i)** $6\frac{3}{20} + 1\frac{2}{5}$

12. Bestimme die Summe!
a) $1\frac{2}{3} + 1\frac{3}{4}$ **b)** $2\frac{3}{7} + 3\frac{7}{10}$ **c)** $4\frac{4}{5} + 2\frac{3}{4}$
d) $2\frac{1}{6} + 4\frac{8}{9}$ **e)** $1\frac{5}{8} + 2\frac{17}{24}$ **f)** $6\frac{7}{12} + 2\frac{17}{18}$
g) $4\frac{5}{7} + 2\frac{11}{14}$ **h)** $6\frac{4}{9} + 3\frac{7}{12}$ **i)** $5\frac{13}{15} + 8\frac{3}{20}$

13. Bestimme die Differenz!
a) $6\frac{1}{2} - \frac{1}{8}$ **b)** $4\frac{2}{3} - \frac{1}{6}$ **c)** $3\frac{9}{10} - \frac{4}{5}$
d) $4\frac{5}{7} - \frac{1}{2}$ **e)** $6\frac{5}{6} - \frac{3}{4}$ **f)** $8\frac{5}{12} - \frac{1}{3}$
g) $1\frac{7}{9} - \frac{11}{15}$ **h)** $2\frac{1}{2} - \frac{3}{7}$ **i)** $9\frac{1}{4} - \frac{1}{12}$

14. Berechne!
a) $2\frac{1}{3} - \frac{1}{2}$ **b)** $1\frac{2}{5} - \frac{1}{2}$ **c)** $3\frac{1}{6} - \frac{1}{3}$
d) $4\frac{1}{4} - \frac{3}{8}$ **e)** $6\frac{1}{6} - \frac{1}{2}$ **f)** $1\frac{4}{5} - \frac{9}{10}$
g) $3\frac{2}{7} - \frac{3}{4}$ **h)** $5\frac{5}{8} - \frac{2}{3}$ **i)** $7\frac{4}{9} - \frac{1}{2}$

15. Berechne!
a) $2\frac{1}{5} - 1\frac{1}{4}$ **b)** $3\frac{1}{3} - 1\frac{1}{2}$ **c)** $4\frac{2}{5} - 1\frac{4}{5}$
d) $6\frac{3}{8} - 2\frac{3}{4}$ **e)** $3\frac{7}{10} - 2\frac{3}{4}$ **f)** $5\frac{1}{2} - 3\frac{6}{7}$
g) $8\frac{1}{6} - 3\frac{4}{5}$ **h)** $7\frac{2}{9} - 4\frac{5}{12}$ **i)** $6\frac{5}{18} - 2\frac{9}{10}$

16. Berechne!
a) $2\frac{1}{2} + 1\frac{1}{4}$ **b)** $2\frac{1}{2} - 1\frac{1}{4}$ **c)** $3\frac{1}{6} + 1\frac{2}{3}$
d) $3\frac{5}{8} - 1\frac{1}{2}$ **e)** $4\frac{3}{4} - 2\frac{1}{8}$ **f)** $6\frac{3}{5} + 1\frac{3}{10}$
g) $5\frac{7}{9} - 1\frac{2}{3}$ **h)** $3\frac{1}{12} + 1\frac{3}{4}$ **i)** $7\frac{1}{2} - 1\frac{3}{8}$

17. Vergleiche!
a) $(2\frac{3}{4} + 1\frac{1}{2}) + \frac{5}{8}$ und $2\frac{3}{4} + (1\frac{1}{2} + \frac{5}{8})$
b) $(2\frac{3}{4} - 1\frac{1}{2}) - \frac{5}{8}$ und $2\frac{3}{4} - (1\frac{1}{2} - \frac{5}{8})$
c) $6\frac{2}{7} - 3\frac{1}{8}$ und $6 - 3 + \frac{2}{7} + \frac{1}{8}$
d) $4\frac{5}{9} - 1\frac{2}{3}$ und $4 - 1 + \frac{5}{9} - \frac{2}{3}$
e) $5\frac{4}{15} + 6\frac{3}{10}$ und $5 + 6 + \frac{4}{15} + \frac{3}{10}$
f) $1\frac{4}{5} + 2\frac{3}{8} + 3\frac{1}{5}$ und $1 + 2 + 3 + \frac{4}{5} + \frac{1}{5} + \frac{3}{8}$

18. Nutze Rechenvorteile!
a) $4\frac{1}{5} + \frac{4}{5} - (2\frac{1}{3} + 1\frac{2}{3})$ **b)** $5\frac{2}{7} - 1\frac{1}{7} - 2\frac{1}{7}$
c) $10\frac{4}{9} - 3\frac{1}{3} - 1\frac{1}{9}$ **d)** $6\frac{1}{2} + 2\frac{1}{2} - 4\frac{1}{4}$
e) $7\frac{2}{3} - 6\frac{1}{2} + \frac{1}{2}$ **f)** $6\frac{5}{11} - (4\frac{5}{11} - 2)$
g) $4\frac{4}{5} - 2\frac{2}{5} + 3\frac{1}{3} - 2\frac{2}{5}$
h) $\frac{11}{6} - 1\frac{1}{3} + 2\frac{1}{6} - 1\frac{2}{3}$
i) $2\frac{1}{10} + 1\frac{3}{4} - 2\frac{1}{10} - 1\frac{1}{4}$

19. Berechne!

a) $1\frac{1}{2} + 1\frac{3}{4} - 1\frac{1}{4}$
b) $2\frac{3}{5} - \frac{1}{2} + 1\frac{3}{4}$
c) $2\frac{2}{5} + 2\frac{7}{10} + 3\frac{1}{2}$
d) $4\frac{4}{9} - 2\frac{1}{3} - 1\frac{2}{3}$
e) $6\frac{4}{7} - 1\frac{3}{14} - 2\frac{6}{7}$
f) $5\frac{3}{8} - \frac{5}{12} - \frac{2}{3}$
g) $2\frac{3}{4} + 3\frac{7}{10} - 4$
h) $\frac{23}{24} + 2\frac{7}{8} - 3\frac{3}{4}$

20. Berechne!

a) $(2\frac{1}{8} - 1\frac{1}{5}) + 3\frac{1}{2}$
b) $8\frac{2}{3} - (5\frac{3}{4} - 3\frac{1}{3})$
c) $(4\frac{5}{8} - 1\frac{11}{12}) + (2\frac{2}{3} - 1\frac{3}{4})$
d) $5\frac{1}{6} - (\frac{2}{3} + \frac{1}{2} + 1\frac{1}{12}) - 1\frac{3}{4}$
e) $(3\frac{7}{8} + 2\frac{5}{6}) - (1\frac{7}{12} + 3\frac{5}{8})$
f) $3 + (6\frac{2}{5} - 1\frac{1}{2}) - (1\frac{1}{4} + 1\frac{9}{10})$
g) $(4 - \frac{4}{9}) + (5 - \frac{5}{6}) - (3\frac{2}{3} + 3\frac{7}{12})$

21. Welche Zahl muß man für x einsetzen, um eine wahre Aussage zu erhalten?

a) $1\frac{2}{3} + x = 3$
b) $3\frac{2}{5} + x = 4\frac{5}{6}$
c) $x + 8\frac{7}{9} = 10\frac{1}{2}$
d) $x + 1\frac{3}{10} = 6\frac{4}{7}$
e) $x - 7\frac{3}{4} = 9$
f) $x - 3\frac{1}{6} = 4\frac{5}{8}$
g) $2 - x = \frac{3}{4}$
h) $4\frac{1}{2} - x = 1\frac{1}{8}$

Textaufgaben

22. Frau Fröhlich kauft $\frac{4}{5}$ kg Fleisch, $1\frac{1}{2}$ kg Brot und $1\frac{3}{4}$ kg Obst. Wieviel kg hat sie zu tragen?

23. a) Ein Lkw ist $7\frac{3}{4}$ m lang und hat einen Anhänger von $6\frac{1}{5}$ m Länge. Wie lang ist der Lastzug insgesamt?
b) Ein Lkw mit Anhänger hat eine Gesamtlänge von $10\frac{3}{10}$ m. Der Anhänger ist $3\frac{1}{2}$ m lang. Welche Länge hat der Lkw?

Bild 30

24. Aus einem Faß mit 50 *l* Wein werden zunächst $13\frac{2}{3}$ *l* und dann noch einmal $22\frac{5}{8}$ *l* entnommen. Wieviel Liter befinden sich noch in dem Faß?

25. Martin ist $12\frac{3}{4}$ Jahre alt; seine Schwester Kirsten ist $2\frac{1}{2}$ Jahre älter, sein Bruder Manfred $3\frac{1}{4}$ Jahre jünger. Wie alt sind Kirsten und Manfred? Um wieviel Jahre ist Manfred jünger als Kirsten?

26. Wie groß ist der Umfang
a) eines Quadrates mit der Seitenlänge $2\frac{1}{3}$ cm,
b) eines Rechtecks mit den Seitenlängen $4\frac{7}{12}$ cm und $6\frac{11}{18}$ cm,
c) eines Dreiecks mit den Seitenlängen $1\frac{2}{3}$ cm, $3\frac{2}{9}$ cm und $2\frac{5}{6}$ cm?

27. Es ist jetzt 9.15 Uhr.
a) Wie spät ist es in $2\frac{4}{5}$ Stunden?
b) Wie spät war es vor $2\frac{3}{4}$ Stunden?

28. Die Entfernung von einem Punkt A zu einem Punkt B beträgt $6\frac{1}{6}$ km. Punkt B liegt $1\frac{7}{8}$ km näher an Punkt C als an A. Wie weit ist es von A nach C, wenn alle drei Punkte auf einer Geraden liegen? Beachte alle Möglichkeiten!

29. Wie oft muß man die Zahl $1\frac{3}{4}$ zu $3\frac{2}{9}$ addieren, um $10\frac{2}{9}$ zu erhalten?

30. a) Um wieviel ist $13\frac{2}{3}$ größer als $7\frac{4}{7}$?
b) Welche Zahl muß man von $13\frac{1}{8}$ subtrahieren, um $6\frac{4}{5}$ zu erhalten?
c) Addiert man $2\frac{2}{3}$ zu einer Zahl, so erhält man $8\frac{5}{6}$. Wie heißt die Zahl?
d) Verringert man $3\frac{1}{6}$ um eine Zahl, so ergibt sich $2\frac{9}{10}$. Wie heißt die Zahl?
e) Welche Zahl ist um $5\frac{3}{8}$ kleiner als $6\frac{7}{12}$?
f) Wie groß ist die Summe von $2\frac{3}{5}$ und der Differenz von $3\frac{3}{10}$ und $1\frac{11}{20}$?

§ 6 Die Multiplikation und die Division von Bruchzahlen

I. Die Multiplikation von Bruchzahlen

1. Zur Einführung

Sabines Eltern wollen ihre Terrasse mit rechteckigen Platten belegen lassen (Bild 1). Jede Platte ist $\frac{3}{4}$ m lang und $\frac{3}{5}$ m breit. Die Firma berechnet für einen Quadratmeter Platten 120 DM. Sabine möchte gerne wissen, wie teuer eine Platte ist. Dazu muß sie zunächst ausrechnen, welchen Flächeninhalt eine Platte hat.

Sabine weiß, daß für den Flächeninhalt eines Rechtecks mit den Seitenlängen a und b gilt:

$$A(R) = a \cdot b.$$

Soll diese Formel auch gelten, wenn die Maßzahlen Bruchzahlen sind, dann erhält sie für den Flächeninhalt einer Platte:

$$A(P) = \frac{3}{4}\,\text{m} \cdot \frac{3}{5}\,\text{m} = \frac{3}{4} \cdot \frac{3}{5}\,\text{m}^2.$$

Bild 1

2. Erklärung der Multiplikation

Sabine muß also das Produkt $\frac{3}{4} \cdot \frac{3}{5}$ berechnen. Sie kann aber Bruchzahlen noch nicht multiplizieren. Um das Problem lösen zu können, zeichnet sie in ein Quadrat von 1 m Seitenlänge ein Rechteck, das genauso groß ist wie eine Platte (Bild 2). Sie unterteilt dann das Quadrat in Rechtecke, die $\frac{1}{4}$ m lang und $\frac{1}{5}$ m breit sind (Bild 3).

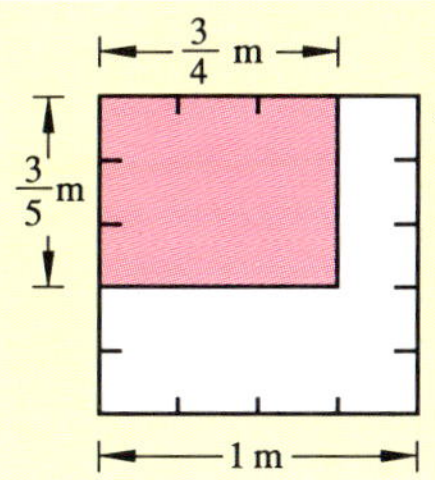

Bild 2

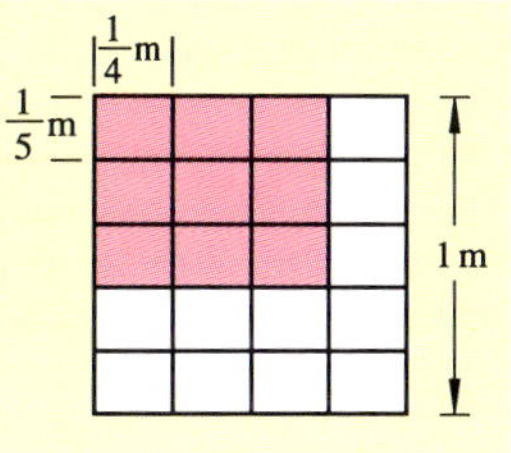

Bild 3

Da das Quadrat dadurch in 20 gleich große Rechtecke zerlegt wird, muß jedes der kleinen Rechtecke R den Flächeninhalt $A(R) = \frac{1}{20}\,\text{m}^2$ haben.

Die Fläche einer Platte wird von 9 dieser kleinen Rechtecke überdeckt.

Daher gilt für den Flächeninhalt einer Platte $A(P) = \frac{9}{20}\,\text{m}^2$.

Wie teuer eine solche Platte ist, berechnen wir später (Seite 103 unten, Beispiel 1).

An diesem Beispiel kann man erkennen, wie das Produkt zweier Bruchzahlen zu berechnen ist. Es muß gelten:

$$\frac{3}{4} \cdot \frac{3}{5} = \frac{9}{20}.$$

Dieses Ergebnis kann man rechnerisch folgendermaßen erhalten:

$$\frac{3}{4} \cdot \frac{3}{5} = \frac{3 \cdot 3}{4 \cdot 5} = \frac{9}{20}.$$

Es werden also die Zähler miteinander und die Nenner miteinander multipliziert.

Das Ergebnis läßt sich überprüfen, indem man die Größenangaben in kleinere Maßeinheiten umrechnet. Es ist $\frac{3}{4}$ m = 75 cm und $\frac{3}{5}$ m = 60 cm. Daher gilt:

$$\begin{aligned} A(P) &= \frac{3}{4}\,\mathrm{m} \cdot \frac{3}{5}\,\mathrm{m} = 75\,\mathrm{cm} \cdot 60\,\mathrm{cm} = 4500\,\mathrm{cm}^2 = 45\,\mathrm{dm}^2 \\ &= \frac{45}{100}\,\mathrm{m}^2 = \frac{9}{20}\,\mathrm{m}^2. \end{aligned}$$

Diese Rechnung bestätigt das Ergebnis.

Wir vereinbaren deshalb:

> Bruchzahlen werden miteinander multipliziert, indem man Zähler mit Zähler und Nenner mit Nenner multipliziert.
>
> Für alle Bruchzahlen gilt: $\frac{a}{b} \cdot \frac{c}{d} = \frac{a \cdot c}{b \cdot d}$.

Beispiele

1) $\frac{2}{3} \cdot \frac{4}{5} = \frac{2 \cdot 4}{3 \cdot 5} = \frac{8}{15}$

2) $\frac{3}{4} \cdot \frac{7}{5} = \frac{3 \cdot 7}{4 \cdot 5} = \frac{21}{20} = 1\frac{1}{20}$

3) $\frac{7}{3} \cdot \frac{5}{2} = \frac{7 \cdot 5}{3 \cdot 2} = \frac{35}{6} = 5\frac{5}{6}$

3. Kürzen vor dem Multiplizieren

Das Produkt zweier Bruchzahlen gibt man in möglichst einfacher Form an, d.h. also, daß man soweit wie möglich kürzt.

Beispiel $\frac{22}{45} \cdot \frac{20}{33} = \frac{22 \cdot 20}{45 \cdot 33} = \frac{440}{1485} = \frac{88}{297} = \frac{8}{27}$

Das ist eine sehr umständliche Rechnung.

Um große Zahlen zu vermeiden, kürzen wir den Bruch, bevor wir die Multiplikationen im Zähler und Nenner durchführen.

Beispiel $\frac{22}{45} \cdot \frac{20}{33} = \frac{22 \cdot 20}{45 \cdot 33} = \frac{2 \cdot 4}{9 \cdot 3} = \frac{8}{27}$

Kürze, bevor du die Multiplikation ausführst!

Beispiele

1) $\frac{9}{7} \cdot \frac{14}{15} = \frac{9 \cdot 14}{7 \cdot 15} = \frac{3 \cdot 2}{1 \cdot 5} = \frac{6}{5} = 1\frac{1}{5}$

2) $\frac{14}{51} \cdot \frac{34}{35} = \frac{14 \cdot 34}{51 \cdot 35} = \frac{2 \cdot 2}{3 \cdot 5} = \frac{4}{15}$

4. Multiplikation mit einer natürlichen Zahl

Die Multiplikation einer natürlichen Zahl mit einer Bruchzahl kann man – wie die Multiplikation natürlicher Zahlen – auf die Addition zurückführen.

Beispiel $3 \cdot \frac{2}{7} = \frac{2}{7} + \frac{2}{7} + \frac{2}{7} = \frac{2+2+2}{7} = \frac{3 \cdot 2}{7} = \frac{6}{7}$

Der Sachverhalt ist in Bild 4 anschaulich dargestellt.

Zum gleichen Ergebnis kommt man auch, wenn man die natürliche Zahl durch einen Bruch mit dem Nenner 1 darstellt:

$$3 \cdot \frac{2}{7} = \frac{3}{1} \cdot \frac{2}{7} = \frac{3 \cdot 2}{1 \cdot 7} = \frac{6}{7}.$$

Entsprechend gilt zum Beispiel auch:

$$\frac{2}{9} \cdot 4 = \frac{2}{9} \cdot \frac{4}{1} = \frac{2 \cdot 4}{9 \cdot 1} = \frac{8}{9}.$$

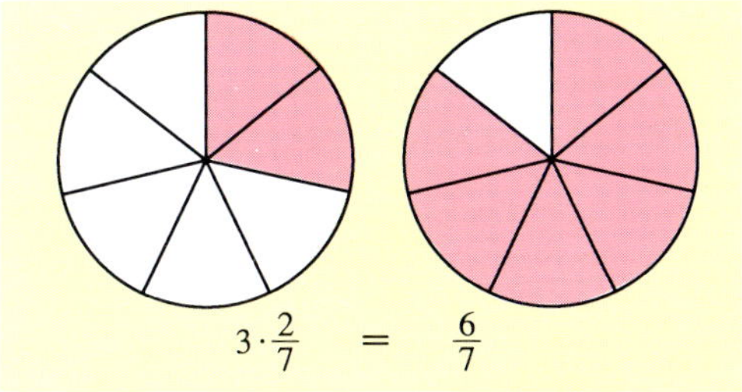

Bild 4

Man multipliziert also eine Bruchzahl mit einer natürlichen Zahl, indem man den Zähler des Bruches mit der natürlichen Zahl multipliziert. Wir merken uns für diese Fälle die Regel:

Zähler mal natürliche Zahl.

Beispiele

1) $5 \cdot \frac{2}{3} = \frac{5 \cdot 2}{3} = \frac{10}{3} = 3\frac{1}{3}$

2) $\frac{5}{6} \cdot 9 = \frac{5 \cdot 9}{6} = \frac{5 \cdot 3}{2} = \frac{15}{2} = 7\frac{1}{2}$

5. Multiplikation von Größen

Ist eine Größe mit einer Zahl zu multiplizieren, dann multipliziert man die Maßzahl der Größe mit der Zahl und behält die Maßeinheit bei.

Beispiel $7 \cdot (4\text{ m}) = (7 \cdot 4)\text{ m} = 28\text{ m}$

Diese Regel gilt auch, wenn eine Größe mit einer Bruchzahl multipliziert wird.

Beispiele

1) $\frac{9}{20} \cdot (120\text{ DM}) = \left(\frac{9}{20} \cdot 120\right)\text{DM} = \frac{9 \cdot 120}{20}\text{ DM} = 9 \cdot 6\text{ DM} = 54\text{ DM}$

2) $\frac{5}{6} \cdot (30\text{ s}) = \left(\frac{5}{6} \cdot 30\right)\text{s} = \frac{5 \cdot 30}{6}\text{ s} = 5 \cdot 5\text{ s} = 25\text{ s}$

3) $\frac{3}{8} \cdot \left(\frac{4}{5}\text{ m}\right) = \left(\frac{3}{8} \cdot \frac{4}{5}\right)\text{m} = \frac{3 \cdot 4}{8 \cdot 5}\text{ m} = \frac{3 \cdot 1}{2 \cdot 5}\text{ m} = \frac{3}{10}\text{ m}$

Mit dem ersten Beispiel ist Sabines Frage nach dem Preis der Platte (Seite 101) beantwortet.

Sollen zwei gleichartige Größen miteinander multipliziert werden, so müssen sie gegebenenfalls auf die gleiche Einheit umgerechnet werden.

Beispiele

1) $\frac{5}{8}\,\mathrm{m} \cdot \frac{3}{2}\,\mathrm{m} = \left(\frac{5}{8} \cdot \frac{3}{2}\right)\mathrm{m}^2 = \frac{5 \cdot 3}{8 \cdot 2}\,\mathrm{m}^2 = \frac{15}{16}\,\mathrm{m}^2$

2) $\frac{15}{4}\,\mathrm{cm} \cdot \frac{3}{5}\,\mathrm{m} = \frac{15}{4}\,\mathrm{cm} \cdot \frac{300}{5}\,\mathrm{cm} = \left(\frac{15}{4} \cdot \frac{300}{5}\right)\mathrm{cm}^2 = \frac{15 \cdot 300}{4 \cdot 5}\,\mathrm{cm}^2 = 3 \cdot 75\,\mathrm{cm}^2 = 225\,\mathrm{cm}^2$

6. Das Kommutativgesetz und das Assoziativgesetz

Wie bei den natürlichen Zahlen können wir in einem Produkt von Bruchzahlen die Faktoren vertauschen (**Kommutativgesetz**).

Beispiel $\frac{2}{3} \cdot \frac{4}{5} = \frac{2 \cdot 4}{3 \cdot 5} = \frac{4 \cdot 2}{5 \cdot 3} = \frac{4}{5} \cdot \frac{2}{3}$

Also gilt: $\frac{2}{3} \cdot \frac{4}{5} = \frac{4}{5} \cdot \frac{2}{3}$.

Außerdem kann man auch in einem Produkt von Bruchzahlen Klammern beliebig setzen oder weglassen (**Assoziativgesetz**).

Beispiel $\left(\frac{1}{2} \cdot \frac{3}{4}\right) \cdot \frac{5}{7} = \frac{1 \cdot 3}{2 \cdot 4} \cdot \frac{5}{7} = \frac{(1 \cdot 3) \cdot 5}{(2 \cdot 4) \cdot 7} = \frac{1 \cdot (3 \cdot 5)}{2 \cdot (4 \cdot 7)} = \frac{1}{2} \cdot \frac{3 \cdot 5}{4 \cdot 7} = \frac{1}{2} \cdot \left(\frac{3}{4} \cdot \frac{5}{7}\right)$

Also gilt: $\left(\frac{1}{2} \cdot \frac{3}{4}\right) \cdot \frac{5}{7} = \frac{1}{2} \cdot \left(\frac{3}{4} \cdot \frac{5}{7}\right)$.

7. Das Distributivgesetz

Auch das Distributivgesetz gilt für Bruchzahlen.

Beispiel $\frac{2}{3} \cdot \left(\frac{5}{2} + \frac{3}{4}\right) = \frac{2}{3} \cdot \left(\frac{10}{4} + \frac{3}{4}\right) = \frac{2}{3} \cdot \frac{10 + 3}{4} = \frac{2 \cdot (10 + 3)}{3 \cdot 4}$

$= \frac{2 \cdot 10 + 2 \cdot 3}{3 \cdot 4} = \frac{2 \cdot 10}{3 \cdot 4} + \frac{2 \cdot 3}{3 \cdot 4} = \frac{2}{5} \cdot \frac{5}{2} + \frac{2}{3} \cdot \frac{3}{4}$

Also gilt: $\frac{2}{3} \cdot \left(\frac{5}{2} + \frac{3}{4}\right) = \frac{2}{3} \cdot \frac{5}{2} + \frac{2}{3} \cdot \frac{3}{4}$ (Bild 5).

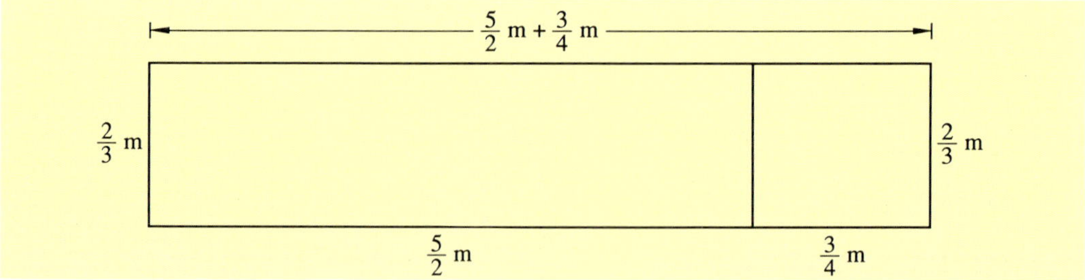

Bild 5

Das Distributivgesetz gilt auch, wenn in der Klammer subtrahiert wird. Dabei muß man selbstverständlich voraussetzen, daß die Subtraktion ausgeführt werden kann.

Beispiel

$$\frac{2}{3}\cdot\left(\frac{5}{2}-\frac{3}{4}\right)=\frac{2}{3}\cdot\left(\frac{10}{4}-\frac{3}{4}\right)=\frac{2}{3}\cdot\frac{10-3}{4}=\frac{2\cdot(10-3)}{3\cdot 4}$$

$$=\frac{2\cdot 10-2\cdot 3}{3\cdot 4}=\frac{2\cdot 10}{3\cdot 4}-\frac{2\cdot 3}{3\cdot 4}=\frac{2}{3}\cdot\frac{5}{2}-\frac{2}{3}\cdot\frac{3}{4}$$

Also gilt: $\frac{2}{3}\cdot\left(\frac{5}{2}-\frac{3}{4}\right)=\frac{2}{3}\cdot\frac{5}{2}-\frac{2}{3}\cdot\frac{3}{4}$.

Aufgaben und Beispiele

Zum Einstieg

Eine rechteckige Dachkammer hat eine Länge von $\frac{5}{2}$ m und eine Breite von $\frac{3}{2}$ m. Berechne den Flächeninhalt des Fußbodens, indem du

a) das Rechteck in geeignete kleinere Rechtecke zerlegst;

b) die beiden Längenmaße in der Einheit dm ausdrückst!

Bestätige die Übereinstimmung der beiden Ergebnisse!

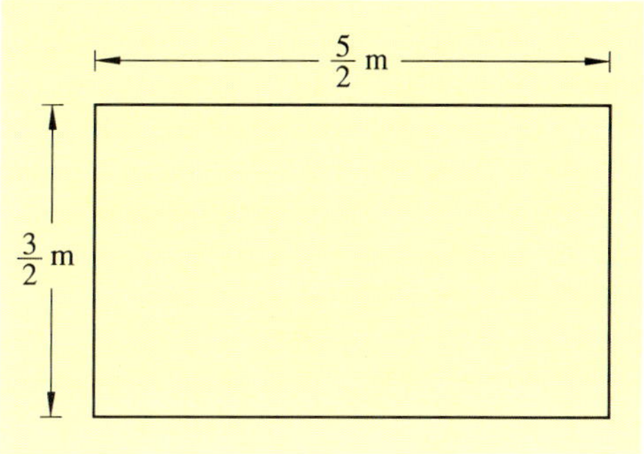

Bild 6

Zur Multiplikation

1. Rechne im Kopf!

a) $\frac{1}{2}\cdot\frac{1}{3}$ **b)** $\frac{1}{3}\cdot\frac{1}{4}$ **c)** $\frac{1}{2}\cdot\frac{1}{5}$ **d)** $\frac{1}{3}\cdot\frac{1}{7}$
e) $\frac{2}{3}\cdot\frac{1}{5}$ **f)** $\frac{1}{4}\cdot\frac{3}{5}$ **g)** $\frac{3}{4}\cdot\frac{1}{2}$ **h)** $\frac{5}{8}\cdot\frac{1}{3}$
i) $\frac{3}{7}\cdot\frac{1}{4}$ **j)** $\frac{2}{9}\cdot\frac{2}{5}$ **k)** $\frac{1}{7}\cdot\frac{5}{6}$ **l)** $\frac{4}{5}\cdot\frac{2}{3}$

2. Rechne im Kopf!

a) $\frac{3}{2}\cdot\frac{3}{4}$ **b)** $\frac{2}{5}\cdot\frac{7}{3}$ **c)** $\frac{7}{9}\cdot\frac{5}{2}$ **d)** $\frac{3}{4}\cdot\frac{1}{10}$
e) $\frac{5}{3}\cdot\frac{1}{4}$ **f)** $\frac{7}{6}\cdot\frac{5}{6}$ **g)** $\frac{3}{2}\cdot\frac{9}{5}$ **h)** $\frac{3}{2}\cdot\frac{9}{11}$
i) $\frac{3}{5}\cdot\frac{7}{2}$ **j)** $\frac{4}{3}\cdot\frac{8}{5}$ **k)** $\frac{3}{1}\cdot\frac{4}{1}$ **l)** $\frac{4}{7}\cdot\frac{0}{13}$

3. Schreibe als Produkt und berechne!

a) $\frac{4}{7}+\frac{4}{7}+\frac{4}{7}+\frac{4}{7}+\frac{4}{7}+\frac{4}{7}$
b) $\frac{5}{2}+\frac{5}{2}+\frac{5}{2}+\frac{5}{2}+\frac{5}{2}$
c) $\frac{52}{9}+\frac{52}{9}+\frac{52}{9}+\frac{52}{9}$

4. Rechne im Kopf! Kürze vor dem Ausrechnen!

a) $2\cdot\frac{5}{6}$ **b)** $3\cdot\frac{4}{9}$ **c)** $4\cdot\frac{5}{12}$ **d)** $6\cdot\frac{7}{24}$
e) $\frac{3}{8}\cdot 4$ **f)** $\frac{5}{9}\cdot 12$ **g)** $\frac{7}{6}\cdot 2$ **h)** $\frac{3}{2}\cdot 10$
i) $12\cdot\frac{7}{36}$ **j)** $\frac{6}{25}\cdot 15$ **k)** $24\cdot\frac{9}{16}$ **l)** $\frac{5}{42}\cdot 28$

5. Rechne im Kopf! Kürze vor dem Ausrechnen!

a) $\frac{2}{5}\cdot\frac{1}{2}$ **b)** $\frac{3}{4}\cdot\frac{2}{3}$ **c)** $\frac{5}{6}\cdot\frac{2}{7}$ **d)** $\frac{4}{5}\cdot\frac{7}{8}$
e) $\frac{3}{8}\cdot\frac{2}{7}$ **f)** $\frac{6}{5}\cdot\frac{1}{3}$ **g)** $\frac{4}{7}\cdot\frac{5}{2}$ **h)** $\frac{2}{9}\cdot\frac{3}{4}$
i) $\frac{4}{3}\cdot\frac{3}{8}$ **j)** $\frac{2}{5}\cdot\frac{15}{8}$ **k)** $\frac{3}{4}\cdot\frac{8}{9}$ **l)** $\frac{15}{2}\cdot\frac{6}{5}$

6. Rechne im Kopf!

a) $\frac{1}{2}\cdot\frac{2}{3}$ **b)** $\frac{1}{3}\cdot\frac{3}{4}$ **c)** $\frac{3}{2}\cdot\frac{2}{5}$ **d)** $\frac{1}{2}\cdot\frac{6}{7}$
e) $\frac{3}{5}\cdot\frac{10}{9}$ **f)** $\frac{2}{3}\cdot\frac{15}{4}$ **g)** $\frac{4}{5}\cdot\frac{5}{8}$ **h)** $\frac{3}{8}\cdot\frac{2}{9}$
i) $\frac{5}{9}\cdot\frac{3}{10}$ **j)** $\frac{4}{7}\cdot\frac{7}{8}$ **k)** $\frac{2}{9}\cdot\frac{3}{4}$ **l)** $\frac{3}{2}\cdot\frac{0}{5}$

7. Kürze vor dem Ausrechnen!

a) $\frac{2}{9} \cdot \frac{3}{8}$ **b)** $\frac{3}{4} \cdot \frac{8}{9}$ **c)** $\frac{4}{5} \cdot \frac{25}{6}$ **d)** $\frac{6}{5} \cdot \frac{5}{12}$
e) $\frac{2}{7} \cdot \frac{5}{6}$ **f)** $\frac{2}{9} \cdot \frac{6}{5}$ **g)** $\frac{1}{6} \cdot \frac{4}{11}$ **h)** $\frac{10}{9} \cdot \frac{3}{20}$
i) $\frac{5}{6} \cdot \frac{8}{15}$ **j)** $\frac{9}{5} \cdot \frac{2}{3}$ **k)** $\frac{3}{10} \cdot \frac{5}{9}$ **l)** $\frac{8}{7} \cdot \frac{21}{4}$

8. Berechne!

a) $\frac{6}{7} \cdot \frac{2}{3}$ **b)** $\frac{5}{6} \cdot \frac{3}{10}$ **c)** $\frac{3}{5} \cdot \frac{20}{9}$ **d)** $\frac{8}{3} \cdot \frac{9}{16}$
e) $\frac{3}{7} \cdot \frac{14}{9}$ **f)** $\frac{9}{4} \cdot \frac{2}{3}$ **g)** $\frac{5}{3} \cdot \frac{9}{20}$ **h)** $\frac{4}{21} \cdot \frac{7}{12}$
i) $\frac{15}{14} \cdot \frac{7}{5}$ **j)** $\frac{15}{28} \cdot \frac{49}{20}$ **k)** $\frac{20}{11} \cdot \frac{33}{35}$ **l)** $\frac{21}{40} \cdot \frac{50}{27}$

9. Berechne!

a) $\frac{4}{9} \cdot \frac{3}{2}$ **b)** $\frac{5}{6} \cdot \frac{6}{5}$ **c)** $\frac{14}{25} \cdot \frac{5}{21}$ **d)** $\frac{5}{4} \cdot \frac{12}{25}$
e) $\frac{16}{35} \cdot \frac{21}{32}$ **f)** $\frac{5}{2} \cdot \frac{0}{40}$ **g)** $\frac{13}{38} \cdot \frac{19}{39}$ **h)** $\frac{4}{5} \cdot \frac{25}{18}$
i) $\frac{5}{9} \cdot \frac{36}{25}$ **j)** $\frac{9}{52} \cdot \frac{13}{36}$ **k)** $\frac{26}{51} \cdot \frac{34}{39}$ **l)** $\frac{17}{32} \cdot \frac{48}{85}$

10. Berechne!

Beispiel

$$\frac{4}{39} \cdot \frac{9}{16} \cdot \frac{13}{15} = \frac{4 \cdot 9 \cdot 13}{39 \cdot 16 \cdot 15} = \frac{1 \cdot 3 \cdot 1}{3 \cdot 4 \cdot 5}$$
$$= \frac{1 \cdot 1 \cdot 1}{1 \cdot 4 \cdot 5} = \frac{1}{20}$$

a) $\frac{1}{2} \cdot \frac{8}{15} \cdot \frac{3}{4}$ **b)** $\frac{4}{7} \cdot \frac{15}{8} \cdot \frac{7}{5}$ **c)** $\frac{5}{3} \cdot \frac{9}{16} \cdot \frac{8}{3}$
d) $\frac{4}{3} \cdot \frac{20}{21} \cdot \frac{7}{10}$ **e)** $\frac{6}{25} \cdot \frac{15}{8} \cdot \frac{4}{9}$ **f)** $\frac{13}{21} \cdot \frac{4}{15} \cdot \frac{35}{52}$
g) $\frac{16}{27} \cdot \frac{75}{32} \cdot \frac{9}{50}$ **h)** $\frac{46}{85} \cdot \frac{10}{69} \cdot \frac{34}{15}$ **i)** $\frac{35}{32} \cdot \frac{64}{63} \cdot \frac{81}{16}$

11. Berechne!

a) $\frac{3}{4} \cdot \frac{7}{6} \cdot \frac{15}{14} \cdot \frac{2}{5}$ **b)** $\frac{3}{7} \cdot \frac{8}{15} \cdot \frac{20}{9} \cdot \frac{7}{12}$
c) $\frac{9}{22} \cdot \frac{5}{36} \cdot \frac{33}{20} \cdot \frac{8}{3}$ **d)** $\frac{7}{8} \cdot \frac{16}{75} \cdot \frac{15}{14} \cdot \frac{5}{2}$
e) $\frac{4}{9} \cdot \frac{51}{16} \cdot \frac{27}{38} \cdot \frac{57}{34}$ **f)** $\frac{26}{35} \cdot \frac{28}{45} \cdot \frac{18}{91} \cdot \frac{75}{16}$
g) $\frac{81}{20} \cdot \frac{25}{64} \cdot \frac{16}{27} \cdot \frac{8}{15}$ **h)** $\frac{105}{78} \cdot \frac{51}{56} \cdot \frac{65}{63} \cdot \frac{52}{85}$

Multiplikation von Größen

12. Rechne im Kopf!

a) $\frac{2}{3} \cdot 18$ kg **b)** $\frac{4}{5} \cdot 20$ m **c)** $\frac{2}{7} \cdot 35$ cm **d)** $\frac{3}{8} \cdot 24$ DM
e) $\frac{4}{9} \cdot 18$ t **f)** $\frac{3}{4} \cdot 8\,l$ **g)** $\frac{3}{10} \cdot 4\,m^2$ **h)** $\frac{4}{5} \cdot 15$ s

13. Berechne!

a) $\frac{1}{3} \cdot \frac{4}{5}$ dm **b)** $\frac{4}{3} \cdot \frac{3}{2}\,l$ **c)** $\frac{5}{6} \cdot \frac{3}{10}$ min
d) $\frac{2}{5} \cdot \frac{7}{20}$ a **e)** $\frac{5}{8} \cdot \frac{3}{2}$ km **f)** $\frac{7}{2} \cdot \frac{9}{10}$ g
g) $\frac{5}{6} \cdot \frac{3}{4}$ h **h)** $\frac{3}{10} \cdot \frac{4}{9}\,cm^2$ **i)** $\frac{4}{5} \cdot \frac{3}{8}\,m^2$

Textaufgaben

14. a) Eine Klasse hat 24 Schüler, $\frac{3}{8}$ davon sind Mädchen. Wie viele sind das?
b) Wie viele Minuten sind $\frac{11}{12}$ h?
c) Almut erhält monatlich 30 DM Taschengeld. Sie spart davon ein Viertel. Welchen Betrag hat sie nach 12 Monaten gespart?
d) Von den 720 Schülern einer Schule benutzen etwa $\frac{2}{5}$ ein öffentliches Verkehrsmittel. Wie viele Schüler sind das?
e) Ein Händler kauft $\frac{1}{2}$ t Obst. $\frac{3}{20}$ davon sind verdorben. Wieviel Kilogramm bleiben zum Verkauf?
f) Von einer Tageseinnahme von 1425 DM sind $\frac{4}{15}$ Gewinn. Wieviel DM sind das?

15. Die Geschwindigkeit des Schalls beträgt ungefähr $\frac{1}{3}$ km pro Sekunde. Jemand sieht einen Blitz und zählt anschließend 7 s, bis der Donner zu hören ist. Wie weit ist das Gewitter entfernt?

16. Herr Meier besitzt einen Weinkeller mit 360 Flaschen. Wieviel Liter Wein hat er, wenn $\frac{3}{4}$ der Flaschen $\frac{7}{10}\,l$ und der Rest $\frac{3}{4}\,l$ enthält?

17. Beim 10000-m-Lauf müssen auf einer 400-m-Bahn 25 Runden durchlaufen werden. Beim 3000-m-Hindernislauf sind es nur $\frac{3}{10}$ so viele, beim 1500-m-Lauf davon nur die Hälfte. Wie viele Runden sind jeweils zu durchlaufen?

18. Ein Rechteck ist $\frac{9}{4}$ m lang und $\frac{10}{3}$ m breit. Wie groß ist der Flächeninhalt?

19. Welchen Inhalt hat ein Quader mit den Kantenlängen $a = \frac{3}{4}$ dm, $b = \frac{5}{6}$ dm und $c = \frac{4}{5}$ dm?

20. Eine Bodenfliese ist $\frac{1}{5}$ m breit und $\frac{1}{4}$ m lang.
a) Welche Fläche läßt sich mit 100 Fliesen auslegen?
b) Wie viele Fliesen benötigt man für $12\,m^2$?

21. Ein Mikroskop vergrößert mit dem Faktor 250. Wie groß erscheint ein Objekt, das folgende Länge besitzt?

a) $\frac{1}{100}$ mm **b)** $\frac{1}{250}$ mm **c)** $\frac{1}{1000}$ mm

22. Ein Zeugnis enthält viermal die Note „befriedigend“. Die Note „ausreichend“ kommt $\frac{2}{3}$ mal so oft vor wie die Note „gut“, und diese ist dreimal so oft zu finden wie die Note „mangelhaft“. Die Note „sehr gut“ steht nur $\frac{1}{4}$ mal so häufig in dem Zeugnis wie die Zensur „befriedigend“, diese ist aber doppelt so oft vertreten wie die Note „ausreichend“. Die Zensur „ungenügend“ kommt nicht vor. Wie viele Noten hatte das Zeugnis?

Aufgaben zu Rechengesetzen

23. Berechne und vergleiche!

a) $\frac{2}{3} \cdot \frac{4}{5}$ und $\frac{4}{5} \cdot \frac{2}{3}$

b) $\frac{2}{7} \cdot (\frac{7}{5} \cdot \frac{3}{4})$ und $(\frac{2}{7} \cdot \frac{7}{5}) \cdot \frac{3}{4}$

c) $\frac{9}{4} \cdot \frac{3}{4} + \frac{9}{4} \cdot \frac{2}{3}$ und $\frac{9}{4} \cdot (\frac{3}{4} + \frac{2}{3})$

d) $\frac{4}{9} \cdot \frac{3}{2} - \frac{4}{9} \cdot \frac{6}{5}$ und $\frac{4}{9} \cdot (\frac{3}{2} - \frac{6}{5})$

24. Bestimme die Ergebnisse!

a) $\frac{2}{15} \cdot 0$ **b)** $(\frac{0}{4} + 9) \cdot \frac{2}{9}$ **c)** $3 \cdot (\frac{1}{4} - \frac{0}{2})$

d) $(2 - \frac{1}{3}) \cdot (2 + \frac{1}{3}) \cdot \frac{0}{7}$ **e)** $\frac{1}{6} - \frac{1}{7} \cdot 0$

f) $0 \cdot \frac{1}{2} + \frac{3}{4} \cdot \frac{1}{3} \cdot 4 + \frac{2}{5} \cdot \frac{0}{2} \cdot 5$ **g)** $\frac{1}{2} \cdot \frac{0}{5} + \frac{2}{3} \cdot \frac{3}{2}$

25. Nutze Rechenvorteile!

a) $\frac{21}{16} \cdot (16 \cdot \frac{2}{7})$ **b)** $(\frac{15}{28} \cdot \frac{4}{7}) \cdot \frac{7}{5}$

c) $(\frac{7}{24} \cdot \frac{49}{3}) \cdot (\frac{4}{21} \cdot \frac{36}{7})$ **d)** $\frac{11}{5} \cdot (\frac{1}{2} \cdot \frac{1}{3}) \cdot 6$

e) $\frac{1}{2} \cdot (6 \cdot \frac{7}{24}) \cdot \frac{2}{7}$ **f)** $(\frac{10}{7} \cdot \frac{4}{9}) \cdot (\frac{5}{8} \cdot \frac{21}{25})$

g) $\frac{13}{24} \cdot (\frac{11}{9} \cdot \frac{24}{13})$ **h)** $(\frac{3}{7} \cdot \frac{32}{5}) \cdot (\frac{15}{4} \cdot \frac{0}{2})$

26. Berechne auf zwei Arten! Welcher Weg ist günstiger?

a) $\frac{3}{5} \cdot (\frac{5}{3} + \frac{1}{4})$ **b)** $\frac{4}{9} \cdot (\frac{18}{5} + \frac{3}{2})$

c) $(\frac{2}{3} - \frac{1}{6}) \cdot \frac{12}{7}$ **d)** $(\frac{21}{20} - \frac{3}{8}) \cdot \frac{20}{9}$

e) $(\frac{9}{5} + \frac{10}{3}) \cdot \frac{15}{11}$ **f)** $\frac{24}{5} \cdot (\frac{11}{6} - \frac{7}{4})$

g) $(\frac{93}{8} - \frac{13}{2}) \cdot \frac{2}{41}$ **h)** $\frac{4}{7} \cdot (\frac{5}{3} + \frac{43}{12})$

Weitere Aufgaben

27. Manchmal benutzt man die Potenzschreibweise, um ein Produkt darzustellen. $(\frac{2}{3})^3$ bedeutet z. B. $\frac{2}{3} \cdot \frac{2}{3} \cdot \frac{2}{3}$. Schreibe als Produkt und berechne!

a) $(\frac{1}{2})^2$ **b)** $(\frac{2}{5})^2$ **c)** $(\frac{3}{4})^2$ **d)** $(\frac{3}{2})^3$ **e)** $(\frac{4}{3})^3$

f) $(\frac{9}{10})^3$ **g)** $(\frac{3}{5})^3$ **h)** $(\frac{5}{4})^3$ **i)** $(\frac{2}{3})^4$ **j)** $(\frac{0}{7})^{10}$

28. Welche natürliche Zahl muß man für x einsetzen, damit eine wahre Aussage entsteht?

a) $\frac{1}{2} \cdot \frac{x}{2} = \frac{1}{4}$ **b)** $\frac{1}{2} \cdot \frac{x}{3} = \frac{5}{6}$

c) $\frac{3}{4} \cdot \frac{x}{3} = \frac{1}{4}$ **d)** $\frac{4}{5} \cdot \frac{x}{4} = 1$

e) $\frac{7}{2} \cdot \frac{x}{3} = \frac{7}{3}$ **f)** $\frac{x}{9} \cdot \frac{3}{2} = \frac{5}{6}$

g) $\frac{x}{4} \cdot \frac{2}{7} = \frac{1}{2}$ **h)** $\frac{3}{x} \cdot \frac{1}{2} = \frac{3}{10}$

i) $x \cdot \frac{2}{3} = 2$ **j)** $\frac{2}{3} \cdot x = \frac{8}{3}$

29. Bestimme die Lösungen der folgenden Gleichungen!

a) $\frac{1}{2} \cdot x = \frac{1}{6}$ **b)** $\frac{1}{4} \cdot x = \frac{1}{20}$

c) $x \cdot \frac{2}{3} = \frac{4}{3}$ **d)** $x \cdot \frac{3}{8} = \frac{3}{2}$

e) $\frac{3}{7} \cdot x = \frac{1}{7}$ **f)** $x \cdot \frac{10}{9} = \frac{2}{9}$

g) $\frac{3}{4} \cdot x = \frac{1}{2}$ **h)** $\frac{2}{3} \cdot x = \frac{1}{6}$

i) $x \cdot \frac{8}{9} = 2$ **j)** $x \cdot \frac{1}{2} = \frac{3}{4}$

30. Das Produkt natürlicher Zahlen, die größer als 1 sind, ist stets größer als jeder Faktor. Beispielsweise gilt $2 \cdot 3 = 6$, $6 > 2$ und $6 > 3$. Untersuche, ob das auch bei Bruchzahlen so ist! Berechne und vergleiche die Faktoren mit dem Produkt! Was stellst du fest?

a) $\frac{4}{3} \cdot \frac{6}{5}$ **b)** $\frac{3}{2} \cdot \frac{2}{3}$ **c)** $\frac{1}{2} \cdot \frac{1}{3}$ **d)** $\frac{7}{4} \cdot \frac{3}{2}$

e) $\frac{5}{2} \cdot \frac{1}{10}$ **f)** $\frac{2}{5} \cdot \frac{5}{8}$ **g)** $\frac{7}{12} \cdot \frac{4}{7}$ **h)** $\frac{10}{9} \cdot \frac{3}{4}$

i) $\frac{24}{7} \cdot \frac{14}{9}$ **j)** $\frac{3}{2} \cdot \frac{4}{3}$ **k)** $\frac{2}{3} \cdot \frac{3}{4}$ **l)** $\frac{3}{4} \cdot \frac{4}{3}$

31. Die Bedeutung des Zeichens „%“ (Prozent) ist auf Seite 66 erklärt. Berechne!

a) 5% von 100 DM **b)** 20% von 100 DM

c) 25% von 40 DM **d)** 30% von 50 DM

e) 75% von 240 DM **f)** 125% von 20 DM

g) $\frac{1}{2}$% von 100 DM **h)** $\frac{1}{3}$% von 300 DM

Rechenanweisungen (Operatoren)

32. Stelle in einem Pfeilbild dar und bestimme die Lösung!

Beispiel

$\frac{3}{5}$ von 75 DM

Die Aufgabe läßt sich in zwei Schritten lösen:

$$75\text{ DM} \xrightarrow{:5} 15\text{ DM} \xrightarrow{\cdot 3} 45\text{ DM}.$$

Zum Ergebnis 45 DM kommen wir auch, wenn wir 75 DM mit $\frac{3}{5}$ multiplizieren:

$$\frac{3}{5} \cdot 75\text{ DM} = (\frac{3}{5} \cdot 75)\text{ DM} = 45\text{ DM}.$$

Somit gilt:

$$\frac{3}{5}\text{ von } 75\text{ DM} = \frac{3}{5} \cdot 75\text{ DM} = 45\text{ DM}.$$

Man kann also die beiden Rechenanweisungen „$:5$“ und „$\cdot 3$“ zur Rechenanweisung „$\cdot\frac{3}{5}$“ zusammenfassen:

$$75\text{ DM} \xrightarrow{:5} 15\text{ DM} \xrightarrow{\cdot 3} 45\text{ DM}.$$
$$75\text{ DM} \xrightarrow{\cdot \frac{3}{5}} 45\text{ DM}$$

a) $\frac{2}{3}$ von 18 kg
b) $\frac{5}{2}$ von 10 km
c) $\frac{3}{8}$ von 24 t
d) $\frac{3}{2}$ von 36 min
e) $\frac{5}{4} \cdot 60$ h
f) $\frac{7}{8} \cdot 16$ cm
g) $\frac{3}{10} \cdot 20\text{ m}^2$
h) $\frac{2}{5} \cdot 15$ hl
i) $\frac{10}{3} \cdot 6$ s
j) $\frac{5}{4} \cdot 12$ g

33. Ergänze das Pfeilbild und ermittle die zugehörige Gleichung!

Beispiel

$$9\text{ m} \longrightarrow 3\text{ m} \longrightarrow 21\text{ m}$$

Wir ergänzen die zugehörigen Rechenanweisungen:

$$9\text{ m} \xrightarrow{:3} 3\text{ m} \xrightarrow{\cdot 7} 21\text{ m}$$
$$9\text{ m} \xrightarrow{\cdot \frac{7}{3}} 21\text{ m}$$

Die zugehörige Gleichung ist also:

$$\frac{7}{3} \cdot 9\text{ m} = 21\text{ m}.$$

a) $16\text{ m} \longrightarrow 4\text{ m} \longrightarrow 20\text{ m}$
b) $26\,l \longrightarrow 13\,l \longrightarrow 39\,l$
c) $24\text{ km} \longrightarrow 3\text{ km} \longrightarrow 27\text{ km}$
d) $51\text{ t} \longrightarrow 3\text{ t} \longrightarrow 18\text{ t}$
e) $72\text{ cm} \longrightarrow 4\text{ cm} \longrightarrow 60\text{ cm}$
f) $64\text{ kg} \longrightarrow 4\text{ kg} \longrightarrow 96\text{ kg}$

34. Welche Multiplikationsaufgaben sind in Bild 7 dargestellt? Vergleiche die Darstellungen miteinander? Was stellst du fest?

$$40\text{ g} \xrightarrow[:5]{} 8\text{ g} \xrightarrow[\cdot 3]{} 24\text{ g}$$
$$40\text{ g} \xrightarrow[\cdot 3]{} 120\text{ g} \xrightarrow[:5]{} 24\text{ g}$$

Bild 7

II. Einführung der Division

1. Zur Einführung

Claudia möchte Geschenkpäckchen mit Schmuckband verzieren. Sie hat noch einen Rest von 6 m Schmuckband. Für jedes Päckchen benötigt sie $\frac{3}{4}$ m. Wie viele Päckchen kann sie mit einem Schmuckband versehen?

Claudia muß rechnen, wie oft $\frac{3}{4}$ m in 6 m enthalten sind, also

$$6\text{ m} : \frac{3}{4}\text{ m} = 6 : \frac{3}{4} = ?$$

Mit Hilfe einer Zeichnung (Bild 8) kann Claudia diese Aufgabe lösen.

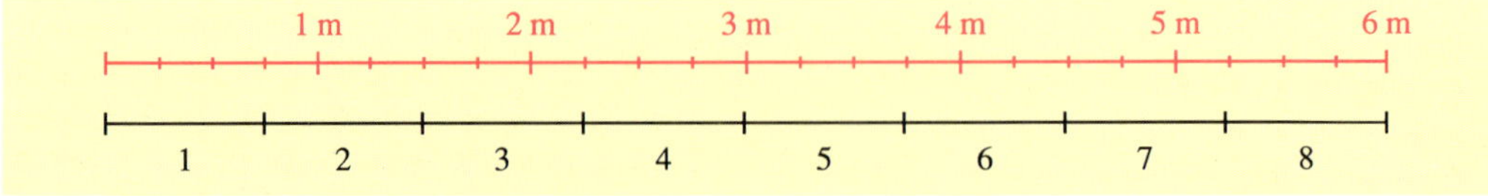

Bild 8

Man erkennt, daß man aus einem Band von 6 m Länge durch Abschneiden genau 8 Stücke von je $\frac{3}{4}$ m Länge erhält. Es muß also gelten:

$$6 : \frac{3}{4} = 8.$$

Also können 8 Päckchen mit einem Schmuckband versehen werden.

Man kann das Ergebnis auch rechnerisch begründen.

Wenn jedes Bandstück statt $\frac{3}{4}$ m eine Länge von 3 m hätte, erhielte man 2 Stücke.
Nun gilt: $3\,\text{m} = 4 \cdot \frac{3}{4}\,\text{m}$. $\frac{3}{4}$ m ist also in 3 m **viermal** enthalten.
Daher erhält man tatsächlich **viermal** so viele Stücke, also 8 Stücke.

1. Schritt: $6 : 3 = 2.$

2. Schritt: $2 \cdot 4 = 8.$

Das Ergebnis der Divisionsaufgabe $6 : \frac{3}{4}$ erhält man demnach dadurch, daß man die Zahl 6 durch 3 dividiert und das Ergebnis mit 4 multipliziert. Diese beiden Schritte kann man zusammenfassen, indem man 6 mit $\frac{4}{3}$ multipliziert:

$$6 : \frac{3}{4} = 6 \cdot \frac{4}{3} = \frac{6 \cdot 4}{3} = 2 \cdot 4 = 8.$$

Wir haben bei diesem Beispiel durch $\frac{3}{4}$ dividiert, indem wir mit dem **Kehrwert** von $\frac{3}{4}$, also mit $\frac{4}{3}$ multipliziert haben.

2. Allgemeine Begründung

Beim einführenden Beispiel liegt ein Sonderfall vor, weil der Dividend 6 eine natürliche Zahl ist, und weil die Division 6 : 3 ohne Rest aufgeht. Im Folgenden wollen wir das Verfahren zur Division von Bruchzahlen allgemein begründen.

Wir haben früher gelernt, daß Multiplikation und Division entgegengesetzte Rechenarten sind; die Division durch eine Zahl macht die Multiplikation mit derselben Zahl rückgängig.

Beispiel $(\mathbf{20} \cdot 8) : 8 = 160 : 8 = \mathbf{20}$

Wir wollen überprüfen, ob bei dem im Einführungsbeispiel geschilderten Verfahren Multiplikation und Division auch bei Bruchzahlen entgegengesetzte Rechenarten sind.

Beispiel

Für die Bruchzahlen $\frac{5}{7}$ und $\frac{3}{4}$ müßte gelten:

$$\left(\frac{\mathbf{5}}{\mathbf{7}} \cdot \frac{3}{4}\right) : \frac{3}{4} = \frac{\mathbf{5}}{\mathbf{7}}.$$

Wenn wir auch hier durch $\frac{3}{4}$ dividieren, indem wir mit dem Kehrwert von $\frac{3}{4}$, also mit $\frac{4}{3}$ multiplizieren, erhalten wir:

$$\left(\frac{\mathbf{5}}{\mathbf{7}} \cdot \frac{3}{4}\right) : \frac{3}{4} = \left(\frac{5}{7} \cdot \frac{3}{4}\right) \cdot \frac{4}{3} = \frac{5}{7} \cdot \left(\frac{3}{4} \cdot \frac{4}{3}\right) = \frac{5}{7} \cdot 1 = \frac{\mathbf{5}}{\mathbf{7}},$$

also tatsächlich das gewünschte Ergebnis.

Wie im letzten Beispiel kann man auch allgemein vorgehen. Dabei muß man aber berücksichtigen, daß zu einer Bruchzahl $\frac{c}{d}$ der Kehrwert $\frac{d}{c}$ nur dann existiert, wenn $c \neq 0$ ist.

Dann gilt:

$$\left(\frac{\mathbf{a}}{\mathbf{b}} \cdot \frac{c}{d}\right) : \frac{c}{d} = \left(\frac{a}{b} \cdot \frac{c}{d}\right) \cdot \frac{d}{c} = \frac{a}{b} \cdot \left(\frac{c}{d} \cdot \frac{d}{c}\right) = \frac{a}{b} \cdot 1 = \frac{\mathbf{a}}{\mathbf{b}}.$$

3. Erklärung der Division

Nach den Vorüberlegungen können wir die Division von Bruchzahlen folgendermaßen erklären:

Man dividiert eine Bruchzahl durch eine zweite (von 0 verschiedene) Bruchzahl, indem man die erste mit dem Kehrwert der zweiten multipliziert.

Für alle Bruchzahlen gilt: $\frac{a}{b} : \frac{c}{d} = \frac{a}{b} \cdot \frac{d}{c}$, wenn $c \neq 0$ ist.

Beispiele

1) $\frac{3}{5} : \frac{2}{7} = \frac{3}{5} \cdot \frac{7}{2} = \frac{21}{10} = 2\frac{1}{10}$

2) $\frac{5}{6} : \frac{10}{3} = \frac{5}{6} \cdot \frac{3}{10} = \frac{1}{2} \cdot \frac{1}{2} = \frac{1}{4}$

Ist der Dividend eine natürliche Zahl, so stellt man diese Zahl durch einen Bruch mit dem Nenner 1 dar.

Beispiele

1) $3 : \frac{5}{8} = \frac{3}{1} : \frac{5}{8} = \frac{3}{1} \cdot \frac{8}{5} = \frac{24}{5} = 4\frac{4}{5}$

2) $12 : \frac{18}{5} = \frac{12}{1} : \frac{18}{5} = \frac{12}{1} \cdot \frac{5}{18} = \frac{2 \cdot 5}{1 \cdot 3} = \frac{10}{3} = 3\frac{1}{3}$

4. Die Division durch eine natürliche Zahl

Soll man eine Bruchzahl durch eine natürliche Zahl dividieren, so kommt man in jedem Fall zum Ziel, wenn man die natürliche Zahl durch einen Bruch mit dem Nenner 1 darstellt.

Beispiel

$\frac{3}{4} : 2 = \frac{3}{4} : \frac{2}{1} = \frac{3}{4} \cdot \frac{1}{2} = \frac{3}{4 \cdot 2} = \frac{3}{8}$ (Bild 10).

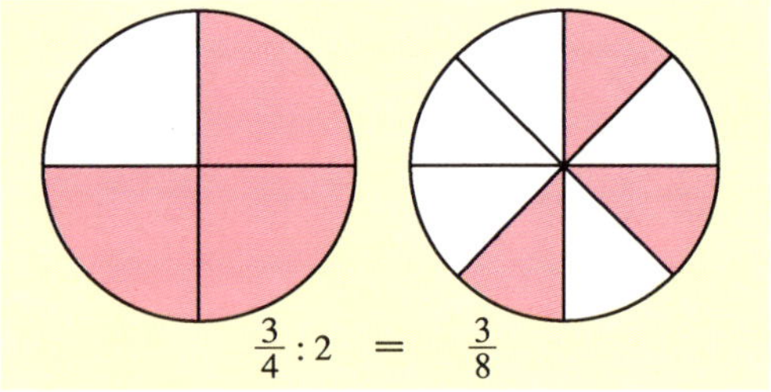

Bild 10

An diesem Beispiel erkennt man die Gültigkeit der Regel:

Nenner mal natürliche Zahl.

In manchen Fällen kann man vor dem Ausrechnen kürzen.

Beispiel $\frac{6}{5} : 8 = \frac{6}{5 \cdot 8} = \frac{3}{5 \cdot 4} = \frac{3}{20}$.

Ein Sonderfall liegt vor, wenn der Zähler des Bruches durch die natürliche Zahl teilbar ist.

Beispiel

$$\frac{6}{7} : 3 = \frac{6}{7 \cdot 3} = \frac{2}{7}$$

In diesem Fall kann man auch rechnen:

$$\frac{6}{7} : 3 = \frac{6 : 3}{7} = \frac{2}{7}$$ (Bild 11).

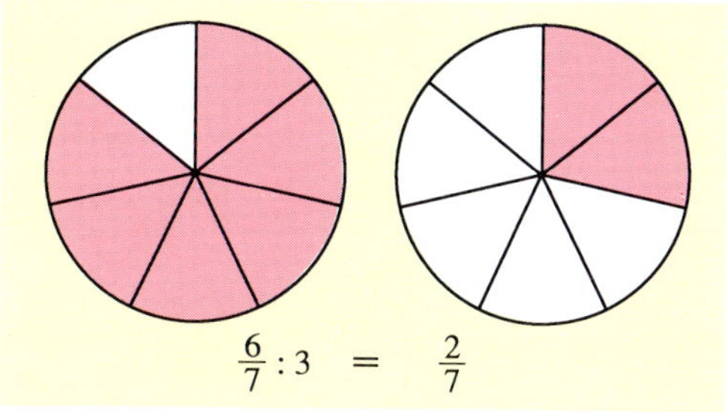

Bild 11

Wenn der Zähler durch die natürliche Zahl teilbar ist, verfährt man nach der Regel:

Zähler durch natürliche Zahl.

Beispiele

1) $\frac{9}{4} : 6 = \frac{9}{4 \cdot 6} = \frac{3}{4 \cdot 2} = \frac{3}{8}$ **2)** $\frac{2}{3} : 5 = \frac{2}{3 \cdot 5} = \frac{2}{15}$ **3)** $\frac{9}{5} : 3 = \frac{9 : 3}{5} = \frac{3}{5}$

Noch einfacher ist die Rechnung, wenn Dividend **und** Divisor natürliche Zahlen sind.

Beispiele

1) $3 : 4 = \frac{3}{1} : \frac{4}{1} = \frac{3}{1} \cdot \frac{1}{4} = \frac{3}{4}$, kürzer: $3 : 4 = \frac{3}{4}$ (Bild 12).

2) $9 : 15 = \frac{9}{1} : \frac{15}{1} = \frac{9}{1} \cdot \frac{1}{15} = \frac{9}{15} = \frac{3}{5}$, kürzer: $9 : 15 = \frac{3}{5}$.

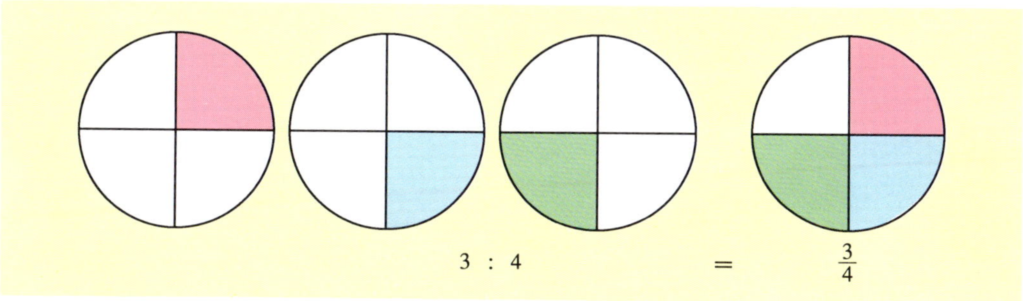

Bild 12

Für $b \neq 0$ gilt also: $a : b = \frac{a}{b}$.

Ein Divisionszeichen „:" darf man durch einen Bruchstrich ersetzen und umgekehrt.

Wir sehen also, daß wir jetzt auch die Division von natürlichen Zahlen (mit Ausnahme der Division durch 0) stets durchführen können.

5. Division von Größen

Ist eine Größe durch eine Zahl zu dividieren, dann dividiert man die Maßzahl der Größe durch die Zahl und behält die Maßeinheit bei.

Beispiele

1) $\frac{8}{5}\,\text{m} : 4 = \left(\frac{8}{5} : 4\right)\text{m} = \frac{2}{5}\,\text{m}$ **2)** $\frac{15}{2}\,\text{kg} : \frac{2}{3} = \left(\frac{15}{2} : \frac{2}{3}\right)\text{kg} = \left(\frac{15}{2} \cdot \frac{3}{2}\right)\text{kg} = \frac{45}{4}\,\text{kg} = 11\frac{1}{4}\,\text{kg}$

Sollen zwei gleichartige Größen durcheinander dividiert werden, so müssen sie gegebenenfalls auf die gleiche Einheit umgerechnet werden.

Beispiele

1) $\frac{5}{4}\,\text{m} : 2\,\text{m} = \frac{5}{4} : 2 = \frac{5}{8}$ **2)** $\frac{3}{4}\,\text{h} : \frac{2}{5}\,\text{h} = \frac{3}{4} : \frac{2}{5} = \frac{3}{4} \cdot \frac{5}{2} = \frac{15}{8} = 1\frac{7}{8}$

3) $\frac{8}{15}\,\text{m} : 40\,\text{cm} = \frac{8}{15}\,\text{m} : \frac{4}{10}\,\text{m} = \frac{8}{15} : \frac{4}{10} = \frac{8}{15} \cdot \frac{10}{4} = \frac{2 \cdot 2}{3} = \frac{4}{3} = 1\frac{1}{3}$

Da $\frac{8}{15}\,\text{m} = \frac{800}{15}\,\text{cm} = \frac{160}{3}\,\text{cm}$ ist, kann man im Beispiel 3) auch folgendermaßen rechnen:

$\frac{8}{15}\,\text{m} : 40\,\text{cm} = \frac{160}{3}\,\text{cm} : 40\,\text{cm} = \frac{160}{3} : 40 = \frac{4}{3} = 1\frac{1}{3}.$

Aufgaben und Beispiele

Zum Einstieg

Ein Winzer möchte $58\frac{1}{2}\,l$ Wein in Flaschen abfüllen. Jede Flasche faßt $\frac{3}{4}\,l$. Wie viele Flaschen werden gefüllt? Gehe in folgenden Schritten vor!

a) Wie viele Flaschen werden abgefüllt, wenn nur

$\frac{3}{4}\,l,\quad 2 \cdot \frac{3}{4}\,l = \frac{3}{2}\,l,\quad 3 \cdot \frac{3}{4}\,l = \frac{9}{4}\,l,\quad 4 \cdot \frac{3}{4}\,l = 3\,l,\quad 5 \cdot \frac{3}{4}\,l = \frac{15}{4}\,l,\quad \ldots$

abzufüllen sind?

b) Überlege, ob auch $58\frac{1}{2}$ ein Vielfaches von $\frac{3}{4}$ ist! Stelle zu diesem Zweck die Zahl $58\frac{1}{2}$ durch einen Bruch mit dem Nenner 4 dar!

c) Mit welcher Bruchzahl muß man die Maßzahl des jeweiligen Volumens multiplizieren, um die Anzahl der Flaschen zu erhalten?

Bild 13

Grundlegendes zur Division

1. Bilde den Kehrwert!

a) $\frac{2}{3}$ **b)** $\frac{3}{5}$ **c)** $\frac{4}{7}$ **d)** $\frac{5}{6}$ **e)** $\frac{7}{2}$
f) $\frac{8}{3}$ **g)** $\frac{1}{4}$ **h)** $\frac{1}{9}$ **i)** 7 **j)** 9
k) $\frac{7}{5}$ **l)** $\frac{1}{2}$ **m)** 7 **n)** 5 **o)** 1

2. Mit welcher Zahl muß man multiplizieren, um 1 zu erhalten?

a) $\frac{1}{2}$ **b)** 3 **c)** $\frac{1}{5}$ **d)** 4 **e)** $\frac{3}{4}$
f) $\frac{4}{9}$ **g)** $\frac{5}{7}$ **h)** $\frac{2}{9}$ **i)** 7 **j)** $\frac{3}{10}$

3. Berechne das Produkt! Welche Rechnung muß man mit dem Ergebnis durchführen, um die Multiplikation „rückgängig" zu machen, also zum ersten Faktor zurückzugelangen? Bestätige, daß man dies auch erreicht, wenn man das Ergebnis mit dem Kehrwert des zweiten Faktors multipliziert!

a) $3 \cdot 5$ **b)** $7 \cdot 9$ **c)** $\frac{4}{5} \cdot 3$ **d)** $\frac{3}{8} \cdot 5$

4. Berechne das Produkt! Wie in Aufgabe 3 muß man das Ergebnis durch den zweiten Faktor dividieren, um die Multiplikation rückgängig zu machen. Zeige, daß man dies dadurch erreicht, daß man das Ergebnis mit dem Kehrwert des zweiten Faktors multipliziert!

a) $\frac{2}{5} \cdot \frac{3}{4}$ **b)** $\frac{5}{6} \cdot \frac{2}{3}$ **c)** $\frac{1}{2} \cdot \frac{4}{7}$ **d)** $\frac{2}{9} \cdot \frac{3}{5}$

5. Warum kann man beim Produkt $7 \cdot 0$ nicht so vorgehen wie in Aufgabe 3? Warum läßt sich diese Multiplikation nicht „rückgängig" machen?

Übungsaufgaben zur Division

6. Rechne im Kopf!

a) $\frac{1}{2} : \frac{1}{3}$ **b)** $\frac{1}{3} : \frac{1}{4}$ **c)** $\frac{1}{3} : \frac{1}{5}$ **d)** $\frac{1}{6} : \frac{1}{7}$
e) $\frac{1}{7} : \frac{1}{9}$ **f)** $\frac{1}{5} : \frac{1}{8}$ **g)** $\frac{2}{3} : \frac{1}{2}$ **h)** $\frac{3}{4} : \frac{1}{6}$
i) $\frac{3}{5} : \frac{4}{7}$ **j)** $\frac{5}{6} : \frac{2}{7}$ **k)** $\frac{3}{8} : \frac{2}{9}$ **l)** $\frac{7}{4} : \frac{3}{5}$
m) $\frac{2}{3} : \frac{3}{4}$ **n)** $\frac{5}{7} : \frac{2}{9}$ **o)** $\frac{3}{8} : \frac{2}{5}$ **p)** $\frac{6}{7} : \frac{5}{2}$
q) $\frac{4}{9} : \frac{7}{5}$ **r)** $\frac{5}{11} : \frac{3}{7}$ **s)** $\frac{4}{7} : \frac{7}{3}$ **t)** $\frac{4}{5} : \frac{9}{11}$

7. Kürze vor dem Ausrechnen!

a) $\frac{3}{4} : \frac{3}{2}$ **b)** $\frac{4}{7} : \frac{2}{7}$ **c)** $\frac{5}{9} : \frac{10}{3}$ **d)** $\frac{4}{15} : \frac{8}{5}$
e) $\frac{4}{7} : \frac{8}{21}$ **f)** $\frac{12}{7} : \frac{3}{14}$ **g)** $\frac{9}{4} : \frac{3}{2}$ **h)** $\frac{7}{18} : \frac{14}{9}$
i) $\frac{5}{12} : \frac{15}{2}$ **j)** $\frac{4}{15} : \frac{2}{3}$ **k)** $\frac{9}{20} : \frac{3}{10}$ **l)** $\frac{16}{15} : \frac{4}{25}$

8. Berechne!

a) $\frac{8}{3} : \frac{4}{15}$ **b)** $\frac{9}{8} : \frac{3}{4}$ **c)** $\frac{5}{6} : \frac{10}{9}$ **d)** $\frac{4}{3} : \frac{2}{9}$
e) $\frac{20}{21} : \frac{5}{7}$ **f)** $\frac{8}{9} : \frac{2}{15}$ **g)** $\frac{4}{7} : \frac{8}{21}$ **h)** $\frac{5}{12} : \frac{10}{3}$
i) $\frac{3}{16} : \frac{15}{4}$ **j)** $\frac{3}{25} : \frac{6}{5}$ **k)** $\frac{4}{21} : \frac{8}{7}$ **l)** $\frac{10}{9} : \frac{25}{18}$

9. Berechne!

a) $\frac{4}{3} : \frac{2}{15}$ **b)** $\frac{3}{13} : \frac{2}{7}$ **c)** $\frac{9}{2} : \frac{3}{4}$ **d)** $\frac{6}{11} : \frac{9}{20}$
e) $\frac{5}{6} : \frac{7}{18}$ **f)** $\frac{1}{9} : \frac{2}{15}$ **g)** $\frac{4}{9} : \frac{1}{6}$ **h)** $\frac{7}{5} : \frac{2}{15}$
i) $\frac{6}{17} : \frac{4}{5}$ **j)** $\frac{8}{15} : \frac{4}{21}$ **k)** $\frac{3}{7} : \frac{5}{9}$ **l)** $\frac{10}{11} : \frac{15}{8}$

10. Rechne im Kopf!

a) $2 : \frac{1}{3}$ **b)** $6 : \frac{1}{5}$ **c)** $4 : \frac{1}{6}$ **d)** $5 : \frac{1}{4}$
e) $10 : \frac{3}{5}$ **f)** $7 : \frac{2}{3}$ **g)** $0 : \frac{5}{9}$ **h)** $3 : \frac{2}{7}$
i) $4 : \frac{3}{8}$ **j)** $9 : \frac{5}{7}$ **k)** $11 : \frac{4}{9}$ **l)** $12 : \frac{5}{3}$

11. Kürze vor dem Ausrechnen!

a) $6 : \frac{3}{4}$ **b)** $4 : \frac{2}{5}$ **c)** $3 : \frac{3}{8}$ **d)** $10 : \frac{5}{6}$
e) $9 : \frac{3}{7}$ **f)** $8 : \frac{4}{9}$ **g)** $6 : \frac{2}{11}$ **h)** $12 : \frac{6}{7}$
i) $18 : \frac{24}{5}$ **j)** $3 : \frac{15}{16}$ **k)** $14 : \frac{21}{8}$ **l)** $15 : \frac{10}{11}$

12. Rechne im Kopf!

a) $\frac{2}{3} : 2$ **b)** $\frac{3}{5} : 3$ **c)** $\frac{8}{7} : 2$ **d)** $\frac{10}{9} : 5$
e) $\frac{9}{4} : 3$ **f)** $\frac{24}{5} : 6$ **g)** $\frac{30}{11} : 15$ **h)** $\frac{32}{3} : 8$
i) $\frac{49}{6} : 7$ **j)** $\frac{50}{17} : 5$ **k)** $\frac{64}{19} : 16$ **l)** $\frac{75}{16} : 15$

13. Rechne im Kopf!

a) $\frac{1}{2} : 2$ **b)** $\frac{1}{3} : 2$ **c)** $\frac{1}{4} : 2$ **d)** $\frac{1}{5} : 3$
e) $\frac{3}{8} : 5$ **f)** $\frac{7}{9} : 2$ **g)** $\frac{6}{5} : 5$ **h)** $\frac{4}{3} : 7$
i) $\frac{7}{2} : 2$ **j)** $\frac{6}{7} : 5$ **k)** $\frac{9}{8} : 4$ **l)** $\frac{5}{6} : 3$

14. Berechne!

a) $\frac{56}{45} : 14$ **b)** $\frac{6}{7} : 3$ **c)** $\frac{0}{12} : 4$ **d)** $\frac{51}{4} : 17$
e) $\frac{40}{13} : 10$ **f)** $\frac{45}{17} : 15$ **g)** $\frac{12}{13} : 24$ **h)** $\frac{21}{11} : 7$
i) $\frac{3}{5} : 6$ **j)** $\frac{4}{7} : 8$ **k)** $\frac{5}{13} : 15$ **l)** $\frac{8}{9} : 12$
m) $\frac{21}{17} : 14$ **n)** $\frac{8}{13} : 12$ **o)** $14 : \frac{28}{15}$ **p)** $0 : \frac{17}{11}$
q) $18 : \frac{24}{17}$ **r)** $25 : \frac{10}{11}$ **s)** $36 : \frac{21}{10}$ **t)** $48 : \frac{40}{13}$

15. Berechne!

a) $\frac{16}{17} : \frac{8}{51}$ **b)** $8 : \frac{14}{5}$ **c)** $\frac{9}{13} : 6$ **d)** $\frac{9}{22} : \frac{18}{11}$
e) $\frac{20}{17} : \frac{5}{34}$ **f)** $0 : \frac{6}{13}$ **g)** $28 : \frac{7}{4}$ **h)** $\frac{5}{12} : 10$
i) $\frac{6}{19} : \frac{45}{76}$ **j)** $\frac{0}{19} : 17$ **k)** $\frac{7}{44} : \frac{35}{33}$ **l)** $\frac{24}{7} : \frac{4}{35}$
m) $\frac{26}{11} : \frac{13}{12}$ **n)** $\frac{56}{61} : \frac{28}{3}$ **o)** $\frac{69}{7} : \frac{23}{14}$ **p)** $\frac{11}{43} : \frac{33}{5}$

16. Schreibe als Bruch und kürze!

a) 5 : 7 **b)** 8 : 11 **c)** 9 : 17 **d)** 12 : 5
e) 6 : 8 **f)** 4 : 12 **g)** 15 : 20 **h)** 16 : 24
i) 36 : 24 **j)** 48 : 72 **k)** 0 : 56 **l)** 30 : 36
m) 80 : 72 **n)** 24 : 64 **o)** 45 : 75 **p)** 27 : 99

17. Dividiere schriftlich und stelle das Ergebnis als gemischte Zahl dar!

Beispiel

$713 : 9 = 79 + 2 : 9 = 79 + \frac{2}{9} = 79\frac{2}{9}$

```
63
--
 83
 81
 --
  2
```

a) 403 : 7 **b)** 197 : 11 **c)** 249 : 17
d) 386 : 37 **e)** 6338 : 15 **f)** 3707 : 72
g) 1264 : 55 **h)** 8008 : 32 **i)** 5373 : 54

Division von Größen

18. Berechne!

a) $\frac{4}{5}$ km : 2 **b)** $\frac{8}{9}$ m^2 : 4 **c)** $\frac{10}{9}$ kg : 5
d) $\frac{18}{5}$ a : 6 **e)** $\frac{7}{10}$ cm : $\frac{2}{5}$ **f)** $\frac{7}{10}$ g : $\frac{1}{5}$
g) $\frac{3}{4}$ *l* : $\frac{5}{2}$ **h)** $\frac{5}{4}$ h : $\frac{5}{6}$ **i)** $\frac{17}{4}$ t : $\frac{9}{2}$

19. Berechne!

a) $\frac{3}{4}$ m : $\frac{2}{3}$ m **b)** $\frac{4}{5}$ cm : $\frac{1}{2}$ cm **c)** $\frac{7}{4}$ *l* : $\frac{7}{2}$ *l*
d) $\frac{9}{10}$ km : $\frac{3}{5}$ km **e)** $\frac{5}{8}$ hl : $\frac{3}{4}$ hl **f)** $\frac{14}{15}$ t : $\frac{7}{5}$ t
g) $\frac{18}{35}$ m^2 : $\frac{9}{5}$ m^2 **h)** $\frac{20}{9}$ dm : $\frac{5}{3}$ dm **i)** $\frac{3}{4}$ h : $\frac{1}{2}$ h

20. Wie oft sind folgende Beträge in 4 DM enthalten?

a) 4 DM **b)** 2 DM **c)** 1 DM **d)** $\frac{1}{2}$ DM
e) $\frac{1}{4}$ DM **f)** $\frac{1}{10}$ DM **g)** $\frac{1}{5}$ DM **h)** $\frac{2}{5}$ DM
i) $\frac{4}{5}$ DM **j)** $\frac{8}{5}$ DM **k)** $\frac{3}{5}$ DM **l)** $\frac{3}{10}$ DM

21. Wie oft sind enthalten

a) $\frac{2}{5}$ m in 1 m, **b)** $\frac{1}{2}$ l in 2 *l*,
c) $\frac{3}{4}$ km in $\frac{3}{2}$ km, **d)** $\frac{4}{5}$ DM in $\frac{3}{4}$ DM,
e) $\frac{2}{9}$ h in $\frac{2}{3}$ h, **f)** $\frac{4}{7}$ cm in $\frac{2}{3}$ cm,
g) $\frac{7}{10}$ mm in $\frac{9}{5}$ mm, **h)** $\frac{1}{3}$ t in $\frac{7}{2}$ t?

22. Schreibe je eine kurze Textaufgabe zu folgenden Divisionsaufgaben und bestimme die Lösung!

a) $\frac{4}{5}$ m : 2 **b)** $\frac{4}{5}$ m : $\frac{2}{5}$ m **c)** $\frac{3}{8}$ t : $\frac{1}{4}$ t
d) $\frac{3}{8}$ t : $\frac{3}{4}$ **e)** $\frac{5}{6}$ h : $\frac{1}{3}$ h **f)** $\frac{5}{6}$ h : $\frac{1}{2}$

23. Rechne die beiden Größen zunächst in die gleiche Maßeinheit um!

a) $\frac{3}{10}$ m : 2 dm **b)** $\frac{5}{2}$ km : 250 m
c) $\frac{14}{5}$ dm : 7 m **d)** $\frac{2}{3}$ kg : 600 g
e) 6 *l* : 3 hl **f)** 1 s : 1 h

24. a) Wie groß ist der 5. Teil von $\frac{15}{2}$?
b) 3 DM werden auf vier Personen verteilt. Wieviel DM erhält jede?
c) Wie oft ist 3 in $\frac{9}{4}$ enthalten?
d) Frau Schneider teilt einen Kuchen zunächst in 4 und dann jedes Stück nochmals in 3 gleich große Teile. Welcher Anteil des Kuchens ist ein Teil (Bild 14)?

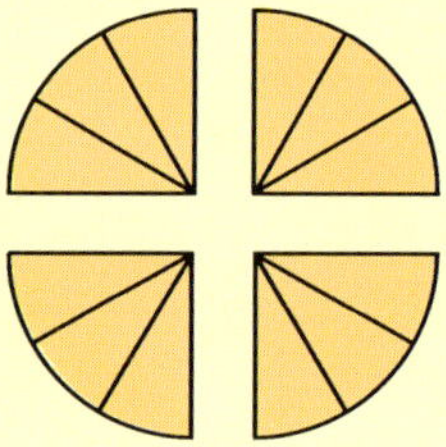

Bild 14

Textaufgaben

25. 10 *l* Saft sollen in Tüten von je $\frac{2}{5}$ *l* Inhalt gefüllt werden. Wie viele Tüten lassen sich füllen?

26. Wie oft muß man eine Meßlatte von $\frac{3}{2}$ m Länge hintereinanderlegen, um 9 m abzumessen?

27. Wie viele Schritte macht Bernd ungefähr bei einer Wanderung über 6 km, wenn seine durchschnittliche Schrittlänge

a) $\frac{2}{3}$ m, **b)** $\frac{3}{4}$ m, **c)** $\frac{4}{5}$ m

beträgt?

28. Ein Rechteck ist $\frac{5}{8}$ m lang und hat einen Flächeninhalt von $\frac{1}{4}$ m². Wie breit ist es?

29. Ein Quader von $\frac{5}{18}$ cm³ Rauminhalt ist $\frac{5}{6}$ cm lang und $\frac{3}{4}$ cm breit. Bestimme die Höhe!

30. Ina füllt ein Aquarium, das $\frac{3}{20}$ m³ faßt, mit Wasser. Sie benutzt zum Füllen eine $\frac{3}{4}$-*l*-Flasche. Wie oft muß sie diese füllen und entleeren?

31. a) Welchen Rauminhalt hat ein Würfel von $\frac{1}{2}$ m Kantenlänge?
b) Wie oft paßt dieser Würfel in einen Würfel von 1 m Kantenlänge?

32. Die Klasse 6b besteigt auf einer Wanderfahrt in Trier die Porta Nigra (Bild 15), ein altes römisches Stadttor.
a) Kerstin zählt die Stufen und stöhnt: „Jetzt sind wir schon 99 Treppenstufen gestiegen! Wie weit geht das denn noch?“ Der Lehrer meint: „Wenn du richtig gezählt hast, haben wir genau $\frac{3}{4}$ aller Stufen hinter uns.“
Wie viele Stufen hat die Treppe?
b) Britta möchte wissen, wie hoch der Turm ist. Der Lehrer gibt ihr einen Tip: „Jede Stufe hat etwa die Höhe von $\frac{1}{4}$ m.“

Bild 15

33. Auf der Oberfläche einer Schale mit einer Nährflüssigkeit wächst die Fläche, die mit einem Schimmelpilz bedeckt ist, täglich auf das $\frac{3}{2}$fache ihrer Größe. Am vierten Tag ist die Oberfläche der Schale vollständig mit Schimmelpilz bedeckt. Welcher Anteil der Fläche war nach dem dritten Tag bedeckt?

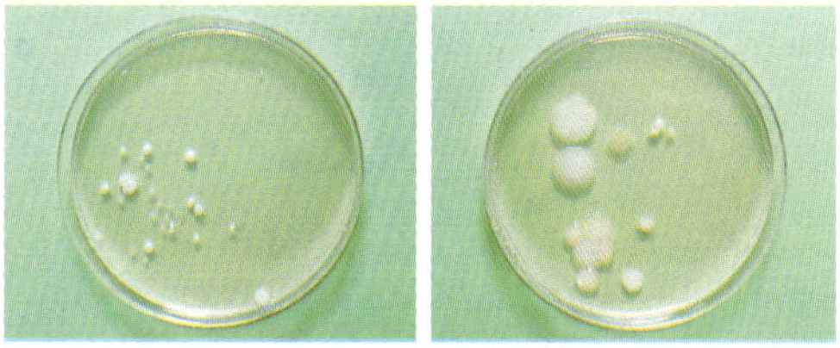

Bild 16

34. In einem Experiment stellt man fest, daß ein Gegenstand im Wasser nur noch $\frac{4}{7}$ seines sonstigen Gewichtes hat. Er wiegt nun 12 kg. Wie schwer ist er sonst?

35. Frau Sommer kauft einen Gebrauchtwagen. Sie zahlt $\frac{1}{3}$ der Kaufsumme sofort und den Rest zu gleichen Teilen in 12 Monatsraten. Welchen Anteil an der gesamten Kaufsumme hat sie monatlich zu zahlen?

36. Im Mittelalter wurden zwei Verfahren für die Division von Bruchzahlen verwendet.
a) Jordanus Nemorarius formuliert eine Regel, nach der – entsprechend zur Multiplikation – Zähler durch Zähler und Nenner durch Nenner dividiert werden sollen. Falls das nicht direkt möglich ist, soll der Dividend mit dem Produkt aus Zähler und Nenner des Divisors erweitert werden. Überprüfe diese Regel an den Beispielen $\frac{12}{25} : \frac{4}{5}$ und $\frac{3}{4} : \frac{2}{5}$!
Zeige dann, daß sie mit unserer Regel übereinstimmt!
b) Leonardo von Pisa versucht das Verfahren der Addition auszunutzen. Er fordert, die Brüche gleichnamig zu machen und dann die Zähler zu dividieren. Überprüfe auch diese Regel an den Beispielen aus a) und zeige die Übereinstimmung mit unserem heutigen Verfahren!

Rechenanweisungen (Operatoren)

37. Stelle die Aufgabe in einem Pfeilbild dar und bestimme die Lösung!

Beispiel

Die Aufgabe „$\frac{2}{3}$ von $\frac{7}{5}$ m" läßt sich in zwei Schritten lösen:

$$\frac{7}{5}\,\text{m} \xrightarrow{:3} \frac{7}{15}\,\text{m} \xrightarrow{\cdot 2} \frac{14}{15}\,\text{m}.$$

Zum Ergebnis $\frac{14}{15}$ m kommen wir auch, wenn wir $\frac{7}{5}$ m mit $\frac{2}{3}$ multiplizieren.

$\frac{2}{3} \cdot \frac{7}{5}\,\text{m} = (\frac{2}{3} \cdot \frac{7}{5})\,\text{m} = \frac{14}{15}\,\text{m}.$

Somit gilt: $\frac{2}{3}$ von $\frac{7}{5}\,\text{m} = \frac{2}{3} \cdot \frac{7}{5}\,\text{m} = \frac{14}{15}\,\text{m}.$

Man kann also auch hier die beiden Rechenanweisungen „: 3" und „· 2" zur Rechenanweisung „· $\frac{2}{3}$" zusammenfassen:

$$\frac{7}{5}\,\text{m} \xrightarrow{:3} \frac{7}{15}\,\text{m} \xrightarrow{\cdot 2} \frac{14}{15}\,\text{m}. \qquad \left(\frac{7}{5}\,\text{m} \xrightarrow{\cdot \frac{2}{3}} \frac{14}{15}\,\text{m}\right)$$

a) $\frac{3}{2}$ von $\frac{1}{2}$ kg **b)** $\frac{2}{3}$ von $\frac{3}{4}$ h **c)** $\frac{4}{5}$ von $\frac{3}{2}$ hl
d) $\frac{3}{4}$ von $\frac{7}{10}$ a **e)** $\frac{5}{6}$ von $\frac{3}{4}$ m **f)** $\frac{3}{8}$ von $\frac{4}{5}$ g
g) $\frac{5}{4} \cdot \frac{6}{11}\,\text{m}^2$ **h)** $\frac{3}{7} \cdot \frac{2}{5}$ ha **i)** $\frac{4}{9} \cdot \frac{3}{10}$ t
j) $\frac{2}{3} \cdot \frac{3}{5}$ min **k)** $\frac{7}{10} \cdot \frac{5}{6}$ cm **l)** $\frac{3}{5} \cdot \frac{7}{11}\,\text{m}^3$

38. Bestimme jeweils die Hälfte von
a) $\frac{1}{3}$ g, **b)** $\frac{1}{4}$ dm, **c)** $\frac{1}{5}$ m, **d)** $\frac{2}{5}$ hl,
e) $\frac{4}{7}$ t, **f)** $\frac{10}{5}$ m, **g)** $\frac{3}{5}$ km, **h)** $\frac{7}{9}$ h,
i) $\frac{12}{5}$ kg, **j)** $\frac{32}{7}$ cm, **k)** $\frac{3}{2}$ m, **l)** $\frac{10}{3}$ s!

39. Wie groß ist ein Drittel von
a) $\frac{1}{3}$ min, **b)** $\frac{2}{3}$ s, **c)** $\frac{3}{4}$ h, **d)** $\frac{9}{10}$ m,
e) $\frac{9}{5}$ kg, **f)** $\frac{9}{4}$ km, **g)** $\frac{5}{3}$ s, **h)** $\frac{1}{10}$ t?

40. Berechne drei Viertel von
a) 3 min, **b)** $\frac{3}{4}$ m, **c)** $\frac{4}{3}$ cm, **d)** $\frac{5}{4}$ kg,
e) $\frac{5}{2}$ hl, **f)** $\frac{16}{9}$ km, **g)** $\frac{1}{5}$ *l*, **h)** $\frac{3}{7}$ mm!

41. Berechne durch Multiplikation
a) die Hälfte von $\frac{9}{5}$ km,
b) das Doppelte von $\frac{9}{5}$ km,
c) ein Drittel von $\frac{13}{6}$ kg,
d) das Dreifache von $\frac{13}{6}$ kg,
e) ein Viertel von $\frac{17}{4}$ t!

42. Ergänze die Rechenanweisungen! Beschreibe den Übergang von der ersten zur dritten Figur durch eine Gleichung!

Beispiel

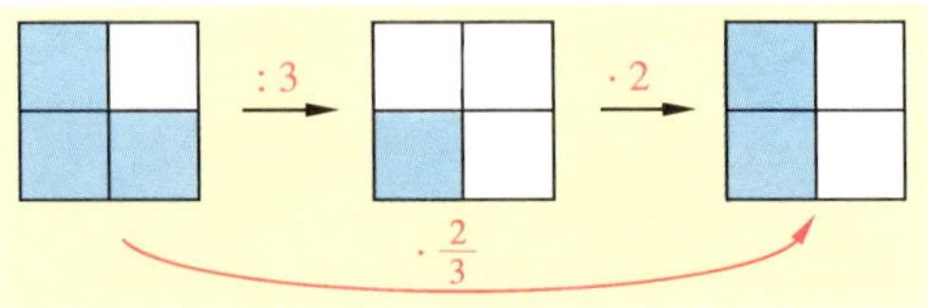

Bild 17

Es gilt also: $\frac{2}{3}$ von $\frac{3}{4} = \frac{2}{3} \cdot \frac{3}{4} = \frac{2}{4} = \frac{1}{2}$.

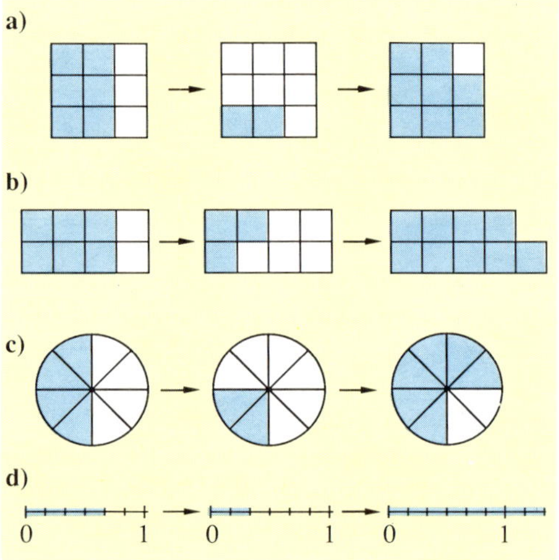

Bild 18

43. Tina und Nico zeichnen je ein Quadrat derselben Seitenlänge. Tina färbt $\frac{4}{5}$ ihres Quadrates rot. Nico teilt sein Quadrat zunächst in 4 gleich große Teile und färbt dann von jedem Viertel $\frac{4}{5}$ blau. Wer hat den größeren Anteil seines Quadrates gefärbt?

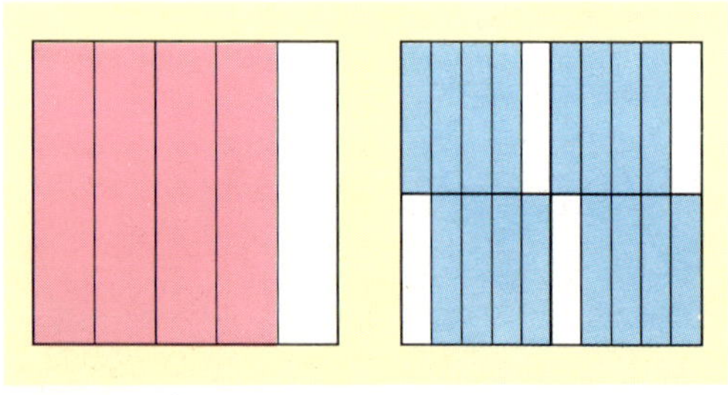

Bild 19

III. Ergänzungen zur Division

1. Entgegengesetzte Rechenarten

Wir haben die Division so erklärt, daß Multiplikation und Division auch bei den Bruchzahlen **entgegengesetzte Rechenarten** sind. Diesen Sachverhalt verdeutlichen wir an einem

Beispiel: Es gilt: $\left(\frac{\mathbf{2}}{\mathbf{5}}\cdot\frac{4}{3}\right):\frac{4}{3}=\frac{8}{15}:\frac{4}{3}=\frac{8}{15}\cdot\frac{3}{4}=\frac{\mathbf{2}}{\mathbf{5}}$,

und es gilt auch: $\left(\frac{\mathbf{2}}{\mathbf{5}}:\frac{4}{3}\right)\cdot\frac{4}{3}=\left(\frac{2}{5}\cdot\frac{3}{4}\right)\cdot\frac{4}{3}=\frac{3}{10}\cdot\frac{4}{3}=\frac{\mathbf{2}}{\mathbf{5}}$.

Die Division durch eine von 0 verschiedene Zahl macht die Multiplikation mit derselben Zahl rückgängig.

Die Multiplikation mit einer von 0 verschiedenen Zahl macht die Division durch dieselbe Zahl rückgängig.

Multiplikation und Division sind entgegengesetzte Rechenarten.

2. Einander entsprechende Gleichungen

Die im letzten Beispiel durchgeführte Rechnung kann in zwei einzelne Rechnungen zerlegt werden:

$$\frac{2}{5}:\frac{4}{3}=\frac{3}{10} \quad \text{und} \quad \frac{3}{10}\cdot\frac{4}{3}=\frac{2}{5}.$$

Es entstehen eine Divisionsgleichung und eine Multiplikationsgleichung. Diese einander entsprechenden Gleichungen zeigen ebenfalls, daß Multiplikation und Division entgegengesetzte Rechenarten sind. Allgemein können wir sagen:

Jeder Divisionsgleichung entspricht eine Multiplikationsgleichung und umgekehrt.

Da man in einem Produkt die Faktoren vertauschen kann, gibt es zu jeder Multiplikationsgleichung – falls beide Faktoren von 0 verschieden sind – sogar zwei entsprechende Divisionsgleichungen.

Beispiele

1) Der Divisionsgleichung $\frac{2}{3}:\frac{3}{5}=\frac{10}{9}$ entspricht

die Multiplikationsgleichung $\frac{10}{9}\cdot\frac{3}{5}=\frac{2}{3}$.

2) Der Multiplikationsgleichung $\frac{2}{3}\cdot\frac{4}{5}=\frac{8}{15}$ entsprechen

die Divisionsgleichungen $\frac{8}{15}:\frac{4}{5}=\frac{2}{3}$ und $\frac{8}{15}:\frac{2}{3}=\frac{4}{5}$.

3. Probe für Divisionsaufgaben

Da jeder Divisionsaufgabe eine Multiplikationsaufgabe entspricht, kann man das Ergebnis einer Divisionsaufgabe durch eine Multiplikation überprüfen. Man nennt eine solche Überprüfung **Probe**.

Beispiele

1) $\frac{8}{15}:\frac{4}{9}=\frac{6}{5}$ wird durch die Probe $\frac{6}{5}\cdot\frac{4}{9}=\frac{2\cdot 4}{5\cdot 3}=\frac{8}{15}$ als **richtig** bestätigt.

2) $\frac{5}{7}:\frac{3}{10}=\frac{7}{3}$ wird durch die Probe $\frac{7}{3}\cdot\frac{3}{10}=\frac{7}{10}\neq\frac{5}{7}$ als **falsch** erkannt.

4. Sonderfälle für die Zahl 0

Wir haben bereits festgestellt, daß es zur Zahl 0 keinen Kehrwert gibt. Daher konnten wir die Division durch 0 nicht erklären.

Auch wenn wir fordern, daß der Divisionsgleichung $a : b = c$ auch für $b = 0$ die Multiplikationsgleichung $c \cdot b = a$ entsprechen soll, gelingt es nicht, die Division durch 0 zu erklären.

Beispiel $\frac{3}{4}:0=x$

Die entsprechende Multiplikationsgleichung würde lauten $x \cdot 0 = \frac{3}{4}$. Diese Gleichung hat aber keine Lösung, weil für jede Zahl x gilt: $x \cdot 0 = 0$.

Daraus ergibt sich:

> Die Division durch 0 kann nicht sinnvoll erklärt werden.

Selbstverständlich kann man 0 durch eine von 0 verschiedene Bruchzahl dividieren.

Beispiele **1)** $0:\frac{3}{4}=0\cdot\frac{4}{3}=0$ **2)** $0:\frac{2}{5}=0\cdot\frac{5}{2}=0$

> Dividiert man 0 durch eine von 0 verschiedene Bruchzahl, so erhält man 0.

5. Doppelbrüche

Ersetzt man bei der Division von zwei Bruchzahlen das Divsionszeichen durch einen Bruchstrich, so erhält man einen **Doppelbruch**. Der Bruchstrich, der das Divisionszeichen ersetzt, heißt **Hauptbruchstrich**.

Beispiele **1)** $\frac{2}{3}:\frac{5}{7}=\frac{\frac{2}{3}}{\frac{5}{7}}$ **2)** $\frac{5}{3}:\frac{1}{2}=\frac{\frac{5}{3}}{\frac{1}{2}}$ **3)** $\frac{3}{7}:\frac{9}{5}=\frac{\frac{3}{7}}{\frac{9}{5}}$

Ist umgekehrt ein Doppelbruch vorgegeben, so kann man den Hauptbruchstrich durch ein Divisionszeichen ersetzen.

Beispiel $\frac{\frac{4}{7}}{\frac{3}{5}}=\frac{4}{7}:\frac{3}{5}=\frac{4}{7}\cdot\frac{5}{3}=\frac{20}{21}$

Bei Doppelbrüchen muß der Hauptbruchstrich klar zu erkennen sein. Er sollte etwas länger als die Bruchstriche im Zähler und im Nenner sein.

Der Hauptbruchstrich steht stets in der Höhe des Gleichheitszeichens.

Wie wichtig diese Regel ist, zeigt das folgende

Beispiel: $\dfrac{\frac{3}{4}}{5} = \dfrac{3}{4} : 5 = \mathbf{\dfrac{3}{20}}$, aber $\dfrac{3}{\frac{4}{5}} = 3 : \dfrac{4}{5} = 3 \cdot \dfrac{5}{4} = \dfrac{15}{4} = \mathbf{3\dfrac{3}{4}}$.

6. Kommutativgesetz und Assoziativgesetz gelten nicht

Im Gegensatz zur Multiplikation darf man bei der Division Dividend und Divisor in der Regel nicht vertauschen. Auch Klammern dürfen bei der Division nicht beliebig gesetzt oder weggelassen werden.

Beispiele

1) $\dfrac{2}{3} : \dfrac{7}{5} = \dfrac{2}{3} \cdot \dfrac{5}{7} = \mathbf{\dfrac{10}{21}}$,

aber $\dfrac{7}{5} : \dfrac{2}{3} = \dfrac{7}{5} \cdot \dfrac{3}{2} = \dfrac{21}{10} = \mathbf{2\dfrac{1}{10}}$

2) $\left(\dfrac{2}{3} : \dfrac{3}{4}\right) : \dfrac{4}{5} = \left(\dfrac{2}{3} \cdot \dfrac{4}{3}\right) : \dfrac{4}{5} = \dfrac{8}{9} \cdot \dfrac{5}{4} = \dfrac{10}{9} = \mathbf{1\dfrac{1}{9}}$,

aber $\dfrac{2}{3} : \left(\dfrac{3}{4} : \dfrac{4}{5}\right) = \dfrac{2}{3} : \left(\dfrac{3}{4} \cdot \dfrac{5}{4}\right) = \dfrac{2}{3} : \dfrac{15}{16} = \dfrac{2}{3} \cdot \dfrac{16}{15} = \mathbf{\dfrac{32}{45}}$

7. Das Distributivgesetz

Dividiert man eine Summe oder eine Differenz durch eine Bruchzahl, dann kann man das Distributivgesetz anwenden.

Beispiel $\left(\dfrac{5}{3} + \dfrac{3}{4}\right) : \dfrac{5}{6} = \left(\dfrac{20}{12} + \dfrac{9}{12}\right) \cdot \dfrac{6}{5} = \dfrac{29}{12} \cdot \dfrac{6}{5} = \dfrac{29 \cdot 1}{2 \cdot 5} = \dfrac{29}{10} = \mathbf{2\dfrac{9}{10}}$

und $\dfrac{5}{3} : \dfrac{5}{6} + \dfrac{3}{4} : \dfrac{5}{6} = \dfrac{5}{3} \cdot \dfrac{6}{5} + \dfrac{3}{4} \cdot \dfrac{6}{5} = \dfrac{1 \cdot 2}{1 \cdot 1} + \dfrac{3 \cdot 3}{2 \cdot 5} = 2 + \dfrac{9}{10} = \mathbf{2\dfrac{9}{10}}$,

also gilt: $\left(\dfrac{5}{3} + \dfrac{3}{4}\right) : \dfrac{5}{6} = \dfrac{5}{3} : \dfrac{5}{6} + \dfrac{3}{4} : \dfrac{5}{6}$.

Wir erkennen an diesem Beispiel, daß man die Gültigkeit dieses Distributivgesetzes auf das entsprechende Distributivgesetz zurückführen kann, das wir bei der Multiplikation kennengelernt haben.

Soll aber umgekehrt eine Bruchzahl durch eine Summe oder eine Differenz dividiert werden, dann gilt das Distributivgesetz nicht.

Beispiel $\dfrac{5}{6} : \left(\dfrac{5}{3} + \dfrac{3}{4}\right) = \dfrac{5}{6} : \left(\dfrac{20}{12} + \dfrac{9}{12}\right) = \dfrac{5}{6} : \dfrac{29}{12} = \dfrac{5}{6} \cdot \dfrac{12}{29} = \dfrac{5 \cdot 2}{1 \cdot 29} = \mathbf{\dfrac{10}{29}}$,

aber $\dfrac{5}{6} : \dfrac{5}{3} + \dfrac{5}{6} : \dfrac{3}{4} = \dfrac{5}{6} \cdot \dfrac{3}{5} + \dfrac{5}{6} \cdot \dfrac{4}{3} = \dfrac{1 \cdot 1}{2 \cdot 1} + \dfrac{5 \cdot 2}{3 \cdot 3} = \dfrac{1}{2} + \dfrac{10}{9} = \dfrac{9}{18} + \dfrac{20}{18} = \dfrac{29}{18} = \mathbf{1\dfrac{11}{18}}$

8. Rechnen mit gemischten Zahlen

In § 5 haben wir gesehen, daß man Bruchzahlen, die größer als 1 sind, vorteilhaft addieren und subtrahieren kann, wenn man sie als gemischte Zahlen schreibt. Beim Multiplizieren und beim Dividieren solcher Zahlen ist dies nicht der Fall.

Gemischte Zahlen wandelt man in der Regel vor dem Multiplizieren bzw. Dividieren in Brüche um.

Beispiele

1) $3\frac{1}{2} \cdot 4\frac{2}{3} = \frac{7}{2} \cdot \frac{14}{3} = \frac{7 \cdot 7}{1 \cdot 3} = \frac{49}{3} = 16\frac{1}{3}$ **2)** $3\frac{1}{2} : 4\frac{2}{3} = \frac{7}{2} : \frac{14}{3} = \frac{7}{2} \cdot \frac{3}{14} = \frac{1 \cdot 3}{2 \cdot 2} = \frac{3}{4}$

Aufgaben und Beispiele

Multiplikation und Division als entgegengesetzte Rechenarten

1. Berechne die Quotienten! Überprüfe dein Ergebnis mit Hilfe der entsprechenden Multiplikationsgleichung!

a) $\frac{10}{9} : \frac{2}{3}$ **b)** $\frac{18}{25} : \frac{3}{5}$ **c)** $\frac{4}{7} : \frac{3}{5}$ **d)** $\frac{3}{4} : \frac{2}{9}$
e) $\frac{4}{5} : \frac{2}{7}$ **f)** $\frac{6}{5} : \frac{2}{15}$ **g)** $\frac{14}{3} : \frac{7}{2}$ **h)** $\frac{15}{8} : \frac{20}{3}$

2. Berechne das Produkt! Wie lauten die beiden entsprechenden Divisionsgleichungen?

a) $\frac{2}{3} \cdot \frac{5}{7}$ **b)** $\frac{4}{9} \cdot \frac{2}{5}$ **c)** $\frac{8}{5} \cdot \frac{3}{4}$ **d)** $\frac{6}{11} \cdot \frac{5}{2}$
e) $\frac{5}{6} \cdot \frac{7}{10}$ **f)** $\frac{3}{8} \cdot \frac{2}{9}$ **g)** $\frac{7}{12} \cdot \frac{4}{21}$ **h)** $\frac{6}{7} \cdot \frac{5}{12}$

3. Ermittle die Zahl x, indem du eine entsprechende Divisionsgleichung anwendest! Überprüfe dein Ergebnis!

Beispiel

$x \cdot \frac{3}{4} = \frac{5}{6}$ entspricht $x = \frac{5}{6} : \frac{3}{4} = \frac{5}{6} \cdot \frac{4}{3} = \frac{10}{9}$.

Probe: $\frac{10}{9} \cdot \frac{3}{4} = \frac{5 \cdot 1}{3 \cdot 2} = \frac{5}{6}$.

a) $x \cdot \frac{2}{3} = \frac{8}{15}$ **b)** $x \cdot \frac{4}{9} = \frac{16}{45}$ **c)** $x \cdot \frac{3}{7} = \frac{7}{8}$
d) $x \cdot \frac{5}{9} = 3$ **e)** $x \cdot \frac{2}{5} = \frac{1}{3}$ **f)** $x \cdot 2 = \frac{5}{6}$

4. Mit welcher Bruchzahl muß man $\frac{2}{3}$ multiplizieren, um

a) 2, **b)** 1, **c)** $\frac{1}{3}$, **d)** 0, **e)** $\frac{1}{2}$, **f)** $\frac{4}{7}$

zu erhalten?

5. Wende die entsprechende Multiplikationsgleichung an! Überprüfe dein Ergebnis!

Beispiel

$x : \frac{2}{3} = \frac{5}{7}$ entspricht $x = \frac{5}{7} \cdot \frac{2}{3} = \frac{10}{21}$.

Probe: $\frac{10}{21} : \frac{2}{3} = \frac{10}{21} \cdot \frac{3}{2} = \frac{5}{7}$.

a) $x : \frac{3}{4} = \frac{2}{5}$ **b)** $x : \frac{2}{9} = \frac{15}{4}$ **c)** $x : \frac{3}{4} = \frac{16}{9}$
d) $x : 2 = \frac{3}{5}$ **e)** $x : 6 = \frac{4}{7}$ **f)** $x : \frac{7}{5} = 1$

6. Welche Zahl muß man durch $\frac{4}{5}$ dividieren, um folgendes Ergebnis zu erhalten?

a) 1 **b)** 3 **c)** $\frac{5}{8}$ **d)** $\frac{2}{5}$ **e)** $\frac{4}{7}$ **f)** 0

7. Ermittle die Zahl x, indem du zuerst die entsprechende Multiplikationsgleichung und auf diese eine entsprechende Divisionsgleichung anwendest! Überprüfe dein Ergebnis!

Beispiel

$\frac{4}{3} : x = \frac{2}{5}$ entspricht $\frac{4}{3} = \frac{2}{5} \cdot x$;

$\frac{2}{5} \cdot x = \frac{4}{3}$ entspricht $x = \frac{4}{3} : \frac{2}{5} = \frac{4}{3} \cdot \frac{5}{2} = \frac{10}{3}$.

Probe: $\frac{4}{3} : \frac{10}{3} = \frac{4}{3} \cdot \frac{3}{10} = \frac{2}{5}$.

a) $\frac{8}{9} : x = \frac{4}{3}$ **b)** $\frac{5}{7} : x = \frac{2}{9}$ **c)** $\frac{4}{5} : x = \frac{2}{15}$
d) $\frac{6}{5} : x = 2$ **e)** $\frac{7}{4} : x = 3$ **f)** $\frac{5}{6} : x = \frac{3}{8}$

8. Durch welche Bruchzahl muß man $\frac{3}{8}$ dividieren, um

a) 1, **b)** 5, **c)** $\frac{1}{4}$, **d)** $\frac{5}{12}$, **e)** $\frac{2}{5}$, **f)** $\frac{3}{8}$,

zu erhalten?

9. a) Von welcher Zahl ist $\frac{2}{3}$ der vierte Teil?

b) In welcher Zahl ist $\frac{2}{3}$ genau viermal enthalten?

c) Das $\frac{7}{4}$-fache einer Zahl ist 14.

Rechenanweisungen (Operatoren)

10. Mit Hilfe von Operatoren kann man auf eine andere Weise als im Lehrtext (S. 109) erklären, wie durch eine Bruchzahl dividiert werden muß.

Beispiel

Wir stellen die Aufgabe $\frac{5}{3} \cdot 12\,\text{m}$ in einem Pfeilbild dar:

$$12\,\text{m} \xrightarrow{:3} 4\,\text{m} \xrightarrow{\cdot 5} 20\,\text{m}.$$
$$\text{(Bogenpfeil von } 12\,\text{m nach } 20\,\text{m: } \cdot \tfrac{5}{3}\text{)}$$

Also gilt: $\frac{5}{3} \cdot 12\,\text{m} = 20\,\text{m}$.

Die entsprechende Divisionsaufgabe lautet:

$$20\,\text{m} : \tfrac{5}{3} = 12\,\text{m}.$$

Wir können diese Aufgabe dadurch lösen, daß wir in obigem Pfeilbild beide Pfeile umkehren und dabei jeweils die entsprechende Umkehrrechenart anwenden:

$$12\,\text{m} \xleftarrow{\cdot 3} 4\,\text{m} \xleftarrow{:5} 20\,\text{m}.$$

Nun schreiben wir das Pfeilbild in umgekehrter Richtung und fassen die Rechenanweisungen „: 5“ und „· 3“ zur Rechenanweisung „$\cdot \frac{3}{5}$“ zusammen:

$$20\,\text{m} \xrightarrow{:5} 4\,\text{m} \xrightarrow{\cdot 3} 12\,\text{m}.$$
$$\text{(Bogenpfeil von } 20\,\text{m nach } 12\,\text{m: } \cdot \tfrac{3}{5}\text{)}$$

Also gilt: $20\,\text{m} : \frac{5}{3} = 20\,\text{m} \cdot \frac{3}{5} = 12\,\text{m}$.

Damit ist gezeigt, daß man durch die Bruchzahl $\frac{5}{3}$ dividiert, indem man mit ihrem Kehrwert $\frac{3}{5}$ multipliziert.

Verfahre entsprechend bei den folgenden Beispielen! Zeichne ein Pfeilbild, wende in beiden Schritten die Umkehrrechenart an und fasse die beiden Rechenanweisungen zusammen!

a) $\frac{5}{8} \cdot 48\,\text{kg}$ **b)** $\frac{3}{4} \cdot 20\,\text{m}^2$ **c)** $\frac{2}{3} \cdot 60\,\text{DM}$

d) $\frac{3}{2} \cdot \frac{1}{2}\,\text{h}$ **e)** $\frac{2}{9} \cdot \frac{5}{2}\,\text{cm}$ **f)** $\frac{5}{4} \cdot \frac{7}{10}\,l$

11. Welche Multiplikationsaufgabe ist dargestellt? Kehre die Pfeilrichtungen um! Welche Divisionsaufgaben sind dann dargestellt?

a) 40 cm ⟶ 8 cm ⟶ 24 cm
b) 64 kg ⟶ 4 kg ⟶ 60 kg
c) 95 hl ⟶ 19 hl ⟶ 57 hl
d) 27 km ⟶ 3 km ⟶ 24 km
e) 100 t ⟶ 4 t ⟶ 16 t
f) 126 m ⟶ 9 m ⟶ 117 m

12. Stelle die Aufgabe durch ein Pfeilbild mit Rechenanweisungen dar!

a) $4\,\text{DM} : \frac{2}{5}$ **b)** $12\,\text{mm} : \frac{6}{7}$ **c)** $28\,l : \frac{7}{8}$

d) $44\,\text{m} : \frac{11}{4}$ **e)** $56\,\text{kg} : \frac{14}{3}$ **f)** $48\,\text{t} : \frac{3}{2}$

13. Fülle die Leerstellen des Pfeilbildes aus! Welche Multiplikationsaufgabe ist dargestellt? Wie lautet die zugehörige Divisionsaufgabe?

a) [50 kg] $\xrightarrow{\cdot 3}$ [ ] $\xrightarrow{:5}$ [ ]
b) [48 m²] $\xrightarrow{:4}$ [ ] $\xrightarrow{\cdot 3}$ [ ]
c) [ ] $\xrightarrow{\cdot 4}$ [36 m] $\xrightarrow{:9}$ [ ]
d) [ ] $\xrightarrow{:5}$ [ ] $\xrightarrow{\cdot 4}$ [20 l]

14. Eine DIN-A4-Seite hat die Seitenlängen $a = 210\,\text{mm}$ und $b = 297\,\text{mm}$. Durch ein Kopiergerät werden alle Längen mit dem Faktor $\frac{2}{3}$ verkleinert.

a) Wie lang sind die Seiten der Kopie?

b) Welche Seitenlängen hat ein rechteckiges Original, wenn die Seiten einer Kopie 155 mm und 195 mm lang sind?

Löse die Aufgaben mit einem Operator-Pfeilbild!

15. Ein Fotokopiergerät vergrößert Längen mit dem Faktor $\frac{7}{4}$.

a) Auf welche Seitenlängen wird ein rechteckiges Bild vergrößert, dessen Seiten 188 mm und 244 mm lang sind?

b) Die Seiten der Kopie eines anderen Bildes sind 210 mm und 245 mm lang. Welche Maße hat das Original?

Verfahre wie in Aufgabe 14!

Division durch 0?

16. Berechne im Kopf! Bei welchen Beispielen ist der Ausdruck nicht erklärt?

a) $\frac{3}{4}:\frac{3}{2}$ **b)** $\frac{0}{5}:\frac{1}{3}$ **c)** $\frac{2}{7}:\frac{0}{6}$ **d)** $\frac{1}{4}:\frac{7}{0}$

e) $\frac{0}{4}:\frac{2}{9}$ **f)** $\frac{1}{7}:2$ **g)** $\frac{3}{0}:\frac{5}{8}$ **h)** $\frac{2}{5}:\frac{0}{4}$

i) $\frac{0}{7}:\frac{4}{5}$ **j)** $\frac{0}{0}:3$ **k)** $0:\frac{5}{2}$ **l)** $\frac{3}{9}:\frac{2}{0}$

17. In welche Variable(n) darf die Zahl 0 nicht eingesetzt werden?

a) $\frac{a}{b}$ **b)** $\frac{a}{b}\cdot\frac{c}{d}$ **c)** $\frac{a}{b}:\frac{c}{d}$ **d)** $a\cdot(b:d)$

e) $\frac{a}{\frac{b}{c}}$ **f)** $\frac{\frac{a}{b}}{c}$ **g)** $\frac{a:b}{c:d}$ **h)** $\frac{a}{b}:c$

Doppelbrüche

18. Vereinfache soweit wie möglich und schreibe das Ergebnis gegebenenfalls als gemischte Zahl!

a) $\frac{\frac{1}{2}}{\frac{1}{3}}$ **b)** $\frac{\frac{3}{5}}{\frac{1}{2}}$ **c)** $\frac{\frac{3}{4}}{\frac{5}{8}}$ **d)** $\frac{\frac{4}{7}}{\frac{4}{7}}$

e) $\frac{\frac{3}{10}}{\frac{6}{15}}$ **f)** $\frac{\frac{7}{12}}{\frac{21}{16}}$ **g)** $\frac{\frac{14}{15}}{\frac{21}{25}}$ **h)** $\frac{\frac{5}{6}}{\frac{15}{8}}$

i) $\frac{\frac{25}{7}}{\frac{5}{21}}$ **j)** $\frac{\frac{16}{27}}{\frac{80}{81}}$ **k)** $\frac{\frac{14}{3}}{\frac{7}{12}}$ **l)** $\frac{\frac{50}{87}}{\frac{30}{29}}$

19. Verfahre wie in Aufgabe 18!

a) $\frac{\frac{2}{3}}{\frac{3}{2}}$ **b)** $\frac{\frac{16}{19}}{\frac{20}{57}}$ **c)** $\frac{\frac{32}{91}}{\frac{48}{65}}$ **d)** $\frac{4}{\frac{28}{11}}$

e) $\frac{\frac{2}{3}}{4}$ **f)** $\frac{\frac{12}{5}}{\frac{2}{5}}$ **g)** $\frac{\frac{24}{7}}{14}$ **h)** $\frac{\frac{4}{7}}{\frac{4}{7}}$

i) $\frac{\frac{0}{5}}{\frac{6}{7}}$ **j)** $\frac{\frac{9}{8}}{\frac{3}{16}}$ **k)** $\frac{0}{\frac{14}{17}}$ **l)** $\frac{\frac{35}{3}}{7}$

20. Welches der folgenden Zeichen stellt keine Bruchzahl dar?

a) $\frac{\frac{0}{5}}{5}$ **b)** $\frac{\frac{0}{5}}{\frac{0}{5}}$ **c)** $\frac{0}{\frac{5}{5}}$ **d)** $\frac{\frac{3}{7}}{\frac{0}{5}}$ **e)** $\frac{\frac{3}{5}}{\frac{4}{7}}$

f) $\frac{2}{\frac{1}{2}}$ **g)** $\frac{\frac{5}{0}}{1}$ **h)** $\frac{\frac{2}{3}}{4}$ **i)** $\frac{1}{\frac{1}{3}}$ **j)** $\frac{\frac{2}{3}}{\frac{3}{0}}$

Rechengesetze

21. Vergleiche!

a) $\frac{2}{3}:2$ und $2:\frac{2}{3}$

b) $\frac{3}{4}:\frac{6}{5}$ und $\frac{6}{5}:\frac{3}{4}$

c) $(\frac{2}{5}:\frac{3}{4}):\frac{6}{5}$ und $\frac{2}{5}:(\frac{3}{4}:\frac{6}{5})$

d) $(2:3):4$ und $2:(3:4)$

e) $\frac{\frac{2}{3}}{\frac{1}{2}}$ und $\frac{\frac{1}{2}}{\frac{2}{3}}$ **f)** $\frac{4}{\frac{3}{7}}$ und $\frac{\frac{4}{3}}{7}$

22. Welche der Rechenzeichen „+", „−", „·" oder „:" können anstelle von „□" eingesetzt werden, damit wahre Aussagen entstehen?

a) $\frac{2}{3}\square\frac{3}{4}=\frac{3}{4}\square\frac{2}{3}$ **b)** $\frac{4}{7}\square 0=\frac{4}{7}$

c) $\frac{5}{9}\square 1=\frac{5}{9}$ **d)** $1\square\frac{2}{3}=\frac{3}{2}$

e) $\frac{3}{8}\square\frac{3}{8}=0$ **f)** $\frac{0}{3}\square\frac{0}{4}=\frac{0}{5}$

g) $\frac{3}{7}\square 0=0$ **h)** $1\square\frac{2}{5}=\frac{5}{2}$

i) $\frac{1}{2}\square(\frac{2}{3}\square\frac{3}{5})=(\frac{1}{2}\square\frac{2}{3})\square\frac{3}{5}$

Gemischte Zahlen

23. Berechne unter Anwendung eines Distributivgesetzes!

Beispiele

1) $4\cdot 2\frac{3}{8}=4\cdot(2+\frac{3}{8})$
$=4\cdot 2+4\cdot\frac{3}{8}$
$=8+\frac{3}{2}=9\frac{1}{2}$

2) $6\frac{16}{17}\cdot 3=(7-\frac{1}{17})\cdot 3=7\cdot 3-\frac{1}{17}\cdot 3$
$=21-\frac{3}{17}=20\frac{14}{17}$

a) $5\cdot 3\frac{2}{5}$ **b)** $6\cdot 3\frac{1}{2}$ **c)** $7\cdot 5\frac{2}{3}$

d) $2\frac{3}{4}\cdot 2$ **e)** $1\frac{5}{6}\cdot 3$ **f)** $2\frac{1}{3}\cdot 9$

g) $8\cdot 8\frac{1}{8}$ **h)** $4\frac{3}{4}\cdot 4$ **i)** $3\cdot 4\frac{3}{5}$

24. Verfahre wie in Aufgabe 23!

a) $4\frac{11}{12} \cdot 5$ **b)** $6\frac{18}{19} \cdot 4$ **c)** $7\frac{13}{14} \cdot 7$

d) $2 \cdot 4\frac{22}{23}$ **e)** $5\frac{15}{17} \cdot 3$ **f)** $4 \cdot 8\frac{13}{15}$

g) $7\frac{13}{16} \cdot 3$ **h)** $5 \cdot 6\frac{25}{29}$ **i)** $3 \cdot 3\frac{46}{49}$

25. Schreibe die gemischten Zahlen als Brüche und multipliziere dann! Schreibe das Ergebnis gegebenenfalls wieder als gemischte Zahl!

a) $3\frac{1}{2} \cdot \frac{4}{49}$ **b)** $7\frac{3}{4} \cdot \frac{8}{31}$ **c)** $2\frac{1}{3} \cdot 1\frac{1}{14}$

d) $4\frac{1}{5} \cdot 1\frac{3}{7}$ **e)** $1\frac{4}{9} \cdot \frac{9}{13}$ **f)** $4\frac{2}{5} \cdot 1\frac{9}{11}$

g) $5\frac{5}{18} \cdot 1\frac{17}{19}$ **h)** $2\frac{3}{4} \cdot 1\frac{5}{11}$ **i)** $6\frac{1}{2} \cdot 1\frac{2}{39}$

26. Verfahre wie in Aufgabe 25!

a) $6\frac{1}{4} \cdot \frac{4}{5}$ **b)** $4\frac{2}{7} \cdot 1\frac{4}{45}$ **c)** $5\frac{1}{2} \cdot 3\frac{1}{11}$

d) $16\frac{1}{2} \cdot 3\frac{9}{11}$ **e)** $15\frac{3}{5} \cdot \frac{15}{52}$ **f)** $4\frac{1}{5} \cdot 1\frac{1}{9}$

g) $2\frac{2}{3} \cdot 3\frac{3}{4}$ **h)** $10\frac{2}{3} \cdot 1\frac{5}{16}$ **i)** $3\frac{2}{7} \cdot \frac{7}{12}$

27. Berechne!

a) $\frac{4}{15} \cdot 1\frac{1}{14} \cdot 1\frac{1}{6}$ **b)** $2\frac{1}{5} \cdot 1\frac{1}{3} \cdot 1\frac{4}{11}$

c) $2\frac{1}{3} \cdot 1\frac{5}{7} \cdot 1\frac{1}{2}$ **d)** $1\frac{2}{3} \cdot 1\frac{5}{9} \cdot \frac{9}{28}$

e) $6\frac{1}{2} \cdot \frac{5}{36} \cdot 1\frac{11}{13}$ **f)** $4\frac{1}{12} \cdot 3\frac{1}{7} \cdot 1\frac{1}{11}$

28. Nutze ein Distributivgesetz!

Beispiel

$8\frac{4}{5} : 4 = (8 + \frac{4}{5}) : 4 = 8 : 4 + \frac{4}{5} : 4 = 2 + \frac{1}{5} = 2\frac{1}{5}$

a) $6\frac{3}{8} : 3$ **b)** $12\frac{4}{7} : 4$ **c)** $9\frac{6}{7} : 3$

d) $21\frac{12}{13} : 3$ **e)** $25\frac{10}{11} : 5$ **f)** $6\frac{18}{19} : 6$

g) $10\frac{4}{5} : 2$ **h)** $14\frac{7}{10} : 7$ **i)** $4\frac{8}{9} : 4$

29. Berechne!

a) $6\frac{1}{2} : 3$ **b)** $6\frac{3}{4} : 6$ **c)** $8\frac{2}{5} : 8$

d) $12\frac{3}{7} : 4$ **e)** $10\frac{2}{3} : 5$ **f)** $25\frac{2}{5} : 5$

g) $15\frac{2}{3} : 3$ **h)** $18\frac{1}{4} : 9$ **i)** $16\frac{4}{7} : 8$

30. Schreibe die gemischten Zahlen zunächst als Brüche!

a) $1\frac{3}{4} : 1\frac{1}{4}$ **b)** $2\frac{1}{5} : 3\frac{2}{3}$ **c)** $6\frac{1}{2} : 1\frac{5}{8}$

d) $4\frac{2}{7} : 15$ **e)** $5\frac{1}{3} : 2\frac{2}{5}$ **f)** $1\frac{7}{11} : 1\frac{5}{22}$

g) $2\frac{4}{5} : 2\frac{1}{10}$ **h)** $2\frac{2}{9} : 4\frac{2}{7}$ **i)** $1\frac{5}{12} : 12\frac{3}{4}$

31. Berechne!

a) $8\frac{4}{7} : 10$ **b)** $6\frac{2}{5} : 1\frac{3}{5}$ **c)** $6\frac{3}{4} : 1\frac{1}{8}$

d) $8\frac{1}{2} : 1\frac{8}{9}$ **e)** $4 : 1\frac{1}{2}$ **f)** $\frac{5}{6} : 7\frac{1}{2}$

g) $1 : 3\frac{3}{4}$ **h)** $4\frac{1}{6} : \frac{5}{8}$ **i)** $4\frac{1}{12} : 4\frac{2}{3}$

32. Berechne!

a) $(4\frac{2}{7} - 1\frac{3}{5}) \cdot \frac{7}{47}$ **b)** $(4\frac{5}{9} - 2\frac{3}{4}) \cdot 9\frac{3}{5}$

c) $(3\frac{2}{3} - 2\frac{3}{5}) \cdot 1\frac{7}{8}$ **d)** $(5\frac{1}{6} - 4\frac{3}{4}) \cdot 1\frac{3}{5}$

e) $12\frac{1}{2} + 3\frac{1}{3} \cdot 6 - 29\frac{3}{4}$ **f)** $6\frac{2}{7} \cdot \frac{3}{11} + 1\frac{1}{7} \cdot 3$

g) $(6\frac{1}{4} - 3\frac{7}{12}) \cdot (4\frac{2}{5} - 3\frac{3}{10})$ **h)** $\frac{2}{3} \cdot (1\frac{1}{2} - \frac{5}{6}) \cdot \frac{3}{4}$

i) $2\frac{7}{9} \cdot \frac{3}{5} + \frac{1}{3} + 1\frac{3}{7} \cdot 3\frac{1}{2}$ **j)** $\frac{4}{21} \cdot \frac{3}{8} \cdot \frac{7}{12} + \frac{5}{6}$

33. Berechne!

a) $3\frac{1}{2} : 7 + 2\frac{1}{8} : 17$

b) $4\frac{2}{5} \cdot \frac{10}{11} - 3\frac{2}{9} \cdot \frac{3}{29}$

c) $6\frac{1}{2} - 3\frac{1}{4} : 2\frac{3}{5} + 1\frac{1}{8}$

d) $20\frac{2}{7} - (1\frac{2}{3} + 4\frac{2}{9} \cdot 4\frac{5}{19})$

e) $4\frac{5}{8} : (5\frac{3}{4} - 3\frac{2}{5} + \frac{3}{20}) - \frac{7}{20}$

f) $(6\frac{1}{4} + 4\frac{2}{5} : 1\frac{1}{10}) : \frac{3}{4}$

g) $(3 : 4 + 5 : 6 - 1\frac{1}{12}) : 2\frac{1}{2}$

h) $(6\frac{1}{2} + 1\frac{2}{3}) \cdot (7\frac{5}{14} - 6\frac{47}{49})$

34. Berechne!

a) $1\frac{1}{2} \cdot (3\frac{1}{3} + 2\frac{5}{6} - 3\frac{1}{2})$

b) $1\frac{5}{7} \cdot 1\frac{1}{20} + 2\frac{2}{5} \cdot 3\frac{1}{3} - \frac{4}{5} \cdot 10\frac{1}{2}$

c) $(2\frac{5}{18} - 1\frac{1}{9}) \cdot (2\frac{4}{7} - 1\frac{1}{5})$

d) $(3\frac{7}{19} : 8 + \frac{2}{19}) \cdot 3\frac{4}{5}$

e) $(4\frac{1}{5} : \frac{7}{10} + 4\frac{2}{3} : \frac{2}{9}) : 1\frac{2}{7}$

f) $(5\frac{1}{3} + 6\frac{3}{4}) : 4 - 2\frac{15}{16}$

g) $(3\frac{3}{7} - 1\frac{1}{2}) \cdot \frac{7}{9} + \frac{5}{8} : 2\frac{1}{4}$

h) $6\frac{1}{4} : 5 + 5\frac{1}{7} : 6 + 2\frac{3}{4} : 2 + \frac{1}{7} \cdot \frac{1}{8}$

35. Berechne!

a) $\dfrac{\frac{4}{7}}{\frac{3}{14}}$ **b)** $\dfrac{2\frac{3}{5} : 13}{3\frac{1}{2} : 7}$ **c)** $\dfrac{4\frac{1}{2} + 2\frac{3}{8}}{4\frac{1}{4} - 2\frac{3}{16}}$

d) $\dfrac{\frac{3}{7} \cdot \frac{14}{15} + \frac{1}{5}}{\frac{3}{7}}$ **e)** $\dfrac{1\frac{1}{4}}{3\frac{1}{6} : 19 + 4}$

f) $\dfrac{\frac{2}{5} \cdot \frac{1}{6}}{\frac{43}{90} + \frac{7}{45}}$ **g)** $\dfrac{2 - \frac{4}{5} \cdot 1\frac{1}{14}}{\frac{1}{7} + \frac{2}{3} \cdot 1\frac{1}{2}}$

36. Berechne!

a) $\dfrac{3\frac{11}{12} + 3\frac{1}{4} - 4\frac{5}{6}}{\frac{3}{8} \cdot \frac{26}{27} + 2\frac{3}{4}}$ **b)** $\dfrac{9\frac{5}{12} + 4\frac{2}{3} - 7\frac{3}{4}}{\frac{5}{9} \cdot 5\frac{1}{8} + 1\frac{3}{8}}$

c) $\dfrac{(4\frac{2}{3} + 3\frac{5}{6}) : (5\frac{29}{30} - 4\frac{4}{15})}{8\frac{5}{7} \cdot \frac{3}{5} - 1\frac{1}{2} \cdot 2\frac{8}{15}}$

d) $\dfrac{(\frac{11}{12} + \frac{3}{4}) : (3\frac{13}{18} - 3\frac{4}{9})}{3\frac{4}{13} \cdot 1\frac{1}{4} - 4\frac{1}{8} \cdot \frac{2}{3}}$

37. Wo steckt der Fehler?

a) $1\frac{4}{5} \cdot 5 = 5\frac{4}{5}$ **b)** $4\frac{1}{4} : 4 = 1\frac{1}{4}$

c) $(3\frac{1}{6} - \frac{1}{2}) \cdot 6 = 3\frac{1}{6} \cdot 6 - \frac{1}{2} = 18\frac{1}{2}$

d) $\frac{1}{3} + \frac{1}{4} \cdot \frac{1}{2} = \frac{4}{12} + \frac{3}{12} \cdot \frac{1}{2} = \frac{7}{12} \cdot \frac{1}{2} = \frac{7}{24}$

e) $\frac{1}{3} \cdot \frac{3}{4} + \frac{3}{5} \cdot \frac{1}{2} = \frac{1}{4} + \frac{3}{10} = \frac{4}{14} = \frac{2}{7}$

f) $\frac{1}{2} \cdot (\frac{1}{7} - \frac{1}{6}) = \frac{1}{2} \cdot \frac{7-6}{42} = \frac{1}{2} \cdot \frac{1}{42} = \frac{1}{84}$

g) $\frac{1}{2} : (\frac{1}{3} + \frac{1}{4}) = \frac{1}{2} : \frac{1}{3} + \frac{1}{2} : \frac{1}{4} = \frac{3}{2} + 2 = 3\frac{1}{2}$

h) $\frac{2}{3} \cdot \frac{4}{5} = \frac{10}{15} \cdot \frac{12}{15} = \frac{120}{15} = 8$

i) $2\frac{1}{2} \cdot 3\frac{1}{3} = 2 \cdot 3 + \frac{1}{2} \cdot \frac{1}{3} = 6\frac{1}{6}$

j) $3\frac{1}{4} - 1\frac{3}{8} = 3 + \frac{1}{4} - 1 + \frac{3}{8} = 2 + \frac{5}{8} = 2\frac{5}{8}$

k) $\dfrac{\frac{4}{6}}{3} = (4:6):3 = 4:(6:3) = 4:2 = 2$

38. Setze $\frac{1}{3}$ für a, $\frac{3}{5}$ für b, $1\frac{1}{8}$ für c und $\frac{8}{15}$ für d ein und berechne die Werte der folgenden Terme!

a) $a \cdot b + c \cdot d$ **b)** $(c - a) : (b - d)$ **c)** $\frac{a}{d} \cdot \frac{b}{c}$

d) $(\frac{1}{a} + \frac{1}{c}) \cdot b - d$ **e)** $c + b : d - a$

f) $\frac{a + b}{c \cdot d}$ **g)** $\frac{a \cdot b \cdot c \cdot d}{a \cdot b + c \cdot d}$ **h)** $\frac{a : b}{d : c}$ **i)** $\frac{c - 1}{1 + a} \cdot d$

Textaufgaben

39. Ein Rechteck ist $5\frac{1}{4}$ cm lang und $\frac{2}{7}$mal so breit. Bestimme den Umfang und den Flächeninhalt!

40. Wie oft paßt ein Rechteck mit den Seitenlängen $\frac{1}{4}$ m und $\frac{2}{3}$ m in ein Rechteck mit den Seitenlängen $\frac{5}{6}$ m und $\frac{7}{10}$ m?

41. In einem Walzwerk wird Blech auf das $1\frac{1}{3}$-fache seiner Länge gewalzt. Wie lang wird ein Stück von

a) 1 m, **b)** 24 m, **c)** $8\frac{1}{4}$ m Länge?

42. Bei einer Altbausanierung entfernt man eine 10 cm dicke Trennmauer zwischen zwei nebeneinander liegenden rechteckigen Räumen, die beide $3\frac{3}{4}$ m breit sind. Das eine Zimmer ist $4\frac{1}{2}$ m, das andere $3\frac{1}{3}$ m lang. Welche Wohnfläche hat das neu entstehende Zimmer? Mache eine Skizze und berechne auf zwei Arten!

43. Wieviel Kubikmeter Luft sind in einem Raum, der $5\frac{1}{4}$ m lang, $4\frac{2}{7}$ m breit und $2\frac{2}{5}$ m hoch ist?

44. Annette benötigt für $\frac{3}{4}$ ihres Weges 15 Minuten, Antje braucht für $\frac{2}{3}$ ihres Weges 14 Minuten. Wer benötigt für seinen Schulweg die längere Zeit?

45. Beim Räuchern verlieren Fleischwaren etwa $\frac{3}{8}$ ihres Gewichtes.

a) Welches Gewicht hat ein $8\frac{2}{5}$-kg-Schinken nach dem Räuchern?

b) Wie schwer war ein Schinken vor dem Räuchern, wenn er nachher 6 kg wiegt?

Bild 20

46. Ein Gaskocher mit 3 gleichen Gasflammen verbraucht in $1\frac{1}{2}$ h etwa $7\frac{1}{2}$ dm^3 Gas.

a) Wieviel Kubikdezimeter Gas werden von einer Flamme in einer Stunde ungefähr verbraucht?

b) Wieviel Kubikdezimeter Gas werden von 3 Gasflammen in 5 h verbraucht?

c) Wie lange können die 3 Flammen mit 10 dm^3 Gas betrieben werden?

47. Drei Personen A, B und C spielen bei einer Pferderennwette. A zahlt $\frac{1}{5}$ des Einsatzes, B zahlt $1\frac{1}{2}$mal so viel wie A. Welchen Anteil zahlt C?

Bild 21

48. Auf einen Lkw mit 1 t Nutzlast sollen Kisten zu je 12 Flaschen Wein geladen werden. Jede Flasche wiegt $1\frac{3}{20}$ kg, jede Kiste $\frac{3}{5}$ kg. Wie viele volle Kisten können auf den Lkw geladen werden?

49. Barbara fährt mit dem Bus zur Schule. Zweimal sieht sie auf die Uhr. Nach dem ersten Sechstel des Weges ist es 7.35 Uhr und genau in der Mitte der Strecke ist es 7.41 Uhr. Wann ist sie in den Bus eingestiegen und, wie lange dauert die Busfahrt?

50. Sabine sagt: „Heute ist genau $\frac{1}{4}$ meiner Ferien vorbei. Noch drei Tage, und es beginnt schon das zweite Drittel." Wie lange dauern Sabines Ferien?

51. Von einer Gruppe Schüler, die an einem Mathematikwettbewerb teilnehmen, erreicht ein Viertel die 2. Runde. Zwei Drittel davon gelangen in die Endausscheidung. Das sind 16 Schüler. Wie viele haben an dem Wettbewerb teilgenommen?

52. In einer Streichholzschachtel sind $\frac{1}{4}$ Streichhölzer mehr als in einer anderen. In beiden zusammen sind 63 Hölzer.

53. Ein Erbe wird an zwei Töchter, drei Söhne und sechs weitere Verwandte aufgeteilt. Jede Tochter erhält ein Achtel, jeder Sohn ein Siebtel der Hinterlassenschaft. Der Rest wird gleichmäßig auf die übrigen verteilt. Welchen Anteil des Erbes erhält jeder der übrigen Verwandte?

54. Jemand erbt $\frac{5}{12}$ eines Vermögens. Das sind 180000 DM. Er zahlt davon $\frac{1}{5}$ Erbschaftssteuer. Den Rest schenkt er zu gleichen Teilen seinen vier Kindern.
a) Welchen Betrag erhält jedes Kind?
b) Welcher Anteil am Gesamtvermögen ist das?

55. 754 Liter Wein sollen in $\frac{3}{4}$-*l*- und in $\frac{7}{10}$-*l*-Flaschen abgefüllt werden. Man möchte von beiden Flaschentypen gleich viele verwenden. Wie viele sind das?

Vermischte Aufgaben

56. Welche Rechenart wird durch das Wort „von" beschrieben? Notiere die Rechnung und bestimme die Lösung!
a) Zwei Drittel **von** 24 Kindern einer Schulklasse wählen als zweite Fremdsprache Französisch. Wie viele sind das?
b) In einer Klasse wählen zwei **von** drei Kindern als zweite Fremdsprache Französisch, in der Parallelklasse sind es drei **von** vier. In welcher Klasse ist der Anteil höher?
c) Von 20 Schülern errangen 14 beim Sportfest eine Urkunde. Bestimme den Anteil!
d) Sieben Zehntel **(von)** der Erdoberfläche sind mit Meer bedeckt. Die Oberfläche ist etwas größer als 500 Millionen km². Wie groß ist die Wasserfläche auf der Erde?
e) Jürgen nimmt **von** 12 Bonbons zunächst vier und dann **von** dem Rest noch einmal ein Viertel. Welchen Anteil hat er insgesamt genommen?
f) Was ist größer: $\frac{2}{3}$ **von** 6 m² oder $\frac{1}{4}$ **von** 8 m²?

57. Ergänze!

a) 11 ist um $1\frac{5}{6}$ größer als … .

b) 11 ist $1\frac{5}{6}$ mal so groß wie … .

c) Vergrößert man 11 um $1\frac{5}{6}$, so erhält man … .

d) Das $1\frac{5}{6}$-fache von 11 ist … .

e) 11 ist $1\frac{5}{6}$ mal in … enthalten.

f) $1\frac{5}{6}$ ist … mal in 11 enthalten.

g) Die Differenz von 11 und $1\frac{5}{6}$ ist … .

h) $1\frac{5}{6}$ von 11 ist … .

i) Sind von 11 *l* einer Flüssigkeit $1\frac{5}{6}$ *l* Säure, so beträgt der Anteil … .

58. Ermittle die gesuchte Zahl!

a) Das Doppelte einer Zahl ist um $\frac{1}{3}$ größer als $1\frac{1}{6}$.

b) Die Hälfte einer Zahl ist um $\frac{1}{4}$ kleiner als $1\frac{1}{2}$.

c) Das $1\frac{2}{3}$-fache einer Zahl ist 2.

d) Die Summe von $1\frac{3}{4}$ und $\frac{1}{6}$ ist um $\frac{1}{12}$ kleiner als die gesuchte Zahl.

e) Die Differenz von $2\frac{3}{8}$ und einer Zahl ist genauso groß wie das Fünffache von $\frac{3}{8}$.

f) Mit welcher Zahl muß man die Summe aus $4\frac{3}{4}$ und $5\frac{1}{6}$ multiplizieren, um den Quotienten aus $11\frac{1}{3}$ und $\frac{4}{9}$ zu erhalten?

g) Durch welche Zahl muß man die Differenz von $8\frac{1}{3}$ und $3\frac{7}{12}$ dividieren, um die Summe von $1\frac{1}{36}$ und $7\frac{5}{12}$ zu erhalten?

59. Bestimme die Lösungen zu folgenden Gleichungen! Für welche Gleichungen gibt es keine Bruchzahl als Lösung?

a) $\frac{2}{3} + x = 1$	**b)** $\frac{2}{3} \cdot x = 1$	**c)** $\frac{2}{3} - x = 1$
d) $\frac{2}{3} : x = 1$	**e)** $\frac{2}{3} + x = \frac{4}{5}$	**f)** $\frac{2}{3} \cdot x = \frac{4}{5}$
g) $\frac{2}{3} - x = \frac{4}{5}$	**h)** $\frac{2}{3} : x = \frac{4}{5}$	**i)** $\frac{2}{3} + x = 0$
j) $\frac{2}{3} \cdot x = 0$	**k)** $\frac{2}{3} - x = 0$	**l)** $\frac{2}{3} : x = 0$

60. Verfahre wie in Aufgabe 59!

a) $3 \cdot x = \frac{1}{3}$	**b)** $\frac{2}{5} - x = 0$	**c)** $1\frac{3}{7} : x = \frac{2}{7}$
d) $x : 1\frac{1}{2} = 2$	**e)** $x - 1\frac{3}{8} = \frac{5}{6}$	**f)** $x + 2\frac{3}{7} = 2\frac{1}{2}$
g) $x + \frac{2}{9} = 3\frac{1}{3}$	**h)** $x \cdot 4\frac{3}{4} = \frac{1}{2}$	**i)** $2\frac{2}{5} : x = \frac{2}{3}$

61. Das Zeichen „%“ (Prozent) ist auf Seite 66 erklärt. Berechne!

a) $12\frac{1}{2}$ % von 200 DM	**b)** $66\frac{2}{3}$ % von 12 DM
c) $4\frac{1}{4}$ % von 3600 DM	**d)** $2\frac{4}{5}$ % von 10000 DM
e) $3\frac{3}{8}$ % von 2400 DM	**f)** $4\frac{3}{4}$ % von 400 DM

62. Vereinfache und berechne im Kopf!

a) $\frac{1}{4}$ % von 400 DM	**b)** $1\frac{1}{4}$ % von 3600 DM
c) $33\frac{1}{3}$ % von 240 DM	**d)** $66\frac{2}{3}$ % von 81 DM
e) $2\frac{1}{7}$ % von 1400 DM	**f)** $12\frac{1}{2}$ % von 88 DM

63. Die Durchschnittsgeschwindigkeit erhält man, indem man den zurückgelegten Weg durch die dazu benötigte Zeit dividiert. Legt beispielsweise ein Auto in 4 Stunden 200 km zurück, dann beträgt die Durchschnittsgeschwindigkeit

$\frac{200\,\text{km}}{4\,\text{h}} = \frac{200}{4}\,\frac{\text{km}}{\text{h}} = 50\,\frac{\text{km}}{\text{h}}$.

a) Frau Müller fährt mit dem Auto 264 km in 3 Stunden. Wie groß ist ihre Durchschnittsgeschwindigkeit?

b) Welche Durchschnittsgeschwindigkeit hat ein Pkw, der für 364 km $4\frac{2}{3}$ Stunden benötigt?

c) Die Klasse 6c wandert zu einem 12 km entfernten Ziel (Bild 22). Wie lange ist sie unterwegs, wenn sie pro Stunde $4\frac{1}{2}$ km zurücklegt?

d) Ein Schnellzug fährt mit einer durchschnittlichen Geschwindigkeit von 80 $\frac{\text{km}}{\text{h}}$. Welche Strecke hat er in $3\frac{3}{4}$ Stunden zurückgelegt?

e) Welche Durchschnittsgeschwindigkeit hat ein Nahverkehrszug, der für eine Strecke von 96 km 1 Stunde und 12 Minuten benötigt?

Bild 22

64. Die Pyramiden in Ägypten wurden als Grabmäler der Pharaonen – so nannte man die ägyptischen Könige – erbaut. Da die Ägypter an ein Fortleben nach dem Tod glaubten, gaben sie den Toten eine Fülle von Schätzen mit ins Grab. Die Wände der unterirdischen Räume sind zudem oft mit herrlichen Zeichnungen verziert. Bodenuntersuchungen von Archäologen haben aber keine Hinweise auf Feuerstellen oder Spuren von Öllampen ergeben. Man vermutet daher, daß das notwendige Licht von draußen hineingespiegelt worden ist.

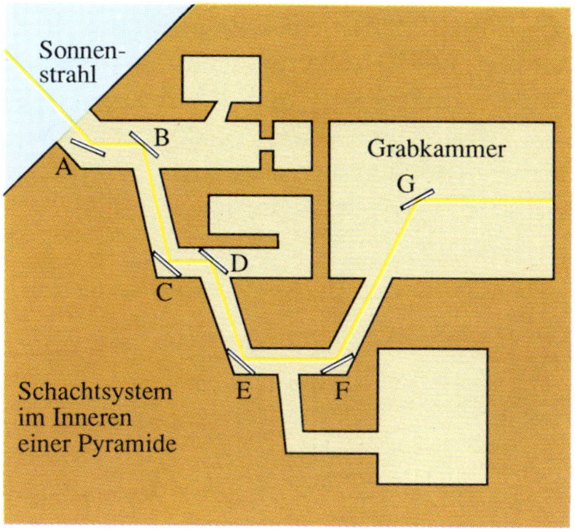

Bild 23

a) Man weiß heute, daß gute Spiegel der damaligen Zeit $\frac{2}{5}$ des einfallenden Lichtes weiterleiten konnten. Welcher Anteil des Sonnenlichtes gelangt über die Kette der Spiegel A, B, C, D, E, F, G an die Wand des Grabraumes, wenn jeder dieser Spiegel $\frac{2}{5}$ des einfallenden Lichtes weiterleitet (Bild 23)?

b) Man weiß ferner, daß Künstler noch bei $\frac{1}{4000}$ des Sonnenlichtes arbeiten können, wenn sich ihre Augen auf die Dunkelheit eingestellt haben.

Ist die Vermutung, daß das Licht mit Spiegeln in die Grabkammer geleitet wurde, haltbar?

Hinweis: Vergleiche zunächst das Ergebnis aus a) mit dem Bruch $\frac{128}{80000}$ und diesen dann mit dem Bruch $\frac{1}{4000}$.

65. Schon vor mehr als 2000 Jahren wußten die Griechen, daß bei einem Kreis der Umfang etwa $3\frac{1}{7}$mal so groß ist wie der Durchmesser.

a) Bestimme den Umfang eines Kreises mit einem Durchmesser von

(1) 1 cm, **(2)** 7 cm, **(3)** $1\frac{3}{4}$ cm, **(4)** $5\frac{1}{11}$ cm!

b) Welchen Durchmesser hat ein Kreis etwa, wenn der Umfang $5\frac{1}{2}$ m beträgt?

c) Die Erde hat einen Umfang von ungefähr 40 000 km. Bestimme den Durchmesser!

d) Nimmt man die Bahn der Erde um die Sonne als kreisförmig an, so beträgt der Durchmesser dieser Bahn etwa 300 Millionen Kilometer. Welchen Weg legt die Erde um die Sonne in einem Jahr ungefähr zurück?

66. Auf Landkarten sind Maßstäbe angegeben wie z.B. 1 : 100 000. Das bedeutet: 1 cm auf der Karte entspricht 100 000 cm – also 1 km – in Wirklichkeit. Zwei Punkte, die 7 km voneinander entfernt sind, liegen auf einer Karte mit dem Maßstab 1 : 100 000 voneinander 7 cm entfernt, denn es gilt:

$\frac{1\text{ cm}}{100\,000\text{ cm}} = \frac{1\text{ cm}}{1\text{ km}} = \frac{7\text{ cm}}{7\text{ km}}$.

a) Welchen Abstand haben zwei Punkte auf einer Karte mit dem Maßstab 1 : 400 000, die in der Wirklichkeit 12 km voneinander entfernt sind?

b) Wie weit sind zwei Punkte im Gelände voneinander entfernt, wenn sie auf einer Karte mit dem Maßstab 1 : 250 000 den Abstand $5\frac{1}{2}$ cm voneinander haben?

c) Auf einer Karte mit dem Maßstab 1 : 75 000 sind zwei Städte $15\frac{1}{4}$ cm voneinander entfernt. Wie groß ist die Entfernung zwischen den beiden Städten in Wirklichkeit?

d) Die Grenze eines Staates verläuft über eine Strecke von 180 km geradlinig. Welche Länge hat diese Grenze auf einer Karte mit dem Maßstab 1 : 750 000?

e) Welchen Maßstab hat eine Karte, auf der zwei Punkte $4\frac{1}{2}$ cm voneinander entfernt sind, die in Wirklichkeit einen Abstand von 675 m haben?

67. Die Ägypter multiplizierten durch fortgesetztes Verdoppeln bzw. Halbieren. Ist wenigstens ein Faktor eines Produktes eine natürliche Zahl, so wurde diese Zahl als Summe aus den Zahlen 1, 2, 4, 8, 16, 32 usw., also der Zahlen 1 und den Potenzen von 2 geschrieben, z.B. $13 = 1 + 4 + 8$, $19 = 1 + 2 + 16$, $22 = 2 + 4 + 16$.
Der andere Faktor wurde ebenfalls fortlaufend verdoppelt.
Sind beide Faktoren Bruchzahlen, mußte nicht nur verdoppelt, sondern überdies halbiert werden.

Beispiele

1) $13 \cdot 23$ | **2)** $19 \cdot \frac{3}{4}$

Man schrieb:

| 1	23 |
2	46
| 4	92 |
| 8	184 |

| 1	$\frac{3}{4}$ |
| 2	$\frac{3}{2}$ |
4	3
8	6
| 16	12 |

Die Summe der entsprechenden Vielfachen des zweiten Faktors (rot markiert) ist das Ergebnis:

$13 \cdot 23 = 23 + 92 + 184 = 299$ | $19 \cdot \frac{3}{4} = \frac{3}{4} + \frac{3}{2} + 12 = \frac{9}{4} + 12 = 14\frac{1}{4}$

3) Zur Berechnung von $\frac{9}{4} \cdot \frac{3}{7}$ schrieb man:

1	$\frac{3}{7}$
| 2	$\frac{6}{7}$ |

Die nächste Verdoppelung würde links die Zahl 4 ergeben, die man wegen $4 > \frac{9}{4}$ nicht mehr verwenden kann. Deshalb halbiert man jetzt:

$\frac{1}{2}$	$\frac{3}{14}$
| $\frac{1}{4}$	$\frac{3}{28}$ |

Nun läßt sich der Faktor $\frac{9}{4}$ durch die **links** stehenden Zahlen darstellen: $\frac{9}{4} = 2 + \frac{1}{4}$.
Die Summe der entsprechenden Zahlen **rechts** (rot markiert) ist das Ergebnis:

$$\frac{9}{4} \cdot \frac{3}{7} = \frac{6}{7} + \frac{3}{28} = \frac{24+3}{28} = \frac{27}{28}.$$

a) Auf welchem Gesetz beruht das Verfahren?
b) Begründe, daß das Verfahren in jedem Fall zum Ziel führt, wenn wenigstens ein Faktor eine natürliche Zahl ist!
c) Führt das Verfahren auch bei zwei Bruchzahlen stets zum Ziel?
d) Berechne nach dem Verfahren folgende Produkte:

1) $9 \cdot 22$ **2)** $6 \cdot \frac{1}{2}$ **3)** $23 \cdot \frac{2}{3}$ **4)** $\frac{7}{8} \cdot \frac{2}{5}$

68. Auch Divisionen versuchten die Ägypter durch fortgesetztes Verdoppeln bzw. Halbieren auszuführen. Man begann links mit 1, rechts mit dem **Divisor**. Durch Verdoppeln bzw. Halbieren suchte man **rechts** Zahlen, die addiert den **Dividenden** ergeben. Man beendet das Verdoppeln, wenn der nächste Schritt rechts eine Zahl liefern würde, die größer als der Dividend ist.

Beispiele

1) $21 : 8$

1	8	
| 2	16 |	$(32 > 21)$
| $\frac{1}{2}$	4 |	
$\frac{1}{4}$	2	
| $\frac{1}{8}$	1 |	

2) $7 : \frac{2}{3}$

1	$\frac{2}{3}$	
| 2	$\frac{4}{3}$ |	
4	$\frac{8}{3}$	
| 8	$\frac{16}{3}$ |	$(\frac{32}{3} > 7)$
| $\frac{1}{2}$	$\frac{1}{3}$ |	

Nun kann man den Dividenden durch **rechts** stehende Zahlen ausdrücken:

$16 + 4 + 1 = 21.$ | $\frac{4}{3} + \frac{16}{3} + \frac{1}{3} = \frac{21}{3} = 7.$

Die Summe der entsprechenden Zahlen **links** (rot markiert) ist das Ergebnis:

$21 : 8 = 2 + \frac{1}{2} + \frac{1}{8} = 2\frac{5}{8}.$ | $7 : \frac{2}{3} = 2 + 8 + \frac{1}{2} = 10\frac{1}{2}.$

a) Versuche, das Verfahren mit Hilfe der zu $a : b = x$ gehörenden Multiplikationsgleichung $a = b \cdot x$ zu begründen!
b) Führt das Verfahren in jedem Fall zum Ziel?
c) Berechne nach dem Verfahren folgende Quotienten!

1) $27 : 6$ **2)** $12\frac{1}{2} : 4$ **3)** $18 : \frac{1}{2}$ **4)** $\frac{3}{4} : \frac{2}{3}$

§ 7 Einführung der Dezimalzahlen

I. Dezimalbrüche

1. Zur Einführung

Gisela wird beim Schulsportfest im Weitsprung Jahrgangsbeste. Sie erzielt eine Weite von 3,78 m (Bild 1). Wir wissen, daß diese **Kommaschreibweise** für die Weite bedeutet:

$$3{,}78\text{ m} = 3\text{ m } 7\text{ dm } 8\text{ cm} = 3\text{ m} + 7\text{ dm} + 8\text{ cm}.$$

Früher haben wir gelernt:

$$1\text{ m} = 10\text{ dm} \quad \text{und} \quad 1\text{ m} = 100\text{ cm}.$$

Also gilt:

$$1\text{ dm} = \frac{1}{10}\text{ m} \quad \text{und} \quad 1\text{ cm} = \frac{1}{100}\text{ m}$$

und somit auch:

$$7\text{ dm} = \frac{7}{10}\text{ m} \quad \text{und} \quad 8\text{ cm} = \frac{8}{100}\text{ m}.$$

Bild 1

Wir erhalten also:

$$3{,}78\text{ m} = 3\text{ m} + \frac{7}{10}\text{ m} + \frac{8}{100}\text{ m} = 3\text{ m} + \frac{70}{100}\text{ m} + \frac{8}{100}\text{ m} = 3\frac{78}{100}\text{ m} = \frac{378}{100}\text{ m}.$$

3,78 ist also die Maßzahl einer Länge, und es gilt:

$$3{,}78 = 3 + \frac{7}{10} + \frac{8}{100} = 3\frac{78}{100} = \frac{378}{100}.$$

Wir lesen diese Zahl: „drei Komma sieben acht".

Beispiele

1) $5{,}2 = 5 + \frac{2}{10} = 5\frac{2}{10} = \frac{52}{10}$ (gelesen: „fünf Komma zwei")

2) $1{,}94 = 1 + \frac{9}{10} + \frac{4}{100} = 1\frac{94}{100} = \frac{194}{100}$ (gelesen: „eins Komma neun vier")

3) $0{,}643 = \frac{6}{10} + \frac{4}{100} + \frac{3}{1000} = \frac{643}{1000}$ (gelesen: „null Komma sechs vier drei")

4) $17{,}05 = 17 + \frac{0}{10} + \frac{5}{100} = 17\frac{5}{100} = \frac{1705}{100}$ (gelesen: „siebzehn Komma null fünf")

2. Dezimalbrüche; Dezimalzahlen

An den behandelten Beispielen erkennt man, daß die Kommaschreibweise eine andere Darstellung für Brüche mit dem Nenner 10, 100, 1000 oder einer anderen Potenz von 10 ist.

Man nennt solche Brüche **Dezimalbrüche** und die dargestellten Zahlen **Dezimalzahlen**.

Insbesondere gilt:

$$0{,}1 = \frac{1}{10}; \quad 0{,}01 = \frac{1}{100}; \quad 0{,}001 = \frac{1}{1000}; \quad 0{,}0001 = \frac{1}{10000} \quad \text{usw.}$$

3. Erweiterung des Dezimalsystems

Die Kommaschreibweise für Bruchzahlen stellt offensichtlich eine Erweiterung der Dezimalschreibweise dar.

Zu den bekannten Stellenwerten

Einer (E), Zehner (Z), Hunderter (H), Tausender (T) usw.

kommen neue Stellenwerte hinzu:

Zehntel (z), Hundertstel (h), Tausendstel (t), Zehntausendstel (zt) usw.

Beispiel 8,7 5 0 2

- 2 — Zehntausendstel (zt)
- 0 — Tausendstel (t)
- 5 — Hundertstel (h)
- 7 — Zehntel (z)

Die Stellen hinter dem Komma heißen **Dezimalstellen**; die Ziffern hinter dem Komma heißen **Dezimalen**.

Beispiele

1) 3,41 bedeutet: 3 Einer + 4 Zehntel + 1 Hundertstel.

2) 0,107 bedeutet: 0 Einer + 1 Zehntel + 0 Hundertstel + 7 Tausendstel.

Bild 2 gibt die Bedeutung der Stellen im Dezimalsystem an.

Stellen links vom Komma						Komma	Stellen rechts vom Komma					
6.	5.	4.	3.	2.	1.		1.	2.	3.	4.	5.	6.
HT	ZT	T	H	Z	E		z	h	t	zt	ht	m

Bild 2

4. Erweitern und Kürzen von Dezimalbrüchen

Eine Dezimalzahl kann man nicht nur durch einen einzigen Bruch mit dem Nenner 10, 100, 1000, ... darstellen. Jeder derartige Bruch ergibt mit 10, 100, 1000, ... erweitert wieder einen solchen Bruch.

Beispiele **1)** $0{,}3 = \frac{3}{10} = \frac{30}{100} = \frac{300}{1000} = \ldots$ **2)** $0{,}13 = \frac{13}{100} = \frac{130}{1000} = \ldots$

Den verschiedenen Brüchen entsprechen verschiedene Dezimalbrüche.

Beispiele

1) $\frac{3}{10} = 0{,}3;\ \frac{30}{100} = 0{,}30;\ \frac{300}{1000} = 0{,}300;\ \ldots;$ also gilt: $0{,}3 = 0{,}30 = 0{,}300 = \ldots.$

2) $\frac{13}{100} = 0{,}13;\ \frac{130}{1000} = 0{,}130;\ \frac{1300}{10000} = 0{,}1300;\ \ldots;$ also gilt: $0{,}13 = 0{,}130 = 0{,}1300 = \ldots.$

Wir sagen:

Der Dezimalbruch 0,3 wird durch Anhängen einer Null (oder mehrerer Nullen) an die letzte Dezimale zu 0,30 (bzw. 0,300; ...) **erweitert**.

Da wir auch umgekehrt 0,30 = 0,3 lesen können, sagen wir entsprechend:

Der Dezimalbruch 0,30 wird durch Weglassen der letzten Dezimale Null zu 0,3 **gekürzt**.

Aufgaben und Beispiele

Zum Einstieg
Peter geht einkaufen. Er soll für seine Mutter $\frac{3}{4}$ kg Holländischen Gouda mitbringen. An der Käsetheke sind einige Stücke verpackt, und ihr Gewicht ist ausgezeichnet. Peter findet auf den Etiketten u.a. die Angaben 0,675 kg, 0,725 kg, 0,800 kg und 0,750 kg. Welches Stück soll er wählen?

Bild 3

Dezimalbrüche und Stellenwerte

1. Schreibe als Bruch!
a) 0,1 **b)** 0,3 **c)** 0,7 **d)** 0,01
e) 0,09 **f)** 0,23 **g)** 0,101 **h)** 0,0237

2. Schreibe als gemischte Zahl!
a) 2,1 **b)** 1,73 **c)** 12,01 **d)** 3,13
e) 1,239 **f)** 7,073 **g)** 1,0091 **h)** 77,1

3. Schreibe als Bruch bzw. als gemischte Zahl und kürze soweit wie möglich!
a) 2,05 **b)** 1,5 **c)** 3,32 **d)** 0,125
e) 10,75 **f)** 6,375 **g)** 0,025 **h)** 12,84

4. Welchen Stellenwert haben die einzelnen Ziffern in den folgenden Zahlen?
a) 143,2 **b)** 0,23 **c)** 14,02 **d)** 3,60
e) 679,801 **f)** 24,3801 **g)** 7,4935

5. Welchen Stellenwert hat die Ziffer 5 in den folgenden Zahlen?

a) 253 **b)** 212,5 **c)** 517,0 **d)** 19,05
e) 53,72 **f)** 0,735 **g)** 10,501 **h)** 4,051
i) 7,0365 **j)** 9,345 **k)** 5,671 **l)** 57,21

6. Setze das Komma jeweils so, daß die Ziffer 1 den Stellenwert „Hundertstel" erhält!

a) 412 **b)** 31 **c)** 123 **d)** 1000 **e)** 4321
f) 6179 **g)** 17 **h)** 717 **i)** 3001 **j)** 1

7. Stelle in Dezimalschreibweise dar!

a) 3 Einer 4 Zehntel
b) 3 Zehner 3 Zehntel
c) 1 Hunderter 3 Einer 2 Hundertstel
d) 7 Zehntel 3 Hundertstel
e) 2 Einer 4 Tausendstel
f) 5 Hundertstel 1 Tausendstel
g) 3 Tausender 3 Tausendstel
h) 2 Einer 1 Zehntel 5 Zehntausendstel

8. Zerlege folgende Zahlen nach ihren Stellenwerten!

Beispiel

$13{,}54 = 1 \cdot 10 + 3 \cdot 1 + 5 \cdot \frac{1}{10} + 4 \cdot \frac{1}{100}$

a) 2,03 **b)** 123,1 **c)** 0,635 **d)** 0,0213
e) 1407,02 **f)** 10,0110 **g)** 3,764589

Dezimalbrüche bei Größen

9. Schreibe kommafrei unter Verwendung kleinerer Einheiten!

a) 4,75 m **b)** 6,05 DM **c)** 8,051 km
d) 6,009 t **e)** 0,25 dm **f)** 10,001 m
g) 0,08 kg **h)** 4,02 m^2 **i)** 0,0001 km
j) 2,01 cm^2 **k)** 0,015 m^2 **l)** 15,305 m^3

10. Schreibe mit der Einheit, die in Klammern angegeben ist!

a) 1,6 m (dm) **b)** 0,5 dm (cm)
c) 4,35 DM (Pf) **d)** 2,6 m (cm)
e) 0,3 t (kg) **f)** 2,8 km (m)
g) 1,45 m (mm) **h)** 3,05 kg (g)
i) 4,5 m^2 (dm^2) **j)** 3,75 cm^2 (mm^2)
k) 4,32 hl (*l*) **l)** 8,13 cm^3 (mm^3)

11. Stelle die Größe auf drei Arten kommafrei dar!

Beispiel

1) 2,25 m = 2 m 25 cm
2) 2,25 m = 225 cm
3) 2,25 m = $2\frac{25}{100}$ m = $2\frac{1}{4}$ m

a) 2,75 m **b)** 2,5 m **c)** 3,5 dm
d) 6,05 DM **e)** 0,0015 km **f)** 3,05 t
g) 1,001 kg **h)** 12,12 dm **i)** 1,7 hl
j) 1,125 km **k)** 8,825 m **l)** 8,88 t

12. Bei Zeitspannen ist eine Umwandlung der Maßzahlen nicht so einfach möglich wie bei Längen- oder Gewichtsmaßen. Durch Kürzen oder Erweitern muß man versuchen, auf den Nenner 60 zu kommen.

Beispiel

3,6 h = $3\frac{6}{10}$ h = $3\frac{36}{60}$ h = 3 h 36 min

Schreibe die Maßzahlen kommafrei mit Hilfe kleinerer Einheiten!

a) 2,5 h **b)** 8,75 min **c)** 4,1 min
d) 0,25 h **e)** 1,8 min **f)** 7,6 min
g) 10,4 h **h)** 0,3 min **i)** 0,125 h

13. Durch das Vorsetzen bestimmter Silben kennzeichnet man kleinere Maßeinheiten.

Vorsilbe	Zeichen	Bedeutung
Milli	m	0,001
Mikro	µ	0,000001
Nano	n	0,000000001
Pico	p	0,000000000001

Z. B. ist eine Mikrosekunde der millionste Teil einer Sekunde: 1 µs = 0,000001 s.

a) Erläutere entsprechend die Begriffe Milliliter (ml), Nanosekunde (ns) und Picometer (pm).

b) In den 40er Jahren schaffte ein Computer 1000 Rechenschritte in einer Sekunde, in den 60er Jahren waren es schon 1000000. 1990 waren wir bei 100 Millionen Schritten pro Sekunde angelangt. In welcher Zeitspanne wurde jeweils ein Rechenschritt ausgeführt?

14. Dezimalzahlen begegnen uns überall im täglichen Leben. Sicher hast du schon einmal Schilder wie in Bild 4 gesehen. Die obere rot umrandete Tafel zeigt die Lage eines „Hydranten“ (das ist eine Wasserentnahmestelle), der sich 2,9 m vor und 4,5 m rechts von der Stelle befindet, an der das Schild steht. Die Wasserleitung hat einen Durchmesser von 300 mm. Man erkennt das an der Angabe „H 300“.

Die blauen Schilder geben die Lage der Schieber („S“) in den Rohrleitungen an. Erläutere die Informationen, die auf den blauen Schildern von Bild 4 zu sehen sind!

Bild 4

Erweitern und Kürzen

15. Erweitere mit 10!
a) 1,3 **b)** 2,15 **c)** 3,171 **d)** 0,040
e) 0,2 **f)** 6,01 **g)** 0,007 **h)** 30,05
i) 0,0 **j)** 5,00 **k)** 579,9 **l)** 2

16. Erweitere mit 100!
a) 14,2 **b)** 14,02 **c)** 0,312 **d)** 5,0
e) 0,75 **f)** 0,556 **g)** 0,01 **h)** 12
i) 0,0 **j)** 3,01 **k)** 0,007 **l)** 0

17. Kürze durch 10!
a) 3,50 **b)** 4,070 **c)** 16,00 **d)** 14,10
e) 6,3030 **f)** 14,0 **g)** 4,500 **h)** 500,0
i) 0,0 **j)** 3,100 **k)** 0,010 **l)** 2,000

18. Kürze soweit wie möglich!
a) 3,510 **b)** 4,30 **c)** 16,010 **d)** 7,200
e) 0,500 **f)** 1,00 **g)** 134,00 **h)** 4,320
i) 12,75 **j)** 7,40 **k)** 0,0000 **l)** 23,10
m) 3,840 **n)** 0,02 **o)** 19,600 **p)** 6,930

19. Stelle jede der folgenden Dezimalzahlen durch drei verschiedene Dezimalbrüche dar! Nenne dabei stets auch die einfachste Form!
a) 1,500 **b)** 3,010 **c)** 0,070 **d)** 13,140
e) 3,031 **f)** 14,90 **g)** 0,100 **h)** 13,120
i) 0,001 **j)** 6,000 **k)** 12 **l)** 0,0000

20. Mache gleichnamig!
a) 1,4 und 0,25 **b)** 14,3 und 0,001
c) 5,03 und 6,021 **d)** 3,765 und 4,60
e) 1,20 und 1,200 **f)** 4,450 und 2,39
g) 6,40 und 31,0 **h)** 2 und 3,053000
i) 11,001 und 3,0 **j)** 100 und 2,0000
k) 7,380 und 0,7201 **l)** 14,27 und 128

21. Sabine möchte mit einem Lineal die Länge einer Strecke bestimmen. Sie liest an der Skala 4,7 cm ab.

Bild 5

a) Wieviel Millimeter sind das?
Welcher Anteil eines Zentimeters sind 7 mm?
Wie läßt sich 4,7 als Bruch darstellen?
b) Sabines Mutter überprüft die Messung. Sie meint die Strecke sei etwas länger als 4,7 cm. Beide einigen sich schließlich darauf, die Länge mit 4,75 cm anzugeben. Stelle 4,75 als Bruch dar und vergleiche ihn der Größe nach mit dem Bruch, der in a) für 4,7 ermittelt wurde!

II. Umwandlung von Brüchen in Dezimalbrüche

1. Umwandlung von Zehnerbrüchen

Wir haben gelernt, Dezimalbrüche in Brüche umzuwandeln. Jetzt wollen wir herausfinden, ob sich auch alle Brüche in Dezimalbrüche umwandeln lassen und wie man dabei vorgehen muß.

Ganz einfach lassen sich Brüche mit dem Nenner 10, 100, 1000 usw. in Dezimalbrüche umwandeln. Solche Brüche wollen wir **Zehnerbrüche** nennen.

Beispiele

1) $\frac{3}{10} = 0{,}3$ **2)** $\frac{27}{100} = 0{,}27$ **3)** $\frac{473}{1000} = 0{,}473$ **4)** $\frac{7}{100} = 0{,}07$

5) $\frac{23}{10000} = 0{,}0023$ **6)** $\frac{59}{10} = 5\frac{9}{10} = 5{,}9$ **7)** $\frac{8531}{100} = 85\frac{31}{100} = 85{,}31$

Ist der Zehnerbruch ein echter Bruch, dann schreibt man vor das Komma eine „0" und hinter das Komma die Ziffern des Zählers. Dabei sind unter Umständen wie bei den Beispielen 4) und 5) noch Nullen hinter das Komma zu schreiben, damit die Dezimalen den richtigen Stellenwert erhalten.

Unechte Zehnerbrüche wie in den Beispielen 6) und 7) schreibt man erst als gemischte Zahlen. Vor das Komma setzt man in diesem Fall die Ziffern der natürlichen Zahl.

2. Umwandlung von anderen Brüchen

Brüche, die nicht Zehnerbrüche sind, lassen sich in Dezimalbrüche umwandeln, wenn man sie zu Zehnerbrüchen erweitern kann.

Beispiele

1) $\frac{1}{2} = \frac{5}{10} = 0{,}5$ **2)** $\frac{4}{5} = \frac{8}{10} = 0{,}8$ **3)** $\frac{3}{4} = \frac{75}{100} = 0{,}75$

4) $\frac{8}{25} = \frac{32}{100} = 0{,}32$ **5)** $\frac{7}{20} = \frac{35}{100} = 0{,}35$ **6)** $\frac{9}{200} = \frac{45}{1000} = 0{,}045$

Die Umwandlung gelingt auch, wenn man die Brüche zu Zehnerbrüchen kürzen kann.

Beispiele

1) $\frac{9}{30} = \frac{3}{10} = 0{,}3$ **2)** $\frac{56}{700} = \frac{8}{100} = 0{,}08$ **3)** $\frac{405}{300} = \frac{135}{100} = 1{,}35$

In manchen Fällen läßt sich der Bruch in einen Zehnerbruch umwandeln, indem man zunächst kürzt und dann erweitert.

Beispiele

1) $\frac{3}{12} = \frac{1}{4} = \frac{25}{100} = 0{,}25$ **2)** $\frac{21}{350} = \frac{3}{50} = \frac{6}{100} = 0{,}06$ **3)** $\frac{36}{15} = \frac{12}{5} = \frac{24}{10} = 2{,}4$

3. Brüche, die sich nicht umwandeln lassen

Es gibt auch Brüche, die sich nicht in Dezimalbrüche umwandeln lassen.
Der Bruch $\frac{1}{3}$ läßt sich nicht kürzen. Er läßt sich auch nicht zu einem Zehnerbruch erweitern, weil 3 kein Teiler einer Zehnerpotenz ist. Zehnerpotenzen haben nur die Primfaktoren 2 und 5. Daher können auch ihre Teiler nur die Primfaktoren 2 und 5 haben.

Beispiele **1)** $10 = 2 \cdot 5$ **2)** $100 = 2^2 \cdot 5^2$ **3)** $1000 = 2^3 \cdot 5^3$

Enthält also der Nenner eines Bruches, der nicht mehr zu kürzen ist, einen von 2 oder 5 verschiedenen Primfaktor, dann läßt er sich nicht als Zehnerbruch, und damit auch nicht als Dezimalbruch schreiben.

Beachte: Bevor du entscheiden kannst, ob sich ein Bruch in einen Dezimalbruch umwandeln läßt, mußt du soweit wie möglich kürzen.

Beispiele

1) $\frac{5}{6}$ ist nicht zu kürzen. Der Nenner enthält den Primfaktor 3.
Aus diesem Grund kann man $\frac{5}{6}$ nicht in einen Dezimalbruch umwandeln.

2) $\frac{3}{14}$ ist nicht zu kürzen. Der Nenner enthält den Primfaktor 7.
Aus diesem Grund kann man $\frac{3}{14}$ nicht in einen Dezimalbruch umwandeln.

Aufgaben und Beispiele

Zum Einstieg
Du weißt bereits, daß $7:2 = \frac{7}{2} = 3\frac{1}{2}$ ist. Dividiert man andererseits 7 durch 2 mit einem Taschenrechner, so liest man in der Anzeige „3.5". Welche Bedeutung hat hier der Punkt zwischen den Ziffern 3 und 5? Welchen Dezimalbruch zeigt der Rechner, wenn man 7 : 4 bzw. 7 : 8 eintippt?

Bild 6

Zehnerbrüche

1. Schreibe als Dezimalbruch!

a) $\frac{3}{10}$ **b)** $\frac{5}{10}$ **c)** $1\frac{1}{10}$ **d)** $3\frac{5}{10}$ **e)** $\frac{7}{100}$
f) $\frac{37}{100}$ **g)** $2\frac{14}{100}$ **h)** $4\frac{1}{100}$ **i)** $2\frac{500}{1000}$
j) $20\frac{3}{10000}$ **k)** $25\frac{14}{1000}$ **l)** $12\frac{121}{10000}$

2. Schreibe als gemischte Zahl und als Dezimalbruch!

a) $\frac{37}{10}$ **b)** $\frac{55}{10}$ **c)** $\frac{550}{100}$ **d)** $\frac{1347}{10}$
e) $\frac{123}{100}$ **f)** $\frac{2600}{1000}$ **g)** $\frac{475}{10}$ **h)** $\frac{6277}{100}$
i) $\frac{23900}{1000}$ **j)** $\frac{70}{10}$ **k)** $\frac{9000}{10}$ **l)** $\frac{204}{100}$
m) $\frac{1234}{1000}$ **n)** $\frac{4500}{1000}$ **o)** $\frac{500}{100}$ **p)** $\frac{3500}{1000}$

3. Schreibe als Dezimalbruch!

a) $\frac{1}{2}$ **b)** $\frac{1}{4}$ **c)** $\frac{3}{4}$ **d)** $\frac{4}{5}$ **e)** $\frac{3}{20}$ **f)** $\frac{11}{25}$
g) $\frac{7}{50}$ **h)** $\frac{19}{5}$ **i)** $\frac{31}{20}$ **j)** $\frac{101}{25}$ **k)** $\frac{7}{2}$ **l)** $\frac{7}{8}$
m) $\frac{19}{4}$ **n)** $\frac{7}{40}$ **o)** $\frac{1}{200}$ **p)** $\frac{13}{250}$ **q)** $\frac{1516}{1250}$

4. Kürze zunächst und schreibe dann als Dezimalbruch!

a) $\frac{18}{20}$ **b)** $\frac{6}{60}$ **c)** $\frac{9}{30}$ **d)** $\frac{16}{400}$ **e)** $\frac{50}{250}$
f) $\frac{24}{40}$ **g)** $\frac{49}{70}$ **h)** $\frac{64}{80}$ **i)** $\frac{48}{200}$ **j)** $\frac{105}{350}$
k) $\frac{90}{6000}$ **l)** $\frac{192}{6400}$ **m)** $\frac{55}{1100}$ **n)** $\frac{125}{2500}$ **o)** $\frac{525}{300}$

5. Schreibe in Dezimaldarstellung!

a) $\frac{7}{5}$ **b)** $\frac{17}{20}$ **c)** $\frac{45}{150}$ **d)** $\frac{124}{40}$ **e)** $\frac{9}{12}$
f) $\frac{49}{140}$ **g)** $\frac{63}{14}$ **h)** $\frac{26}{40}$ **i)** $\frac{75}{30}$ **j)** $\frac{40}{800}$
k) $\frac{39}{52}$ **l)** $\frac{70}{112}$ **m)** $\frac{85}{68}$ **n)** $\frac{72}{192}$ **o)** $\frac{5}{80}$

6. Welche der nachstehenden Brüche lassen sich zu Dezimalbrüchen umformen?

a) $\frac{9}{30}$ **b)** $\frac{5}{30}$ **c)** $\frac{30}{70}$ **d)** $\frac{21}{14}$ **e)** $\frac{16}{20}$
f) $\frac{12}{96}$ **g)** $\frac{24}{36}$ **h)** $\frac{60}{66}$ **i)** $\frac{66}{60}$ **j)** $\frac{36}{72}$
k) $\frac{11}{77}$ **l)** $\frac{60}{72}$ **m)** $\frac{45}{90}$ **n)** $\frac{90}{45}$ **o)** $\frac{56}{36}$

7. Oliver hat bei den vier Mathematikarbeiten die Noten 3, 4, 3 und 1 erreicht. Um seinen Durchschnitt zu berechnen, bestimmt er die Summe und dividiert sie durch die Anzahl der Arbeiten, also durch 4:

$$(3+4+3+1):4 = 11:4 = \tfrac{11}{4} = 2\tfrac{3}{4}.$$

Oliver weiß, daß Durchschnittsnoten stets in Kommaschreibweise angegeben werden. Welche Dezimalzahl gibt seine Durchschnittsnote wieder?

Bild 7

8. Dagmar behauptet, $\frac{3}{24}$ lasse sich nicht in einen Dezimalbruch umwandeln, weil der Nenner 24 den Teiler 3 enthält. Woran hat sie nicht gedacht?

Anwendungen auf Größen

9. Drücke die Größe durch die größte Maßeinheit aus und schreibe die Maßzahl als Dezimalbruch!

Beispiel

$$7\,\text{m}\;3\,\text{mm} = 7\tfrac{3}{1000}\,\text{m} = 7{,}003\,\text{m}$$

a) 4 m 3 dm **b)** 10 m 2 cm
c) 3 dm 1 cm **d)** 3 t 15 kg
e) 2 DM 60 Pf **f)** 7 hl 1 *l*
g) 2 kg 2 g **h)** 1 t 10 g
i) 5 km 1 dm **j)** 7 m^2 12 cm^2
k) 6 m^2 6 dm^2 **l)** 2 m^3 1 dm^3

10. Verfahre wie in Aufgabe 9!

a) 2m 3dm 4cm **b)** 10km 30m 2cm
c) 3h 6min **d)** 14min 48s
e) 3min 3s **f)** 6h 24min
g) 12h 36s **h)** 1h 12min 18s
i) 2m^2 2dm^2 2 cm^2 **j)** 7m^3 123cm^3 2mm^3

11. Schreibe in der Einheit, die in Klammern steht! Schreibe die Maßzahl als Dezimalbruch!

a) 37 cm (m) **b)** 3 mm (m)
c) 15 m (km) **d)** 30 min (h)
e) 45 s (min) **f)** 15 *l* (hl)
g) 9 Pf (DM) **h)** 35 cm^2 (m^2)
i) 180 s (h) **j)** 14 cm (m)
k) 2 cm (m) **l)** 12 g (t)

12. Schreibe die Größe in der Maßeinheit, die in Klammern angegeben ist!

a) 0,4 km (m) **b)** 30 m (km)
c) 1,5 *l* (hl) **d)** 0,02 m (mm)
e) 400 g (kg) **f)** 1,001 t (kg)
g) 0,1 dm (mm) **h)** 0,25 m (mm)
i) 0,001 cm^2 (mm^2) **j)** 3,17 m^2 (dm^2)

III. Größenvergleich von Dezimalzahlen

1. Zur Einführung

Gisela hat in der Sportstunde vier Versuche im Weitsprung. Sie erreicht nacheinander die Weiten 3,05 m, 3,78 m, 2,92 m und 3,70 m. Welcher Sprung war der beste, welcher der schlechteste?

Wir können die Werte unmittelbar ihrer Größe nach ordnen:

$$2{,}92\,\text{m} \;<\; 3{,}05\,\text{m} \;<\; 3{,}70\,\text{m} \;<\; 3{,}78\,\text{m}.$$

Wir begründen diese Anordnung, indem wir die Dezimalbrüche als Brüche schreiben:

$$2{,}92 = \frac{292}{100}, \quad 3{,}05 = \frac{305}{100}, \quad 3{,}70 = \frac{370}{100}, \quad 3{,}78 = \frac{378}{100}.$$

Der schlechteste Sprung war also der mit der Weite von 2,92 m, der beste der mit der Weite von 3,78 m.

2. Regel für den Größenvergleich von Dezimalzahlen

Das Beispiel macht deutlich, wie man Dezimalzahlen der Größe nach vergleichen kann.

Beispiele

1) Wir wollen 251,32 und 273,54 der Größe nach vergleichen.
Vergleicht man die Ziffern der beiden Dezimalbrüche von links nach rechts, dann unterscheiden sie sich zum ersten Mal auf der zweiten Stelle vor dem Komma.
Da $5 < 7$ ist, gilt $251{,}32 < 273{,}54$.

2) Wir vergleichen 7,537 mit 7,514.
Die Ziffern der Dezimalbrüche unterscheiden sich zum ersten Mal auf der zweiten Stelle hinter dem Komma.
Da $3 > 1$ ist, gilt $7{,}537 > 7{,}514$.

3) Wir vergleichen 4,7205 mit 4,7243.
Die Ziffern der Dezimalbrüche unterscheiden sich zum ersten Mal auf der dritten Stelle hinter dem Komma.
Da $0 < 4$ ist, gilt $4{,}7205 < 4{,}7243$.

Wir fassen zusammen:

Um zwei Dezimalzahlen der Größe nach zu vergleichen, sucht man in den Dezimalbrüchen die erste Stelle von links, in der sich die Dezimalbrüche unterscheiden. An dieser Stelle kann man ablesen, welche Dezimalzahl die kleinere bzw. größere ist.

Beispiele

1) $13{,}789 < 21{,}03$, weil $1 < 2$ ist.
2) $8{,}259 < 8{,}311$, weil $2 < 3$ ist.
3) $0{,}4691 < 0{,}483$, weil $6 < 8$ ist.
4) $0{,}04792 > 0{,}0477$, weil $9 > 7$ ist.

Eventuell muß man sich auf nicht besetzte Stellen Nullen gesetzt denken.

Beispiele

1) 4,1 < 4,11; denn es gilt 4,10 < 4,11, weil 0 < 1 ist.
2) 12,4 < 12,407; denn es gilt 12,400 < 12,407, weil 0 < 7 ist.

3. Darstellung von Dezimalzahlen am Zahlenstrahl

Bruchzahlen können wir auf dem Zahlenstrahl darstellen. Verfahren dazu haben wir bereits kennengelernt. Bei der Darstellung von Dezimalzahlen teilt man die Strecke für ein Ganzes (ein Zehntel, ein Hundertstel usw.) in 10 gleich lange Teile (Bild 8).

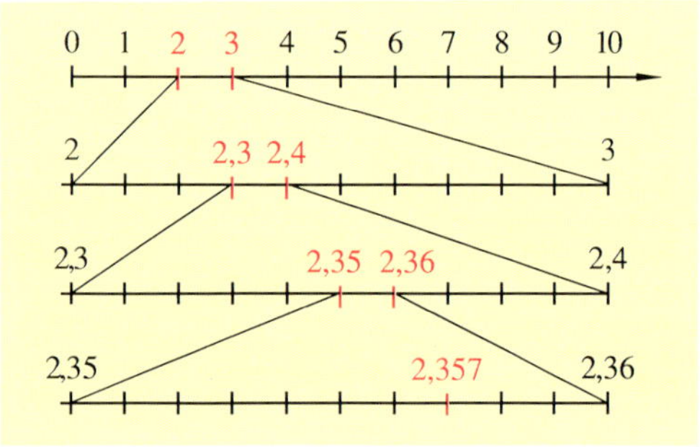

Bild 8

Auf diese Weise lassen sich Dezimalzahlen auf einem Zahlenstrahl abtragen.

Beispiele

1) Darstellung von 8,3 (Bild 9) **2)** Darstellung von 0,27 (Bild 10)

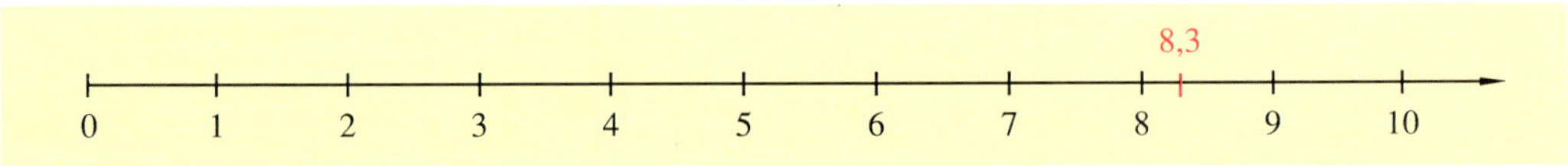

Bild 9

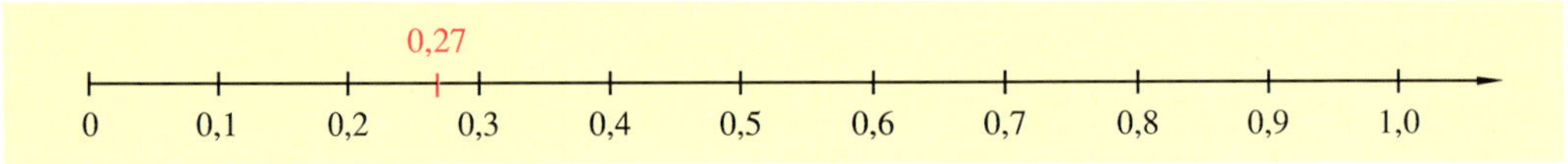

Bild 10

Bei Benutzung von Millimeterpapier vereinfacht sich die Darstellung.

Beispiele

1) Darstellung von 3,8 (Bild 11) **2)** Darstellung von 0,73 (Bild 12)

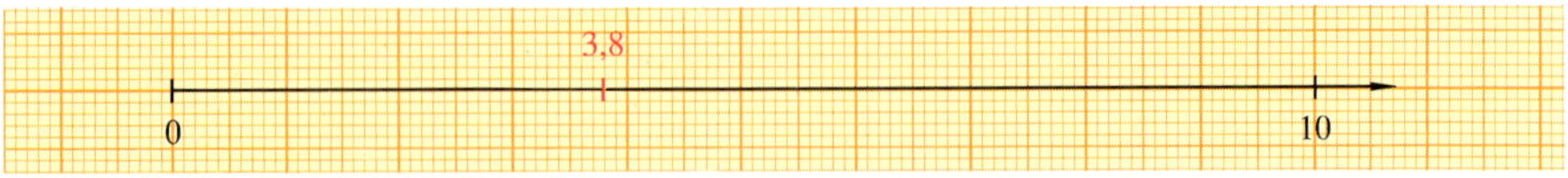

Bild 11

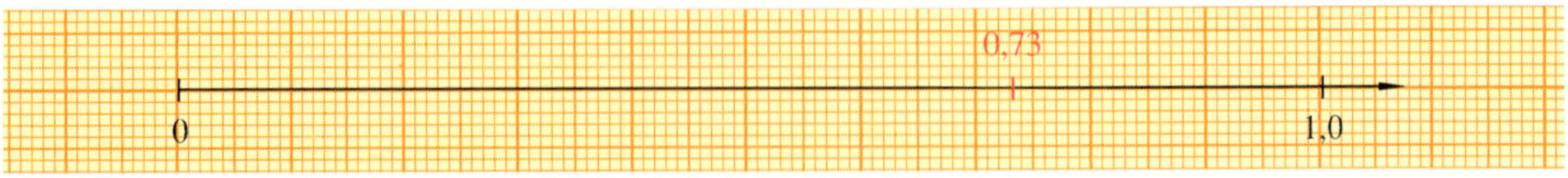

Bild 12

Aufgaben und Beispiele

Zum Einstieg

Bei den Olympischen Spielen 1988 in Seoul erreichten die acht Teilnehmer am 200-m-Endlauf der Männer folgende Zeiten:

Linford Christie	GBR	20,09 s
Joe Deloach	USA	19,75 s
Carl Lewis	USA	19,79 s
Atlee Antony Mahorn	CAN	20,39 s
Bruno Marie-Rose	FRA	20,58 s
Gilles Queneherve	FRA	20,40 s
Michael Rosswess	GBR	20,51 s
Robson da Silva	BRA	20,04 s

Ermittle den Zieleinlauf!

Bild 13

Größenvergleich bei Dezimalzahlen

1. Vergleiche der Größe nach!
a) 0,1 und 0,2 **b)** 1,2 und 1,1
c) 3,4 und 3,7 **d)** 6,1 und 5,8
e) 5 und 4,9 **f)** 3,83 und 3,84
g) 3,83 und 3,74 **h)** 0,79 und 0,97
i) 1,245 und 1,241 **j)** 1,24 und 1,245
k) 3,825 und 3,831 **l)** 60,04 und 59,9

2. Welche Zahl ist die kleinste, welche die größte?
a) 0,9; 1,1; 0,7 **b)** 0,94; 1,01; 0,89
c) 3,02; 2,9; 3,021 **d)** 14,1; 13,6; 15,7
e) 1,02; 1,2; 1,002 **f)** 4; 4,13; 4,1
g) 0,03; 0,01; 0,005 **h)** 1,9; 1,99; 1,999
i) 4,0; 4; 4,00 **j)** 2,91; 2,89; 3,02
k) 7,6; 6,7; 7,06 **l)** 0,959; 0,599; 0,995

3. Zwischen welchen benachbarten natürlichen Zahlen liegt die Dezimalzahl?
a) 2,453 **b)** 0,93 **c)** 16,041 **d)** 10,1
e) 38,3861 **f)** 102,1410 **g)** 778,999999

4. Nenne alle natürlichen Zahlen, die zwischen den beiden Dezimalzahlen liegen!
a) 3,894; 5,6 **b)** 2,01; 3,009
c) 96,8; 104,999 **d)** 12,535; 16,6

5. Zwischen welchen benachbarten Dezimalzahlen, die mit nur einer Dezimalstelle geschrieben werden können, liegt die gegebene Zahl?

Beispiel

Wir betrachten die Zahl 4,56.
Es gilt:

$$4{,}5 = 4{,}50 < 4{,}56 < 4{,}60 = 4{,}6.$$

4,56 liegt also zwischen 4,5 und 4,6.

a) 3,73 **b)** 4,82 **c)** 0,33 **d)** 1,05
e) 7,94 **f)** 6,325 **g)** 9,99 **h)** 6,001
i) 15,21 **j)** 37,06 **k)** 40,17 **l)** 51,625

6. Verfahre wie in Aufgabe 5! Suche aber Dezimalzahlen mit zwei Dezimalen!
a) 1,652 **b)** 6,543 **c)** 4,201
d) 7,191 **e)** 0,41834 **f)** 5,2525
g) 0,004 **h)** 9,999 **i)** 3,101

7. Ordne die Kinder der Größe nach:
Uwe 1,58 m; Jana 1,61 m; Rainer 1,59 m; Klaus 1,62 m; Gerda 1,52 m; Barbara 1,63 m; Hasan 1,54 m.

8. Bei den Olympischen Spielen 1988 in Seoul erzielten die besten acht Teilnehmerinnen beim Weitsprung der Frauen folgende Ergebnisse:

Elena Belewskaja	URS	7,04 m
Nicole Boegman	AUS	6,73 m
Heike Drechsler	GDR	7,22 m
Sabine John	GDR	6,55 m
Jackie Joyner-Kersee	USA	7,40 m
Agata Kaczmarek	POL	6,60 m
Fiona May	GDR	6,62 m
Galina Tschistjakowa	URS	7,11 m

Ermittle die Rangfolge!

Bild 14

9. Frau Winter möchte Gehacktes kaufen. In der Fleischabteilung findet sie sechs abgepackte Portionen, deren Gewicht mit 0,495 kg, 0,506 kg, 0,482 kg, 0,622 kg, 0,538 kg bzw. 0,509 kg ausgezeichnet sind.

a) Ordne die Angaben der Größe nach!

b) Welche Packung muß Frau Winter wählen, wenn sie sich für die kleinste Portion (die größte Portion) entscheidet?

c) Welche Packung wird sie kaufen, wenn das Gewicht möglichst nahe bei $\frac{1}{2}$ kg liegen soll?

Bild 15

10. Ordne der Größe nach! Beginne mit der kleinsten Zahl!

a) 0,425; 0,6387; 0,49; 0,434; 0,4876

b) 1,67; 1,7; 1,667; 1,677; 1,607

c) 4,39; 4,3; 4,4; 4,3875; 4,388

d) 15,01; 14,98; 14,8999; 15,0035; 15

e) 3,71; 3,689; 3,709; 3,7089; 3,69

f) 26,004; 26,02; 26,101; 26,0143; 26,0037

g) 0,3; 0,03; 0,003; 0,0003; 0,00003

h) 0,3; 0,33; 0,333; 0,3333; 0,33333

i) 6,141; 6,0141; 6,1041; 6,1104; 6,114

11. Vergleiche der Größe nach, indem du in die Dezimalschreibweise umwandelst!

a) $\frac{3}{4}$; $\frac{4}{5}$; $\frac{7}{10}$ **b)** $3\frac{7}{20}$; $3\frac{2}{5}$; $3\frac{9}{25}$

c) $6\frac{3}{5}$; $6\frac{1}{2}$; $6\frac{3}{4}$ **d)** $4\frac{1}{2}$; $4\frac{101}{200}$; $4\frac{51}{100}$

e) $\frac{17}{20}$; $\frac{21}{25}$; $\frac{83}{100}$ **f)** $7\frac{7}{8}$; $7\frac{17}{20}$; $7\frac{3}{4}$

12. Vergleiche der Größe nach!

a) 1,55; $1\frac{3}{5}$ **b)** 0,7659; $\frac{3}{4}$

c) 4,95; $4\frac{19}{20}$ **d)** $6\frac{1}{100}$; 6,00999

e) 2,75; $2\frac{4}{5}$ **f)** $14\frac{13}{20}$; 14,6

g) 1,98; $1\frac{39}{40}$ **h)** $3\frac{4}{5}$; 3,795

13. Ordne der Größe nach! Beginne mit der kleinsten Zahl!

a) $\frac{7}{10}$; 0,68; $\frac{13}{20}$; 0,6669; $\frac{3}{4}$

b) 0,376; $\frac{3}{8}$; $\frac{9}{25}$; $\frac{5}{16}$; 0,39

c) $\frac{3}{40}$; 0,081; $\frac{2}{25}$; 0,1043; $\frac{3}{50}$

d) $1\frac{3}{4}$; 1,763; $1\frac{19}{25}$; $1\frac{4}{5}$; 1,7549

e) $2\frac{1}{5}$; 2,1999; $2\frac{1}{4}$; 2,26; $2\frac{1}{8}$

f) $\frac{23}{5}$; $\frac{463}{100}$; $\frac{919}{200}$; $\frac{81}{20}$; 4,531

Darstellungen am Zahlenstrahl

14. Welche Zahlen gehören zu den Punkten, die mit A, B, C bezeichnet sind?

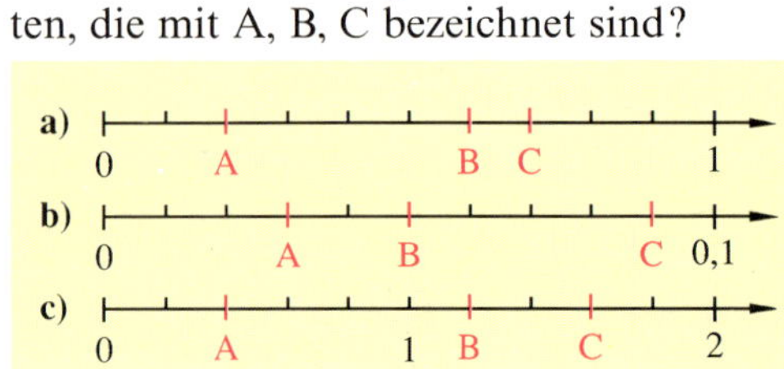

15. Verfahre wie in Aufgabe 14!

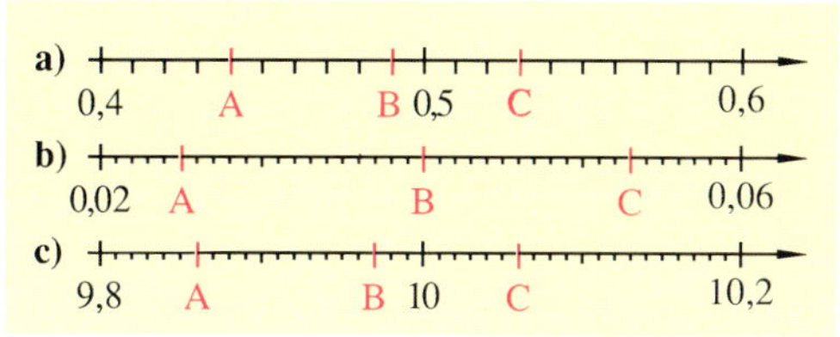

16. Stelle die Zahlen auf einem Zahlenstrahl dar! Nutze die Millimetereinteilung deines Lineals! Schreibe die Zahlen an die Punkte, zu denen sie gehören!

a) 0,5; 1,8; 2,1; 3,3
b) 1,3; 2,7; 3,2; 4,0
c) 2,1; 2,9; 3,5; 4,3
d) 1,7; 2,4; 2,9; 3,9
e) 0,8; 1,6; 2,6; 3,4

17. Welche Zahlen sind am Zahlenstrahl dargestellt?

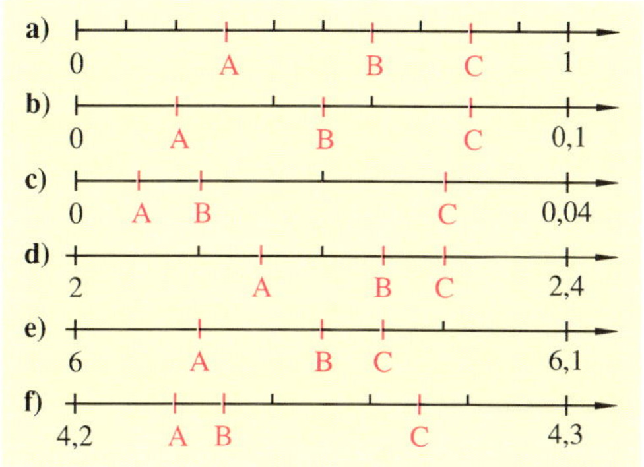

18. Stelle folgende Zahlen auf einem Zahlenstrahl dar, und vergleiche sie der Größe nach! Verwende die vorgegebenen Einheiten!

a) 0,5; 0,75; 0,4; 0,85; 0,25
(1 Kästchen ≙ 0,1 LE)
b) 0,25; 0,6; 0,325; 0,3; 0,45
(2 Kästchen ≙ 0,1 LE)
c) 3,0; 2,8; 3,1; 3,4; 2,5
(2 Kästchen ≙ 1 LE)
d) 0,05; 0,5; 0,35; 0,3; 0,15
(2 Kästchen ≙ 0,1 LE)
e) 0,42; 0,51; 0,38; 0,46; 0,57
(2 Kästchen ≙ 0,1 LE)

19. An vielen Meßgeräten befinden sich Skalen. Welche Dezimalzahlen sind in den Bildern 16 bis 19 abzulesen?

Bild 16

Bild 17

Bild 18

Bild 19

Weiterführende Aufgaben

20. Vergleiche der Größe nach!

a) 1,45%; 1,2%; 1,63%; 1,29%

b) $7\frac{1}{4}$%; 7,285%; 7,3%; $7\frac{1}{5}$%

c) $6\frac{3}{8}$%; 6,32%; 6,4%; $6\frac{1}{4}$%

d) 9%; 8,89%; 8,925%; $9\frac{1}{3}$%

e) 0,8%; $\frac{3}{4}$%; $\frac{9}{10}$%; 0,72%

f) 4,2%; 3,8%; 5,3%; 2,9%

21. Setze zwischen die Zahlen jeweils eines der Zeichen „<“, „=“ oder „>“, so daß wahre Aussagen entstehen!

a)	0,34	0,3	**b)**	0,9	1
c)	4	4,0	**d)**	3,14	3,075
e)	$1\frac{3}{4}$	1,7500	**f)**	1,125	$1\frac{3}{8}$
g)	6,001	6,0009	**h)**	1,34	1,341
i)	0,22	0,222	**j)**	1,401	1,40

22. Nenne je fünf Dezimalzahlen, die zwischen

a) 1 und 2; **b)** 1,1 und 1,2;
c) 3,89 und 3,9; **d)** 10 und 10,01

liegen!

23. Nenne die Dezimalzahl, die jeweils genau in der Mitte zwischen den vorgegebenen Zahlen liegt!

a) 1,5; 1,6 **b)** 2; 2,1
c) 4,34; 4,35 **d)** 12,33; 12,37
e) 6,01; 6,04 **f)** 0,75; 0,755
g) 8,08; 8,88 **h)** 7,95; 8,05
i) 3,14; 3,141 **j)** 5,5; 5,516

24. Welche Ziffern kann man einsetzen, so daß eine wahre Aussage entsteht? Nenne jeweils alle Möglichkeiten!

a) 2,3 < _,37 < 2,5
b) 5,69 < 5,_8 < 5,8
c) 1,41 < 1,4_ < 1,44
d) 7,034 < 7,_5 < 7,6
e) 3,6 < 3,6_ < 3,65
f) 4,93 < 5,_ < 5,11
g) 6,19 < 6,2_ < 6,3
h) 0,99 < 0,99_8 < 0,995

25. Bei den folgenden Zahlen sind nicht alle Ziffern bekannt. Deshalb stehen stets drei Punkte hinter der letzten bekannten Ziffer. Trotzdem lassen sich die Zahlen anhand der angegebenen Ziffern der Größe nach vergleichen.

a)	4,93…;	4,6…;	4,8…
b)	3,1…;	2,8…;	3,01…
c)	4,53…;	4,54…;	4,51…
d)	0,999…;	1,0…;	0,996…
e)	6,0505…;	6,051…;	6,0508…

26. Zeige, daß ein Größenvergleich der Zahlen 8,413… und 8,4… nicht möglich ist! Ersetze die Punkte dabei so durch Ziffern, daß 8,413… zunächst größer als 8,4… wird und anschließend kleiner!

27. Wo findest du die Zahlen auf dem Zahlenstrahl? Bestimme die ersten fünf Schritte einer „Schachtelung“!

Beispiel

10 < **16,2031**… < 20
16 < 16,2031… < 17
16,2 < 16,2031… < 16,3
16,20 < 16,2031… < 16,21
16,203 < 16,2031… < 16,204

Die linksstehenden Zahlen werden zunehmend größer, die rechtsstehenden kleiner.

a) 0,26684… **b)** 12,0101… **c)** 102,500…
d) 9,99999… **e)** 5,00100… **f)** 20,7557…

28. Beim Größenvergleich von zwei Dezimalzahlen vergleicht man Ziffern mit demselben Stellenwert miteinander. Man beginnt dabei mit dem größten Stellenwert, also links. Ähnlich geht man auch vor, wenn man zwei Wörter alphabetisch ordnet. Man beginnt von links mit den 1. Buchstaben und prüft, welcher im Alphabet früher auftritt. Sind beide Buchstaben gleich, so geht man zum nächsten über.
Ordne folgende Wörter dem Alphabet nach: Sturm, Turm, Sand, Rast, Stand, Stunde, stumm, stumpf, Sandsturm, sandig, stampfen.

IV. Das Runden von Dezimalzahlen

1. Zur Einführung

Das Industriegelände der Firma Meier & Co. ist ein rechteckiges Grundstück, das 321,46 m lang und 137,23 m breit ist. Um den Flächeninhalt dieses Grundstücks zu bestimmen, wird man nicht mit Längen rechnen, die auf cm genau angegeben sind. Man **rundet** die Maßzahlen so auf dm, daß dabei möglichst kleine Fehler gemacht werden.

Der **Näherungswert** für die Länge ist dann 321,5 m, der für die Breite 137,2 m. Im ersten Fall hat man **aufgerundet** (der Näherungswert ist größer als die wirkliche Länge), im zweiten Fall hat man **abgerundet** (der Näherungswert ist kleiner als die wirkliche Breite).

Um zum Haupteingang der Firma Meier & Co. zu kommen, muß man zunächst an der Längsseite des Grundstücks vorbeifahren und dann nach rechts abbiegen (Bild 20). Die Geschäftsleitung der Firma hat für Besucher am Anfang des Grundstücks ein Schild aufstellen lassen mit der Aufschrift: „Haupteingang Meier & Co. 300 m rechts“ (Bild 21). In diesem Fall ist die Länge auf hundert Meter gerundet worden. Der Näherungswert beträgt 300 m.

Bild 20

Bild 21

2. Regeln für das Runden

An diesen Beispielen erkennen wir, daß es im täglichen Leben nicht immer sinnvoll ist, genaue Größen anzugeben. In vielen Fällen rundet man die Maßzahlen und geht von Näherungswerten aus. Welche Genauigkeit man dabei verlangt, hängt von dem jeweiligen Zweck ab, für den man die Größe verwenden will.

Die Genauigkeit wird dadurch festgelegt, daß man die Stelle angibt, auf die gerundet wird.

Beispiele

1) Runde 24395 auf Tausender: 24000.

2) Runde 73851 auf Hunderter: 73900.

Wir wissen vom Runden der natürlichen Zahlen schon, daß Ziffern hinter der Stelle, auf die gerundet wird, durch Nullen ersetzt werden. Das gilt auch für das Runden von Dezimalzahlen, wenn es sich um Ziffern vor dem Komma handelt. Stehen diese Ziffern hinter dem Komma, dann fallen sie weg. Zwischen die zu rundende Zahl und ihren Näherungswert setzt man das Zeichen $\approx$ und liest es **ungefähr gleich**.

Beispiele
1) Runde auf Zehner: $467{,}251 \approx 470$.
2) Runde auf Zehntel: $3{,}7825 \approx 3{,}8$.
3) Runde auf Hundertstel: $0{,}4735 \approx 0{,}47$.

Um den Fehler, den man beim Runden einer Dezimalzahl macht, möglichst klein zu halten, verfährt man beim Runden auf eine bestimmte Dezimalstelle nach der für die natürlichen Zahlen schon bekannten **Rundungsregel**:

> Steht auf der nachfolgenden Stelle eine der Ziffern 0, 1, 2, 3 oder 4, so wird abgerundet; sonst wird aufgerundet.

Beispiele
1) Auf Hundertstel gerundet: $372{,}851 \approx 372{,}85$
2) Auf Zehntel gerundet: $372{,}851 \approx 372{,}9$
3) Auf Zehner gerundet: $372{,}851 \approx 370$

3. Besonderheiten beim Runden

Beim Runden müssen wir auf einige Besonderheiten achten.

Beispiele
1) Runde auf Hundertstel: $2{,}397 \approx 2{,}40$.
2) Runde auf Zehner: $5298{,}2 \approx 5300$.

Steht auf der Stelle, auf die gerundet wird, eine „9“, dann wird beim Aufrunden auch die Ziffer auf der vorhergehenden Stelle verändert.

Wir betrachten ein weiteres

Beispiel: 3,648 gerundet auf Hundertstel ergibt 3,65; aber
3,648 gerundet auf Zehntel ergibt 3,6.

Obwohl sich beim Runden von 3,648 auf Hundertstel 3,65 ergibt, wird beim Runden auf Zehntel auf 3,6 abgerundet, weil in der gegebenen Zahl auf der Hundertstelstelle eine „4“ steht. Man darf also beim Runden auf Zehntel nicht vom Näherungswert 3,65 ausgehen.

Beachte: Beim Runden muß man stets von der gegebenen Zahl ausgehen.

4. Erkennen der Rundungsstelle

Wir haben vereinbart: Ziffern hinter der Stelle, auf die gerundet wird, werden weggelassen, wenn sie hinter dem Komma stehen. Diese Vereinbarung ermöglicht es uns, die **Rundungsstelle**, also die Stelle, auf die gerundet worden ist, zu erkennen, wenn der Näherungswert durch einen Dezimalbruch mit wenigstens einer Dezimale dargestellt ist.

Beispiele

1) Der Näherungswert 0,123 ist durch Runden auf Tausendstel entstanden.
2) Der Näherungswert 3,7 ist durch Runden auf Zehntel entstanden.
3) Der Näherungswert 3,70 ist durch Runden auf Hundertstel entstanden.

Obwohl „3,7“ und „3,70“ in den beiden letzten Beispielen dieselbe Zahl darstellen, lassen sie nach unserer Vereinbarung erkennen, daß der Näherungswert 3,7 durch Runden auf Zehntel, der Näherungswert 3,70 durch Runden auf Hundertstel entstanden ist.
Kommt in dem Zahlzeichen für den Näherungswert keine Dezimale vor, dann kann man nicht erkennen, auf welche Stelle gerundet wurde.

Beispiel

680000 kann ein Näherungswert sein, der beim Runden auf Zehntausender, aber auch einer, der beim Runden auf Zehner entstanden ist;

denn es gilt z.B.: $683\,472 \approx 680\,000$ (Runden auf Zehntausender)
und $679\,998 \approx 680\,000$ (Runden auf Zehner).

Es gibt aber auch für diesen Fall eine Schreibweise, die es uns ermöglicht, die Rundungsstelle zu erkennen.

Beispiel

Im Wirtschaftsteil einer Zeitung ist der Gewinn eines Unternehmens mit 8,6 Mio. DM angegeben. „Mio.“ ist eine Abkürzung für „Million“ bzw. „Millionen“. 8,6 Mio. DM sind dann 8600000 DM.

Durch diese Schreibweise wird einmal die Größenordnung der Zahl herausgestellt, zum anderen ist an der Dezimalschreibweise abzulesen, daß die Zahl auf Hunderttausender gerundet ist. Neben der Abkürzung für Millionen wird „Mrd.“ als Abkürzung für „Milliarden“ und „Tsd.“ als Abkürzung für „Tausend“ benutzt.

Beispiele

1) Der mittlere Abstand der Erde von der Sonne beträgt 149,6 Mio. km.
2) Das Alter der Sonne wird auf 4,7 Mrd. Jahre geschätzt.
3) Der Umsatz eines großen Unternehmens wird für das nächste Geschäftsjahr auf 18,6 Mrd. DM geschätzt.

In den Naturwissenschaften gibt man statt der Abkürzungen in der Regel Zehnerpotenzen an.

Beispiele

1) Die Oberfläche der Erde beträgt $5{,}101 \cdot 10^8\ \text{km}^2$.
2) Die Masse des Mondes beträgt $7{,}350 \cdot 10^{22}$ kg.
3) Der mittlere Abstand zwischen Sonne und Mars beträgt $2{,}28 \cdot 10^8$ km.

5. Rundungsfehler

Die Angabe der Rundungsstelle ist von Bedeutung, um abzuschätzen, wie groß der Fehler sein kann, den man beim Runden macht. Wir betrachten dazu folgende

Beispiele:

1) Ist 680000 auf Zehntausender gerundet, dann liegt der genaue Wert zwischen 675000 und 685000.
Ist 680000 auf Zehner gerundet, dann liegt der genaue Wert zwischen 679995 und 680005.

2) Ist der Näherungswert 3,7, dann liegt der genaue Wert zwischen 3,65 und 3,75.
Ist der Näherungswert 3,70, dann liegt der genaue Wert zwischen 3,695 und 3,705.

Wenn wir bei einem Näherungswert die Rundungsstelle kennen, dann können wir daraus ermitteln, wie groß der **Rundungsfehler** höchstens sein kann. Der genaue Wert kann sich vom Näherungswert um höchstens 5 Einheiten der auf die Rundungsstelle folgenden Stelle unterscheiden.

Eine Zahl unterscheidet sich von ihrem Näherungswert um höchstens 5 Einheiten der Stelle, die auf die Rundungsstelle folgt.

Beispiele

1) Der Näherungswert ist 20,7 Mrd.
Der genaue Wert liegt zwischen 20650000000 und 20750000000.

2) Der Näherungswert ist 0,0870.
Der genaue Wert liegt zwischen 0,08695 und 0,08705.

6. Angabe der Rundungsstelle

Es gibt zwei Arten, wie man angeben kann, auf welche Stelle eine Zahl zu runden ist.

1. Es wird die **Rundungsstelle** angegeben.

Beispiele

1) Runde 2375 auf Zehner: 2380.
2) Runde 7531427 auf Zehntausender: 7,53 Mio.
3) Runde 0,4986 auf Tausendstel: 0,499.

2. Es wird die Anzahl der **geltenden Ziffern** angegeben.

Die erste von Null verschiedene Ziffer des Dezimalbruchs ist die erste geltende Ziffer. Auf die Stelle, auf der die letzte geltende Ziffer steht, soll gerundet werden.

Beispiele

1) Runde 0,1576 auf zwei geltende Ziffern: 0,16.
2) Runde 0,00813 auf eine geltende Ziffer: 0,008.
3) Runde 7895423 auf drei geltende Ziffern: 7,90 Mio.

Aufgaben und Beispiele

Zum Einstieg

Bei einem Einkauf in niederländischen Geschäften werden alle Beträge so gerundet, daß an der Kasse nur 5- oder 10-Cent-Münzen auszuzahlen sind. Dabei verzichtet man auf 1- oder 2-Cent-Beträge, fordert dafür aber bei 8 oder 9 Cent den vollen Zehner. In allen anderen Fällen rundet man auf 5 Cent. Wie könnte man verfahren, wenn nur 10-Cent-Münzen auszuzahlen sind?

Bild 22

Runden von Dezimalzahlen

1. Runde auf Zehntel!

a) 3,53	**b)** 6,48	**c)** 17,21
d) 12,66	**e)** 1,034	**f)** 26,9489
g) 21,6911	**h)** 19,975	**i)** 101,99

2. Runde auf Hundertstel!

a) 10,033	**b)** 0,69934	**c)** 4,0288
d) 1,1109	**e)** 29,395	**f)** 99,999
g) 46,4646	**h)** 0,00009	**i)** 13,1551

3. Runde auf die angegebene Stelle!
a) 6,294 (Zehntel)
b) 26,4931 (Einer)
c) 56,48 (Zehner)
d) 9,3989 (Hundertstel)
e) 7,1717 (Tausendstel)
f) 145,6 (Hunderter)
g) 1,8181 (Zehntel)

4. Runde die Zahl 36,6447158 auf
a) Millionstel, **b)** Hunderttausendstel,
c) Zehntausendstel, **d)** Tausendstel,
e) Hundertstel, **f)** Zehntel,
g) Einer, **h)** Zehner!

5. Verfahre wie in Aufgabe 4 mit der Zahl 1340,99914437!

6. Holger soll 11,49 auf „Einer“ runden. Er argumentiert: 11,49 $\approx$ 11,5 und 11,5 $\approx$ 12. Also erhält man: 11,49 $\approx$ 12.
Welchen Fehler hat er gemacht?

7. In Zeitungen findest du häufig gerundete Zahlenangaben wie „1,4 Millionen“ oder abgekürzt „1,4 Mio.“. Das bedeutet: 1400000.
Schreibe in der gewohnten Form!

a) 2,3 Millionen	**b)** 4,15 Tausend
c) 0,5 Tausend	**d)** 20,35 Millionen
e) 3,248 Milliarden	**f)** 1,02 Billionen

8. Runde die Einwohnerzahlen der Hauptstädte der 16 deutschen Bundesländer auf „Zehntausend“ und schreibe sie als Dezimalbruch! Zu welchen Bundesländern gehören die Städte?

Hauptstadt	Einwohnerzahl	Hauptstadt	Einwohnerzahl
Berlin	3408536	Magdeburg	288374
Bremen	533812	Mainz	173759
Dresden	501351	München	1206369
Düsseldorf	564476	Potsdam	141325
Erfurt	217043	Saarbrücken	188140
Hamburg	1597398	Schwerin	129452
Hannover	497204	Stuttgart	560148
Kiel	239211	Wiesbaden	253388

9. In angelsächsischen Ländern rundet man nicht nach unserer Rundungsregel, sondern nach der „Internationalen Standardregel“: Ist die letzte Ziffer eine 0, 1, 2, 3 oder 4, so runde ab. Ist die letzte Ziffer eine 6, 7, 8 oder 9, so runde auf. Ist die letzte Ziffer eine 5 und die vorletzte gerade, so runde ab; andernfalls runde auf.
Runde nach dieser Regel auf Zehntel!
a) 4,02 **b)** 7,17 **c)** 6,45 **d)** 7,75
e) 5,45 **f)** 9,05 **g)** 9,95 **h)** 0,85

Rundungsstelle und Rundungsfehler

10. Bestimme die Stelle, auf die folgende Zahlen gerundet worden sind!
a) 3,41 **b)** 221 **c)** 46,7
d) 4,001 **e)** 60,0 **f)** 101,010
g) 510 **h)** 1,033 **i)** 133
j) 145000 **k)** 4200 **l)** 10000

11. Auf welche Stelle wurde gerundet?
a) 165 Tsd. **b)** 7,2 Tsd. **c)** 0,085 Tsd.
d) 15 Mio. **e)** 1,65 Mio. **f)** 0,8 Mio.
g) 1,45 Mrd. **h)** 152 Mrd. **i)** 0,2 Mrd.
j) 0,6 Tsd. **k)** 0,06 Mio. **l)** 512 Tsd.

12. Die folgenden Zahlen sind Näherungswerte, die nach der Rundungsregel ermittelt worden sind. Zwischen welchen beiden Zahlen liegt der genaue Wert?
a) 4,4 **b)** 14,1 **c)** 34,0 **d)** 6,05
e) 0,02 **f)** 1,00 **g)** 8,790 **h)** 12
i) 142002 **j)** 4,1 Tsd. **k)** 3,09 Mio.

13. Im Jahre 1990 schätzte man die Zahl der Erdbevölkerung auf 5,3 Milliarden Menschen. Bei dieser Angabe wurde auf „Hundertmillionen“ gerundet. Zwischen welchen beiden Zahlen könnte der tatsächliche Wert damals gelegen haben, wenn man die Angabe als richtig voraussetzt?

14. Runde auf drei geltende Ziffern!
a) 62,857 **b)** 210991 **c)** 100,01
d) 4,288122 **e)** 451,910 **f)** 142,78
g) 31,57 Tsd. **h)** 4,257 Mrd.
i) 2,2081 Mio. **j)** 517,245 Mrd.

15. Auf welche Stelle wurde gerundet? Zwischen welchen Zahlen liegt der genaue Wert?
a) Die Fläche Deutschlands beträgt etwa $3{,}57 \cdot 10^5$ km². Das größte Bundesland ist Bayern mit einer Fläche von $7{,}05 \cdot 10^4$ km².
b) Berlin hatte 1990 etwa $3{,}4 \cdot 10^6$ Einwohner, Hamburg etwa $1{,}6 \cdot 10^6$.
c) Man schätzt, daß es auf der Erde etwa $4{,}2 \cdot 10^9$ Ratten gibt, die jährlich ungefähr $4{,}2 \cdot 10^7$ t Lebensmittel fressen.
d) $7{,}9 \cdot 10^7$ Einwohner der Bundesrepublik Deutschland produzierten 1990 etwa $3{,}5 \cdot 10^{11}$ kg Müll.
e) Jeden Tag sterben etwa $2{,}5 \cdot 10^5$ Menschen auf der Welt.
f) Wenn ein Kind seinen 12. Geburtstag feiert, dann hat es schon etwa $3{,}78 \cdot 10^8$ Sekunden gelebt.
g) Im Jahre 1990 flossen etwa $0{,}65 \cdot 10^6$ t Öl ins Mittelmeer.

Bild 23

16. Prüfe, ob es bei den folgenden Beispielen sinnvoll ist, Näherungswerte anzugeben!
a) Herr Sommer will sein Wohnzimmer mit einem Teppich auslegen. Als Maße nennt er dem Verkäufer eine Länge von 6,385 m und eine Breite von 4,975 m.
b) Eine Brücke dehnt sich bei Sonneneinstrahlung um 0,4 cm aus.
c) Frau Fröhlich hat mit ihrer Klasse einen Ausflug gemacht und kann anschließend jedem Kind von dem eingesammelten Betrag 8,673 DM zurückzahlen.
d) Frauke und Jan vergleichen ihr Gewicht. Frauke liest 43,75 kg und Jan 43,8 kg auf der Waage ab.

§ 8 Die Addition und die Subtraktion von Dezimalzahlen

I. Die Addition von Dezimalzahlen

1. Zur Einführung

Für die Stadtmeisterschaften kann der Sportlehrer der Schule eine 4 × 100-m-Staffel melden. Erfahrungsgemäß muß eine Staffel weniger als 51 s laufen, um in den Endlauf zu kommen. Die vier besten 100-m-Läufer der Schule haben bei den letzten Bundesjugendspielen im 100-m-Lauf folgende Zeiten erreicht:

12,3 s, 12,4 s, 12,7 s, 12,9 s.

Der Sportlehrer will die vier Zeiten addieren und sich dann für oder gegen die Teilnahme entscheiden. Die Zeit, die durch die Wechsel eingespart werden kann, will er nicht berücksichtigen.

Bild 1

Wie kann man die vier Größen addieren? Du hast früher gelernt, daß man die Maßzahlen in Kommaschreibweise so untereinander schreibt, daß Komma unter Komma steht. Das war unmittelbar einzusehen, wenn den einzelnen Stellen hinter dem Komma bestimmte Maßeinheiten zugeordnet werden konnten. Das ist in unserem Beispiel nicht der Fall. Wir wollen aber zeigen, daß man dennoch bei der Addition von Dezimalzahlen in gleicher Weise verfahren kann.

In der Summe

$$12{,}3\ \mathrm{s} + 12{,}4\ \mathrm{s} + 12{,}7\ \mathrm{s} + 12{,}9\ \mathrm{s}$$

wandeln wir die Dezimalbrüche in Brüche um:

$$\frac{123}{10}\ \mathrm{s} + \frac{124}{10}\ \mathrm{s} + \frac{127}{10}\ \mathrm{s} + \frac{129}{10}\ \mathrm{s} = \frac{503}{10}\ \mathrm{s} = 50{,}3\ \mathrm{s}.$$

Also gilt:

$$12{,}3\ \mathrm{s} + 12{,}4\ \mathrm{s} + 12{,}7\ \mathrm{s} + 12{,}9\ \mathrm{s} = 50{,}3\ \mathrm{s}.$$

Der Addition der Zähler	123	Dem gleichen Nenner in den	12,3
entspricht die Addition	124	Summanden und in der Summe	12,4
ohne Berücksichtigung	127	entspricht das Setzen des	12,7
des Kommas:	129	Kommas an der gleichen Stelle:	12,9
	503		50,3

Da die Summe 50,3 s unter 51 s liegt, entscheidet sich der Sportlehrer für die Teilnahme einer Schulstaffel am Stadtsportfest.

2. Regel für die Addition

Dieses Verfahren zur Addition von Dezimalzahlen können wir auch anwenden, wenn die Dezimalbrüche unterschiedlich viele Dezimalen haben. Durch Auffüllen der nicht besetzten Dezimalstellen mit Nullen kann man dafür sorgen, daß alle Dezimalbrüche gleich viele Dezimalen erhalten.

Beispiel

$$4{,}25 + 10{,}4 = 4{,}25 + 10{,}40 = 14{,}65$$

$$\frac{425}{100} + \frac{104}{10} = \frac{425}{100} + \frac{1040}{100} = \frac{425 + 1040}{100} = \frac{1465}{100}$$

Addition ohne Komma:

```
 425
1040
----
1465
```

Setzen des Kommas:

```
 4,25
10,40
-----
14,65
```

In der Regel werden die Nullen, mit denen man die unbesetzten Dezimalstellen auffüllen kann, nicht hingeschrieben.

Beispiele

1)
```
 4,25
10,4
-----
14,65
```

2)
```
53,1
 0,279
------
53,379
```

Wir merken uns folgende **Regel für die Addition von Dezimalzahlen:**

1) Man schreibt die Dezimalbrüche so untereinander, daß Komma unter Komma steht. Nicht besetzte Dezimalstellen können durch Nullen aufgefüllt werden.
2) Man führt die Addition wie bei natürlichen Zahlen durch. Das Komma wird nicht berücksichtigt.
3) Man setzt im Ergebnis das Komma an die gleiche Stelle wie in den Dezimalbrüchen der Summanden.

Beispiele

1)
```
20,3
 3,27
-----
23,57
```

2)
```
641,3
  8,49
 15,03
------
664,82
```

3)
```
  4,37
 16,025
100,4
  6,84
-------
127,635
```

4)
```
 20,685
  7,02
761,9571
 38,604
--------
828,2661
```

3. Die Addition von Näherungswerten

Eine Summe von Näherungswerten ist selbst nur ein Näherungswert. Dieser Näherungswert kann in seiner Schreibweise eine größere Genauigkeit vortäuschen, als er wirklich besitzt.

Beispiel

```
   3,76
  12,6
   1,2583
+  0,06
---------
  17,6783
```

Die Summe 17,6783 erweckt den Eindruck, als wäre sie auf Zehntausendstel gerundet. Das kann aber nicht sein, da im zweiten Summanden 12,6 eine Ungenauigkeit von 5 Hundertstel enthalten sein kann. Es ist also sinnvoll, auch die Summe auf Zehntel, also auf 17,7 zu runden. Selbst aus dem Näherungswert 17,7 können wir noch nicht schließen, daß der genaue Wert zwischen 17,65 und 17,75 liegt. Wäre 12,6 durch Runden aus 12,55 entstanden und alle anderen Summanden genaue Werte, dann wäre die genaue Summe 17,6283, also kleiner als 17,65. Aus dem Näherungswert für die Summe ist also nicht abzulesen, wie groß der Fehler höchstens ist.

Trotzdem können wir uns als Faustregel merken:

Eine Summe von Näherungswerten rundet man auf dieselbe Stelle, auf die der Summand mit dem größtmöglichen Fehler gerundet ist.

Beispiele

1)
$$\begin{array}{r} 7{,}35 \\ 28{,}529 \\ 0{,}674 \\ \underline{18{,}2591} \\ 54{,}8121 \approx 54{,}81 \end{array}$$

2)
$$\begin{array}{r} 35{,}624 \\ 8{,}7 \\ 23 \\ \underline{4{,}60} \\ 71{,}924 \approx 72 \end{array}$$

4. Überschlagsrechnungen bei der Addition

In vielen Fällen ist es hilfreich, das Ergebnis einer Addition von zwei oder mehr Dezimalzahlen schnell **überschlagen** zu können.

Beispiel

Irene kauft für ihre Freundin Geburtstagsgeschenke ein. Sie hat Waren für 4,95 DM, 2,65 DM, 3,80 DM und 2,35 DM in ihrem Einkaufskorb. Da sie höchstens 15 DM ausgeben kann, überschlägt sie die Summe folgendermaßen:

$$5\,\text{DM} + 3\,\text{DM} + 4\,\text{DM} + 3\,\text{DM} = 15\,\text{DM}.$$

Irene rundet alle Beträge auf DM, da sie die Näherungswerte „im Kopf" addieren will. Sie rundet jeden Preis auf (auch 2,35 DM), um sicher zu sein, daß sie den Betrag von 15 DM nicht überschreitet. Sie **schätzt** also die Summe der Preise **nach oben ab**.

In manchen Fällen geht es darum, die **Größenordnung** einer Summe schnell zu überschlagen.

Beispiel

Frau Peters kauft für ihr Auto zwei neue Reifen und läßt die Reifen montieren. Sie weiß, daß jeder Reifen ca. 150 DM kostet. Erfahrungsgemäß muß man für Montage, Altreifenvernichtung, Ventile, Auswuchten und Gewichte für zwei Reifen ca. 50 DM bezahlen. Die Größenordnung der Rechnung ist also durch den Preis für die beiden Reifen bestimmt. Eine Rechnung von über 400 DM würde Frau Peters sicher genau überprüfen.

In anderen Fällen möchte man eine Addition durch eine Überschlagsrechnung möglichst genau **kontrollieren**.

Beispiel

Familie Wolf hat in einem Gasthaus zu Abend gegessen. Bevor der Kellner die Rechnung vorlegt, möchte Herr Wolf überschlagen, wieviel er bezahlen muß. Aus der Speise- und Getränkekarte kennt er die einzelnen Preise.

	Genaue Preise:	Überschlagsrechnung:
Speisen von Herrn Wolf:	11,80 DM	12 DM
Getränke von Herrn Wolf:	3,40 DM	3 DM
Speisen von Frau Wolf:	13,70 DM	14 DM
Getränke von Frau Wolf:	1,40 DM	1 DM
Speisen von Ina Wolf:	7,80 DM	8 DM
Getränke von Ina Wolf:	2,30 DM	2 DM
		40 DM

Herrn Wolf wird eine Rechnung über 40,40 DM vorgelegt. Auf Grund der Überschlagsrechnung begleicht er sie, ohne die Addition im einzelnen nachzuprüfen.

Bei der Überschlagsrechnung für eine Summe muß man berücksichtigen, daß sich bei der Addition zweier aufgerundeter Näherungswerte die Rundungsfehler addieren. Dasselbe gilt für die Addition zweier abgerundeter Näherungswerte. Man wird also versuchen, so zu runden, daß sich die Rundungsfehler teilweise ausgleichen.

Beispiele

Rechnung und Überschlagsrechnung stehen jeweils nebeneinander.

	1)		2)		3)		4)	
	3,571	4	12,48	12	2,573	3	5,329	5
	8,52	8	7,392	8	3,8	4	9,41	9
	12,091	12	19,872	20	8,64	8	7,2	8
					15,013	15	21,939	22

Hat man eine Addition von vier oder mehr Summanden zu überschlagen, so kann man sich als Faustregel merken: Etwa die Hälfte der Summanden rundet man auf und die restlichen ab. Dabei spielt es keine Rolle, welche Summanden man aufrundet und welche man abrundet. Man kann also die Summanden abwechselnd auf- und abrunden.

Beispiel

Genaue Rechnung:		Überschlagsrechnung:	
	11,80 DM		12 DM
	3,60 DM		3 DM
	13,70 DM		14 DM
	1,60 DM		1 DM
	7,50 DM		8 DM
	2,70 DM		2 DM
	40,90 DM		40 DM

Für die **Überschlagsrechnung bei einer Addition** merken wir uns:

> Die Rundungsstelle für die Summanden wird so festgelegt, daß die Addition „im Kopf" durchgeführt werden kann.

Aufgaben und Beispiele

Zum Einstieg

Beim Eiskunstlaufen bewerten acht Kampfrichter die vorgetragenen Leistungen mit Noten von 0,0 (schlechteste Wertung) bis 6,0 (beste Wertung). Die Tabelle in Bild 2 gibt die Wertungen für zwei Teilnehmerinnen wieder.

a) Ermittle für jede Läuferin die Summe der A-Noten und die Summe der B-Noten! Welche Läuferin wurde im technischen Teil besser beurteilt?
Welche Läuferin hinterließ den besseren künstlerischen Eindruck?

b) Welche Läuferin wurde insgesamt (A-Note plus B-Note) besser bewertet?

A-Note (technischer Teil)

	1	2	3	4	5	6	7	8
Pia Sommer	4,6	4,8	4,7	5,0	4,8	4,9	5,0	4,7
Sonja Beyer	4,7	4,5	4,5	4,7	4,9	4,7	4,8	4,8

B-Note (künstlerischer Eindruck)

	1	2	3	4	5	6	7	8
Pia Sommer	4,5	4,7	4,6	4,8	4,8	4,8	5,0	4,6
Sonja Beyer	4,7	4,7	4,6	4,9	5,0	4,7	5,1	4,9

Bild 2

Addition von Dezimalzahlen

1. Rechne im Kopf!
a) 2,3 + 1,4 **b)** 1,1 + 2,3 **c)** 4,6 + 0,3
d) 5,2 + 6,1 **e)** 0,8 + 1,1 **f)** 3,3 + 6,6
g) 0,3 + 1,7 **h)** 2,8 + 1,2 **i)** 5,3 + 0,9

2. Bestimme die Summen im Kopf!
a) 1,05 + 5,24 **b)** 6,81 + 3,12
c) 0,23 + 0,74 **d)** 3,45 + 4,34
e) 2,011 + 1,051 **f)** 9,071 + 2,818
g) 12,055 + 4,222 **h)** 16,924 + 3,025

3. Berechne!
a) 2,6 + 3,5 **b)** 6,1 + 12,9
c) 4,8 + 3,2 **d)** 13,45 + 11,66
e) 15,83 + 7,49 **f)** 24,91 + 6,94
g) 1,489 + 2,344 **h)** 9,402 + 6,889

4. Berechne!
a) 7,777 + 8,888 **b)** 26,929 + 36,074
c) 25,682 + 43,798 **d)** 9,435 + 6,255
e) 4,637 + 0,363 **f)** 5,3362 + 1,1884
g) 7,9398 + 0,2447 **h)** 6,9904 + 1,2835

5. Berechne!
a) 2,56 + 3,1 **b)** 1,1 + 9,94 **c)** 4 + 7,8
d) 6,7 + 3,66 **e)** 0,93 + 1,2 **f)** 0,55 + 3

6. Berechne!
a) 24,139 + 2,66 **b)** 75,87 + 94,9923
c) 16,111 + 2,9 **d)** 6,92 + 17,903
e) 62,785 + 5,97 **f)** 19,001 + 19,0999

7. Rechne schriftlich!

a)	b)	c)
4,67	50,64	12,01
+ 3,8	+ 13,2	+ 13
+ 0,975	+ 21,493	+ 24,08

d)	e)	f)
234,124	1256,78	389,8
+ 11,01	+ 267,999	+ 167,779
+ 7,7789	+ 1278,9	+ 23,78
+ 25,001	+ 13,865	+ 440,983

8. Schreibe untereinander und berechne!
a) 9,91 + 1,043 + 6,6775
b) 15,5 + 9,2 + 12,09 + 12,555
c) 0,845 + 3,2212 + 8,001 + 3,4
d) 10,005 + 2,3704 + 3,49 + 6,1

9. Addiere jede Zahl der Eingangsspalte zu jeder Zahl der Eingangszeile!

+	0,8	1,24	4,09	8,439
0,3				
0,25				
1,45				
2,361				

10. Nutze die Abkürzungen!
Tausend = Tsd. Million = Mio.
Milliarde = Mrd. Billion = Bio.
a) 1,8 Mio. + 2,04 Mio. + 3,515 Mio.
b) 0,6 Bio. + 14,63 Bio. + 0,001 Bio.
c) 3,2 Mrd. + 1,58 Mrd. + 0,772 Mrd.
d) 0,09 Mrd. + 191,4 Mio. + 0,372 Mrd.
e) 0,72 Mrd. + 12,5 Mio. + 1244 Tsd.
f) 23,25 Mio. + 772,3 Tsd. + 0,0001 Mrd.

11. Die Addition von Dezimalzahlen läßt sich am Zahlenstrahl darstellen. Um 1,3 + 2,8 zeichnerisch zu bestimmen, ermittelt man mit dem Lineal zunächst den Punkt, der zu 1,3 gehört. Von dort aus geht man 2,8 Einheiten nach rechts und liest am Endpunkt das Ergebnis ab (Bild 3).
Stelle die Summen zeichnerisch dar! Nutze die Millimetereinteilung auf deinem Lineal!

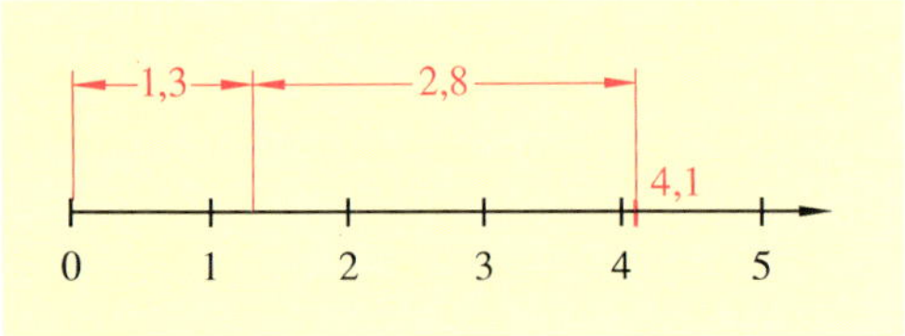

Bild 3

a) 2,9 + 3,4 **b)** 6,1 + 2,6 **c)** 1,8 + 1,8
d) 3,9 + 1,4 + 0,5 **e)** 0,8 + 1,6 + 2,8

12. Addiert man zu 0,475 die Zahl 0,525, so ergibt sich 1 als Summe. Welche Dezimalzahl muß jeweils addiert werden, um die nächstgrößere natürliche Zahl zu erhalten?
a) 0,6 **b)** 0,35 **c)** 2,67 **d)** 12,49
e) 5,01 **f)** 4,999 **g)** 14,077 **h)** 9,909

Addition von Größen

13. Ein Dreieck hat die Seitenlängen 2,8 cm, 3,9 cm und 4,6 cm. Bestimme den Umfang!

14. Auf ein Konto, das 784,23 DM aufweist, werden der Reihe nach die Beträge 187,65 DM, 1281,79 DM, 63,12 DM und 496,46 DM überwiesen. Ermittle den Kontostand!

15. Berechne!
a) 24,02 DM + 32,56 DM + 16,93 DM
b) 5,04 m + 3,708 m + 12,9 m
c) 114,7 t + 3,094 t + 36,55 t
d) 24,2 s + 6,89 s + 0,394 s
e) 60,69 kg + 6,065 kg + 606,06 kg
f) 3,07 hl + 6,3 hl + 23,63 hl

16. Schreibe mit der größten vorkommenden Einheit und addiere dann!
a) 6 m 3 dm + 4 m 6 dm 3 cm + 2 m 9 cm
b) 13 km 24 m + 6 km 928 m + 34 km 5 m
c) 3 t 15 kg + 16 t 987 kg + 1 t 3 kg
d) 4 DM 12 Pf + 23 DM 6 Pf + 74 Pf
e) 6 m 4 cm + 3 dm 2 cm + 5 m 6 dm
f) 3 m^2 25 dm^2 + 170 dm^2 + 3 m^2 8 dm^2

17. Beim Dreisprung muß ein Sportler drei Sprünge unmittelbar hintereinander in einem Bewegungsablauf ausführen. Bei einem Leichtathletikwettbewerb erreicht ein Springer im 1. Sprung die Weite von 6,15 m, im 2. Sprung 4,90 m und im letzten 5,65 m. Wie weit ist er insgesamt gesprungen, wenn der Dreispringer eine Fußlänge von 29 cm hat?

Bild 4

18. Beim Skislalom muß jeder Teilnehmer zwei Läufe durchführen. Die beiden gemessenen Zeiten werden anschließend addiert. Welche Rangfolge haben die Läufer A, B, C, D und E in beiden Einzelläufen und in der Gesamtwertung!

	Zeiten der Teilnehmer in s				
	A	B	C	D	E
1. Lauf	37,49	37,24	39,11	38,86	38,27
2. Lauf	38,07	38,18	38,25	37,94	38,28

19. Uli hat drei Latten mit den Längen 0,78 m, 1,21 m und 1,64 m. Welche Längen kann er durch Hintereinanderlegen bestimmen, wenn jede Latte nur einmal verwendet wird?

20. Ein Architekt notiert den Flächeninhalt aller Räume einer Wohnung:

Wohnzimmer	22,25 m^2
Schlafzimmer	17,45 m^2
Küche	9,37 m^2
Bad/WC	6,04 m^2
Kinderzimmer	10,16 m^2
Diele	4,92 m^2

Wie groß ist die Fläche der Wohnung?

21. Für eine Klassenfahrt stellt Frau Mohr als Klassenlehrerin der 6b einen Kostenplan auf (Bild 5). Wie hoch sind die Gesamtkosten pro Schüler?

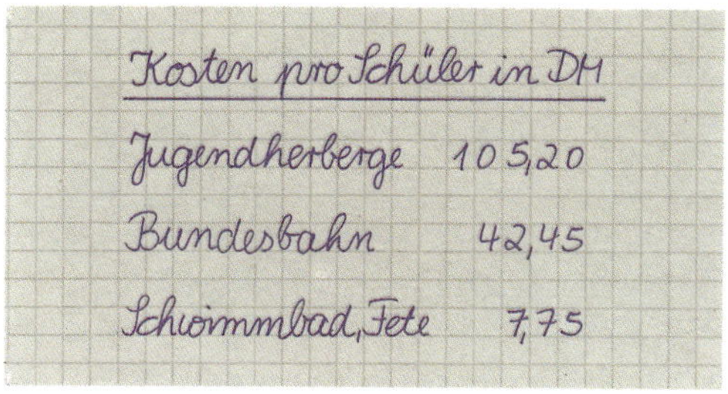

Bild 5

Näherungswerte und Überschlagsrechnungen

22. Alle Summanden sind auf Zehntel gerundet. Bestimme einen Näherungswert! Zwischen welchen beiden Zahlen liegt die Summe der ursprünglichen Zahlen?

Beispiel

$0{,}4 + 1{,}8$

Wegen $0{,}35 \leq 0{,}4 \leq 0{,}45$
und $1{,}75 \leq 1{,}8 \leq 1{,}85$
liegt das genaue Ergebnis zwischen 2,1 und 2,3.

a) $0{,}6 + 3{,}7$ **b)** $4{,}3 + 0{,}9$ **c)** $4{,}5 + 0{,}5$
d) $3{,}0 + 6{,}0$ **e)** $4{,}1 + 8{,}9$ **f)** $5{,}2 + 1{,}0$

23. In den folgenden Summen sind alle Summanden Näherungswerte. Bestimme einen möglichst genauen Näherungswert für die Summe!

a) $4{,}3 + 6{,}24$ **b)** $1{,}85 + 17$ **c)** $0{,}85 + 1{,}67$
d) $0{,}441 + 3{,}6$ **e)** $15{,}75 + 12{,}1$ **f)** $14{,}0 + 19{,}34$
g) $0{,}05 + 0{,}5$ **h)** $1{,}00 + 1{,}0$ **i)** $69 + 3{,}874$
j) $41{,}3 + 7{,}82$ **k)** $0{,}725 + 2{,}3$ **l)** $1000 + 240$

24. Frau Hoffmann stellt beim Einkauf fest, daß sie lediglich noch 17 DM im Portemonnaie hat. Sie legt Waren zum Preis von 8,35 DM, 3,98 DM und 4,99 DM in ihren Warenkorb. Sie rundet: 8,35 DM $\approx$ 8 DM, 3,98 DM $\approx$ 4 DM, 4,99 DM $\approx$ 5 DM und addiert dann die gerundeten Beträge:
8 DM + 4 DM + 5 DM = 17 DM.
Sie glaubt, die ausgewählten Waren bezahlen zu können und geht zur Kasse. Welcher Irrtum ist ihr unterlaufen? Wie hätte sie besser vorgehen sollen?

25. Beim Einkauf legt Jan eine Flasche Milch, ein Brot und eine Tafel Schokolade in den Einkaufswagen. Die Milch kostet 1,49 DM, das Brot 3,25 DM und die Schokolade 1,09 DM. Als Jan sich der Kasse nähert, stellt er fest, daß er nur genau 5 DM bei sich hat. Wie kann er im Kopf schnell überprüfen, ob er die ausgewählten Waren bezahlen kann?

26. Kontrolliere folgende Additionsaufgaben mit einer Überschlagsrechnung im Kopf! In welchen Fällen kann das Ergebnis nicht stimmen?

a)	**b)**	**c)**
14,80 DM	21,45 DM	15,55 DM
2,30 DM	6,48 DM	17,34 DM
11,95 DM	12,52 DM	14,09 DM
27,07 DM	19,70 DM	19,18 DM
5,75 DM	24,24 DM	12,46 DM
15,63 DM	20,19 DM	14,73 DM
77,50 DM	84,58 DM	93,35 DM

d)	**e)**	**f)**
112,02 DM	627,98 DM	33,45 DM
56,91 DM	183,50 DM	17,38 DM
117,84 DM	321,49 DM	24,87 DM
321,26 DM	529,63 DM	36,42 DM
639,23 DM	1662,60 DM	121,12 DM

II. Die Subtraktion von Dezimalzahlen

1. Zur Einführung

Bei den Stadtmeisterschaften startet die 4 × 100-m-Staffel der Schule. Der Sportlehrer hatte die besten Zeiten der vier Staffelläufer im 100-m-Lauf addiert und 50,3 s ausgerechnet. Da die Wechsel gründlich eingeübt und alle Läufer in guter Tagesform sind, erreicht die Staffel eine Zeit von 48,9 s.

Wir möchten berechnen, um wieviel Sekunden die Staffel schneller war, als der Sportlehrer ohne Berücksichtigung der Wechsel berechnet hatte. Wir müssen also rechnen:

$$50{,}3\,\text{s} - 48{,}9\,\text{s}.$$

Wie bei der Addition von Dezimalzahlen wandeln wir die Dezimalbrüche in Brüche um und erhalten:

$$\frac{503}{10}\,\text{s} - \frac{489}{10}\,\text{s} = \frac{14}{10}\,\text{s} = 1\,\frac{4}{10}\,\text{s} = 1{,}4\,\text{s}.$$

Also gilt: $50{,}3\,\text{s} - 48{,}9\,\text{s} = 1{,}4\,\text{s}$.

Der Subtraktion der Zähler entspricht die Subtraktion ohne Berücksichtigung des des Kommas:

$$\begin{array}{r} 503 \\ -489 \\ \hline 14 \end{array}$$

Dem gleichen Nenner in Minuend, Subtrahend und Differenz entspricht das Setzen des Kommas an der gleichen Stelle:

$$\begin{array}{r} 50{,}3 \\ -48{,}9 \\ \hline 1{,}4 \end{array}$$

2. Regel für die Subtraktion

Am einführenden Beispiel erkennen wir, daß wir für die Subtraktion von Dezimalzahlen eine entsprechende Regel wie für die Addition formulieren können. Wir müssen nur wie bei der Subtraktion von Bruchzahlen voraussetzen, daß der Minuend mindestens so groß ist wie die Zahl, die subtrahiert werden soll.

Beispiele

1) $\begin{array}{r} 8{,}53 \\ -2{,}4 \\ \hline 6{,}13 \end{array}$ **2)** $\begin{array}{r} 23{,}5 \\ -\ 5{,}28 \\ \hline 18{,}22 \end{array}$ **3)** $\begin{array}{r} 0{,}7 \\ -0{,}047 \\ \hline 0{,}653 \end{array}$ **4)** $\begin{array}{r} 4{,}8 \\ -5{,}2 \\ \hline \end{array}$ kein Ergebnis

Wir merken uns folgende **Regel für die Subtraktion von Dezimalzahlen:**

1) Man schreibt die Dezimalbrüche so untereinander, daß Komma unter Komma steht. Nicht besetzte Dezimalstellen können durch Nullen aufgefüllt werden.
2) Man führt die Subtraktion wie bei natürlichen Zahlen durch. Das Komma wird nicht berücksichtigt.
3) Man setzt im Ergebnis das Komma an die gleiche Stelle wie in den Dezimalbrüchen der voneinander zu subtrahierenden Zahlen.

Beispiele

1) $\begin{array}{r} 257{,}3 \\ -\ \ 2{,}75 \\ \hline 254{,}55 \end{array}$ **2)** $\begin{array}{r} 2{,}735 \\ -0{,}83 \\ \hline 1{,}905 \end{array}$ **3)** $\begin{array}{r} 67{,}01 \\ -\ 4{,}0385 \\ \hline 62{,}9715 \end{array}$ **4)** $\begin{array}{r} 35{,}4 \\ -18{,}65 \\ \hline 16{,}75 \end{array}$

3. Subtraktion mehrerer Zahlen

Sollen mehrere Zahlen von einem Minuenden subtrahiert werden, so geht man wie bei den natürlichen Zahlen vor. Auch hierbei ist zu beachten, daß der Minuend mindestens so groß ist wie die Summe der Zahlen, die subtrahiert werden sollen.

Beispiele

1)
$$\begin{array}{r} 257{,}3 \\ -\ 25 \\ -\ 102{,}57 \\ \hline 129{,}73 \end{array}$$

2)
$$\begin{array}{r} 12{,}5 \\ -\ 6{,}825 \\ -\ 1{,}25 \\ -\ 0{,}4 \\ \hline 4{,}025 \end{array}$$

3)
$$\begin{array}{r} 1027{,}6 \\ -\ 531{,}47 \\ -\ 73{,}254 \\ -\ 6{,}07 \\ \hline 416{,}806 \end{array}$$

4)
$$\begin{array}{r} 183{,}4 \\ -\ 57{,}56 \\ -\ 141{,}3 \\ -\ 1{,}78 \\ \hline \text{kein Ergebnis} \end{array}$$

4. Die Subtraktion von Näherungswerten

Beim Subtrahieren von Näherungswerten verfahren wir entsprechend wie beim Addieren. Auch hier gilt, daß sich aus dem Näherungswert für die Differenz nicht ablesen läßt, wie groß der Fehler höchstens ist.

> Eine Differenz von Näherungswerten rundet man auf dieselbe Stelle, auf die die Zahl mit dem größtmöglichen Fehler gerundet ist.

Beispiele

1)
$$\begin{array}{r} 94{,}752 \\ -\ 41{,}6 \\ \hline 53{,}152 \end{array} \approx 53{,}2$$

2)
$$\begin{array}{r} 756{,}32 \\ -\ 24{,}05 \\ -\ 8{,}647 \\ -\ 15{,}21 \\ \hline 708{,}413 \end{array} \approx 708{,}41$$

3)
$$\begin{array}{r} 43{,}754 \\ -\ 6 \\ -\ 2{,}91 \\ -\ 0{,}8 \\ \hline 34{,}044 \end{array} \approx 34$$

5. Überschlagsrechnungen bei der Subtraktion

Häufig steht man vor der Aufgabe, das Ergebnis einer Subtraktion schnell „im Kopf" überschlagen zu müssen. Das geschieht wie bei der Addition in einer **Überschlagsrechnung**.

Beispiel

Frau Stein muß in einem Kaufhaus 736,40 DM bezahlen. Sie besitzt noch einen Gutschein über 213,71 DM, den sie an der Kasse vorlegt. Sie überschlägt schnell, wieviel sie noch zu bezahlen hat:

$$730\ \text{DM} - 210\ \text{DM} = 520\ \text{DM}.$$

Um die Zahlen im Kopf subtrahieren zu können, hat Frau Stein die Beträge auf 10 DM gerundet. Um den Rundungsfehler klein zu halten, hat sie beide Zahlen (Minuend und Subtrahend) abgerundet.

Ein Vergleich zeigt, daß der Fehler bei diesem Verfahren kleiner ist als bei einer Rechnung nach den Rundungsregeln.

Genaue Rechnung:	Überschlagsrechnung abgerundet:	Überschlagsrechnung nach Rundungsregel:
736,40 DM	730 DM	740 DM
−213,71 DM	−210 DM	−210 DM
522,69 DM	520 DM	530 DM

Statt beide Zahlen abzurunden, hätte Frau Stein auch beide Zahlen aufrunden können:

$$740 \text{ DM} - 220 \text{ DM} = 520 \text{ DM}.$$

Das Abrunden (oder Aufrunden) von Minuend **und** Subtrahend führt in den meisten Fällen zu einem genaueren Überschlagswert als das Runden nach der Rundungsregel. Es gibt aber extreme Fälle, in denen das Runden nach der Rundungsregel genauere Werte liefert.

Beispiel

Genaue Rechnung:	Überschlagsrechnung aufgerundet:	Überschlagsrechnung abgerundet:	Überschlagsrechnung nach Rundungsregel:
7,9	8	7	8
−2,1	−3	−2	−2
5,8	5	5	6

Wir merken uns für die **Überschlagsrechnung bei einer Subtraktion:**

> Die Rundungsstelle für Minuend und Subtrahend wird so festgelegt, daß die Subtraktion „im Kopf“ durchgeführt werden kann.
> Minuend and Subtrahend werden in der Regel beide aufgerundet oder beide abgerundet.

Beispiel

Zur Überschlagsrechnung für 4267,32 − 1448,26 rechnet man entweder 4200 − 1400 = 2800 oder 4300 − 1500 = 2800. Der genaue Wert ist 2819,06.

Aufgaben und Beispiele

Zum Einstieg

Frauke geht einkaufen. Sie verlangt beim Fleischer $\frac{3}{4}$ kg Rollbraten. Die Verkäuferin wiegt ein Stück aus und fragt, ob es etwas mehr sein dürfe. Dann reicht sie Frauke das verpackte Stück Fleisch. Auf dem Kassenzettel liest Frauke das Gewicht „0,793 kg“.
Wieviel Kilogramm hat sie mehr gekauft als sie gefordert hatte?

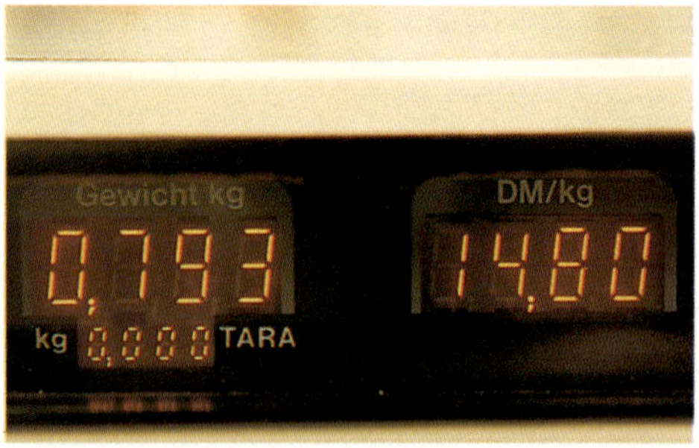

Bild 6

Subtraktion von Dezimalzahlen

1. Rechne im Kopf!

a) 4,8 – 2,3 **b)** 6,4 – 1,3 **c)** 0,9 – 0,4
d) 2,7 – 1,5 **e)** 3,9 – 2,9 **f)** 1,4 – 0,5
g) 3,6 – 1,7 **h)** 2,2 – 1,8 **i)** 0,7 – 0,7
j) 6,8 – 4,9 **k)** 2,1 – 0,9 **l)** 9,5 – 3,8

2. Berechne!

a) 4,92 – 1,71 **b)** 4,52 – 2,32
c) 6,07 – 1,96 **d)** 2,25 – 1,16
e) 10,93 – 9,67 **f)** 4,65 – 3,59
g) 12,01 – 8,78 **h)** 17,64 – 13,95
i) 17,34 – 6,54 **j)** 21,38 – 16,19

3. Bestimme die Differenzen!

a) 6,413 – 4,2 **b)** 4,8 – 3,75
c) 12,013 – 4,88 **d)** 7,51 – 0,653
e) 8,8 – 0,675 **f)** 14,98 – 9,999
g) 10,451 – 3,73 **h)** 6,001 – 2,7
i) 16,305 – 9,51 **j)** 22,34 – 6,009

4. Berechne!

a)	**b)**	**c)**
4,441	12,025	6,6
– 0,73	– 3,7	– 0,751
– 1,0055	– 4,81	– 3,21

d)	**e)**	**f)**
40,11	843,061	15
– 12,065	– 76,5	– 9,66
– 21,9	– 187,999	– 3,201

5. Schreibe untereinander und berechne!

a) 20,02 – 1,094 – 2,35 – 6,9
b) 24,074 – 3,8 – 2,9 – 0,09
c) 14,5 – 6,73 – 2,881 – 3,646
d) 100 – 49,1 – 26,35 – 18,275
e) 6 – 0,6 – 0,06 – 0,006 – 0,0006
f) 1,4 – 0,006 – 0,24 – 0,6024

6. Um wieviel ist

a) 3,719 größer als 2,0841,
b) 2,41 kleiner als 13,018,
c) 6,418 größer als 4,633,
d) 9,134 kleiner als 12,04?

7. Welche Zahl muß man

a) zu 1,955 addieren,
b) von 3,62 subtrahieren,
um 2,507 zu erhalten?

8. Berechne!

a) 3,2 Mio. – 0,4 Mio. – 1,8 Mio.
b) 1,3 Tsd. – 0,45 Tsd. – 0,85 Tsd.
c) 2,9 Mrd. – 0,53 Mrd. – 1,67 Mrd.
d) 0,8 Mrd. – 22 Mio. – 354,1 Mio.
e) 6,1 Mio. – 34,5 Tsd. – 56,01 Tsd.
f) 0,9 Mrd. – 0,9 Mio. – 0,9 Tsd.
g) 0,55 Mrd. – 156,3 Tsd. – 0,0373 Mio.

9. Die Subtraktion läßt sich am Zahlenstrahl darstellen. Um 3,8 – 1,5 zeichnerisch zu ermitteln, geht man vom Punkt für 3,8 aus 1,5 Einheiten nach links. Am Endpunkt liest man das Ergebnis ab (Bild 7).

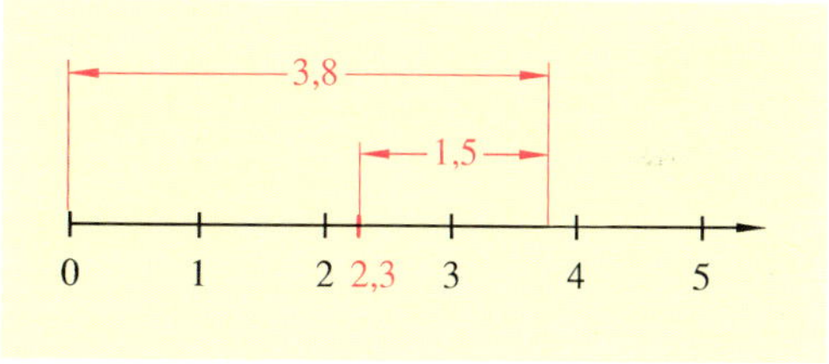

Bild 7

Bestimme zeichnerisch!

a) 4,5 – 2,9 **b)** 3,8 – 1,6 **c)** 5 – 2,7
d) 6,2 – 3 **e)** 4,1 – 3,2 **f)** 4,3 – 2,6
g) 7,9 – 4,6 **h)** 5,6 – 2,8 **i)** 6,1 – 4,1

10. Wie weit sind auf dem Zahlenstrahl die beiden nächstgelegenen natürlichen Zahlen von der gegebenen Zahl entfernt?

Beispiel

6,091 liegt zwischen 6 und 7. Der Punkt für 6,091 liegt 0,091 Einheiten rechts vom Punkt für 6 und (wegen 7 – 6,091 = 0,909) 0,909 Einheiten links vom Punkt für 7.

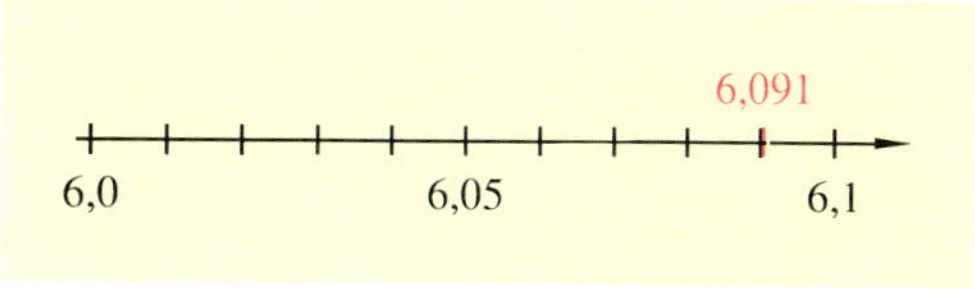

Bild 8

a) 2,6 **b)** 3,05 **c)** 4,17
d) 2,831 **e)** 0,063 **f)** 1,478
g) 6,679 **h)** 9,9999 **i)** 7,231

Subtraktion von Größen

11. Der Wasserstandsanzeiger eines Flusses zeigt am Morgen 2,53 m. Am Abend zuvor war der Stand noch 1,97 m. Um wieviel Meter ist das Wasser in der Nacht gestiegen?

Bild 9

12. Erläutere die Angaben auf dem Kassenzettel! Wie wurde gerechnet?

```
051 15 05    60 29.06.90

61151095          67,95
SUMME             67,95
BAR              100,00
RÜCKGELD          32,05-
10:24 UHR
```

Bild 10

13. Herr Wilhelm bringt seine Kinder mit dem Pkw zur Schule. Bei der Abfahrt zeigt der Kilometerzähler des Autos den Stand 60498,7. An der Schule liest Herr Wilhelm 60504,3 km ab. Wie lang ist der Schulweg?

14. Schreibe zunächst in der größten vorkommenden Einheit!
a) 4 m 3 dm – 1 dm 2 cm
b) 2 DM 3 Pf – 29 Pf – 62 Pf
c) 6 km – 16 m – 891 m – 332 m
d) 6 t 3 kg – 2 t 243 kg – 912 kg
e) 4 hl 15 *l* – 83 *l* – 76 *l* – 4 *l*
f) 14 m – 6 dm – 3 cm – 2 mm

15. Der Kontoauszug in Bild 11 weist als „alten Kontostand" 4414,90 DM aus. Es wurden dann fünf Beträge abgebucht. Berechne den neuen Kontostand!

Postgiroamt 4600 Dortmund
Bankleitzahl 440 100 46
Kontoauszug
Bitte beachten Sie die Hinweise auf der Rückseite

Postgirokonto-Nr.	Auszug-Nr.	Alter Kontostand	DM	Pf
987654-321	23	vom 04.03.	**4 414	90

Art	Buchungshinweise	Umsatz	
UE/LT	ANLAGE	194	14–
UE/LT	ANLAGE	12	00–
UE/LT	ANLAGE	381	96–
EA	VERSICHERUNGEN BEITRAG	109	60–
EA FA	KFZ-STEUER	187	00–

Bild 11

16. In einem Geschäft werden einige Preise neu ausgezeichnet. Um welchen Betrag ist die Ware billiger bzw. teurer geworden?

Ware	alter Preis	neuer Preis
250 g Butter	2,19 DM	1,89 DM
Konfitüre	2,85 DM	2,49 DM
1 *l* Milch	1,18 DM	0,99 DM
Müsli	4,99 DM	5,35 DM
Honig	4,05 DM	3,79 DM

17. Ein Viereck hat einen Umfang von 26,3 cm. Die Seiten a, b, c haben die Längen 4,9 cm, 11,3 cm bzw. 6,7 cm. Wie lang ist die vierte Seite?

Addition und Subtraktion

18. Berechne!
a) 4,941 + 3,7 – 2,913 – 2,08
b) 5,6 – 3,4 + 2,97 – 4,059
c) 6,16 – 2,199 – 3,3 + 4,8
d) (16,06 – 7,8) – (4,5 + 1,09)
e) 9,01 – (3,5 + 2,673) + 4,1
f) 16,25 + 3,718 – (8,7 + 6,35)

19. Berechne und mache mit Hilfe der Addition eine Probe!
a) 4,5 – 0,969 – 1,7 – 1,02
b) 6,523 – 1,4 – 2,3 – 2,09
c) 14,07 – 11,008 – 0,3 – 0,79
d) 4 – 2,085 – 1,085 – 0,007
e) 2,65 – 0,079 – 0,8 – 1

20. Nutze Rechenvorteile!

a) $4{,}5 + 3{,}789 - 4\frac{1}{2} + 0{,}211$

b) $3\frac{3}{4} - 2{,}518 + 3{,}25 + 2{,}518$

c) $4\frac{2}{5} + 1{,}85 - 1{,}4 + \frac{3}{20}$

d) $2 - 1{,}99 - 0{,}01 + \frac{3}{4}$

e) $3{,}69 + 0{,}25 - \frac{1}{8} - \frac{1}{8}$

21. Ergänze in deinem Heft die fehlenden Zahlen in den leeren Kästchen der Verknüpfungstafeln!

a)

+	3		4,3
1,2		5,61	
	4,81		
0,75			

b)

−		0,34	1,56
4,02			
	0,14		0,27
	1,38		

22. Ermittle die Ergebnisse der folgenden Aufgaben! Jedes Ergebnis ist zugleich die erste Zahl einer anderen Aufgabe. Schreibe die Aufgabe in dein Heft und verbinde sie durch Pfeile miteinander. Wenn du richtig rechnest, gelangst du zur Anfangsaufgabe zurück.

4,5 − 1,9 →	0,81 + 1,6
2,41 + 5,6	1,94 + 2,56
8 − 7,19	10,92 − 5,99
4,93 − 2,99	→ 2,6 + 5,4
6,6 + 4,32	8,01 − 1,41

Näherungswerte und Überschlagsrechnungen

23. Alle Zahlen sind gerundet. Bestimme einen Näherungswert für die Differenz!

a) 14,8 − 2,1 − 3,051 − 6,3

b) 4,78 − 0,63 − 0,84 − 1,25

c) 8,09 − 1,7 − 2,18 − 1,89

d) 50,64 − 13,6 − 2,45 − 24,7

e) 9,77 − 3,4 − 1,89 − 2,2

f) 10,31 − 1,959 − 4,6 − 3,047

24. Die Zahlen 11,7 und 3,98 sind gerundet. Was läßt sich über die Differenz der ursprünglichen Zahlen aussagen?

25. Bestimme die Differenz der folgenden Näherungswerte! Zwischen welchen Zahlen liegt der genaue Wert? Wie groß kann der Fehler sein?

a) 6,4 − 3,3 **b)** 6,5 − 1,9 **c)** 4,53 − 2,48

d) 14,3 − 12,8 **e)** 7,1 − 6,8 **f)** 3,62 − 1,49

26. Evelyn legt Waren im Wert von 0,48 DM, 2,36 DM, 1,92 DM und 3,85 DM in ihren Warenkorb. Sie hat zum Bezahlen einen 20-DM-Schein eingesteckt. Welchen Betrag hat sie ungefähr noch zur Verfügung? Überschlage im Kopf!

27. Kontrolliere die Subtraktionsaufgaben mit einer Überschlagsrechnung im Kopf! In welchen Fällen kann das Ergebnis nicht stimmen?

a) $\begin{array}{r} 84{,}93 \\ -\ 7{,}65 \\ -\ 11{,}4 \\ -\ 8{,}39 \\ -\ 15 \\ \hline 22{,}49 \end{array}$ **b)** $\begin{array}{r} 16{,}4 \\ -\ 0{,}085 \\ -\ 1{,}63 \\ -\ 7{,}078 \\ -\ 2{,}5 \\ \hline 5{,}107 \end{array}$ **c)** $\begin{array}{r} 100 \\ -\ 40{,}05 \\ -\ 8{,}8 \\ -\ 16{,}259 \\ -\ 17{,}36 \\ \hline 27{,}531 \end{array}$

d) $\begin{array}{r} 60{,}065 \\ -\ 8{,}4 \\ -\ 2{,}09 \\ -\ 15{,}3 \\ -\ 26{,}007 \\ \hline 18{,}268 \end{array}$ **e)** $\begin{array}{r} 7{,}989 \\ -\ 0{,}76 \\ -\ 2{,}311 \\ -\ 1{,}3 \\ -\ 3{,}218 \\ \hline 0{,}4 \end{array}$ **f)** $\begin{array}{r} 32{,}5 \\ -\ 10{,}01 \\ -\ 9{,}7 \\ -\ 11{,}636 \\ -\ 0{,}78 \\ \hline 5{,}374 \end{array}$

§ 9 Die Multiplikation und die Division von Dezimalzahlen

I. Die Multiplikation von Dezimalzahlen

1. Zur Einführung

Rainer ist mit seiner Mutter auf dem Wochenmarkt. Sie wollen Pflaumen für einen Kuchen kaufen. An einem Obststand werden Pflaumen zu einem Preis von 2,70 DM für 1 kg angeboten. Beim Abwiegen erscheinen auf der Waage die Angaben 2,4 kg und 6,48 DM (Bild 1).

Rainer überlegt, wie man den Preis, den die Waage anzeigt, berechnen kann.

Es ist zu rechnen:

$$2{,}4 \cdot 2{,}70.$$

Man kann zunächst die Dezimalbrüche in Brüche umwandeln und dann multiplizieren.

$$\begin{array}{ccccccc} 2{,}4 & \cdot & 2{,}70 & = & 6{,}480 & = & 6{,}48 \\ \downarrow & & \downarrow & & \uparrow & & \uparrow \\ \frac{24}{10} & \cdot & \frac{270}{100} & = & \frac{6480}{1000} & = & \frac{648}{100} \end{array}$$

Damit ist die Rechnung, die von der Waage durchgeführt wurde, bestätigt.

Bild 1

2. Regel für die Multiplikation

Dezimalzahlen können wir multiplizieren, indem wir die Zahlen zunächst als Brüche schreiben. In dieser Form multiplizieren wir die Zahlen und schreiben dann das Ergebnis wieder als Dezimalbruch.

Beispiel

$$\begin{array}{ccccccc} 2{,}3 & \cdot & 0{,}75 & & & = & 1{,}725 \\ \downarrow & & \downarrow & & & & \uparrow \\ \frac{23}{10} & \cdot & \frac{75}{100} & = & \frac{23 \cdot 75}{10 \cdot 100} & = & \frac{1725}{1000} \end{array}$$

Der Multiplikation der Zähler entspricht die Multiplikation ohne Berücksichtigung des Kommas:

$$\begin{array}{r} \underline{23 \cdot 75} \\ 161 \\ \underline{115} \\ 1725 \end{array}$$

Dem Produkt der Nenner $10 \cdot 100 = 1000$ entspricht das Setzen des Kommas im Produkt:

$$\begin{array}{r} \underline{2{,}3 \cdot 0{,}75} \\ 1\,61 \\ \underline{115} \\ 1{,}725 \end{array}$$

Das Beispiel macht deutlich, daß es nicht notwendig ist, die Dezimalzahlen durch Brüche darzustellen. Man kann ohne Rücksicht auf das Komma multiplizieren und dann im Ergebnis so viele Ziffern von rechts durch ein Komma abtrennen, wie beide Dezimalbrüche zusammen Dezimalen haben.

Wir merken uns die **Regel für die Multiplikation von Dezimalzahlen:**

> **1)** Man führt die Multiplikation wie bei natürlichen Zahlen durch. Das Komma bleibt dabei unberücksichtigt.
> **2)** Man trennt im Ergebnis so viele Ziffern von rechts durch ein Komma ab, wie die Dezimalbrüche der Faktoren zusammen Dezimalen haben.

Beispiele

1)
```
1,7 · 0,2
     0,34
```

2)
```
12,3 · 0,52
       6 15
        246
      6,396
```

3)
```
0,0873 · 72,6
        6 111
         1746
          5238
      6,33798
```

4)
```
241 · 7,92
      1687
      216 9
        4 82
     1908,72
```

3. Multiplikation mit Zehnerpotenzen

Besonders einfach lassen sich Dezimalzahlen mit Zehnerpotenzen multiplizieren.

Beispiele

1) $5{,}78 \cdot 10 = \frac{578}{100} \cdot 10 = \frac{578}{10} = 57\frac{8}{10} = 57{,}8$

2) $43{,}827 \cdot 100 = \frac{43\,827}{1000} \cdot 100 = \frac{43\,827}{10} = 4382\frac{7}{10} = 4382{,}7$

3) $12{,}591 \cdot 1000 = \frac{12\,591}{1000} \cdot 1000 = 12\,591$

Eine Dezimalzahl multiplizieren wir mit 10 (100, 1000, ...), indem wir in dem gegebenen Dezimalbruch das Komma um eine (2, 3, ...) Stelle(n) nach rechts verschieben.

> Eine Dezimalzahl wird mit einer Zehnerpotenz multipliziert, indem man das Komma im Dezimalbruch um so viele Stellen nach rechts verschiebt, wie die Zehnerpotenz Nullen hat.

Beispiele

1) $2{,}783 \cdot 100 = 278{,}3$ **2)** $0{,}4 \cdot 1000 = 400$

4. Die Multiplikation von Näherungswerten

Das Produkt von Näherungswerten ist selbst nur ein Näherungswert. Wir untersuchen, wie wir dieses Produkt runden können. Dazu gehen wir von einigen Beispielen aus. Die Ziffer auf der Stelle, auf die gerundet wurde, schreiben wir rot, ebenso alle Ziffern, die sich beim Rechenverfahren aus ihnen ergeben. An den rot gedruckten Ziffern erkennen wir die Stellen, auf die sich die Ungenauigkeiten der gerundeten Stellen auswirken.

Beispiele

1) $$\begin{array}{r} \underline{2{,}19 \cdot 3{,}42} \\ 6\,57 \\ 876 \\ \underline{438} \\ 7{,}4898 \end{array}$$

2) $$\begin{array}{r} \underline{4{,}95 \cdot 8{,}97} \\ 39\,60 \\ 4\,455 \\ \underline{3465} \\ 44{,}4015 \end{array}$$

3) $$\begin{array}{r} \underline{2{,}17 \cdot 4{,}29} \\ 8\,68 \\ 434 \\ \underline{1953} \\ 9{,}3093 \end{array}$$

4) $$\begin{array}{r} \underline{7{,}95 \cdot 6{,}41} \\ 47\,70 \\ 3\,180 \\ \underline{795} \\ 50{,}9595 \end{array}$$

Die Beispiele zeigen: Sind die Faktoren auf drei geltende Ziffern genau angegeben, dann hat es keinen Sinn das Produkt auf mehr als drei geltende Ziffern zu runden.

Wir runden die Produkte in den obenstehenden Beispielen deshalb folgendermaßen:

1) 7,49; **2)** 44,4; **3)** 9,31; **4)** 51,0.

Aus den Näherungswerten der Produkte ist nicht abzulesen, wie groß die Fehler höchstens sind.

Ist einer der beiden Faktoren auf mehr als drei geltende Ziffern gerundet, ergibt sich für das Produkt keine größere Genauigkeit. Wir zeigen das an dem Produkt aus dem vorstehenden Beispiel 4.

Beispiele

1) $$\begin{array}{r} \underline{7{,}9549 \cdot 6{,}41} \\ 47\,7294 \\ 3\,18196 \\ \underline{79549} \\ 50{,}990909 \approx 51{,}0 \end{array}$$

2) $$\begin{array}{r} \underline{7{,}95 \cdot 6{,}4149} \\ 47\,70 \\ 3\,180 \\ 795 \\ 3180 \\ \underline{7155} \\ 50{,}998455 \approx 51{,}0 \end{array}$$

Wir merken uns als Faustregel:

Das Produkt von zwei Näherungswerten rundet man auf so viele geltende Ziffern, wie der Faktor mit den wenigsten geltenden Ziffern besitzt.

Beispiele

1) $2{,}6 \cdot 5{,}37 = 13{,}962 \approx 14$ **2)** $4{,}261 \cdot 0{,}7 = 2{,}9827 \approx 3$

5. Überschlagsrechnungen bei den Multiplikation

Häufig möchte man das Ergebnis einer Multiplikation „im Kopf" **überschlagen**, weil nicht das genaue Ergebnis von Bedeutung ist, sondern die Kenntnis eines Näherungswertes für die Lösung des Problems ausreicht.

Beispiel

Frau Schneider möchte das Wohnzimmer mit Teppichboden auslegen lassen. Das Zimmer ist 6,10 m lang und 4,85 m breit. Die Preise für Teppichboden werden für 1 m² angegeben. Um die Kosten näherungsweise ermitteln zu können, berechnet Frau Schneider den Flächeninhalt des Fußbodens durch eine Überschlagsrechnung:

$$6\,\text{m} \cdot 5\,\text{m} = 30\,\text{m}^2.$$

Beim Runden der Faktoren wird man **nicht immer die Rundungsregel anwenden**; denn wenn man beide Faktoren aufrundet oder beide abrundet, kann der Rundungsfehler unnötig groß werden.

Beispiele

1) $25{,}52 \cdot 4{,}67$ soll durch eine Überschlagsrechnung näherungsweise berechnet werden.
Man rundet den ersten Faktor auf, vergrößert ihn also, und rundet den zweiten Faktor ab, verkleinert ihn also:

$$25{,}52 \cdot 4{,}67 \approx 30 \cdot 4 = 120.$$

Rundet man beide Faktoren nach der Rundungsregel auf, erhält man:

$$25{,}52 \cdot 4{,}67 \approx 30 \cdot 5 = 150.$$

120 liegt näher am genauen Wert 119,1784 als 150.

2) Überschlagsrechnung für $34{,}6 \cdot 647{,}7$.
Man rundet den ersten Faktor ab und den zweiten auf:

$$34{,}6 \cdot 647{,}7 \approx 30 \cdot 700 = 21000.$$

Rundet man nach der Rundungsregel, erhält man:

$$34{,}6 \cdot 647{,}7 \approx 30 \cdot 600 = 18000.$$ Genauer Wert: $34{,}6 \cdot 647{,}7 = 22410{,}42$.

Überschlagsrechnungen werden zur **Kontrolle** von Multiplikationen eingesetzt. Mit ihrer Hilfe soll die **Größenordnung** des Ergebnisses überprüft werden.

Beispiele

1) $562{,}8 \cdot 3{,}49 \approx 600 \cdot 3 = 1800$; genauer Wert: 1964,172.
2) $0{,}0374 \cdot 7451{,}2 \approx 0{,}04 \cdot 7000 = 4 \cdot 70 = 280$; genauer Wert: 278,67488.
Um die Näherungswerte im Kopf multiplizieren zu können, multipliziert man den Faktor, der kleiner als 1 ist, so mit einer Zehnerpotenz, daß er größer als 1 wird. Den größeren Faktor dividiert man durch dieselbe Zehnerpotenz.
3) $453{,}2 \cdot 0{,}752 \approx 500 \cdot 0{,}7 = 50 \cdot 7 = 350$; genauer Wert: 340,8064.

Aufgaben und Beispiele

Zum Einstieg

a) Zeichne in dein Heft auf kariertes Papier ein Quadrat mit der Seitenlänge 2 cm! Wie groß ist der Flächeninhalt?
b) Verlängere eine Seite dieses Quadrates um 0,5 cm und bestimme den Inhalt des entstehenden Rechteckes! Nutze die Kästcheneinteilung!
c) Verlängere nun auch die andere Seite des ursprünglichen Quadrates um 0,5 cm und ermittle den Flächeninhalt des neuen Quadrates mit der Seitenlänge 2,5 cm! Beachte, daß 4 Kästchen eine Fläche von 1 cm^2 haben.

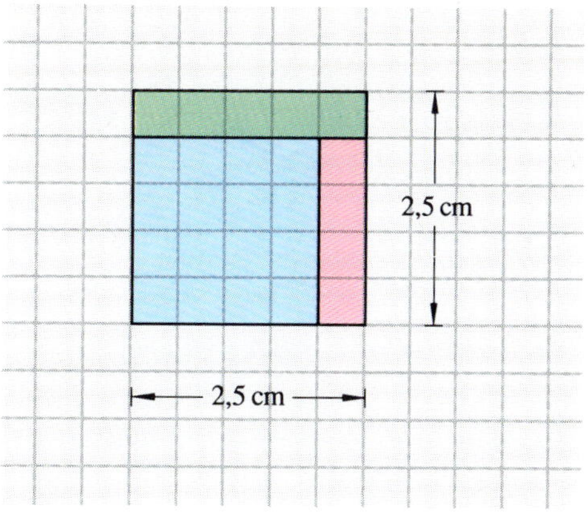

Bild 2

Multiplikation von Dezimalzahlen

1. Das „0,1fache von 2“ bedeutet: $0{,}1 \cdot 2$. Es bedeutet andererseits „$\frac{1}{10}$ von 2“.
a) Wie groß ist also das Produkt $0{,}1 \cdot 2$?
b) Erläutere und bestimme entsprechend die Produkte $0{,}01 \cdot 2$; $1{,}5 \cdot 2$; $0{,}1 \cdot 0{,}2$ und $1{,}5 \cdot 0{,}2$!

2. Rechne im Kopf!
a) $0{,}2 \cdot 3$ **b)** $0{,}2 \cdot 0{,}3$ **c)** $0{,}2 \cdot 0{,}4$
d) $0{,}2 \cdot 0{,}5$ **e)** $0{,}2 \cdot 10$ **f)** $0{,}2 \cdot 12$
g) $0{,}2 \cdot 30$ **h)** $0{,}2 \cdot 0{,}9$ **i)** $0{,}2 \cdot 15$

3. Rechne im Kopf!
a) $0{,}8 \cdot 0{,}4$ **b)** $0{,}4 \cdot 0{,}5$ **c)** $0{,}2 \cdot 0{,}15$
d) $0{,}7 \cdot 0{,}4$ **e)** $0{,}5 \cdot 0{,}6$ **f)** $1{,}2 \cdot 2$
g) $3{,}3 \cdot 3$ **h)** $1{,}2 \cdot 100$ **i)** $5{,}5 \cdot 0{,}01$

4. In welche Richtung und um wie viele Stellen muß das Komma verschoben werden, wenn man mit
a) 10; **b)** 100; **c)** 1000; **d)** 0,1; **e)** 0,01; **f)** 0,001; **g)** 10000; **h)** 0,000001
multipliziert?

5. Bestimme die Produkte im Kopf!
a) $3{,}72 \cdot 100$ **b)** $4{,}6 \cdot 0{,}1$
c) $500 \cdot 0{,}001$ **d)** $6{,}2 \cdot 1000$
e) $0{,}5 \cdot 0{,}01$ **f)** $0{,}499 \cdot 0{,}01$
g) $1{,}22 \cdot 10000$ **h)** $1{,}2516 \cdot 1000$

6. Wie muß das Komma verschoben werden beim Übergang von
a) $3 \cdot 4$ zu $0{,}3 \cdot 4$;
b) $5 \cdot 8$ zu $0{,}05 \cdot 0{,}8$;
c) $16 \cdot 19$ zu $1{,}6 \cdot 1{,}9$;
d) $187 \cdot 23$ zu $1{,}87 \cdot 2{,}3$;
e) $14 \cdot 239$ zu $0{,}14 \cdot 0{,}239$?

7. Nutze die Regel für die Multiplikation mit Zehnerpotenzen!

Beispiel

$$60 \cdot 0{,}12 = 6 \cdot (10 \cdot 0{,}12) = 6 \cdot 1{,}2 = 7{,}2$$

a) $70 \cdot 0{,}3$ **b)** $800 \cdot 0{,}4$ **c)** $90 \cdot 0{,}09$
d) $400 \cdot 1{,}2$ **e)** $50 \cdot 0{,}14$ **f)** $6000 \cdot 0{,}05$
g) $200 \cdot 0{,}15$ **h)** $30 \cdot 0{,}03$ **i)** $600 \cdot 1{,}7$

8. Berechne $12 \cdot 12$ und bestimme die Produkte durch Kommaverschiebung!
a) $1{,}2 \cdot 12$ **b)** $1{,}2 \cdot 0{,}12$ **c)** $0{,}12 \cdot 0{,}12$
d) $1{,}2 \cdot 1{,}2$ **e)** $0{,}12 \cdot 12$ **f)** $0{,}012 \cdot 1{,}2$
g) $0{,}12 \cdot 1{,}2$ **h)** $12 \cdot 0{,}0012$ **i)** $0{,}012 \cdot 0{,}12$

9. Berechne $25 \cdot 13$ und bestimme die Produkte durch Kommaverschiebung!
a) $2{,}5 \cdot 13$ **b)** $25 \cdot 1{,}3$ **c)** $2{,}5 \cdot 0{,}13$
d) $0{,}25 \cdot 0{,}13$ **e)** $2{,}5 \cdot 0{,}013$ **f)** $0{,}025 \cdot 13$
g) $0{,}025 \cdot 0{,}13$ **h)** $25 \cdot 0{,}13$ **i)** $250 \cdot 0{,}13$

10. Berechne!
a) $2{,}3 \cdot 4{,}1$ **b)** $6{,}5 \cdot 4{,}9$ **c)** $3{,}2 \cdot 9{,}5$
d) $1{,}02 \cdot 0{,}7$ **e)** $2{,}25 \cdot 0{,}8$ **f)** $1{,}4 \cdot 0{,}75$
g) $4{,}85 \cdot 3{,}1$ **h)** $2{,}23 \cdot 1{,}84$ **i)** $6{,}09 \cdot 3{,}02$

11. Berechne!
a) $7{,}215 \cdot 6{,}34$ **b)** $10{,}03 \cdot 4{,}97$
c) $14{,}038 \cdot 1{,}09$ **d)** $12{,}7 \cdot 0{,}00085$
e) $184{,}9 \cdot 0{,}682$ **f)** $34{,}75 \cdot 5{,}001$
g) $253{,}7 \cdot 9{,}14$ **h)** $17{,}48 \cdot 321{,}9$

12. Bestimme das
a) 3fache von 4,5;
b) 4,6fache von 1,25;
c) 0,625fache von 0,88!

Multiplikation von Größen

13. 1 kg Äpfel kostet 2,60 DM.
a) Wieviel kosten 2 kg, 5 kg, 10 kg?
b) Frau Keller kauft 5 Äpfel, die zusammen 1,2 kg wiegen. Welchen Preis hat sie zu bezahlen?

Bild 3

14. a) Ein Kasten Bier enthält 20 Flaschen. Für jede ist 0,15 DM Pfand zu entrichten, für den Kasten selbst noch einmal 3 DM. Wie hoch ist die Pfandgebühr?
b) Ein Kasten Mineralwasser enthält 12 Flaschen. Für jede ist 0,30 DM Pfand zu zahlen, für den Kasten zusätzlich 3 DM. Berechne die Pfandgebühr!

15. Berechne die Preise in den Angeboten von Bild 4 für jeweils 1 kg! Runde das Ergebnis gegebenenfalls auf Pfennige!

Bild 4

16. An einer Tankstelle kostet ein Liter Benzin 1,489 DM. Wieviel muß ein Autofahrer bezahlen, der 37,4 *l* tankt. Runde das Ergebnis auf Pfennige!

17. Herr Fröhlich kauft für seinen Urlaub in den USA 1500 Dollar bei der Bank. Er zahlt pro Dollar 1,73 DM. Welchen Betrag in DM muß er aufbringen?

18. Auf einer Zigarettenschachtel findet sich der Aufdruck: „Jede Zigarette enthält durchschnittlich 0,8 mg Nikotin und 11,5 mg Kondensat (Teer).“ Wieviel Gramm von beiden Stoffen enthalten Zigaretten dieser Marke, die ein Raucher in 10 Jahren bei 20 Zigaretten pro Tag raucht?

19. Ein Kasten Mineralwasser mit 12 Flaschen kostet 6,88 DM. Im Einzelverkauf ist der Preis für eine Flasche derselben Marke 0,85 DM. Wieviel spart man beim Kauf eines Kastens im Vergleich zum Preis von 12 Einzelflaschen?

20. Auf dem Kassenzettel in Bild 5 sind verschiedene Rechnungen aufgeführt. Erläutere die Angaben!

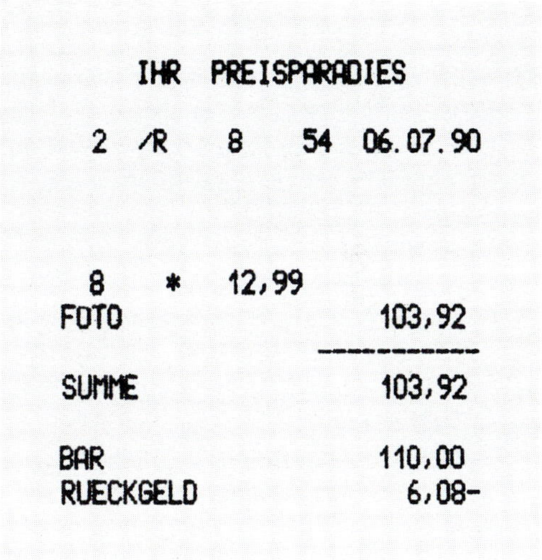
IHR PREISPARADIES
2 /R 8 54 06.07.90

8 * 12,99
FOTO 103,92
SUMME 103,92
BAR 110,00
RUECKGELD 6,08-

Bild 5

21. Ein Liter Fruchtsaft enthält 204 g Zukker. Julia trinkt 0,33 *l* davon. Wieviel Zukker nimmt sie mit der Flüssigkeit auf?

22. Ein Rechteck ist 3,4 cm lang und 2,7 cm breit. Welchen Flächeninhalt hat es?

23. Eine englische Meile entspricht 1,609 km. Wie lang ist eine Strecke von
a) 5; **b)** 7,5; **c)** 10,75 Meilen?
Runde die Ergebnisse auf Zehntel!

24. Das Fußballspiel stammt aus England. Daher sind alle Abmessungen in den Spielregeln mit britischen Längenmaßen festgelegt. Nach den Regeln muß das Tor 24 feet breit und 8 feet hoch sein. Ein sogenannter „Elfmeter“ wird aus einer Entfernung von 36 feet auf das Tor geschossen.
Rechne die Angaben in Meter um! Es gilt:
1 foot = 0,305 m.

Bild 6

25. Auf vielen Gegenständen finden sich Größenangaben in der Einheit „Zoll“. Das Zoll ist ein altes Längenmaß, das etwa der Breite eines Daumens entspricht. Man hat festgelegt:
1 Zoll = 0,0254 m.
Bestimme die Längen in mm!
a) Für eine Wasserleitung werden $\frac{1}{2}$-Zoll-Rohre verwendet.
b) Als Gartenschlauch verwendet man einen $\frac{3}{4}$-Zoll-Schlauch.
c) Auf einer Jeans findet sich die Angabe „W29 L32“. Das bedeutet: Bundweite 29 Zoll, Länge 32 Zoll (Bild 7).
d) Auf dem Reifen eines Fahrrades finden sich Angaben wie „26 × 1,75 × 2“. Das bedeutet: Das Rad hat einen Durchmesser von 26 Zoll, eine Breite von 1,75 Zoll und eine Reifenhöhe von 2 Zoll.

Bild 7

Weiterführende Aufgaben

26. Berechne!
a) 3% von 330 DM **b)** 7% von 128 DM
c) 12,5% von 290 DM **d)** 15% von 162 DM
e) 0,75% von 150 DM **f)** 25% von 34,20 DM

27. Berechne!

Beispiel
$2{,}3^3 = 2{,}3 \cdot 2{,}3 \cdot 2{,}3 = 5{,}29 \cdot 2{,}3 = 12{,}167$

a) $0{,}9^2$ **b)** $0{,}7^3$ **c)** $0{,}2^4$ **d)** $0{,}1^6$
e) $1{,}5^2$ **f)** $1{,}6^3$ **g)** $1{,}8^3$ **h)** $2{,}5^3$

28. Berechne!
a) $0{,}5 \cdot 0{,}6 \cdot 0{,}7$
b) $1{,}8 \cdot 3{,}4 \cdot 0{,}25$
c) $(6{,}5 + 9{,}75) \cdot (3{,}6 - 2{,}09)$
d) $4{,}6 - 12 \cdot 0{,}3 + 1{,}56 \cdot 0{,}4$
e) $0{,}75 \cdot 0{,}2 - 0{,}3 \cdot 0{,}5$
f) $1{,}6 \cdot 24 + 4 \cdot 0{,}35 - 0{,}15 \cdot 44$
g) $16 \cdot (34 - 27{,}85) - 12{,}41 \cdot 4{,}7$

29. Mit welcher Zahl muß man
a) 0,1; **b)** 0,5; **c)** 0,001; **d)** 1,25; **e)** 10
multiplizieren, um 1 zu erhalten?

30. Ermittle die fehlenden Zahlen in den freien Kästchen in Bild 8! Wie läßt sich die Zahl im untersten Kästchen aus den vier oben eingegebenen Zahlen direkt berechnen?

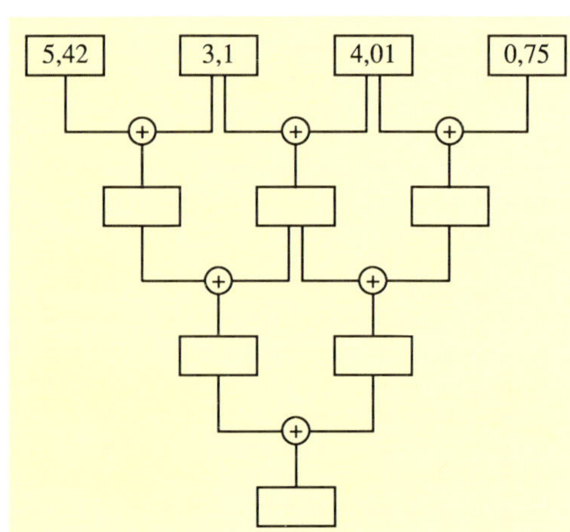

Bild 8

Näherungswerte

31. Die folgenden Zahlen sind gerundet. Bestimme einen möglichst genauen Näherungswert für das Produkt!

a) $0{,}4 \cdot 0{,}4$ **b)** $1{,}2 \cdot 0{,}9$
c) $11{,}5 \cdot 0{,}3$ **d)** $0{,}08 \cdot 12{,}5$
e) $11{,}2 \cdot 0{,}051$ **f)** $6{,}35 \cdot 1{,}9$
g) $16{,}2 \cdot 0{,}454$ **h)** $3{,}6 \cdot 0{,}555$

32. Verfahre wie in Aufgabe 31!

a) $4{,}15 \cdot 3{,}2$ **b)** $3{,}925 \cdot 2{,}8$
c) $5{,}2 \cdot 6{,}60$ **d)** $112{,}4 \cdot 8{,}9$
e) $14{,}08 \cdot 7{,}7$ **f)** $11{,}501 \cdot 9{,}3$
g) $12{,}45 \cdot 12{,}0$ **h)** $12{,}45 \cdot 12$

33. Verfahre wie in Aufgabe 31!

a) $1{,}04 \cdot 2{,}82$ **b)** $7{,}39 \cdot 8{,}81$
c) $0{,}992 \cdot 0{,}4$ **d)** $2{,}388 \cdot 2625$
e) $34{,}1 \cdot 19{,}43$ **f)** $99{,}1 \cdot 11{,}69$
g) $0{,}1 \cdot 0{,}001$ **h)** $9 \cdot 9{,}99$

34. Die Zahlen 2,4 und 3,71 sind gerundet. Zwischen welchen beiden Zahlen liegt das Produkt der genauen Zahlen?

Überschlagsrechnungen

35. Ein Supermarkt bietet Seife zum Stückpreis von 0,89 DM und Zahnpasta zum Preis von 2,29 DM pro Tube an. Herr Kuhn legt 5 Stücke Seife und 3 Tuben Zahnpasta in seinen Warenkorb. Welchen Preis hat er ungefähr zu zahlen? Runde so, daß du im Kopf rechnen kannst und der Näherungswert etwas größer ist als der tatsächliche Wert!

36. Bei den folgenden Produkten steht das Komma stets an der falschen Stelle. Die Ziffern im Ergebnis stimmen. Ermittle mit einer Überschlagsrechnung, wo das Komma jeweils stehen muß!

a) $13{,}92 \cdot 4{,}05 = 5{,}6376$
b) $0{,}0876 \cdot 12{,}3 = 10{,}7748$
c) $40{,}05 \cdot 13{,}92 = 55\,749{,}6$
d) $17{,}3087 \cdot 3{,}1 = 536{,}5697$
e) $22{,}1 \cdot 482{,}3 = 106{,}5883$

37. Prüfe mit Hilfe einer Überschlagsrechnung, welche der folgenden Produkte größer als 6 sind!

a) $2{,}1 \cdot 3{,}083$ **b)** $6 \cdot 0{,}99$ **c)** $0{,}12 \cdot 50{,}1$
d) $81 \cdot 0{,}08$ **e)** $1{,}3 \cdot 5{,}0072$ **f)** $0{,}0179 \cdot 300$

38. Bei der Hausaufgabenkontrolle werden als Ergebnis zur Aufgabe $312{,}6 \cdot 27{,}4$ folgende Zahlen genannt:

a) 856,524; **b)** 8365,22;
c) 8565,224; **d)** 8565,24;
e) 85652,4.

Bei vier Antworten kann man leicht sehen, daß das Ergebnis nicht richtig sein kann. Wo ist das der Fall und woran erkennt man das?

39. Die Tabelle in Bild 9 gibt die Umrechnung von DM in österreichische Schillinge an.

a) Erläutere, wie die Tabelle aufgebaut ist! Woran erkennt man, daß die Zahlen gerundet sind?

b) Wie viele Schillinge erhält man etwa für 157,60 DM? Mache eine Überschlagsrechnung!

c) Wieviel DM werden beim Tausch für 783 ö. Sch. etwa ausgezahlt?

Österreich

DM	ca. ö. Sch.	ö. Sch.	ca. DM
0,10	0,70	1,–	0,14
0,50	3,50	5,–	0,72
1,–	6,99	10,–	1,43
2,–	13,99	20,–	2,86
3,–	20,98	30,–	4,29
4,–	27,97	40,–	5,72
5,–	34,97	50,–	7,15
6,–	41,96	60,–	8,58
7,–	48,95	70,–	10,01
8,–	55,94	80,–	11,44
9,–	62,94	90,–	12,87
10,–	69,93	100,–	14,30
20,–	139,86	150,–	21,45
30,–	209,79	200,–	28,60
40,–	279,72	250,–	35,75
50,–	349,65	300,–	42,90
60,–	419,58	350,–	50,05
70,–	489,51	400,–	57,20
80,–	559,44	450,–	64,35
90,–	629,37	500,–	71,50
100,–	699,30	750,–	107,25
300,–	2097,90	1000,–	143,–
400,–	2797,20	3000,–	429,–

Bild 9

II. Die Division von Dezimalzahlen

1. Zur Einführung

Die Klassenkasse der 6c enthält am Ende des Schuljahrs 107,80 DM. Da einige der 28 Kinder die Klasse verlassen, soll die Klassenkasse aufgeteilt werden. Die Kassiererin Gabi erhält den Auftrag auszurechnen, welchen Betrag jeder erhält.

Gabi muß rechnen:

$$107{,}80 : 28.$$

Sie wandelt dazu den Dezimalbruch in einen Bruch um und dividiert dann.

$$\begin{array}{ccccc} 107{,}80 : 28 & & & & = 3{,}85 \\ \downarrow & & & & \uparrow \\ \frac{10780}{100} : 28 & = & \frac{10780 : 28}{100} & = & \frac{385}{100} \end{array}$$

Jeder Schüler erhält also 3,85 DM.

Bild 10 zeigt eine Schülerin, die an der Tafel das Ergebnis von Gabi durch eine Probe bestätigt.

Bild 10

2. Division durch natürliche Zahlen

Eine Dezimalzahl können wir durch eine natürliche Zahl dividieren, indem wir die Dezimalzahl zunächst als Bruch schreiben. In dieser Form dividieren wir die Zahl durch die natürliche Zahl. Das Ergebnis schreiben wir wieder als Dezimalbruch.

Beispiel

$$\begin{array}{ccccc} 105{,}739 : 41 & & & & = 2{,}579 \\ \downarrow & & & & \uparrow \\ \frac{105739}{1000} : 41 & = & \frac{105739 : 41}{1000} & = & \frac{2579}{1000} \end{array}$$

Der Division des Zählers durch die natürliche Zahl entspricht die Division der Dezimalzahl durch die natürliche Zahl ohne Berücksichtigung des Kommas:

```
105739 : 41 = 2579
 82
 237
 205
  323
  287
   369
   369
     0
```

Dem Nenner 1000 entspricht das Abtrennen von drei Dezimalen:

```
105,739 : 41 = 2,579
 82
 23 7
 20 5
  3 23
  2 87
    369
    369
      0
```

An diesem Beispiel erkennen wir, daß es nicht notwendig ist, die Dezimalzahl als Bruch darzustellen. Man dividiert die Dezimalzahl ohne Rücksicht auf das Komma und trennt dann im Ergebnis so viele Ziffern von rechts durch ein Komma ab, wie der Dezimalbruch Dezimalen hat. Dieses Verfahren setzt voraus, daß die Division aufgeht. Das ist aber, wie wir wissen, nicht immer der Fall.

Wenn die Division aufgeht, rechnet man nach der folgenden **Regel für die Division einer Dezimalzahl durch eine natürliche Zahl:**

1) Man führt die Division wie bei natürlichen Zahlen durch.
Das Komma bleibt dabei unberücksichtigt.
2) Man trennt im Ergebnis so viele Ziffern von rechts durch ein Komma ab, wie der Dezimalbruch des Dividenden Dezimalen hat.

Beispiele

1) 49,84 : 14 = 3,56
42
78
70
84
84
0

2) 4,984 : 14 = 0,356
0
49
42
78
70
84
84
0

3) 498,4 : 14 = 35,6
42
78
70
84
84
0

Die Pfeile in den vorstehenden Beispielen zeigen, daß man den zweiten Teil der Regel auch anders formulieren kann.

1) Man führt die Division wie bei natürlichen Zahlen durch.
Das Komma bleibt dabei unberücksichtigt.
2) Man setzt im Ergebnis das Komma, wenn man im Dezimalbruch des Dividenden das Komma überschreitet.

Geht die Division nicht auf, kann man in manchen Fällen den Dezimalbruch des Dividenden so mit einer Zehnerpotenz erweitern, daß die Division doch noch aufgeht.

Beispiele

1) 72,3 : 5 = 72,30 : 5 = 14,46
5
22
20
23
20
30
30
0

2) 2,3 : 4 = 2,300 : 4 = 0,575
0
23
20
30
28
20
20
0

In diesen Fällen weiß man vor dem Dividieren in der Regel nicht, mit welcher Zehnerpotenz man erweitern muß. Daher fügt man die anzuhängenden Ziffern 0 bei der Rechnung erst in den Zeilen hinzu, in denen sie benötigt werden.

Beispiele

1) 23,4 : 8 = 2,925

```
16
 74
 72
  20
  16
   40
   40
    0
```

2) 87 : 25 = 3,48

```
75
120
100
 200
 200
   0
```

3. Division durch Zehnerpotenzen

Besonders einfach lassen sich Dezimalzahlen durch Zehnerpotenzen dividieren.

Beispiele

1) $0{,}3 : 10 = \frac{3}{10} : 10 = \frac{3}{100} = 0{,}03$ **2)** $271{,}1 : 100 = \frac{2711}{10} : 100 = \frac{2711}{1000} = 2{,}711$

Es gilt die Regel:

> Eine Dezimalzahl wird durch eine Zehnerpotenz dividiert, indem man das Komma im Dezimalbruch um so viele Stellen nach links verschiebt, wie die Zehnerpotenz Nullen hat.

Beispiele

1) 0,42 : 100 = 0,0042 **2)** 521,4 : 10 = 52,14 **3)** 53 : 1000 = 0,053

4. Die Division durch Dezimalzahlen

Wir haben bisher nur durch natürliche Zahlen dividiert. Jetzt wollen wir untersuchen, wie man durch Dezimalzahlen dividieren kann.

Beispiel 12,36 : 0,3

Bei der Division von Bruchzahlen haben wir gelernt, daß das Divisionszeichen durch einen Bruchstrich ersetzt werden kann. Wir schreiben daher:

$$12{,}36 : 0{,}3 = \frac{12{,}36}{0{,}3}$$

und erweitern so mit einer Zehnerpotenz, daß im Nenner eine natürliche Zahl steht:

$$\frac{12{,}36}{0{,}3} = \frac{12{,}36 \cdot 10}{0{,}3 \cdot 10} = \frac{123{,}6}{3}.$$

Wir ersetzen jetzt umgekehrt den Bruchstrich durch ein Divisionszeichen und erhalten:

$$\frac{123{,}6}{3} = 123{,}6 : 3 = 41{,}2.$$

Wir fassen zusammen:

$$12{,}36 : 0{,}3 = 123{,}6 : 3 = 41{,}2.$$

An diesem Beispiel erkennt man die Gültigkeit der folgenden Regel:

Man dividiert durch eine Dezimalzahl, indem man das Komma in den Dezimalbrüchen von Dividend und Divisor um gleich viele Stellen soweit nach rechts verschiebt, bis der Divisor eine natürliche Zahl ist. Dann verfährt man nach der Regel für die Division durch eine natürliche Zahl.

Beispiele

1) $0{,}35 : 0{,}5 = 3{,}5 : 5 = 0{,}7$
2) $0{,}6 : 0{,}12 = 60 : 12 = 5$
3) $48 : 1{,}6 = 480 : 16 = 30$
4) $13{,}3 : 1{,}9 = 133 : 19 = 7$

5) $3{,}77 : 1{,}45 = 377 : 145 = 2{,}6$

```
290
 870
 870
   0
```

5. Bruchzahlen und Dezimalzahlen

Wenn wir zwei Dezimalzahlen addieren, subtrahieren oder multiplizieren, erhalten wir als Ergebnis stets eine Dezimalzahl. Für die Division gilt das nicht.

Beispiele

1) $0{,}7 : 3 = \frac{0{,}7}{3} = \frac{7}{30}$

2) $0{,}2 : 0{,}6 = \frac{0{,}2}{0{,}6} = \frac{2}{6} = \frac{1}{3}$

Beide Brüche, $\frac{7}{30}$ und $\frac{1}{3}$, lassen sich nicht durch Kürzen oder Erweitern in einen Bruch mit dem Nenner 10, 100, 1000 oder einer anderen Zehnerpotenz umwandeln.

Das Ergebnis der Division von zwei Dezimalzahlen kann man aber immer als Bruch schreiben. Das Divisionszeichen wird durch einen Bruchstrich ersetzt. Der Bruch wird so mit einer Zehnerpotenz erweitert, daß Zähler und Nenner natürliche Zahlen sind.

Beispiele

1) $2{,}3 : 0{,}7 = \frac{2{,}3}{0{,}7} = \frac{23}{7} = 3\frac{2}{7}$

2) $0{,}85 : 1{,}5 = \frac{0{,}85}{1{,}5} = \frac{85}{150} = \frac{17}{30}$

6. Die Division von Näherungswerten

Für die Division von Näherungswerten gilt eine ähnliche Regel wie für die Multiplikation. Dabei ist auch hier aus dem Näherungswert des Quotienten nicht abzulesen, wie groß der Fehler höchstens ist.

Man stellt fest, auf wie viele geltende Ziffern Dividend und Divisor gerundet sind.
Die kleinste dieser Zahlen wählt man aus.
Auf diese Anzahl geltender Ziffern rundet man das Ergebnis.

Beispiel 24,53 : 1,83

Der Dividend hat 4, der Divisor 3 geltende Ziffern; daher runden wir das Ergebnis auf 3 geltende Ziffern.

$$24{,}53 : 1{,}83 = 2453 : 183 = 13{,}40\ldots \approx 13{,}4$$

```
2453 : 183
183
 623
 549
  740
  732
   80
```

7. Überschlagsrechnungen bei der Division

Wie bei den anderen Rechenarten ist es auch bei der Division oft wünschenswert, einen Näherungswert für das Ergebnis durch eine **Überschlagsrechnung** bestimmen zu können.

Beispiel

Herr Schwarz hat mit weiteren 37 Mitgliedern der Belegschaft seiner Firma im Lotto gespielt. Er erfährt, daß ihre Wettgemeinschaft einen Betrag von 983448,74 DM gewonnen hat. Durch eine Überschlagsrechnung ermittelt er, welcher Gewinn etwa auf ihn entfällt:

$$983\,448{,}74\text{ DM} : 38 \approx 1\,000\,000\text{ DM} : 40 = 100\,000\text{ DM} : 4 = 25\,000\text{ DM}.$$

Herr Schwarz erwartet also einen Gewinn von ungefähr 25000 DM. Der genaue Wert beträgt 25880,23 DM.

Muß bei einer Überschlagsrechnung dividiert werden, so ist es in der Regel zweckmäßig, **beide** Zahlen zu vergrößern oder **beide** Zahlen zu verkleinern, und zwar so, daß die Division dann „im Kopf" durchgeführt werden kann und – nach Möglichkeit – aufgeht.

Bei den folgenden Beispielen sollen die gegebenen Zahlen keine Näherungswerte sein.

Beispiele

1) $253{,}4 : 6{,}24 \approx 240 : 6 = 40$; genauerer Wert: 40,609.

2) $4172{,}1 : 198{,}5 \approx 3800 : 190 = 20$; genauerer Wert: 21,018.

3) $623{,}9 : 0{,}215 \approx 600 : 0{,}2 = 6000 : 2 = 3000$; genauerer Wert: 2901,860.

4) $5{,}739 : 28{,}4 \approx 6 : 30 = 0{,}2$; genauerer Wert: 0,202.

5) $0{,}785 : 0{,}0183 \approx 0{,}8 : 0{,}02 = 80 : 2 = 40$; genauerer Wert: 42,896.

Aufgaben und Beispiele

Zum Einstieg

Die Rechtecke in Bild 11 haben alle einen Flächeninhalt von $3{,}6\,cm^2$. Sie sind also gleich groß. Suche weitere Rechtecke mit gleichem Flächeninhalt! Ermittle dabei zu den gegebenen Längen in der Tabelle die jeweils fehlende Breite!

Länge in cm	1	2	4	8	3	6
Breite in cm						

Länge in cm	0,1	0,2	0,3	0,06	0,08	0,12
Breite in cm						

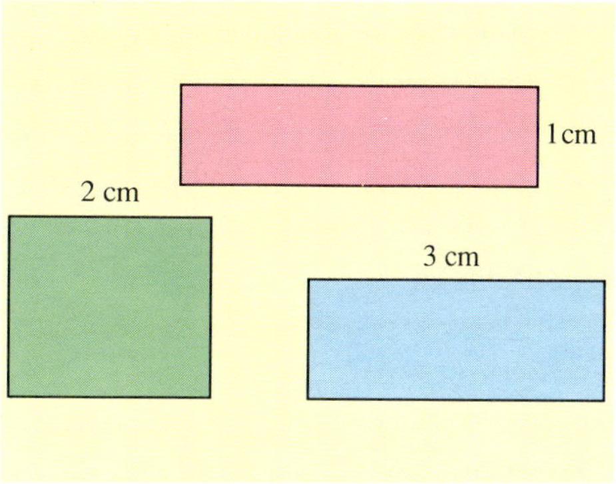

Bild 11

Division durch eine natürliche Zahl

1. a) Bestimme den 10., 100., 1000. Teil von 12,5! Wie dividiert man durch eine Zehnerpotenz?
b) Begründe, warum $0{,}3 : 3 = 3 : 30 = 0{,}1$ gilt und berechne jeweils den 3. Teil von 0,03; 1,2; 0,21 und 36,9! Formuliere eine Regel!
c) Schreibe die Quotienten $2{,}5 : 0{,}5$; $2{,}5 : 0{,}05$; $0{,}25 : 0{,}5$ und $0{,}025 : 0{,}5$ kommafrei und bestimme die Ergebnisse!

2. Rechne im Kopf!
a) 0,4 : 2 **b)** 0,8 : 4 **c)** 0,6 : 3
d) 1,2 : 2 **e)** 1,6 : 4 **f)** 3,2 : 2
g) 0,8 : 8 **h)** 4,9 : 7 **i)** 0,32 : 8
j) 0,45 : 9 **k)** 0,81 : 9 **l)** 0,24 : 6
m) 1,04 : 2 **n)** 1,05 : 5 **o)** 2,44 : 4

3. Rechne im Kopf!
a) 4,2 : 7 **b)** 3,6 : 12 **c)** 0,48 : 4
d) 0,25 : 25 **e)** 8,4 : 12 **f)** 0,057 : 19
g) 6,8 : 17 **h)** 1,14 : 2 **i)** 3,69 : 3
j) 5,2 : 13 **k)** 0,42 : 14 **l)** 0,066 : 11

4. Rechne im Kopf!
a) 0,25 : 5 **b)** 0,084 : 7 **c)** 12,4 : 4
d) 0,016 : 8 **e)** 6,5 : 13 **f)** 0,096 : 12
g) 2,8 : 4 **h)** 0,0012 : 2 **i)** 0,55 : 11
j) 0,091 : 7 **k)** 1,44 : 12 **l)** 5,8 : 29

5. Berechne!
a) 0,7 : 2 **b)** 0,6 : 5 **c)** 0,2 : 4
d) 0,04 : 8 **e)** 0,05 : 25 **f)** 0,25 : 125
g) 0,008 : 20 **h)** 1,03 : 2 **i)** 44,08 : 8
j) 12,48 : 6 **k)** 17,5 : 7 **l)** 6,09 : 15

6. Rechne im Kopf!
a) 21 : 10 **b)** 1,9 : 10 **c)** 300 : 1000
d) 0,5 : 100 **e)** 3,07 : 100 **f)** 243,1 : 1000
g) 5,0505 : 100 **h)** 10000,1 : 10000
i) (23,04 : 10) : 10 **j)** (106,5 : 100) : 100

7. Nutze die Regel für die Division durch Zehnerpotenzen!

Beispiel

$0{,}63 : 30 = (0{,}63 : 3) : 10 = 0{,}21 : 10 = 0{,}021$

a) 8,4 : 70 **b)** 0,36 : 30 **c)** 12,1 : 110
d) 0,144 : 200 **e)** 0,09 : 60 **f)** 0,5 : 400
g) 6,5 : 1300 **h)** 19,5 : 500 **i)** 0,18 : 600

8. Berechne!
a) 6,25 : 5 **b)** 0,546 : 7 **c)** 17,05 : 11
d) 1,242 : 9 **e)** 0,0306 : 17 **f)** 546 : 12
g) 399,3 : 33 **h)** 1,332 : 15 **i)** 120,42 : 54

9. Berechne!
a) 4 : 8 **b)** 6 : 5 **c)** 3 : 12 **d)** 5 : 8
e) 36 : 24 **f)** 14 : 16 **g)** 28 : 35 **h)** 30 : 32
i) 45 : 20 **j)** 72 : 60 **k)** 96 : 75 **l)** 8 : 200

Division durch eine Dezimalzahl

10. In welche Richtung und um wie viele Stellen muß das Komma verschoben werden, wenn man durch
a) 10; **b)** 100; **c)** 1000; **d)** 0,1; **e)** 0,01
f) 0,001; **g)** 10000; **h)** 0,000001
dividiert? Wie unterscheidet sich diese Regel von der entsprechenden Regel für die Multiplikation?

11. Rechne im Kopf!

a) 4,5 : 0,1 **b)** 4,5 : 100
c) 4,5 : 0,01 **d)** 0,373 : 0,1
e) 2,67 : 1000 **f)** 0,01 : 10
g) 14,01 : 0,001 **h)** 60,06 : 100

12. Rechne auf zwei Arten!

Beispiele

1) $0{,}36 : 28{,}8 = \frac{0{,}36}{28{,}8} = \frac{36}{2880} = \frac{1}{80}$

2) 0,36 : 28,8 = 3,6 : 288 = 0,0125

```
360
288
 720
 576
 1440
 1440
    0
```

a) 0,49 : 0,14 **b)** 3,5 : 0,07
c) 0,66 : 8,8 **d)** 0,36 : 0,018
e) 72 : 0,09 **f)** 0,052 : 1,3
g) 17,1 : 0,9 **h)** 0,288 : 3,2

13. Berechne!

a) 0,228 : 0,012 **b)** 5,85 : 0,013
c) 0,414 : 0,23 **d)** 19600 : 1,4
e) 0,003 : 2,5 **f)** 23,4 : 180
g) 4,6222 : 0,022 **h)** 0,696 : 0,29
i) 3,41 : 1,1 **j)** 3,6613 : 0,235

14. Berechne!

a) 94,5 : 0,27 **b)** 0,2318 : 3,8
c) 5,9231 : 9,71 **d)** 2995,36 : 0,772
e) 47,232 : 32,8 **f)** 0,302534 : 0,0662
g) 8,588 : 4,52 **h)** 0,2475 : 0,99
i) 18,24 : 15,2 **j)** 6602,4 : 0,36

15. Bei den folgenden Aufgaben geht die Division nicht auf. Erweitere deshalb mit einer Zehnerpotenz und schreibe den Quotienten kommafrei als Bruch! Kürze dann so weit wie möglich!

a) 2,4 : 0,072 **b)** 0,17 : 51
c) 0,07 : 49 **d)** 0,35 : 4,2
e) 1,7 : 0,006 **f)** 0,225 : 0,27
g) 0,3 : 44 **h)** 6,5 : 10,5
i) 21 : 7,7 **j)** 26,5 : 15

Division von Größen

16. Rechne im Kopf!

a) 0,6 m : 3 **b)** 1,4 cm : 0,2
c) 0,56 t : 0,8 **d)** 1,3 kg : 0,13
e) 64 dm : 0,8 **f)** 0,5 hl : 25
g) 6,8 m^2 : 1,7 **h)** 0,45 dm^3 : 1,5

17. Rechne im Kopf!

a) 2 cm : 0,2 cm **b)** 0,14 mm : 0,02 mm
c) 1,8 t : 9 t **d)** 24 km : 0,12 km
e) 0,36 *l* : 0,3 *l* **f)** 5,1 dm : 1,7 dm
g) 81 m^2 : 0,09 m^2 **h)** 0,068 g : 0,17 g

18. Schreibe mit gleicher Einheit und berechne!

a) 14 dm : 14 m **b)** 180 m : 0,18 km
c) 3,6 cm : 1,2 mm **d)** 0,84 t : 60 kg
e) 144 g : 0,12 kg **f)** 4,2 m^2 : 0,14 dm^2
g) 0,052 hl : 130 *l* **h)** 250 cm : 125 m

19. Berechne! Schreibe – falls notwendig – Dividend und Divisor mit derselben Einheit!

a) 4,5 m : 9 **b)** 0,32 km : 0,8 km
c) 64 cm^2 : 0,8 cm **d)** 0,02 t : 40
e) 4,5 h : 0,75 h **f)** 0,4 m^2 : 0,5 m
g) 7,2 dm : 3,6 cm **h)** 300 m : 5 km
i) 2,4 hl : 50 **j)** 0,1 m^2 : 10 dm^2

20. Ein Rechteck ist 27,9 cm^2 groß. Eine Seite ist 6,2 cm lang. Bestimme die Länge der anderen Seite!

21. Ein Quader hat eine Grundfläche von 12,04 cm^2 und ein Volumen von 66,22 cm^3. Berechne die Höhe!

22. **a)** Eine Mehrfahrtenkarte für 4 Fahrten der Preisstufe 3 mit der S-Bahn in Düsseldorf kostet 11,40 DM. Wieviel spart man pro Fahrt, wenn der Einzelfahrschein 3,30 DM kostet?
b) Eine Monatskarte der Preisstufe B im Verkehrsverbund Rhein-Ruhr kostet 89 DM. Herr Riese nutzt die Karte für 40 Einzelfahrten. Wieviel DM spart er pro Fahrt gegenüber dem Preis eines Einzelfahrscheins von 5 DM? Ab wieviel Einzelfahrten lohnt sich der Kauf einer Monatskarte?

Bild 12

23. Wieviel 0,2-l-Becher lassen sich mit
a) 1 *l*; **b)** 5 *l*; **c)** 10 *l*; **d)** 20 *l*; **e)** 27 *l* Fruchtsaft füllen?

24. Eine Wohnung ist 78 m² groß. Der Mietpreis beträgt 647,40 DM. Wie hoch liegt der Quadratmeterpreis?

25. Herr Hurtig tankt 36,96 *l* Benzin. Seit dem letzten Tanken hat er eine Strecke von 420 km zurückgelegt. Wieviel Liter Benzin hat sein Wagen pro 100 km verbraucht?

26. Mechtild tauscht bei einer Bank 64,44 DM in 72 Niederländische Gulden. Zu welchem Kurs hat sie getauscht, d.h. wieviel DM hat sie für einen Gulden bezahlt?

Aufgaben zu mehreren Rechenarten

27. Berechne!
a) $4{,}5 : 9 + 3{,}6 : 4 - 7{,}2 : 8$
b) $0{,}42 : 6 + 0{,}02 \cdot 4 + 0{,}1 \cdot 0{,}1$
c) $(1{,}69 : 1{,}3 - 1{,}2) \cdot (1{,}52 : 4)$
d) $(24 : 0{,}8) \cdot 1{,}45 - 0{,}3 \cdot 13{,}2 - 0{,}6 \cdot 0{,}9$
e) $(0{,}72 : 1{,}2 + 5{,}6 : 0{,}8) \cdot (1{,}4 - 0{,}4 \cdot 3)$
f) $51 : 0{,}17 - 3{,}2 : 16 - 2{,}3 \cdot 83{,}9 + 1{,}7 : 10$

28. Berechne!
a) $0{,}16 : 0{,}4 + 6{,}4 : 0{,}8 + 25 : 12{,}5 + 0{,}81 : 9$
b) $\frac{4{,}5 : 3}{3{,}6 - 2{,}04 - 0{,}06}$ **c)** $\frac{0{,}4 \cdot 0{,}16}{0{,}47 + 0{,}17}$
d) $(3{,}09 + \frac{3}{4}) : 1\frac{1}{2} + 2{,}9 \cdot 1\frac{2}{5} - 0{,}06$
e) $\frac{\frac{3}{4} \cdot 0{,}6 - \frac{1}{2} \cdot 0{,}8}{\frac{1}{5} \cdot 3{,}7 - \frac{4}{5} \cdot 0{,}3}$ **f)** $\frac{0{,}8 : \frac{2}{3} - 0{,}6 : \frac{3}{4}}{3{,}5 : \frac{5}{2} + 0{,}8 : \frac{4}{3}}$

29. Multiplikation und Division sind entgegengesetzte Rechenarten. Nutze diesen Zusammenhang für eine Probe!
a) 10,34 : 23,5 **b)** 5,661 : 90
c) 2,31552 : 0,0128 **d)** 124,8 : 0,048
e) 163,59 : 1,558 **f)** 105,156 : 6,35

30. Schreibe als Bruch und bestimme die Kehrwerte!
a) 0,1 **b)** 1,75 **c)** 0,05 **d)** 0,99

31. Ergänze die fehlenden Zahlen in den Verknüpfungstafeln!

a)

·	0,5		
2,1		0,84	
		0,1	6,25
			40

b)

:	0,9	12	
0,18			1,2
	5		
		2,25	

32. Untersuche, ob die Aussagen wahr sind!
a) $(4{,}78 \cdot 9{,}61) : 9{,}61 = 4{,}78$
b) $(3{,}742 \cdot 0{,}989) : 3{,}742 = 0{,}989$
c) $(2{,}75 : 0{,}771) \cdot 0{,}771 = 2{,}75$
d) $(0{,}2 : 0{,}4) : 0{,}5 = 0{,}2 : (0{,}4 : 0{,}5)$
e) $0{,}64 \cdot (3{,}2 : 0{,}04) = (0{,}64 \cdot 3{,}2) : 0{,}04$

33. Auf welchem Weg gelangt man im Diagramm von Bild 13 von der Startzahl 1 zur Zielzahl 2?
Auf dem gesuchten Weg muß jede Rechenanweisung auf den Pfeilen zum richtigen Ergebnis führen.

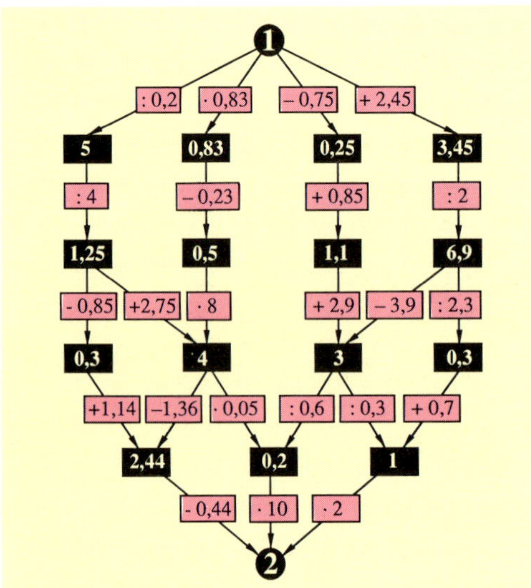

Bild 13

34. Zeichne das Labyrinth in dein Heft! Gesucht ist der Weg, der das kleinstmögliche bzw. das größtmögliche Ergebnis liefert. Man beginnt dabei mit der Startzahl 1 und durchläuft die hellen Felder bis zum Ziel. Jedes Feld darf nur höchstens einmal durchquert werden. In den Feldern mit den roten Zahlen ist die vorgegebene Rechenanweisung auszuführen. Führt eine Rechenvorschrift zu einem Ergebnis, das nicht in der Menge der Bruchzahlen liegt, so scheidet der Weg aus!

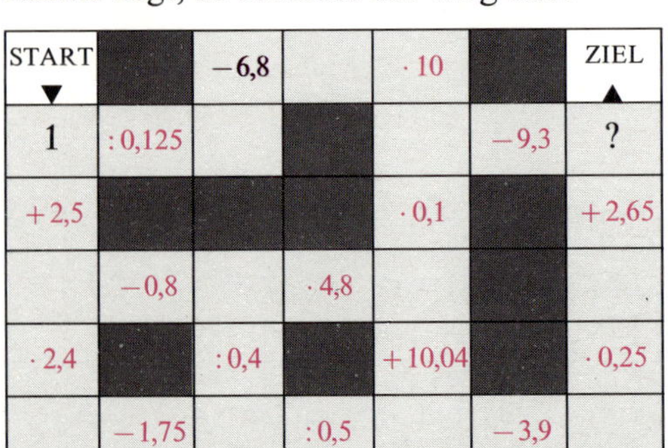

Division von Näherungswerten

35. Die Zahlen in dieser Aufgabe sind Näherungswerte. Bestimme einen möglichst genauen Näherungswert für den Quotienten!

a) 1,5 : 18,2 **b)** 6,04 : 1,8
c) 0,995 : 12,1 **d)** 21,7 : 0,11
e) 45,23 : 4,5 **f)** 6,8205 : 6,9
g) 1,04 : 2,0368 **h)** 0,92 : 9,21
i) 4,739 : 0,766 **j)** 24,03 : 6,41
k) 26,1 : 1,793 **l)** 8,324 : 0,7

36. Verfahre wie in Aufgabe 35!

a) 29,725 : 0,86 **b)** 541,6 : 1,13
c) 196,84 : 13,5 **d)** 127,9 : 1,044
e) 12,567 : 3,821 **f)** 3,771 : 3,825
g) 0,454 : 3,465 **h)** 6,255 : 0,0377
i) 0,0789 : 0,2648 **j)** 241,7 : 0,0493
k) 9,3 : 3,145 **l)** 0,305 : 27,9

37. Suche Gegenstände, bei denen Kreise auftreten (z. B. Bierdeckel, Blumentopf, Fahrradreifen usw.). Bestimme mit einem Bandmaß jeweils möglichst genaue Näherungswerte für den Durchmesser und für den Umfang des Kreises! Berechne dann einen möglichst genauen Näherungswert für den Quotienten $\frac{\text{Umfang}}{\text{Durchmesser}}$!
Was stellst du fest?

38. Bei einer Lufttemperatur von 18 °C legt der Schall in einer Sekunde ungefähr 342,7 m zurück. Nach wieviel Sekunden etwa hört man den Einschlag eines Blitzes in der angegebenen Entfernung?

Beispiel

Bei einer Entfernung von 2,3 km erhalten wir die Zeit, indem wir die Entfernung in m durch die Schallgeschwindigkeit dividieren, also:

$$\frac{2300}{342{,}7}\,\text{s} \approx 6{,}7\,\text{s}.$$

a) 1,4 km **b)** 2,6 km **c)** 3,1 km
d) 3,7 km **e)** 4,2 km **f)** 5,3 km

Überschlagsrechnungen

39. Führe im Kopf eine Überschlagsrechnung durch!

a) 6,3 : 0,79 **b)** 24,93 : 0,482
c) 1,679 : 0,454 **d)** 46,9 : 23,9
e) 14,6 · 6,44 **f)** 26,07 : 11,26
g) 74,69 : 12,64 **h)** 16,38 : 3,665
i) 0,0733 : 0,079 **j)** 10,1 : 1,052

40. Sucht man im Kopf einen Näherungswert für einen Quotienten, bei dem der Divisor ungefähr 0,1 groß ist, so wird man einfach mit 10 multiplizieren. Um z. B. das Ergebnis von 18,364 : 0,1269 näherungsweise zu bestimmen, rechnet man 18 : 0,1 = 18 · 10 = 180. Mit welcher natürlichen Zahl wird man multiplizieren, wenn der Divisor etwa

a) 0,2; **b)** 0,25; **c)** 0,5; **d)** 0,05; **e)** 0,002 groß ist? Begründe diese Regel!

41. Führe im Kopf eine Überschlagsrechnung durch! Nutze dabei die Regeln aus Aufgabe 40!

a) 12,781 : 0,1136 **b)** 3,75 : 0,194
c) 9,993 : 0,2401 **d)** 15,417 : 0,479
e) 1,022 : 0,221 **f)** 0,3027 : 0,2541
g) 21,69 : 0,522 **h)** 7,771 : 0,0938

42. Bestimme einen Näherungswert durch eine Überschlagsrechnung!

a) 14,69 : 0,283 – 6,44 : 2,89
b) 85,1 : 6,7 – 17,43 : 3,65
c) 0,64 : 0,32 + 0,49 : 0,741
d) (15,2 + 36,14) : 0,1567
e) (44,6 – 23,94) : (4,09 + 3,16)

43. In Deutschland lebten 1990 etwa 79 Mio. Einwohner auf einer Fläche von $3{,}57 \cdot 10^5\ \text{km}^2$. In der Sowjetunion waren es zur gleichen Zeit 270 Mio. Einwohner auf einer Fläche von $22{,}4 \cdot 10^6\ \text{km}^2$.

a) Wie viele Einwohner etwa lebten 1990 in Deutschland und in der Sowjetunion auf einem Quadratkilometer?

b) Ungefähr wievielmal ist die Fläche der Sowjetunion größer als die Fläche Deutschlands?

44. Übertrage das Kreuzzahlrätsel in dein Heft! Bestimme die Ergebnisse, runde nach der Rundungsregel auf Einer und trage die Näherungswerte waagerecht bzw. senkrecht in das Kreuzzahlrätsel ein!

Waagerecht:	**Senkrecht:**
1) 14,31 · 11,64	1) 86,4 + 39,74
3) 87,3 + 89,1	2) 69,0444 · 100
6) 128 : 4,4	3) (458,2 + 366,3) · 21,14
7) 371 954 : 100	4) 3,8 · 18,95
8) (200 – 12,28) · (300 + 23,11)	5) 6,5 · 9,7 · 9,6
10) Die Hälfte von 98,9	7) 0,348 : 0,01
11) Das Doppelte von 16,65	9) $41{,}1^3$
14) 4,507 : 0,001 + 93,65	12) 9840,6 : 3,126
17) $1{,}82654 \cdot 10^3$	13) 8792 · 0,2 · 0,3 · 0,4
19) 0,14 · 324,25	15) 200 : 3
20) (24,4 + 21,6) · (5,426 – 3,1)	16) 60,42 + 118,97 + 73,88
21) 51,7 : 0,058 – 8,379	18) 1921,56 : 24,1

45. Ergänze in der Tabelle die fehlenden Zahlen! Runde auf Einer!

kW (34) PS	52 kW ( ) PS
29 kW ( ) PS	kW (75) PS
kW (44) PS	66 kW ( ) PS
33 kW ( ) PS	kW (105) PS
kW (50) PS	85 kW ( ) PS
40 kW ( ) PS	kW (120) PS
kW (60) PS	100 kW ( ) PS
Berechnungsgrundlage:	1 PS = 0,736 kW

46. Die Darstellung in Bild 14 zeigt, daß 1990 etwa jeder zweite Teilnehmer am Berufsverkehr mit dem Pkw zur Arbeit fährt. Bestimme nacheinander mit einer Überschlagsrechnung die Anteile derjenigen, die mit dem Fahrrad fahren, ein öffentliches Verkehrsmittel benutzen bzw. zu Fuß gehen!

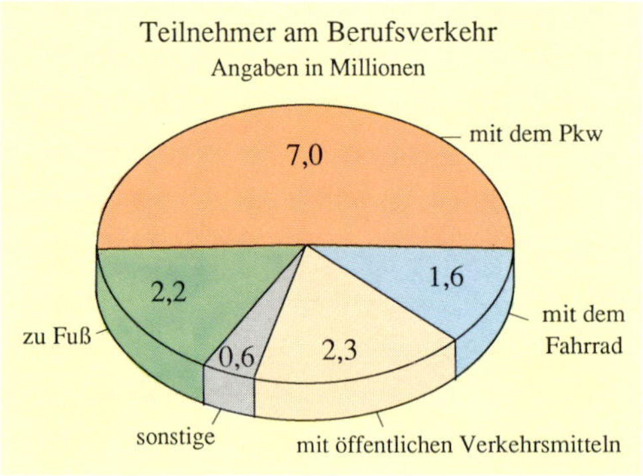

Bild 14

47. Schreibe in der Einheit $\frac{km}{h}$! Rechne im Kopf!

Beispiel

Beim Übergang von der Einheit $\frac{m}{s}$ zur Einheit $\frac{km}{h}$ multipliziert man die Maßzahl mit 4 und subtrahiert ein Zehntel des Ergebnisses. Es ist $15\,\frac{m}{s} = 54\,\frac{km}{h}$; denn es gilt:
$15 \cdot 4 = 60$ und $60 - 0{,}1 \cdot 60 = 60 - 6 = 54$.

a) $1\,\frac{m}{s}$ **b)** $3\,\frac{m}{s}$ **c)** $10\,\frac{m}{s}$ **d)** $7\,\frac{m}{s}$
e) $30\,\frac{m}{s}$ **f)** $1{,}5\,\frac{m}{s}$ **g)** $2{,}5\,\frac{m}{s}$ **h)** $25\,\frac{m}{s}$

48. Schreibe in der Einheit $\frac{m}{s}$ und bestimme einen Näherungswert!

Beispiel

Beim Übergang von der Einheit $\frac{km}{h}$ zur Einheit $\frac{m}{s}$ erhält man einen Näherungswert, indem man ein Zehntel der Maßzahl addiert und durch 4 dividiert.

Es ist $50\,\frac{km}{h} \approx 14\,\frac{m}{s}$; denn es gilt:
$50 + 0{,}1 \cdot 50 = 50 + 5 = 55$ und $55 : 4 \approx 14$.

a) $40\,\frac{km}{h}$ **b)** $70\,\frac{km}{h}$ **c)** $100\,\frac{km}{h}$
d) $25\,\frac{km}{h}$ **e)** $150\,\frac{km}{h}$ **f)** $180\,\frac{km}{h}$

Mittelwerte

Schon im Altertum hat man versucht, durch Volkszählungen Informationen über die Bevölkerung eines Landes zu erhalten. Dazu mußte man umfangreiches Zahlenmaterial geschickt zusammenfassen. Ein Verfahren dazu ist die Berechnung von Mittelwerten. Mittelwerte nennt man auch häufig Durchschnittswerte.

So ist z. B. das Durchschnittsalter der Bürger für die Beurteilung der Gesundheitsfürsorge von besonderer Bedeutung. Das Klima einer Region kann man durch die Angabe des Mittelwertes der Temperaturen während der verschiedenen Monate kennzeichnen.

Auch in sehr viel einfacheren Situationen berechnet man Mittelwerte.

Beispiel

Gerd trainiert für einen Laufwettbewerb. In den letzten sechs Tagen lief er dabei Strecken mit folgenden Längen:
4,3 km; 6,5 km; 7,1 km; 5,8 km; 5,5 km; 6,4 km.

Wieviel km ist er durchschnittlich pro Tag gelaufen?

Lösung:

Wir addieren die sechs Streckenlängen:

4,3 km + 6,5 km + 7,1 km + 5,8 km
+ 5,5 km + 6,4 km = 35,6 km.

Das Ergebnis dividieren wir durch die Anzahl der Tage, also durch 6:

35,6 km : 6 ≈ 5,9 km.

Gerd ist also durchschnittlich 5,9 km pro Tag gelaufen.

49. Michaels Englischarbeiten wurden mit den Noten 2, 4, 4, 3 bewertet. Patrick erhielt die Noten 5, 3, 3, 3.

a) Berechne einen Näherungswert für die „Durchschnittsnote“. Runde auf eine Dezimale! Vergleiche die Ergebnisse!

b) Warum werden die Leistungen nicht nach der Durchschnittsnote beurteilt?

50. Ralf macht eine Radtour im Gebirge. Er fährt insgesamt fünf Stunden und legt in den einzelnen Stunden Strecken folgender Länge zurück:

Stunde	1.	2.	3.	4.	5.
km	21	18	11	7	13

Welche Strecke hat er im Durchschnitt in einer Stunde zurückgelegt?

Treten bei der Bildung von Mittelwerten Zahlen mehrfach auf, so läßt sich die Rechnung wie im folgenden Beispiel vereinfachen.

Beispiel

Note	1	2	3	4	5	6
Anzahl	2	7	7	10	3	1

Man bestimmt die Summe

$$1 \cdot 2 + 2 \cdot 7 + 3 \cdot 7 + 4 \cdot 10 + 5 \cdot 3 + 6 \cdot 1$$

und dividiert das Ergebnis 98 durch die Gesamtzahl der Arbeiten, also durch 30:

$$98 : 30 = 3{,}26\ldots \approx 3{,}3.$$

Der Klassendurchschnitt bei der Arbeit ist etwa 3,3.

51. Ermittle die Durchschnittsnoten einer Klassenarbeit! Runde auf eine Dezimale!

Note	1	2	3	4	5	6
a) Anzahl	1	5	10	10	4	2
b) Anzahl	3	3	6	8	7	–
c) Anzahl	–	6	9	9	4	–

52. Berechne anhand der Tabelle das Durchschnittsalter von zwei 6. Klassen und vergleiche die Ergebnisse! Runde auf eine Dezimale!

Alter in Jahren	10	11	12	13
a) Anzahl der Kinder	1	13	9	2
b) Anzahl der Kinder	–	10	15	1

53. Bestimme die Mittelwerte der Zahlen und vergleiche sie miteinander!

a) 5; 5,5; 6,2; 7; 7,5; 8,8

b) 1; 1; 1; 1; 1; 35

c) 6; 6; 7; 7; 7; 7

54. Daten werden oft in sogenannten „Säulendiagrammen" dargestellt. Bild 15 zeigt die Niederschlagsmenge in Münster für die 12 Monate eines Jahres.

a) Übertrage das Säulendiagramm in dein Heft und berechne die durchschnittliche Niederschlagsmenge im Jahr!

b) Stelle den ermittelten Durchschnittswert im Diagramm anschaulich durch eine Parallele zur Horizontalachse dar!

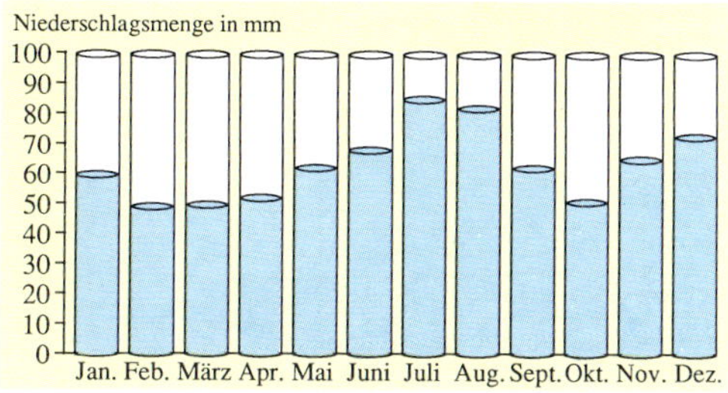

Bild 15

55. Das Säulendiagramm in Bild 16 gibt die Durchschnittstemperaturen in Essen für die 12 Monate eines Jahres wieder.

a) Bestimme den Mittelwert dieser Durchschnittswerte! Runde auf eine Dezimale!

b) Ist dieser Mittelwert der Durchschnittswerte gleich dem Mittelwert der Tagestemperaturen des Jahres? Beantworte die Frage mit Hilfe eines einfachen Beispiels!

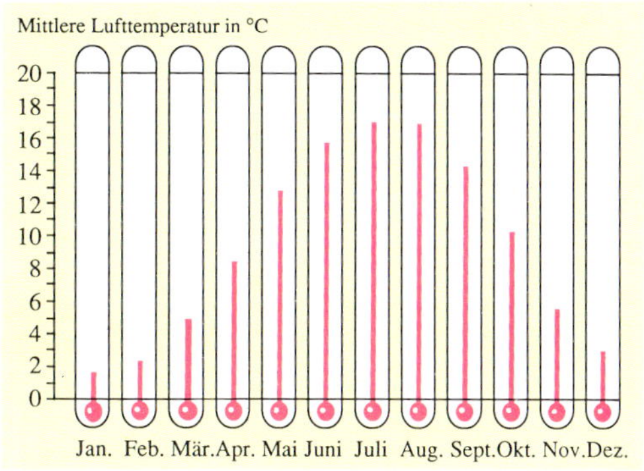

Bild 16

§ 10 Periodische Dezimalzahlen

I. Periodische Dezimalbrüche

1. Zur Einführung

Ralf möchte eine 7 m lange Kordel in 3 gleich lange Stücke zerschneiden. Jedes Stück müßte

$$7\,\text{m} : 3 = \frac{7}{3}\,\text{m}$$

lang sein.

Ralf weiß, daß er $\frac{7}{3}$ nicht in einen Dezimalbruch umwandeln kann. Mit dem Taschenrechner seines Vaters rechnet er 7 : 3 und erhält

2,333333.

Auf Grund dieses Resultates vermutet Ralf, daß sich das Ergebnis der Division 7 : 3, und damit der Bruch $\frac{7}{3}$ doch als Dezimalbruch schreiben läßt.

Bild 1

2. Nicht abbrechende Division

Wir wollen untersuchen, ob sich die Vermutung von Ralf bestätigen läßt. Es ist:

$$\frac{7}{3} = 7:3 = 7{,}000\ldots:3 = 2{,}333\ldots$$

$$\begin{array}{l}
\underline{6}\\
\;1\,0\\
\;\underline{\;\;9}\\
\;\;\;10\\
\;\;\;\underline{\;\;9}\\
\;\;\;\;\;10\\
\;\;\;\;\;\underline{\;\;9}\\
\;\;\;\;\;\;\;1
\end{array}$$

Bei diesem Divisionsverfahren bleibt bei jedem Schritt ein Rest; **die Division bricht nicht ab**; man sagt auch: „Die Division geht nicht auf". Also zeigt der Taschenrechner nicht das genaue Ergebnis, sondern einen Näherungswert an. Führt man die Division weiter durch, dann erhält man hinter dem Komma immer wieder die Ziffer 3. Das sollen die Punkte in der obigen Darstellung andeuten.

3. Perioden

Ziffernfolgen, die sich auf den Stellen hinter dem Komma unendlich oft wiederholen, nennt man **Perioden**.

Beispiele

1) $\frac{52}{9} = 52:9 = 5{,}777\ldots$ Periode: 7

$$\begin{array}{r} 52 \\ 45 \\ \hline 70 \\ 63 \\ \hline 70 \\ 63 \\ \hline 70 \\ 63 \\ \hline 7 \end{array}$$

2) $\frac{83}{11} = 83:11 = 7{,}5454\ldots$ Periode: 54

$$\begin{array}{r} 83 \\ 77 \\ \hline 60 \\ 55 \\ \hline 50 \\ 44 \\ \hline 60 \\ 55 \\ \hline 50 \\ 44 \\ \hline 6 \end{array}$$

3) $\frac{93}{37} = 93:37 = 2{,}513513\ldots$ Periode: 513

$$\begin{array}{r} 93 \\ 74 \\ \hline 190 \\ 185 \\ \hline 50 \\ 37 \\ \hline 130 \\ 111 \\ \hline 190 \\ 185 \\ \hline 50 \\ 37 \\ \hline 130 \\ 111 \\ \hline 19 \end{array}$$

4) $\frac{41}{6} = 41:6 = 6{,}8333\ldots$ Periode: 3

$$\begin{array}{r} 41 \\ 36 \\ \hline 50 \\ 48 \\ \hline 20 \\ 18 \\ \hline 20 \\ 18 \\ \hline 20 \\ 18 \\ \hline 2 \end{array}$$

5) $\frac{43}{12} = 43:12 = 3{,}5833\ldots$ Periode: 3

$$\begin{array}{r} 43 \\ 36 \\ \hline 70 \\ 60 \\ \hline 100 \\ 96 \\ \hline 40 \\ 36 \\ \hline 40 \\ 36 \\ \hline 4 \end{array}$$

6) $\frac{81}{22} = 81:22 = 3{,}68181\ldots$ Periode: 81

$$\begin{array}{r} 81 \\ 66 \\ \hline 150 \\ 132 \\ \hline 180 \\ 176 \\ \hline 40 \\ 22 \\ \hline 180 \\ 176 \\ \hline 40 \\ 22 \\ \hline 18 \end{array}$$

4. Periodische Dezimalbrüche

Die in den Beispielen auftretenden Dezimalbrüche nennt man **periodische Dezimalbrüche**. Diese Dezimalbrüche machen wir dadurch kenntlich, daß wir die erste Periode hinter dem Komma überstreichen.

Beispiele

1) $\frac{52}{9} = 5{,}\overline{7}$ **2)** $\frac{83}{11} = 7{,}\overline{54}$ **3)** $\frac{93}{37} = 2{,}\overline{513}$ **4)** $\frac{41}{6} = 6{,}8\overline{3}$ **5)** $\frac{81}{22} = 3{,}6\overline{81}$

Wir lesen: $7{,}\overline{54}$: „sieben Komma Periode fünf vier"; $6{,}8\overline{3}$: „sechs Komma acht Periode drei".

Bei einzelnen periodischen Dezimalbrüchen beginnt die Periode unmittelbar hinter dem Komma. Solche Dezimalbrüche heißen **rein-periodische Dezimalbrüche**.

Beispiele **1)** $5,\overline{7}$ **2)** $7,\overline{54}$ **3)** $2,\overline{513}$

Bei den anderen periodischen Dezimalbrüchen treten auf den ersten Stellen hinter dem Komma Ziffern auf, die nicht zur Periode gehören. Solche Dezimalbrüche nennt man **gemischt-periodische Dezimalbrüche**.

Beispiele **1)** $6,8\overline{3}$ **2)** $3,58\overline{3}$ **3)** $3,6\overline{81}$

Wir vereinbaren:

Bruchzahlen, die durch periodische Dezimalbrüche dargestellt sind, heißen **periodische Dezimalzahlen**.

5. Abbrechende und nicht abbrechende Dezimalbrüche

Man wandelt einen Bruch in einen Dezimalbruch um, indem man den Zähler durch den Nenner dividiert. Diese Division kann aufgehen, dann erhält man einen **abbrechenden Dezimalbruch**. Beispiele dafür haben wir in den letzten Paragraphen kennengelernt. Geht die Division nicht auf, dann erhält man einen **nicht abbrechenden periodischen Dezimalbruch**.

Daß im letzten Fall immer ein periodischer Dezimalbruch entsteht, wollen wir uns an einem Beispiel klarmachen. Dividieren wir durch 7 und geht die Division nicht auf, dann können nur die Reste 1, 2, 3, 4, 5 oder 6 auftreten. Spätestens beim siebten Divisionsschritt hinter dem Komma muß sich einer der sechs Reste wiederholen. Damit wiederholen sich aber im Ergebnis die Ziffern. Die Periode kann bei Division durch 7 folglich höchstens aus sechs Ziffern bestehen.

Beispiel $\frac{38}{7} = 38 : 7 = 5,428\,571\ldots$

```
35
 30
 28
  20
  14
   60
   56
    40
    35
     50
     49
      10
       7
       3
```

Die Ziffern für die Reste sind rot gedruckt. Nachdem die Reste 3, 2, 6, 4, 5 und 1 aufgetreten sind, wiederholt sich der Rest 3. Mit dem Rest 3 erhält man im Ergebnis die Ziffer 4. Mit den dann folgenden Resten wiederholen sich im Ergebnis die übrigen Ziffern.

$$\frac{38}{7} = 5,428\,571\,428\,571\ldots = 5,\overline{428\,571}$$

Als Ergebnis halten wir fest:

Jede Bruchzahl läßt sich entweder als abbrechender oder als nicht abbrechender periodischer Dezimalbruch schreiben.

Es gibt auch nicht abbrechende Dezimalbrüche, die nicht periodisch sind.

Beispiel 2,010 010 001 . . .,

wobei auf jede Ziffer „1" immer eine Ziffer „0" mehr folgt, als vor der „1" steht.

Dieser Dezimalbruch ist nicht periodisch, obwohl die Ziffern „0" und „1" immer wieder auftreten. Da die Anzahl der Nullen zwischen zwei Einsen wächst, wiederholt sich keine Ziffernfolge.

Ein solcher Dezimalbruch kann bei der Division zweier natürlicher Zahlen nicht entstehen. Er stellt deshalb auch keine Bruchzahl dar.

Aufgaben und Beispiele

Zum Einstieg

Eines Tages sagte der Igel zum Hasen: „Ich fordere dich zu einem Wettrennen heraus. Allerdings nur, wenn du mir 10 m Vorsprung gibst."

„Kein Problem", lachte der Hase. „Die 10 m hole ich leicht wieder ein."

„Das stimmt zwar", sagte der Igel, „schließlich bist du zehnmal schneller als ich. Aber wenn du die 10 m hinter dir hast, bin ich ein Zehntel dieser Strecke weitergelaufen. Ich habe dann also noch einen Vorsprung von 1 m. Wenn du diesen Meter aufgeholt hast, bin ich bereits 10 cm weiter. Mein Vorsprung wird auf diese Weise zwar immer kleiner, aber du holst mich nie ein!"

„Unsinn", erwiderte der Hase nach einer Weile.

Der Hase hatte natürlich recht.

Wie kann man in der Dezimalschreibweise die Stelle angeben, an der der Hase den Igel einholt?

Bild 2

Periodische Dezimalbrüche

1. Schreibe als Quotient und bestimme die ersten fünf Dezimalen nach dem Komma!

a) $\frac{5}{3}$ **b)** $\frac{7}{9}$ **c)** $\frac{5}{27}$ **d)** $\frac{6}{11}$ **e)** $\frac{17}{33}$
f) $\frac{5}{6}$ **g)** $\frac{49}{12}$ **h)** $\frac{13}{18}$ **i)** $\frac{11}{36}$ **j)** $\frac{49}{45}$

2. In welchen Beispielen bricht die Division nicht ab?

a) 17 : 3 **b)** 17 : 5 **c)** 17 : 9 **d)** 17 : 11
e) 17 : 15 **f)** 17 : 25 **g)** 17 : 16 **h)** 17 : 60
i) 35 : 11 **j)** 27 : 55 **k)** 99 : 25 **l)** 2 : 111

3. Schreibe mit dem Periodenzeichen!

a) 0,828 282 ... **b)** 3,451 451 451 ...
c) 6,013 333 ... **d)** 4,231 313 131 ...
e) 5,433 133 133 ... **f)** 7,121 221 221 ...
g) 6,025 020 202 ... **h)** 0,311 991 991 ...

4. Ein Bruch, dessen Nenner nur die Ziffer 9 enthält, läßt sich als Dezimalbruch schreiben. Wandle um und formuliere eine Regel!

a) $\frac{2}{9}$ **b)** $\frac{13}{99}$ **c)** $\frac{5}{99}$ **d)** $\frac{152}{999}$ **e)** $\frac{17}{999}$

5. Wende die Regel von Aufgabe 4 an! Erweitere – falls notwendig – so, daß nur die Ziffer 9 im Nenner vorkommt!

a) $1\frac{2}{9}$ **b)** $14\frac{2}{3}$ **c)** $3\frac{8}{9}$ **d)** $7\frac{4}{99}$
e) $5\frac{4}{11}$ **f)** $2\frac{32}{33}$ **g)** $\frac{10}{333}$ **h)** $4\frac{1}{111}$

6. Rechne höchstens bis zur 10. Dezimalen!

a) $\frac{4}{7}$ **b)** $\frac{39}{37}$ **c)** $\frac{2}{101}$ **d)** $\frac{41}{35}$ **e)** $\frac{40}{13}$
f) $\frac{20}{41}$ **g)** $\frac{100}{81}$ **h)** $\frac{7}{12}$ **i)** $\frac{13}{44}$ **j)** $\frac{9}{14}$

7. Kürze und schreibe dann als Dezimalbruch!

a) $\frac{8}{24}$ **b)** $\frac{22}{88}$ **c)** $\frac{10}{55}$ **d)** $6\frac{33}{60}$ **e)** $\frac{9}{144}$
f) $\frac{60}{144}$ **g)** $1\frac{36}{48}$ **h)** $\frac{22}{121}$ **i)** $1\frac{49}{147}$ **j)** $2\frac{35}{42}$

8. Bilde mit der gegebenen Zahl als Nenner einen Bruch, der sich in einen endlichen Dezimalbruch umwandeln läßt! Nenne alle möglichen Zähler, die kleiner als der gegebene Nenner sind!

Beispiel

Wählt man zum Nenner 12 den Zähler 3, so erhält man $\frac{3}{12} = \frac{1}{4} = 0{,}25$. Ferner gilt $\frac{6}{12} = \frac{1}{2} = 0{,}5$ und $\frac{9}{12} = \frac{3}{4} = 0{,}75$.

a) 15 **b)** 28 **c)** 45 **d)** 55 **e)** 105

9. a) Warum gibt es zum Nenner 7 keinen Bruch mit kleinerem (von 0 verschiedenen) Zähler, der sich als endlicher Dezimalbruch schreiben läßt?
b) Gib zwei Beispiele dafür an, daß die Aussage von a) nicht gilt, wenn auch Zähler zugelassen sind, die nicht kleiner als 7 sind!

10. Bei den folgenden unendlichen Dezimalbrüchen soll die Ziffernfolge nach der Vorschrift fortgesetzt werden, die sich aus den angegebenen Ziffern ergibt. Welche Zahlen sind dann periodisch, welche nicht?

a) 0,010 101 010 ... **b)** 0,101 101 110 111 1 ...
c) 0,120 120 012 ... **d)** 0,172 072 072 072 ...
e) 5,525 522 555 222 ...
f) 3,470 747 707 477 0747 ...

11. Wieviel Reste können bei der Division durch 13 höchstens auftreten? Wie lang kann die Periode bei einer Division durch 13 also höchstens sein? Wie lang ist sie tatsächlich?

12. Ermittle zwei Dezimalzahlen mit der Differenz 0,001, zwischen denen die gegebene Zahl liegt!

Beispiel

Die Zahl $0{,}04\overline{5}$ liegt zwischen 0,045 und 0,046; ferner gilt: $0{,}046 - 0{,}045 = 0{,}001$.

a) $4{,}\overline{3}$ **b)** $2{,}01\overline{2}$ **c)** $4{,}2\overline{49}$ **d)** $0{,}6\overline{532}$
e) $3{,}00\overline{1}$ **f)** $3{,}0\overline{01}$ **g)** $3{,}\overline{001}$ **h)** $7{,}\overline{3462}$

13. Ordne der Größe nach! Beginne mit der kleinsten Zahl!

a) $0{,}7$; $0{,}\overline{7}$; $0{,}77$; $0{,}777$; $0{,}\overline{70}$
b) $1{,}0001$; $0{,}999$; $0{,}9\overline{8}$; $1{,}\overline{01}$; $1{,}\overline{001}$
c) $0{,}7\overline{3}$; $0{,}\overline{73}$; $0{,}733$; $0{,}\overline{733}$; $0{,}73$
d) $4{,}1$; $4{,}01$; $4{,}\overline{1}$; $4{,}\overline{01}$; $4{,}0\overline{01}$

II. Umwandlung periodischer Dezimalbrüche in Brüche

1. Umwandlung rein-periodischer Dezimalbrüche

Da man mit periodischen Dezimalzahlen nicht rechnen kann, ist man vor die Aufgabe gestellt, periodische Dezimalbrüche in Brüche umzuwandeln. Dazu werden wir im folgenden ein Verfahren kennenlernen.

Beispiele

1) $0,\overline{83}$

Man multipliziert $0,\overline{83}$ mit 100, damit das Komma hinter die erste Periode kommt: $100 \cdot 0,\overline{83} = 83,\overline{83}$;

man subtrahiert davon: $1 \cdot 0,\overline{83} = 0,\overline{83}$;

man erhält: $99 \cdot 0,\overline{83} = 83$.

Daraus ergibt sich: $0,\overline{83} = \frac{83}{99}$.

2) $0,\overline{7}$

$$10 \cdot 0,\overline{7} = 7,\overline{7}$$
$$1 \cdot 0,\overline{7} = 0,\overline{7}$$
$$9 \cdot 0,\overline{7} = 7$$
$$0,\overline{7} = \tfrac{7}{9}$$

3) $0,\overline{461}$

$$1000 \cdot 0,\overline{461} = 461,\overline{461}$$
$$1 \cdot 0,\overline{461} = 0,\overline{461}$$
$$999 \cdot 0,\overline{461} = 461$$
$$0,\overline{461} = \tfrac{461}{999}$$

4) $0,\overline{08}$

$$100 \cdot 0,\overline{08} = 8,\overline{08}$$
$$1 \cdot 0,\overline{08} = 0,\overline{08}$$
$$99 \cdot 0,\overline{08} = 8$$
$$0,\overline{08} = \tfrac{8}{99}$$

Diese Beispiele lassen eine einfache Regel für die Umwandlung von rein-periodischen Dezimalbrüchen vermuten. Dabei betrachten wir zunächst nur Dezimalzahlen kleiner als 1.

1) Der Zähler wird aus den Ziffern der Periode gebildet. Nullen am Anfang der Periode werden dabei weggelassen.

2) Der Nenner wird aus so vielen Neunen dargestellt, wie die Periode Stellen hat.

Beispiele

1) $0,\overline{1} = \frac{1}{9}$; $0,\overline{2} = \frac{2}{9}$; $0,\overline{3} = \frac{3}{9} = \frac{1}{3}$; …; $0,\overline{8} = \frac{8}{9}$

2) $0,\overline{01} = \frac{1}{99}$; $0,\overline{02} = \frac{2}{99}$; $0,\overline{03} = \frac{3}{99} = \frac{1}{33}$; …; $0,\overline{98} = \frac{98}{99}$

3) $0,\overline{001} = \frac{1}{999}$; $0,\overline{002} = \frac{2}{999}$; $0,\overline{003} = \frac{3}{999} = \frac{1}{333}$; …; $0,\overline{998} = \frac{998}{999}$

Ist eine rein-periodische Dezimalzahl größer als 1, so zerlegt man sie in eine Summe aus einer natürlichen Zahl und einer Dezimalzahl kleiner als 1.

Beispiele

1) $4,\overline{2} = 4 + 0,\overline{2} = 4 + \frac{2}{9} = 4\frac{2}{9}$

2) $12,\overline{257} = 12 + 0,\overline{257} = 12 + \frac{257}{999} = 12\frac{257}{999}$

2. Umwandlung gemischt-periodischer Dezimalbrüche

Das Verfahren zur Umwandlung gemischt-periodischer Dezimalbrüche in Brüche erklären wir an einigen Beispielen.

Beispiele

1) $0{,}3\overline{2}$

Man multipliziert $0{,}3\overline{2}$ mit 100, damit das Komma **hinter** die erste Periode kommt: $100 \cdot 0{,}3\overline{2} = 32{,}\overline{2}$;

man multipliziert $0{,}3\overline{2}$ mit 10, damit das Komma **vor** die erste Periode kommt: $10 \cdot 0{,}3\overline{2} = 3{,}\overline{2}$;

man subtrahiert und erhält: $90 \cdot 0{,}3\overline{2} = 29.$

Daraus ergibt sich: $0{,}3\overline{2} = \frac{29}{90}.$

2) $0{,}8\overline{35}$

$$1000 \cdot 0{,}8\overline{35} = 835{,}\overline{35}$$
$$10 \cdot 0{,}8\overline{35} = 8{,}\overline{35}$$
$$990 \cdot 0{,}8\overline{35} = 827$$
$$0{,}8\overline{35} = \frac{827}{990}$$

3) $0{,}25\overline{7}$

$$1000 \cdot 0{,}25\overline{7} = 257{,}\overline{7}$$
$$100 \cdot 0{,}25\overline{7} = 25{,}\overline{7}$$
$$900 \cdot 0{,}25\overline{7} = 232$$
$$0{,}25\overline{7} = \frac{232}{900} = \frac{58}{225}$$

Ist eine gemischt-periodische Dezimalzahl größer als 1, so zerlegt man sie in eine Summe aus einer natürlichen Zahl und einer Dezimalzahl kleiner als 1.

Beispiele

1) $5{,}3\overline{2} = 5 + 0{,}3\overline{2} = 5 + \frac{29}{90} = 5\frac{29}{90}$

2) $2{,}8\overline{35} = 2 + 0{,}8\overline{35} = 2 + \frac{827}{990} = 2\frac{827}{990}$

3. Anmerkungen zum Umwandlungsverfahren

Wir haben bei dem Umwandlungsverfahren von Rechenregeln Gebrauch gemacht, die wir nicht begründet haben.

– Wir haben periodische Dezimalzahlen mit Zehnerpotenzen multipliziert, indem wir das Komma verschoben haben.
– Wir haben beim Subtrahieren periodischer Dezimalzahlen untereinanderstehende Perioden wegfallen lassen.

An zwei Beispielen zeigen wir, daß dieses Vorgehen erlaubt ist.

Beispiele

1) $10 \cdot 0{,}\overline{3} = 10 \cdot \frac{1}{3} = \frac{10}{3} = 3\frac{1}{3} = 3{,}\overline{3}$

2) $3{,}\overline{3} - 0{,}\overline{3} = 3\frac{1}{3} - \frac{1}{3} = 3$

Grundsätzlich können wir auch das Ergebnis jeder Umwandlung dadurch überprüfen, daß wir den gefundenen Bruch wieder als Dezimalbruch schreiben.

4. Das Rechnen mit periodischen Dezimalzahlen

Soll mit periodischen Dezimalzahlen gerechnet werden, so schreiben wir sie zunächst als Brüche. Dann können wir die Rechnung in dieser Form ausführen und das Ergebnis, falls es gewünscht wird, als Dezimalbruch darstellen.

Beispiele

1) $2,\overline{3} + 0,8\overline{3}$ Man wandelt um: $2,\overline{3} = 2\frac{1}{3}$;

$$\begin{array}{r} 100 \cdot 0,8\overline{3} = 83,\overline{3} \\ 10 \cdot 0,8\overline{3} = 8,\overline{3} \\ \hline 90 \cdot 0,8\overline{3} = 75, \end{array}$$

also $0,8\overline{3} = \frac{75}{90} = \frac{5}{6}$.

Man rechnet:

$2,\overline{3} + 0,8\overline{3} = 2\frac{1}{3} + \frac{5}{6} = 2\frac{2}{6} + \frac{5}{6} = 2\frac{7}{6} = 3\frac{1}{6} = 3,1\overline{6}$.

2) $2,\overline{3} - 0,8\overline{3} = 2\frac{1}{3} - \frac{5}{6} = 2\frac{2}{6} - \frac{5}{6} = 1\frac{8}{6} - \frac{5}{6} = 1\frac{3}{6} = 1\frac{1}{2} = 1,5$

3) $2,\overline{3} \cdot 0,8\overline{3} = 2\frac{1}{3} \cdot \frac{5}{6} = \frac{7}{3} \cdot \frac{5}{6} = \frac{35}{18} = 1\frac{17}{18} = 1,9\overline{4}$

4) $2,\overline{3} : 0,8\overline{3} = 2\frac{1}{3} : \frac{5}{6} = \frac{7}{3} : \frac{5}{6} = \frac{7}{3} \cdot \frac{6}{5} = \frac{7}{1} \cdot \frac{2}{5} = \frac{14}{5} = 2\frac{4}{5} = 2,8$

5. Näherungswerte bei periodischen Dezimalzahlen

Beim Rechnen mit periodischen Dezimalzahlen genügt es häufig, einen Näherungswert für das Ergebnis anzugeben. Wir können dabei von Näherungswerten der Ausgangszahlen ausgehen.

Beim **Addieren** und beim **Subtrahieren** kommt es auf die Rundungsstelle (z.B. Zehntel, Hundertstel) an.

Beispiele

1) Wir runden auf Hundertstel:

$2,\overline{3} + 0,8\overline{3} \approx 2,33 + 0,83 = 3,16$; also ist $2,\overline{3} + 0,8\overline{3} \approx 3,16$.

2) Wir runden auf Zehntel:

$2,\overline{3} - 0,8\overline{3} \approx 2,3 - 0,8 = 1,5$; also ist $2,\overline{3} - 0,8\overline{3} \approx 1,5$.

Beim **Multiplizieren** und beim **Dividieren** kommt es auf die Anzahl der geltenden Ziffern an.

Beispiele

1) Wir runden auf zwei geltende Ziffern:

$2,\overline{3} \cdot 0,8\overline{3} \approx 2,3 \cdot 0,83 \approx 1,9$; denn es ist:

$$\begin{array}{r} 2,3 \cdot 0,83 \\ \hline 184 \\ 69 \\ \hline 1,909 \end{array}$$

also ist $2,\overline{3} \cdot 0,8\overline{3} \approx 1,9$.

2) Wir runden auf drei geltende Ziffern.

$2,\overline{3} : 0,8\overline{3} \approx 2,33 : 0,833 \approx 2,80$; denn es ist:

$$\begin{array}{l} 2,33 : 0,833 = 2330 : 833 = 2,797\ldots \\ \quad 1666 \qquad \approx 2,80; \\ \quad\; 6640 \\ \quad\; 5831 \\ \quad\;\; 8090 \\ \quad\;\; 7497 \\ \quad\;\;\; 5930 \\ \quad\;\;\; 5831 \\ \quad\;\;\;\; 99 \end{array}$$

also ist $2,\overline{3} : 0,8\overline{3} \approx 2,80$.

Aufgaben und Beispiele

Umwandlung in Brüche

1. Schreibe als Bruch!

a) $0{,}\overline{2}$ **b)** $0{,}\overline{4}$ **c)** $0{,}\overline{6}$ **d)** $1{,}\overline{3}$
e) $2{,}\overline{01}$ **f)** $3{,}\overline{45}$ **g)** $7{,}\overline{42}$ **h)** $4{,}\overline{36}$
i) $4{,}\overline{105}$ **j)** $1{,}\overline{996}$ **k)** $5{,}\overline{100}$ **l)** $1{,}\overline{639}$

2. Stelle als Bruch dar!

a) $0{,}1\overline{6}$ **b)** $0{,}2\overline{3}$ **c)** $0{,}2\overline{7}$ **d)** $0{,}0\overline{8}$
e) $0{,}0\overline{15}$ **f)** $0{,}11\overline{3}$ **g)** $0{,}1\overline{36}$ **h)** $0{,}91\overline{6}$
i) $0{,}3\overline{18}$ **j)** $0{,}02\overline{6}$ **k)** $0{,}30\overline{5}$ **l)** $0{,}1\overline{4}$

3. Schreibe als gemischte Zahl!

a) $4{,}0\overline{01}$ **b)** $3{,}09\overline{3}$ **c)** $2{,}98\overline{3}$ **d)** $2{,}\overline{765}$
e) $1{,}6\overline{1}$ **f)** $8{,}58\overline{3}$ **g)** $5{,}3\overline{8}$ **h)** $3{,}\overline{629}$
i) $6{,}958\overline{3}$ **j)** $1{,}0\overline{27}$ **k)** $6{,}2\overline{142857}$

4. Stelle den vorgegebenen Dezimalbruch in einfacherer Schreibweise dar!

Beispiel

Um $0{,}6\overline{9}$ als Bruch darzustellen, führt man folgende Rechnungen durch:

$$\begin{array}{r} 100 \cdot 0{,}6\overline{9} = 69{,}\overline{9} \\ 10 \cdot 0{,}6\overline{9} = 6{,}\overline{9} \\ \hline 90 \cdot 0{,}6\overline{9} = 63 \end{array}$$

$$0{,}6\overline{9} = \tfrac{63}{90} = \tfrac{7}{10} = 0{,}7.$$

Man erhält auf diese Weise: $0{,}6\overline{9} = 0{,}7$.

a) $0{,}1\overline{9}$ **b)** $0{,}0\overline{9}$ **c)** $0{,}\overline{9}$ **d)** $0{,}12\overline{9}$
e) $0{,}5\overline{9}$ **f)** $0{,}60\overline{9}$ **g)** $1{,}8\overline{9}$ **h)** $4{,}098\overline{9}$

Rechnen mit periodischen Dezimalzahlen

5. Wandle in die Bruchschreibweise um und berechne!

a) $0{,}\overline{2} + 0{,}\overline{7}$ **b)** $0{,}41\overline{6} - 0{,}2\overline{7}$ **c)** $1{,}3\overline{8} \cdot 0{,}6$
d) $1{,}\overline{45} : 2{,}\overline{6}$ **e)** $0{,}625 \cdot 3{,}7\overline{3}$ **f)** $2{,}\overline{2} : 2{,}08\overline{3}$
g) $(2{,}34\overline{6} - 1{,}08) \cdot 0{,}41\overline{6}$

6. Berechne!

a) $(2{,}2\overline{6} - 1{,}6) \cdot 1{,}\overline{81}$ **b)** $(4{,}6\overline{1} + 2{,}\overline{3}) : 8{,}\overline{3}$
c) $1{,}\overline{185} \cdot 1{,}125 - 0{,}8\overline{3}$ **d)** $1{,}2\overline{27} : 4{,}5 + 2{,}\overline{4}$
e) $5{,}9\overline{4} : (5{,}\overline{6} + 3{,}25)$ **f)** $2{,}\overline{7} \cdot (2{,}4\overline{6} - 1{,}8)$

7. Beim Größenvergleich von Bruchzahlen ist eine Darstellung mit Dezimalbrüchen vorteilhafter als die Bruchdarstellung. Man bestimmt dabei nur so viele Dezimalen, wie notwendig sind. Ordne die Bruchzahlen der Größe nach!

Beispiel

Um die Bruchzahlen $\frac{26}{43}$, $\frac{53}{91}$, $\frac{29}{55}$, $\frac{47}{83}$ der Größe nach vergleichen zu können, suchen wir die Dezimaldarstellung und dividieren jeweils Zähler durch Nenner:

$$\tfrac{26}{43} = 0{,}60\ldots; \quad \tfrac{53}{91} = 0{,}58\ldots$$
$$\tfrac{29}{55} = 0{,}52\ldots; \quad \tfrac{47}{83} = 0{,}56\ldots$$

Es gilt also: $\frac{29}{55} < \frac{47}{83} < \frac{53}{91} < \frac{26}{43}$.

a) $\frac{17}{24}$; $\frac{51}{71}$; $\frac{33}{43}$; $\frac{28}{41}$ **b)** $\frac{95}{24}$; $\frac{87}{22}$; $\frac{65}{16}$; $\frac{99}{25}$
c) $\frac{63}{29}$; $\frac{78}{37}$; $\frac{87}{41}$; $\frac{59}{27}$ **d)** $\frac{44}{37}$; $\frac{19}{17}$; $\frac{57}{49}$; $\frac{61}{55}$
e) $\frac{7}{22}$; $\frac{13}{40}$; $\frac{19}{61}$; $\frac{21}{67}$ **f)** $\frac{16}{9}$; $\frac{34}{19}$; $\frac{52}{29}$; $\frac{23}{13}$

Näherungswerte

8. Runde die Zahl $26{,}\overline{73}$ auf

a) Einer, **b)** Zehntel, **c)** Hundertstel,
d) Tausendstel, **e)** Zehntausendstel!

9. Verfahre wie in Aufgabe 8!

a) $17{,}\overline{89}$ **b)** $6{,}02\overline{5}$ **c)** $1{,}0\overline{106}$ **d)** $5{,}\overline{45}$
e) $0{,}\overline{583}$ **f)** $1{,}\overline{191}$ **g)** $4{,}0\overline{395}$ **h)** $1{,}0\overline{8}$

10. Berechne Näherungswerte der angegebenen Genauigkeit für die Summe und für die Differenz folgender Zahlen!

a) $9{,}7\overline{45}$; $3{,}\overline{7}$ (h) **b)** $13{,}\overline{5}$; $0{,}4\overline{27}$ (z)
c) $4{,}8\overline{6}$; $2{,}\overline{53}$ (t) **d)** $14{,}5\overline{3}$; $6{,}\overline{84}$ (z)
e) $8{,}4\overline{3}$; $0{,}02\overline{7}$ (t) **f)** $5{,}\overline{72}$; $0{,}48\overline{2}$ (h)

11. Bestimme Näherungswerte der angegebenen Genauigkeit für das Produkt und für den Quotienten der Zahlen von Aufgabe 10!

a) bis **c)**: 3 geltende Ziffern
d) bis **f)**: 4 geltende Ziffern

§ 11 Verschiebungen

I. Bewegungen

1. Zur Einführung

Autos werden meist durch Kolbenmotoren angetrieben. Diese bestehen aus einem oder mehreren gleichartigen Zylindern, deren Arbeitsweise Bild 1 verdeutlicht.

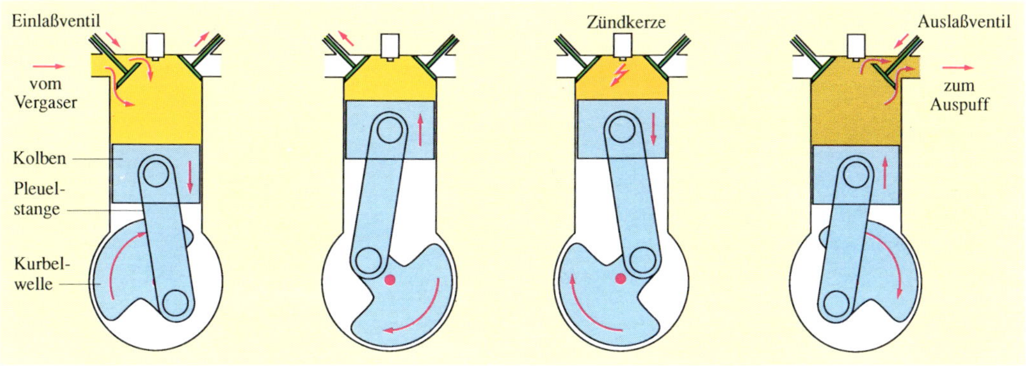

a) Das Benzin-Luft-Gemisch wird aus dem Vergaser angesaugt.

b) Das im Zylinder eingeschlossene Gasgemisch wird verdichtet.

c) Durch einen von der Zündkerze ausgehenden Funken explodiert das Gasgemisch.

d) Die verbrannten Gase werden durch das Auslaßventil in den Auspuff gedrückt.

Bild 1

Wenn der Motor läuft, werden verschiedene Teile des Zylinders **bewegt**: der Kolben, die Pleuelstange, die Kurbelwelle und die beiden Ventile. Dabei können wir verschiedene Bewegungsarten unterscheiden:

der Kolben und die Ventile werden **„verschoben“**;

die Kurbelwelle wird **„gedreht“**;

die Bewegung der Pleuelstange ist nicht so einfach zu überblicken. Unmittelbar einzusehen ist nur, daß ihr oberes Ende zusammen mit dem Kolben verschoben wird und daß ihr unteres Ende zusammen mit der Kurbelwelle gedreht wird.

Verschiebungen und **Drehungen** sind besonders einfache **Bewegungen**, mit denen wir uns näher befassen werden.

2. Räumliche Bewegungen

In unserer Umwelt gibt es viele Beispiele für Bewegungen:

1) Bei einem Karussell werden die Karussellfiguren gedreht.
2) In einer Werkstatt wird ein Auto mit einer Hebebühne angehoben.

In beiden Beispielen werden Körper, also räumliche Gebilde, bewegt. Es handelt sich deshalb um **räumliche Bewegungen**.

3. Ebene Bewegungen

Auch ebene Figuren kann man bewegen. Die Bilder 2 und 3 stammen von M.C. Escher[1]. In beiden Bildern wiederholen sich mehrfach bestimmte Figuren. Bild 2 entsteht, indem man die hervorgehobene Figur mehrfach **verschiebt**, Bild 3 entsteht, indem man die hervorgehobene Figur zweimal **dreht**.

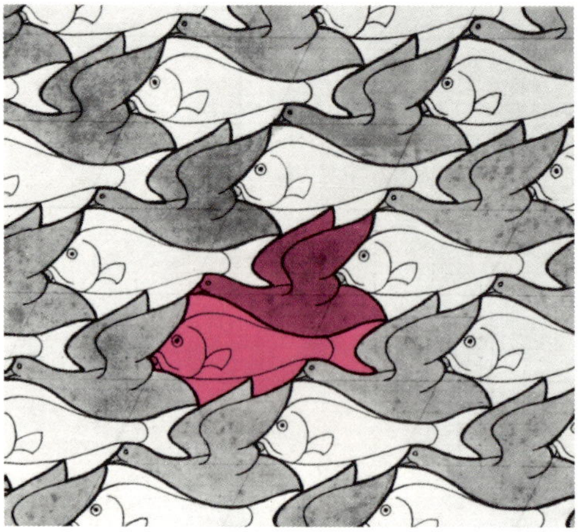

Bild 2

Bild 3

Um ähnliche Zeichnungen anzufertigen, könnte man zunächst die Figuren von Bild 4 auf Pappe übertragen und ausschneiden. Dann müßte man beispielsweise die obere Figur auf ein Blatt Papier legen und die Ränder nachzeichnen; wiederholt man dies mehrfach, nachdem man die Pappschablone jeweils geeignet **verschoben** hat, so erhält man Bild 5. Verfährt man entsprechend mit der unteren Figur von Bild 4, **dreht** aber geeignet nach jeder Teilzeichnung, so erhält man Bild 6.

Bild 4

Bild 5

Bild 6

Wenn wir künftig von **Verschiebungen** oder von **Drehungen** sprechen, sind **ebene** Verschiebungen bzw. **ebene** Drehungen gemeint.

---

[1] M.C. Escher (1898–1972), holländischer Graphiker

Aufgaben und Beispiele

Zum Einstieg
Welche Bewegungen werden bei dem Karussell (Bild 7) ausgeführt?

Bild 7

1. Welche Bewegungen sind bei den unterstrichenen Gegenständen zu beobachten?
a) Ein Nagel wird in eine Wand geschlagen.
b) Eine Buchseite wird umgeblättert,
c) Der Druckknopf eines Kugelschreibers wird gedrückt.
d) Eine Weinflasche wird mit einem Korkenzieher geöffnet.
e) Eine Flasche mit Schraubverschluß wird geöffnet.

2. Welche Verschiebungen bzw. welche Drehungen kann man beobachten bei
a) einer Schaukel, **b)** einem Turmdrehkran,
c) einem Fahrrad, **d)** einem Karussell,
e) einem Go-Kart, **f)** einer Nähmaschine?

3. Bild 8 zeigt ein Spannschloß, das man zum Spannen von Drahtseilen verwendet. Wie betätigt man es? Welche Bewegungen führen die verschiedenen Teile dabei aus?

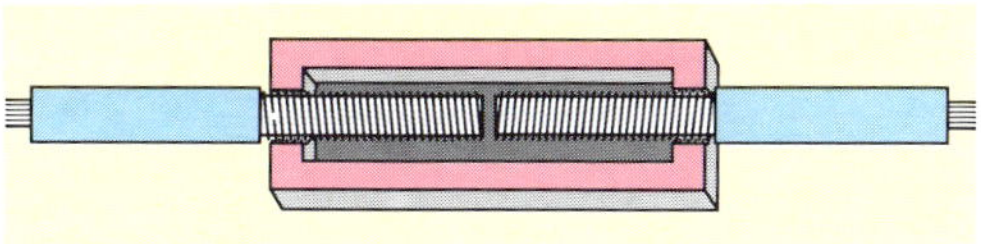

Bild 8

4. Beschreibe selbst Vorgänge, bei denen
a) nur Verschiebungen,
b) nur Drehungen,
c) Verschiebungen und Drehungen vorkommen.

5. Erläutere, wie man die Muster in Bild 9 durch Verschieben oder durch Drehen einer Teilfigur erhält!

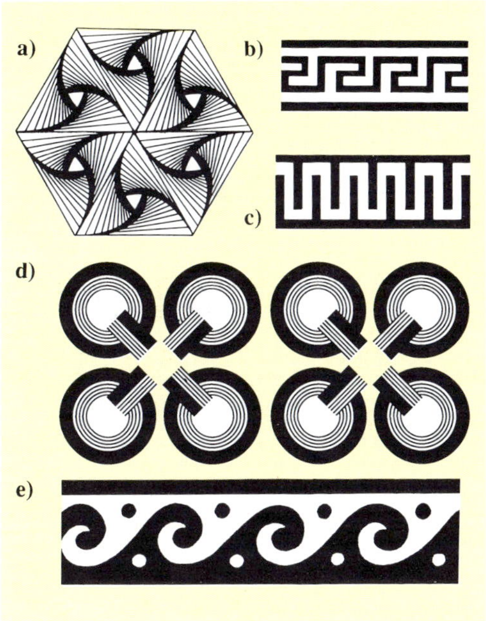

Bild 9

6. Erzeuge ein Muster, indem du die Figuren von Bild 10 mehrfach verschiebst!

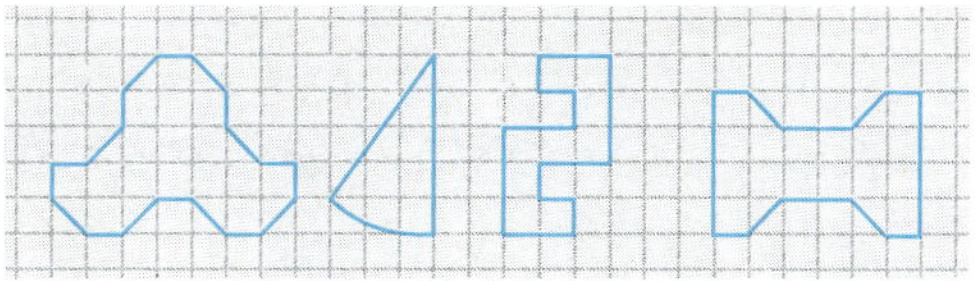

Bild 10

II. Abbildungen

1. Zur Einführung

Herr Bittmann hat für den Geometrieunterricht in der 6a ein großes „F" auf eine Folie gezeichnet. Im Unterricht kann er nun mit einem Tageslichtprojektor diese Zeichnung auf eine Projektionsfläche abbilden, so daß alle Kinder sie sehen können (Bild 11).

Peter hat ein gutes Zeugnis bekommen. Er macht deshalb von dem Original eine Kopie, die er seinem Patenonkel schicken will (Bild 12).

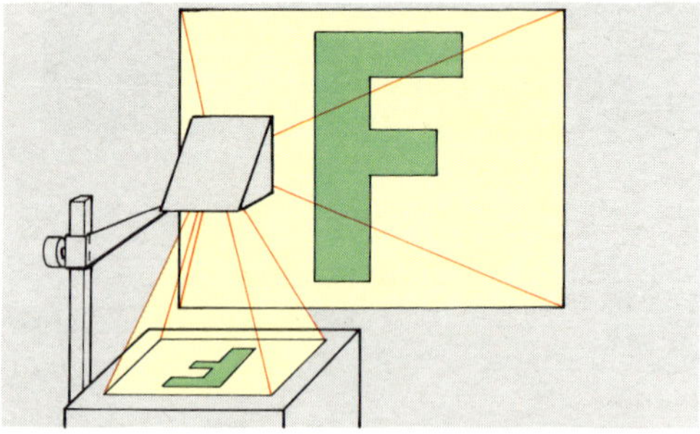

Bild 11

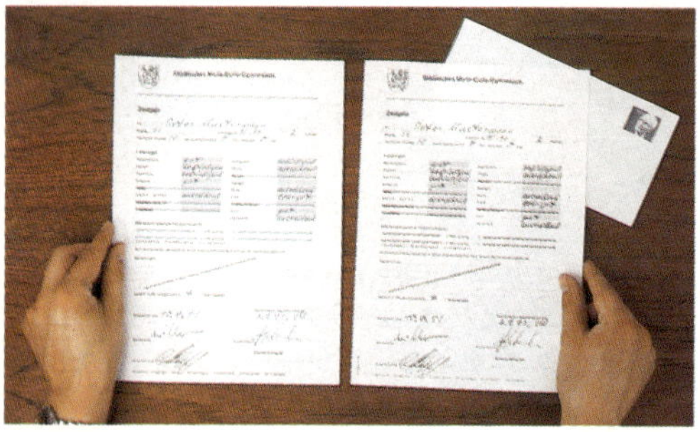

Bild 12

Diese unterschiedlichen Beispiele haben folgendes gemeinsam:

Es gibt eine Vorlage, ein **Original**: die Folie mit der Zeichnung bzw. das Zeugnis.
Dieses Original wird **abgebildet**. Dadurch erhält man ein **Bild** des Originals: das vergrößerte Bild auf der Projektionsfläche bzw. die Fotokopie.

2. Verschiebungen und Drehungen als Abbildungen

In der Mathematik haben wir häufig mit **Abbildungen** zu tun. Beispielsweise sind Verschiebungen und Drehungen Abbildungen. In Bild 13 wird ein Dreieck verschoben, in Bild 14 wird ein Dreieck gedreht. In beiden Fällen ist jeweils das blaue Dreieck das Original und das grüne Dreieck das Bild.

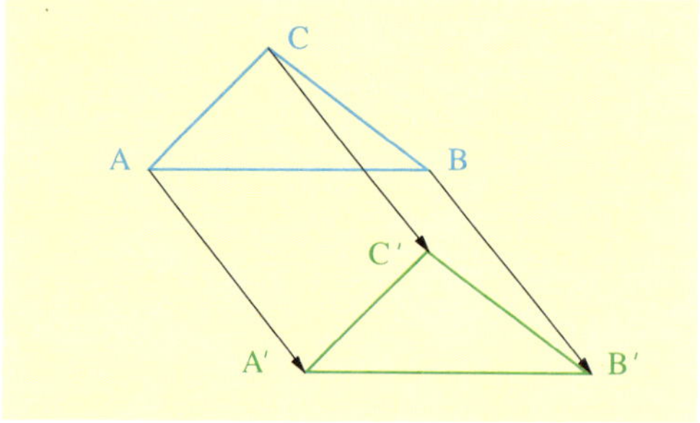

Bild 13

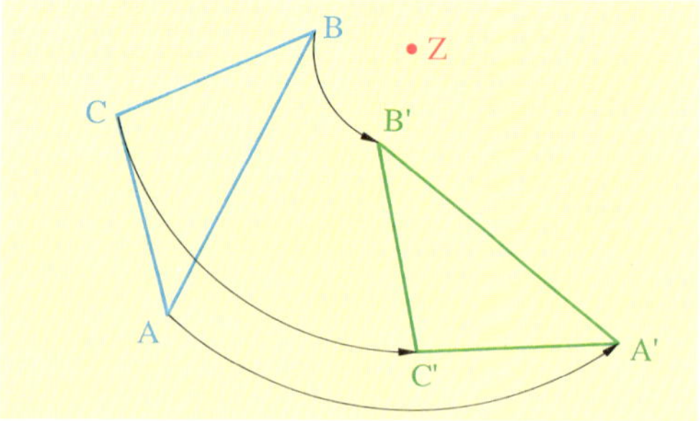

Bild 14

Damit wir auch künftig bei einer Abbildung leicht zwischen Original und Bild unterscheiden können, treffen wir folgende **Vereinbarung**:

Originale zeichnen wir **blau**, **Bilder** zeichnen wir **grün**.

3. Die Bezeichnung von Originalpunkten und von Bildpunkten

Für die Bezeichnung der Originalpunkte und der Bildpunkte vereinbaren wir:

1) Originalpunkte bezeichnen wir mit großen lateinischen Buchstaben:
A, B, C, ..., P, Q, ...

2) Die entsprechenden Bildpunkte bezeichnen wir mit den gleichen Buchstaben und einem zusätzlichen Strich:
A′, B′, C′, ..., P′, Q′, ... (gelesen: „A Strich“ usw.).

Beispiele

Die Bilder 13 und 14 zeigen jeweils ein Dreieck ABC, das durch eine Verschiebung **V** bzw. durch eine Drehung **D** auf ein Dreieck A′B′C′ abgebildet wird:

$$\text{ABC} \xrightarrow{\mathbf{V}} \text{A}'\text{B}'\text{C}' \quad \text{(Bild 13)}; \qquad \text{ABC} \xrightarrow{\mathbf{D}} \text{A}'\text{B}'\text{C}' \quad \text{(Bild 14)}$$

(gelesen: „Das Dreieck ABC wird durch die Verschiebung **V** bzw. durch die Drehung **D** auf das Dreieck A′B′C′ abgebildet“).

4. Koordinatensysteme

Bei der Untersuchung von Abbildungen müssen wir häufig Figuren zeichnen. Dabei kommt es oft darauf an, daß diese Figuren bei allen Schülern der Klasse die gleiche Form und Lage haben, damit man vergleichbare Ergebnisse erhält.

Dieses Problem läßt sich dadurch lösen, daß man die Punkte auf ein **Koordinatensystem** (Bild 15) bezieht. Ein Koordinatensystem besteht aus zwei Zahlenstrahlen, die aufeinander senkrecht stehen und den Nullpunkt gemeinsam haben. Der nach rechts gerichtete Zahlenstrahl heißt **x-Achse**, der dazu senkrechte Zahlenstrahl heißt **y-Achse** des Koordinatensystems. Der gemeinsame Anfangspunkt heißt **Nullpunkt** oder **Ursprung** des Koordinatensystems.

Jeder Punkt der Ebene läßt sich durch ein **Zahlenpaar** beschreiben, also durch zwei Zahlen in bestimmter Reihenfolge. Zum Punkt P in Bild 15 gehört z.B. das Zahlenpaar (2|5). Die erste Zahl ist die **x-Koordinate**, die zweite die **y-Koordinate** des Punktes. Man schreibt P(2|5).

Man findet das zu P gehörende Zahlenpaar, indem man von P aus die Lote auf die beiden Achsen fällt. Zu den Zahlenpaaren (2|5) und (5|2) gehören also zwei verschiedene Punkte. Zum Ursprung gehört das Zahlenpaar (0|0).

Umgekehrt findet man zu einem Zahlenpaar den zugehörigen Punkt der Ebene, indem man in den entsprechenden Punkten der Koordinatenachsen die Senkrechten errichtet. Der Schnittpunkt dieser Senkrechten ist der zu dem Zahlenpaar gehörende Punkt.

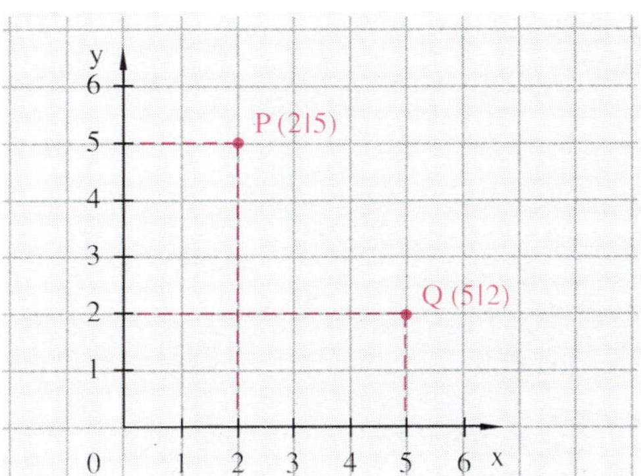

Bild 15

Aufgaben und Beispiele

Zum Einstieg

Die Bilder 16 und 17 zeigen zwei Gemälde, die sich sehr ähnlich sehen. Bild 16 ist das Original, Bild 17 ist eine Fälschung.

Bild 16

Bild 17

Abbildungen

1. Überlege, ob es sich um Abbildungen handelt; gib jeweils Original und Bild an!

a) Die Schulsekretärin setzt einen Stempel auf eine Bescheinigung.

b) Im Fernsehen wird ein Fußballspiel übertragen.

c) Peter schreibt von der Tafel eine Tabelle in sein Heft ab.

d) Der Klassenlehrer macht einen Sitzplan der Klasse.

e) Barbara übersetzt drei Sätze aus dem Englischen ins Deutsche.

f) Im Klassenbuch gibt es eine Liste mit den Namen aller Schüler.

g) Carola kämmt sich vor dem Spiegel.

h) Bei der letzten Mathematikarbeit hat Olaf von Ute eine Aufgabe abgeschrieben.

2. Verschiebe (drehe) die folgenden Figuren so, daß der Punkt B (der Punkt C) Bildpunkt des Punktes A ist!

a) ein Quadrat ABCD

b) ein Dreieck ABC

c) ein Rechteck ABCD

d) eine Raute ABCD

e) ein Parallelogramm ABCD

f) ein Sechseck ABCDEF

3. Bild 18 zeigt jeweils ein Original und ein Bild. In welchen Fällen ist die Abbildung eine Verschiebung (eine Drehung)?

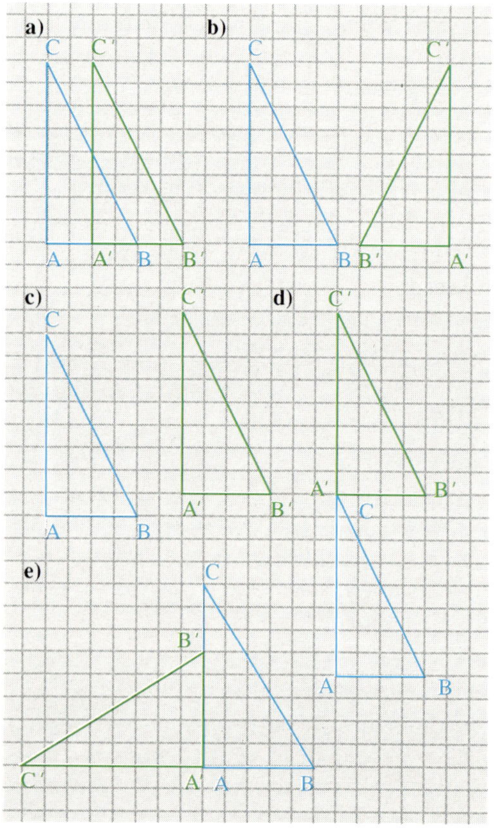

Bild 18

Koordinatensystem

4. Bestimme die Koordinaten der Punkte in Bild 19!

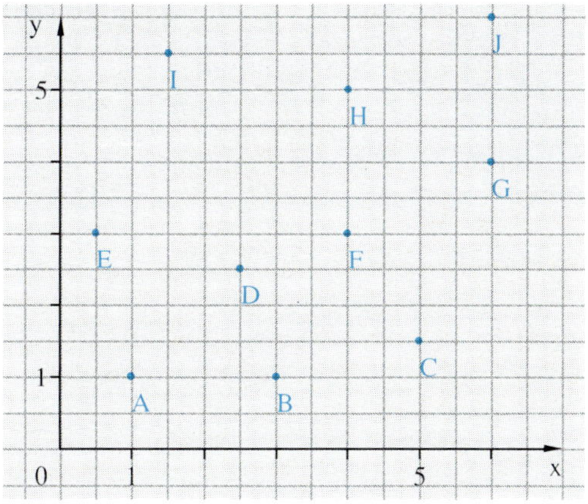

Bild 19

5. Verbinde jeden Punkt mit dem nächsten und den letzten mit dem ersten!

a) A(1|1); B(2|2); C(3|1); D(4|5); E(5|1); F(6|2); G(7|1); H(8|5); I(4|8); J(0|5)

b) A(5|4); B(7|4); C(5|7); D(6|7); E(4|9); F(2|7); G(3|7); H(1|4); I(3|4); J(4|1)

c) A(1|6); B(9|0); C(0|2); D(4|8); E(8|9); F(8|4); G(2|8); H(9|7); I(1|0); J(9|3)

6. Zeichne die folgenden Punkte in ein Koordinatensystem!

a) A($3\frac{1}{5}$|$5\frac{1}{2}$)	**b)** A($9\frac{3}{4}$|$5\frac{1}{3}$)	**c)** A($9\frac{1}{10}$|$5\frac{2}{5}$)
B($4\frac{3}{10}$|$1\frac{1}{3}$)	B($2\frac{1}{3}$|$6\frac{9}{10}$)	B($3\frac{1}{3}$|$7\frac{2}{3}$)
C($7\frac{1}{8}$|$9\frac{3}{4}$)	C($3\frac{3}{5}$|$4\frac{3}{4}$)	C($8\frac{1}{4}$|$7\frac{1}{2}$)
D($2\frac{3}{4}$|$6\frac{1}{5}$)	D($1\frac{3}{8}$|$2\frac{2}{3}$)	D($1\frac{2}{3}$|$2\frac{7}{8}$)
E($4\frac{2}{3}$|$8\frac{3}{8}$)	E($7\frac{3}{8}$|$8\frac{1}{2}$)	E($9\frac{3}{5}$|$3\frac{1}{4}$)
F($9\frac{1}{3}$|$2\frac{3}{10}$)	F($8\frac{1}{4}$|$6\frac{3}{5}$)	F($6\frac{3}{8}$|$1\frac{3}{4}$)
G($8\frac{7}{8}$|$5\frac{1}{4}$)	G($4\frac{7}{9}$|$1\frac{1}{2}$)	G($4\frac{3}{4}$|$5\frac{1}{3}$)
H($4\frac{1}{4}$|$6\frac{1}{2}$)	H($2\frac{5}{3}$|$7\frac{7}{8}$)	H($2\frac{7}{8}$|$4\frac{1}{10}$)
d) A(3,1|6,8)	**e)** A(1,6|9,9)	**f)** A(2,5|7,8)
B(5,3|0,7)	B(0,1|4,8)	B(4,4|6,7)
C(6,7|3,4)	C(0,1|3,9)	C(4,5|3,4)
D(8,2|5,1)	D(2,2|5,7)	D(1,2|5,7)
E(7,3|2,4)	E(3,6|8,3)	E(4,6|1,2)
F(3,5|4,3)	F(5,4|9,9)	F(9,6|8,7)
G(4,8|2,1)	G(2,9|5,8)	G(7,2|1,4)
H(9,5|4,3)	H(7,3|1,1)	H(1,4|0,7)

7. Zeichne die Gerade g(A, B)!

a) A(0|0); B(1|2) **b)** A(1|4); B(2|3)

c) A(1|1); B(3|2) **d)** A(6|0); B(4|2)

8. Verbinde die Punkte in der angegebenen Reihenfolge miteinander!

a) A(1|1); B(7|1); C(1|5); D(7|5); E(4|7); C; A; D; B

b) A(0,5|7); B(4|0); C(7,5|7); D(4|7); E(2,25|3,5); F(5,75|3,5); D; A

c) A(0|4); B(0|1); C(3|1); D(3|7); E(6|7); F(6|1); G(9|1); H(9|4); A

9. Übertrage die Figuren von Bild 20 so vergrößert in ein Koordinatensystem, daß A im Ursprung liegt und B die Koordinaten (8|0) hat!

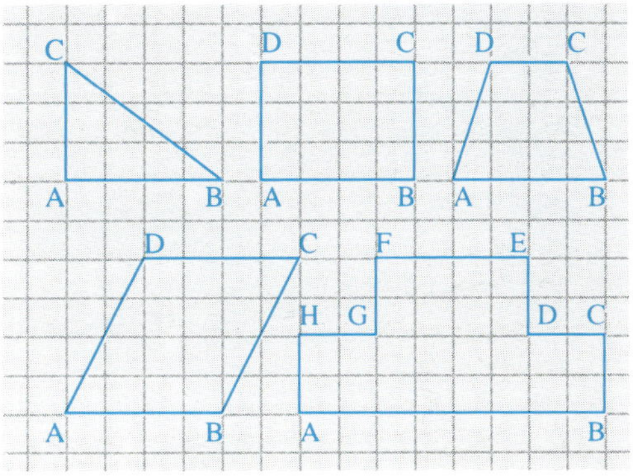

Bild 20

10. Bei dem Koordinatensystem in Bild 21 sind die Koordinatenachsen unterschiedlich eingeteilt. Bestimme die Koordinaten der eingezeichneten Punkte!

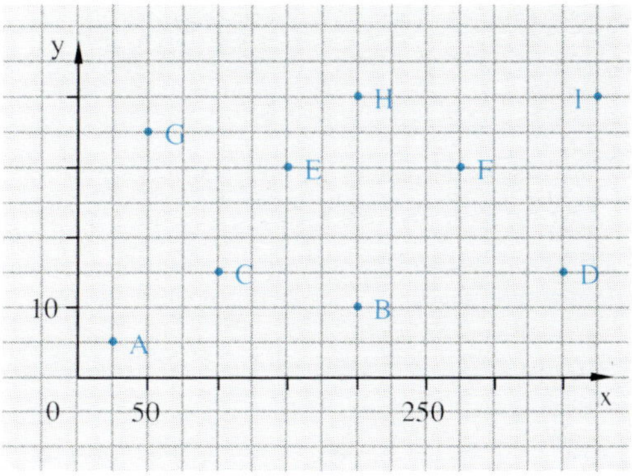

Bild 21

III. Die Beschreibung von Verschiebungen

1. Zur Einführung

In Bild 22 ist eine Verschiebung dargestellt, bei der eine Figur, die den Buchstaben „F" darstellt, abgebildet wird. Das Original ist die blaue Figur, und das Bild ist die grüne Figur.

Außer den beiden Figuren sind in Bild 22 zahlreiche Pfeile eingezeichnet. Jeder dieser Pfeile verbindet einen Punkt der Originalfigur mit dem entsprechenden Punkt der Bildfigur. Wir erkennen:

1) alle Pfeile sind gleich lang,
2) alle Pfeile sind zueinander parallel und
3) alle Pfeile haben den gleichen Richtungssinn.

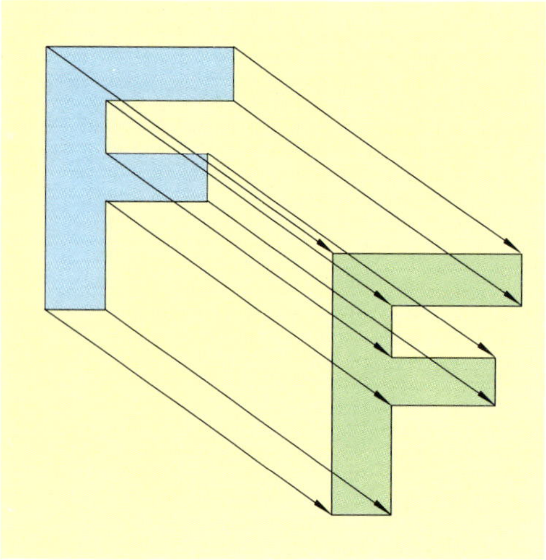

Bild 22

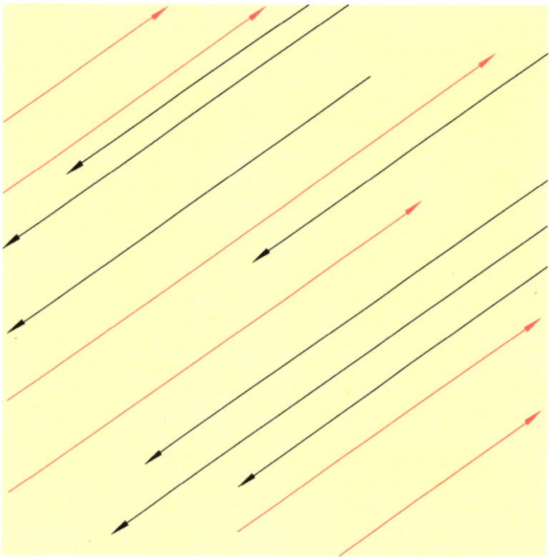

Bild 23

2. Die Orientierung von Pfeilen

Peter meint: „Die zweite Aussage (alle Pfeile sind zueinander parallel) und die dritte Aussage (alle Pfeile haben den gleichen Richtungssinn) bedeuten doch dasselbe!"

Bild 23 zeigt, daß diese Meinung nicht zutrifft. Alle Pfeile in diesem Bild sind zwar zueinander parallel, aber sie haben nicht alle den gleichen Richtungssinn. Alle schwarzen Pfeile haben gegenüber den roten Pfeilen den entgegengesetzten Richtungssinn.

Zeigen zueinander parallele Pfeile in die gleiche Richtung, so sagt man: die Pfeile sind **gleich orientiert**.

Zeigen zueinander parallele Pfeile in entgegengesetzte Richtung, so sagt man: die Pfeile sind **entgegengesetzt orientiert**.

Sind zwei Pfeile **nicht** zueinander **parallel**, dann hat es keinen Sinn, die Orientierung zu vergleichen.

3. Die Bezeichnung von Pfeilen

Zur Bezeichnung von Pfeilen schreiben wir die Bezeichnungen von Anfangs- und Endpunkt nebeneinander und setzen einen Pfeil darüber.

Beispiel Den Pfeil von A nach A′ bezeichnen wir mit $\overrightarrow{AA'}$.

4. Festlegung einer Verschiebung durch Pfeile

Ist die Originalfigur einer Verschiebung **V** gegeben, so genügt ein einziger Pfeil $\overrightarrow{PP'}$, der vom Originalpunkt P zum entsprechenden Bildpunkt P′ führt, damit man alle Punkte der Bildfigur **konstruieren** kann.

Um einen weiteren Punkt Q zu verschieben, zeichnet man eine Parallele zu $\overrightarrow{PP'}$ durch Q. Auf dieser Parallelen zeichnet man von Q aus einen Pfeil $\overrightarrow{QQ'}$, der genauso lang und gleich orientiert ist, wie der Pfeil $\overrightarrow{PP'}$ (Bild 24).

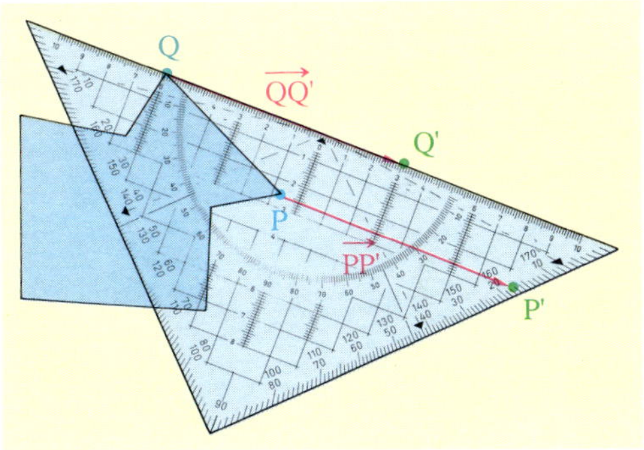

Bild 24

Wir fassen unsere bisherigen Überlegungen zusammen:

Eine Verschiebung **V** ist eine Abbildung, bei der alle Pfeile $\overrightarrow{PP'}$, $\overrightarrow{QQ'}$, $\overrightarrow{RR'}$, ..., die von den Originalpunkten zu den Bildpunkten führen, gleich lang, zueinander parallel und gleich orientiert sind.
Eine Verschiebung ist bereits durch einen einzigen Pfeil eindeutig festgelegt.

Aufgaben und Beispiele

Zum Einstieg
In Christinas Kopie ist ein Streifen nicht bedruckt. Christina legt ihre Kopie neben die von Markus (Bild 25). Wie kann sie die Lage der fehlenden Städte ermitteln?

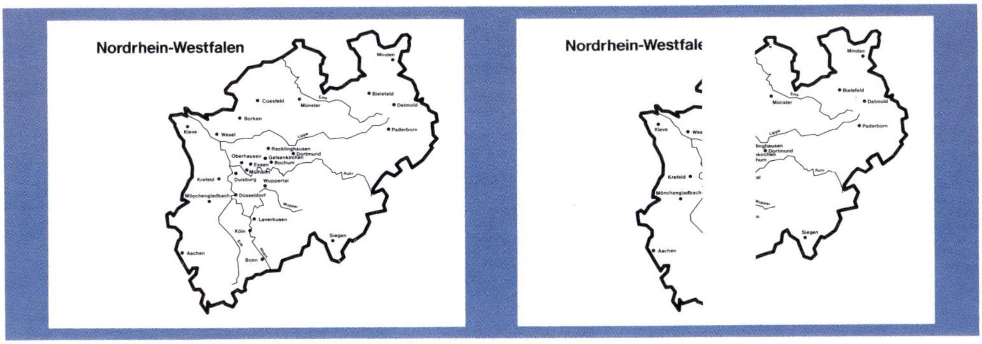

Bild 25

1. Vergleiche die Pfeile in Bild 26 miteinander!

Beispiel

$\overrightarrow{AB}$ und $\overrightarrow{CD}$ sind verschieden lang; die Pfeile sind parallel und entgegengesetzt orientiert.

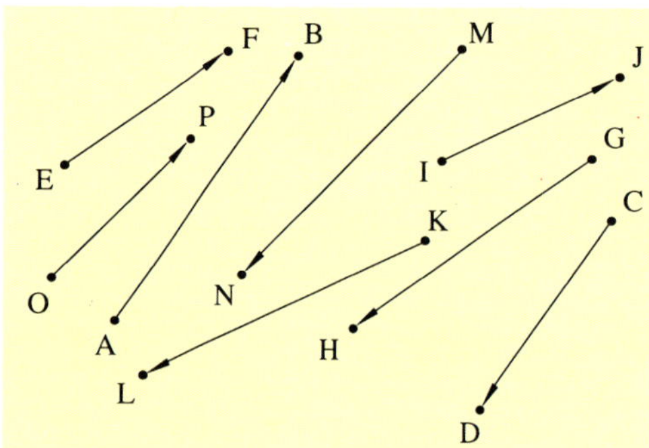

Bild 26

2. In Bild 27 ist jeweils durch den roten Pfeil eine Verschiebung festgelegt. Bilde die angegebenen Punkte durch diese Verschiebung ab!

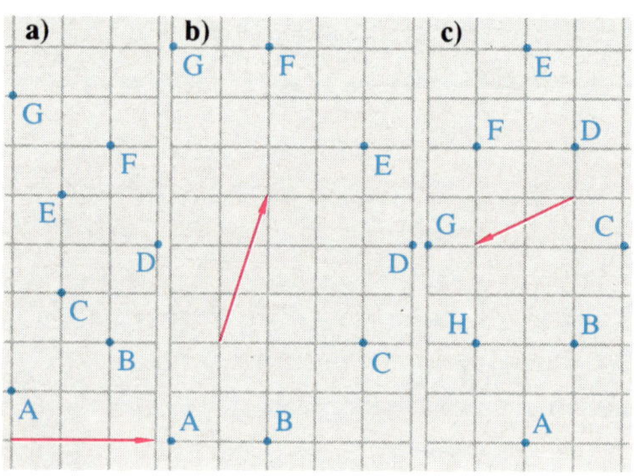

Bild 27

3. Zeichne ein Dreieck ABC und einen Punkt A'. Konstruiere A'B'C', so daß folgende Bedingungen erfüllt sind!

a) A' soll innerhalb von ABC liegen.

b) $\overrightarrow{AA'}$ soll die Seite $\overline{BC}$ schneiden, und A' soll außerhalb von ABC liegen.

c) $\overrightarrow{AA'}$ soll die Seite $\overline{BC}$ nicht schneiden, und A' soll außerhalb von ABC liegen.

4. Erzeuge durch mehrfache Verschiebung der Figuren von Bild 29 in Richtung der roten Pfeile jeweils fünf Ornamente!

Beispiel

Die blaue Figur in Bild 28 wurde dreimal in Richtung des roten Pfeils verschoben.

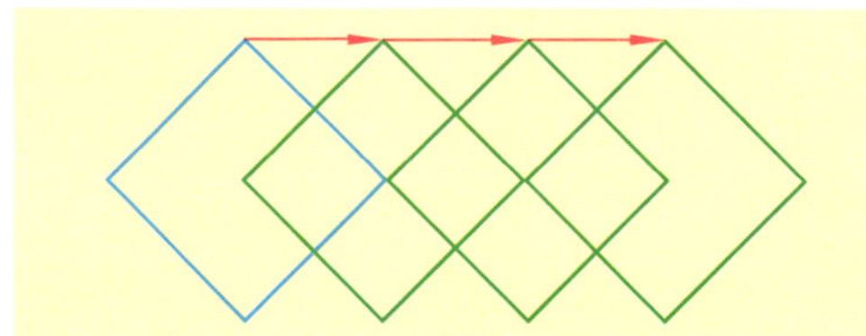

Bild 28

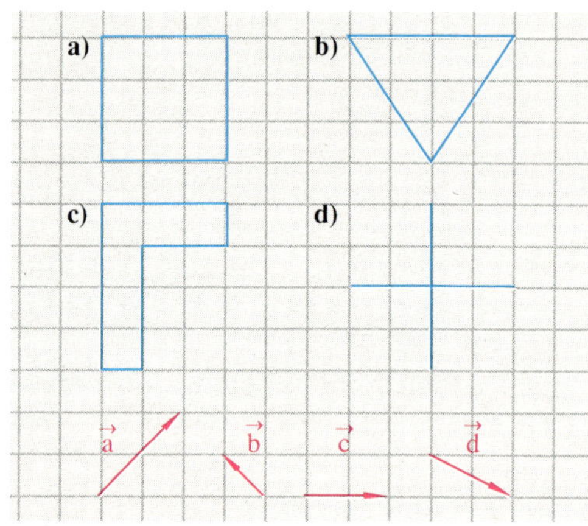

Bild 29

5. In Bild 30 ist jeweils ein Verschiebungspfeil angegeben. Bestimme die Originalpunkte der angegebenen Bildpunkte!

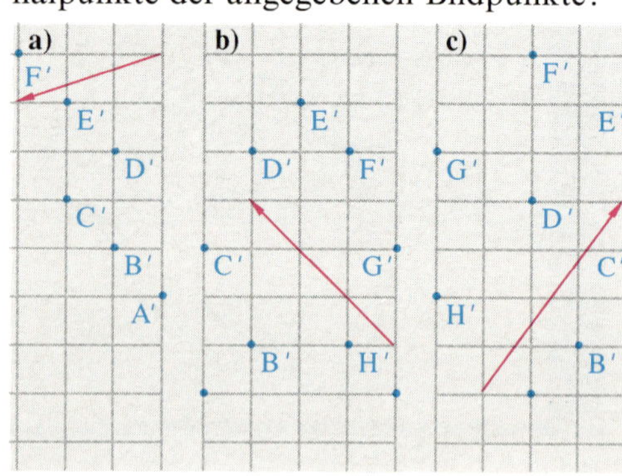

Bild 30

IV. Vektoren

1. Zur Einführung

Länge und Richtung eines Pfeils lassen sich sehr einfach mit Hilfe eines Gitternetzes angeben.

Den Pfeil $\overrightarrow{AB}$ in Bild 31a erhält man, indem man vom Punkt A aus

2 Einheiten nach **rechts** und
3 Einheiten nach **oben** geht.

Man schreibt diese Angaben kurz als Zahlenpaar $\begin{pmatrix}2\\3\end{pmatrix}$; gelesen „zwei, drei“.

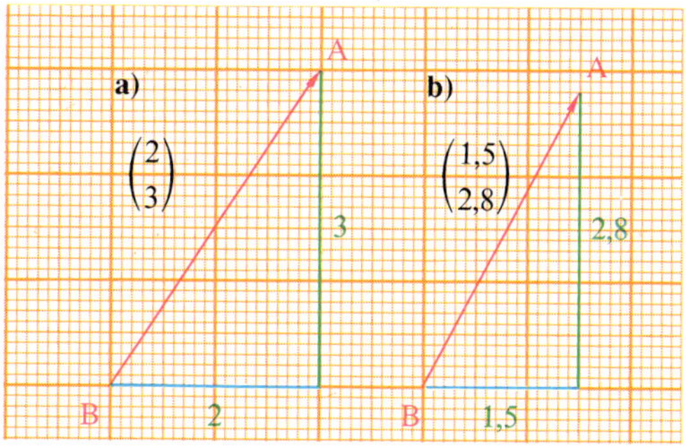

Bild 31

Entsprechend bedeutet das Zahlenpaar $\begin{pmatrix}1,5\\2,8\end{pmatrix}$, daß man vom Anfangspunkt A zur Spitze des Pfeils $\overrightarrow{AB}$ gelangt, indem man

1,5 Einheiten nach rechts und 2,8 Einheiten nach oben geht (Bild 31 b).

2. Nach links oder nach unten gerichtete Pfeile

Weist ein Pfeil nach **links** oder nach **unten**, so setzt man vor die entsprechende Zahl ein **Minuszeichen** (Bild 32).

Man gelangt vom Anfangspunkt A zur Spitze B des Pfeils $\overrightarrow{AB}$, indem man

a) 1 Einheit nach links und 2 Einheiten nach oben geht.

b) 1 Einheit nach rechts und 3,5 Einheiten nach unten geht.

c) 1,5 Einheiten nach links und 3 Einheiten nach unten geht.

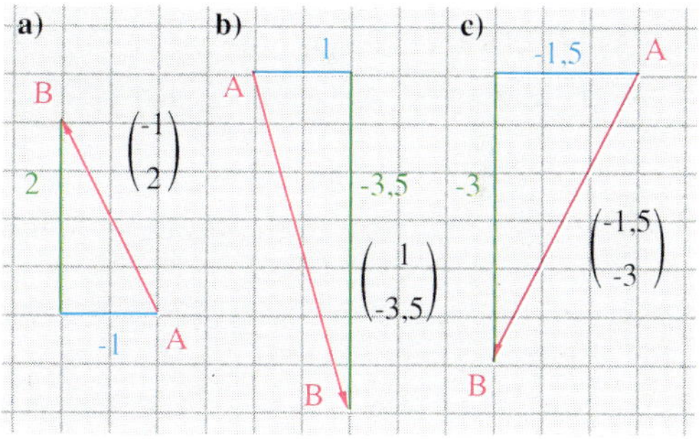

Bild 32

3. Vektoren

Durch das Zahlenpaar $\begin{pmatrix}2\\3\end{pmatrix}$ ist in Bild 33 nicht nur der Pfeil $\overrightarrow{AB}$, sondern es sind auch die Pfeile $\overrightarrow{CD}$ und $\overrightarrow{EF}$ festgelegt. Da es unendlich viele Punkte gibt, die man als Anfangspunkte von Pfeilen wählen könnte, sind durch das Zahlenpaar $\begin{pmatrix}2\\3\end{pmatrix}$ sogar unendlich viele Pfeile festgelegt.

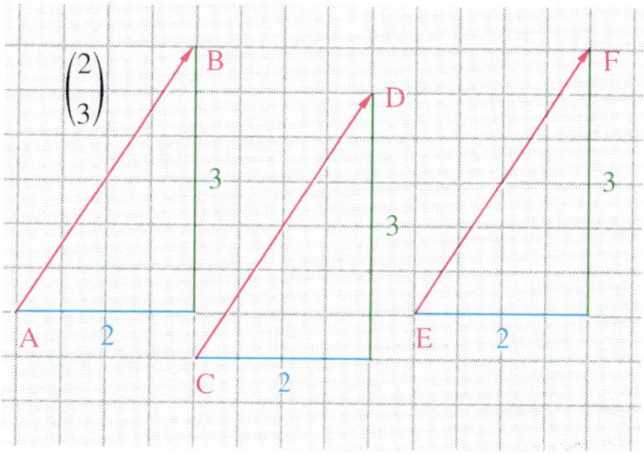

Bild 33

Alle diese Pfeile sind gleich lang, sie sind zueinander parallel und gleich orientiert. Das Zahlenpaar $\binom{2}{3}$ stellt also eine unendliche Menge von Pfeilen dar; eine solche Menge von Pfeilen nennt man einen **Vektor**.

> Durch einen Vektor $\binom{x}{y}$ sind unendlich viele Pfeile festgelegt. Alle diese Pfeile sind gleich lang, zueinander parallel und gleich orientiert.

Die Zahlen x und y heißen **Koordinaten** des Vektors. Jeder Pfeil ist ein Vertreter seines Vektors. Vektoren bezeichnen wir durch kleine lateinische Buchstaben mit darüber gesetztem Pfeil:

$$\vec{a}, \vec{b}, \vec{c}, \ldots, \vec{p}, \vec{q}, \ldots.$$

Beispiel Die Pfeile in Bild 33 gehören alle zum Vektor $\vec{a} = \binom{2}{3}$.

Beachte: Um die Koordinaten eines Vektors nicht mit den Koordinaten eines Punktes zu verwechseln, schreiben wir das Zahlenpaar bei einem Vektor **untereinander**, z.B. $\binom{2}{3}$, bei einem Punkt jedoch **nebeneinander**, z.B. (2|3) oder P(2|3).

4. Vergleich von Vektoren und Pfeilen mit Bruchzahlen und Brüchen

Der Zusammenhang zwischen Pfeilen und Vektoren läßt sich mit dem Zusammenhang zwischen Bruchzahlen und Brüchen vergleichen:

Zu jedem Vektor gehören unendlich viele verschiedene Pfeile.	Zu jeder Bruchzahl gehören unendlich viele verschiedene Brüche.
Jeder Pfeil stellt einen Vektor dar, ist also ein Vertreter des Vektors.	Jeder Bruch stellt eine Bruchzahl dar, ist also ein Vertreter der Bruchzahl.
Zwei verschiedene Pfeile können den gleichen Vektor darstellen; sie können aber auch verschiedene Vektoren darstellen.	Zwei verschiedene Brüche können die gleiche Bruchzahl darstellen; sie können aber auch verschiedene Bruchzahlen darstellen.

5. Festlegung einer Verschiebung durch einen Vektor

Mit Hilfe des Vektorbegriffs können wir die Erklärung einer Verschiebung (vergleiche Seite 199) nun auch so formulieren:

> Eine Verschiebung V ist durch einen Vektor $\vec{a}$ festgelegt. Man erhält den Bildpunkt P′ eines Punktes P, indem man den zum Vektor $\vec{a}$ gehörenden Pfeil mit dem Anfangspunkt P zeichnet. Die Spitze dieses Pfeils ist der Punkt P′.

Aufgaben und Beispiele

Zum Einstieg

Olaf läßt quer durch einen Bach ein kleines batteriebetriebenes Spielzeugboot fahren. Während es sich um 2 m vorwärtsbewegt, wird es gleichzeitig durch die Strömung um 1 m abgetrieben (Bild 34).

a) Übertrage die Zeichnung in dein Heft und zeichne den Weg des Bootes ein. Wo trifft das Boot auf das gegenüberliegende Ufer?
b) Welchen Weg legt das Boot zurück, wenn es im Punkt B (C) startet?
c) Wo müßte das Boot starten, damit es im Punkt D ankommt?
d) Wähle selbst andere Geschwindigkeiten für Boot und Strömung und zeichne die Wege des Bootes!

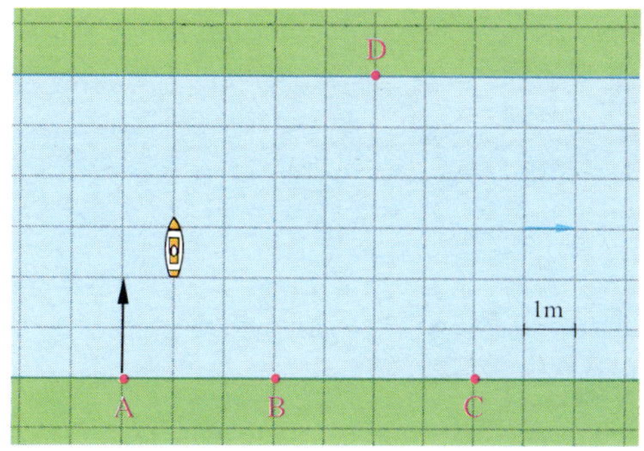

Bild 34

Vektoren darstellen

1. Zeichne sechs verschiedene Punkte A, B, C, D, E und F und von jedem Punkt aus einen Pfeil mit den angegebenen Koordinaten! Vergleiche die Pfeile miteinander!

a) $\begin{pmatrix}2\\3\end{pmatrix}$ **b)** $\begin{pmatrix}3\\-2\end{pmatrix}$ **c)** $\begin{pmatrix}-2\\3\end{pmatrix}$ **d)** $\begin{pmatrix}-3\\-2\end{pmatrix}$

2. Zeichne je einen Pfeil!

a) $\begin{pmatrix}4\\3\end{pmatrix}$ **b)** $\begin{pmatrix}-2\\5\end{pmatrix}$ **c)** $\begin{pmatrix}6\\0\end{pmatrix}$ **d)** $\begin{pmatrix}4\\-5\end{pmatrix}$

e) $\begin{pmatrix}-5\\-3\end{pmatrix}$ **f)** $\begin{pmatrix}0\\4\end{pmatrix}$ **g)** $\begin{pmatrix}-1\\5\end{pmatrix}$ **h)** $\begin{pmatrix}6\\-2\end{pmatrix}$

3. Zeichne je einen Pfeil!

a) $\begin{pmatrix}-2{,}1\\1{,}7\end{pmatrix}$ **b)** $\begin{pmatrix}0\\4{,}5\end{pmatrix}$ **c)** $\begin{pmatrix}-3{,}2\\-2{,}3\end{pmatrix}$ **d)** $\begin{pmatrix}4{,}1\\2{,}8\end{pmatrix}$

e) $\begin{pmatrix}1{,}9\\-0{,}9\end{pmatrix}$ **f)** $\begin{pmatrix}-3{,}6\\-4{,}8\end{pmatrix}$ **g)** $\begin{pmatrix}1{,}6\\2{,}4\end{pmatrix}$ **h)** $\begin{pmatrix}3{,}5\\0\end{pmatrix}$

4. Zeichne je einen Pfeil!

a) $\begin{pmatrix}2\frac{1}{2}\\1\frac{1}{4}\end{pmatrix}$ **b)** $\begin{pmatrix}3\frac{1}{4}\\-2\frac{2}{3}\end{pmatrix}$ **c)** $\begin{pmatrix}-2\frac{1}{5}\\\frac{7}{10}\end{pmatrix}$ **d)** $\begin{pmatrix}-4\frac{3}{5}\\-2\frac{1}{3}\end{pmatrix}$

Vektoren bestimmen

5. Bestimme die Koordinaten der in Bild 35 dargestellten Vektoren!

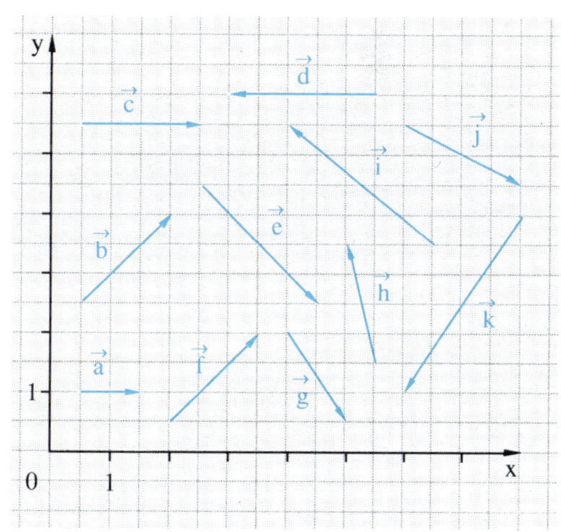

Bild 35

6. a) Zeichne zu den Pfeilen der Aufgaben 1 und 2 jeweils einen gleich langen parallelen, aber entgegengesetzt orientierten Pfeil!
b) Welche Koordinaten hat der entsprechende Vektor? Erkennst du eine Regel?

7. a) Benenne Vektoren, die durch die Pfeile in Bild 36 bestimmt sind!
b) Gib zu jedem Vektor alle zugehörigen Pfeile aus dem Bild an!
c) Wie viele verschiedene Vektoren kann man zusätzlich erhalten, wenn man die Orientierung einzelner Pfeile ändert? Gib auch diese Vektoren an!

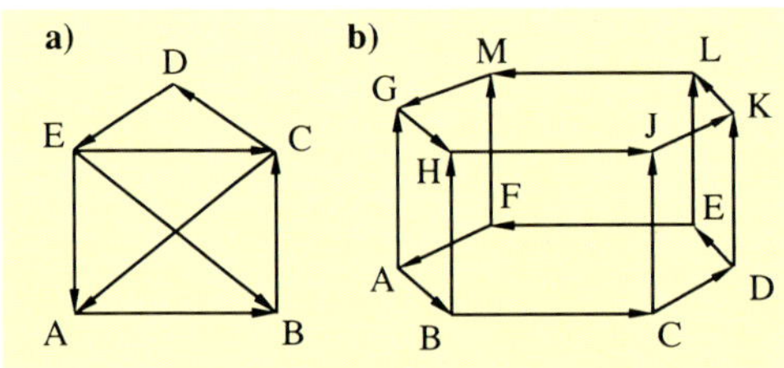

Bild 36

8. Gibt es eine Verschiebung, durch die ABC auf A′B′C′ abgebildet wird (Bild 37)? Bestimme gegebenenfalls den Verschiebungsvektor $\vec{v}$!

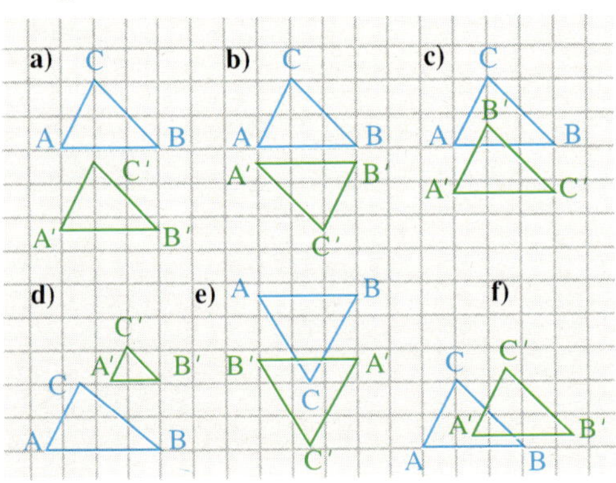

Bild 37

Verschiebungen

9. Trage die folgenden Punkte in ein Koordinatensystem ein und verbinde jeden Punkt mit dem nächsten durch eine Strecke; verbinde auch den ersten Punkt mit dem letzten: A(6|4), B(0,5|4,5), C(4|0,5), D(3,5|6,5), E(1|1)! Verschiebe die Figur mit folgenden Vektoren!

a) $\begin{pmatrix}7\\7\end{pmatrix}$ **b)** $\begin{pmatrix}8\\5\end{pmatrix}$ **c)** $\begin{pmatrix}10\\0\end{pmatrix}$ **d)** $\begin{pmatrix}0\\8\end{pmatrix}$

10. Verfahre wie in Aufgabe 9 mit folgenden Punkten!
a) A(0|4), B (0|0), C (2|0), D(2|4), E (1|7), F (0|4), G(2|4), H(7|4), I (8|3), K(8|0), L (2|0)
b) A(8|4), B (6|5), C (7|7), D(5|6), E (4|8), F (3|6), G (1|7), H(2|5), I (0|4), K(2|3), L (1|1), M(3|2), N(4|0), P (5|2), Q(7|1), R(6|3), S (8|4)

11. Bestimme die Koordinaten der Punkte in Bild 38!
Verschiebe die Figuren mit folgenden Vektoren und bestimme möglichst genau die Koordinaten der Bildpunkte!

a) $\begin{pmatrix}3\\2\end{pmatrix}$ **b)** $\begin{pmatrix}0\\4\end{pmatrix}$ **c)** $\begin{pmatrix}1{,}3\\2{,}6\end{pmatrix}$ **d)** $\begin{pmatrix}3{,}4\\-0{,}5\end{pmatrix}$

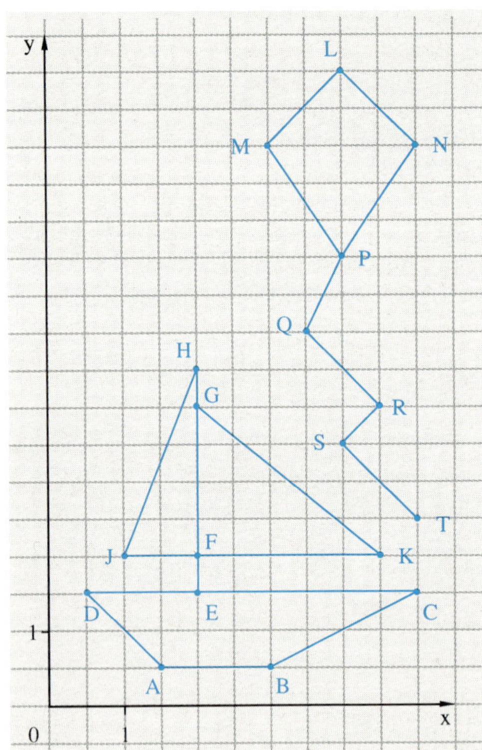

Bild 38

12. Welche Koordinaten haben die Originalpunkte, wenn die Figuren in Bild 38 die Bilder bei der Verschiebung mit $\vec{v} = \begin{pmatrix}-4\\-3\end{pmatrix}$ sind?

Vektorketten

13. Autorennen: Auf kariertes Papier zeichnet man eine Rennstrecke mit Start und Ziel (Bild 40). Der Rennverlauf wird durch Pfeile beschrieben. Die Pfeilspitze ist der augenblickliche Standort des Rennwagens; je länger ein Pfeil ist, um so schneller ist der Rennwagen.

Spielregeln:

(1) Die Startreihenfolge wird ausgelost.
(2) Jeder Mitspieler wählt einen noch freien Punkt auf der Startlinie und zeichnet von dort aus seinen 1 Kästchen langen Startpfeil.
(3) Pfeile dürfen nur auf den Gitterpunkten beginnen oder enden.
(4) Bei jedem Zug hängt man an den letzten Pfeil einen neuen Pfeil an.
(5) Nach jedem Zug bestimmt man den nächsten **Zielpunkt**, indem man sich den zuletzt gezeichneten Pfeil verdoppelt denkt.
(6) Jeder neue Pfeil muß zum Zielpunkt oder zu einem seiner acht Nachbarpunkte führen (Bild 39).

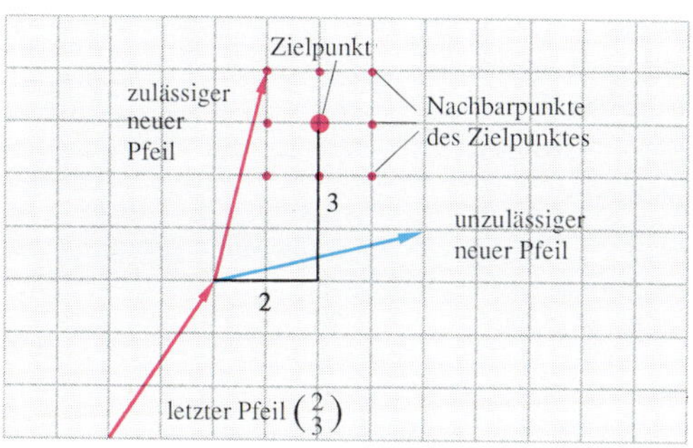

Bild 39

(7) Damit es keinen Zusammenstoß gibt, darf sich an einem Punkt zur gleichen Zeit immer nur ein Wagen befinden.
(8) Wagen, die durch zu hohe Geschwindigkeit von der Bahn abkommen, müssen „abbremsen" und hinter dem Punkt, an dem sie die Bahn verlassen haben, wieder darauf zurückkehren (siehe Bild 40).
(9) Jeder Pfeil muß immer ganz auf der Rennstrecke liegen.
(10) Sieger ist, wer zuerst an beliebiger Stelle und mit beliebiger Geschwindigkeit die Ziellinie überquert.

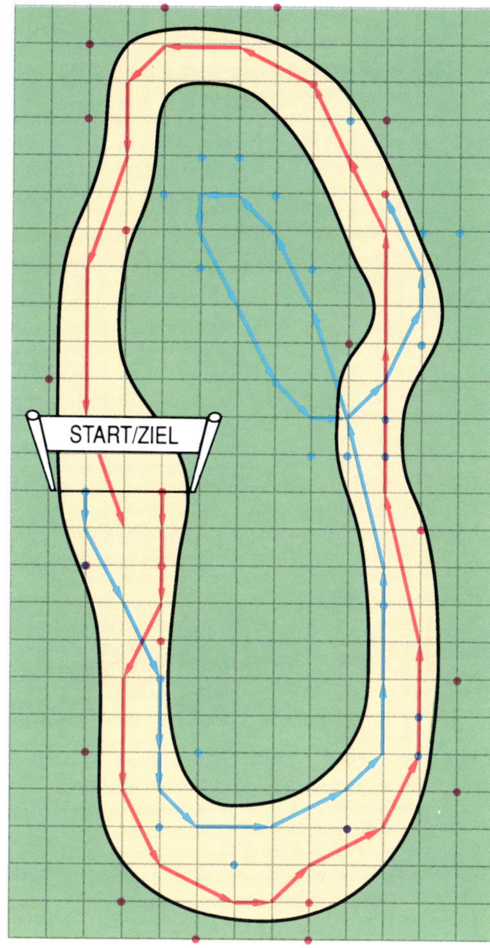

Bild 40

14. Beschreibe den Rennverlauf für die roten (blauen) Pfeile in Bild 40, indem du die entsprechenden Vektoren angibst!

15. Zeichne einen Punkt P und von dort aus einen Pfeil für den ersten Vektor! Hänge an die Spitze einen Pfeil für den zweiten Vektor und an dessen Spitze einen Pfeil für den dritten Vektor usw.!

a) $\binom{2}{1}, \binom{1}{2}, \binom{-2}{0}, \binom{1}{-2}, \binom{1}{1}, \binom{-2}{1}, \binom{-1}{-3}$

b) $\binom{2}{2}, \binom{1}{-1}, \binom{3}{1}, \binom{2}{2}, \binom{1}{-1}, \binom{-3}{-3}, \binom{-6}{0}$

§ 12 Drehungen

I. Der Begriff des Winkels

1. Zur Einführung

Weil bald eine Klassenfahrt bevorsteht, liest Barbara täglich an einem Barometer (Bild 1) den Luftdruck ab. Nach jeder Ablesung verstellt sie den Merkzeiger so, daß beide Zeiger genau übereinander stehen. Dadurch merkt sie sich den letzten Zeigerstand. Hat sich der Barometerzeiger nach links gedreht, so ist der Luftdruck gefallen (Bild 2), hat er sich nach rechts gedreht, so ist der Luftdruck gestiegen (Bild 3).

Bild 1

Bild 2

Bild 3

In Bild 2 hat sich der Barometerzeiger nach links (also gegen den Uhrzeigersinn) gedreht, in Bild 3 hat er sich nach rechts (also im Uhrzeigersinn) gedreht. Wir haben dies in den Fotos durch einen Bogen mit einer Pfeilspitze angedeutet.

Wie in diesem Beispiel müssen wir auch allgemein zwischen Linksdrehungen (gegen den Uhrzeigersinn) und Rechtsdrehungen (im Uhrzeigersinn) unterscheiden.

2. Drehwinkel

Nicht nur die Richtung, sondern auch die Größe der Luftdruckänderung ist in den Bildern 2 und 3 unterschiedlich. Dies erkennt man an den beiden Drehwinkeln, die der Barometerzeiger seit der letzten Ablesung überstrichen hat.

Allgemein versteht man unter einem **Drehwinkel** den Bereich der Ebene, den ein Strahl überstreicht, wenn er um seinen Anfangspunkt gedreht wird (Bild 4). Diesen Bereich nennt man auch Winkelfeld.

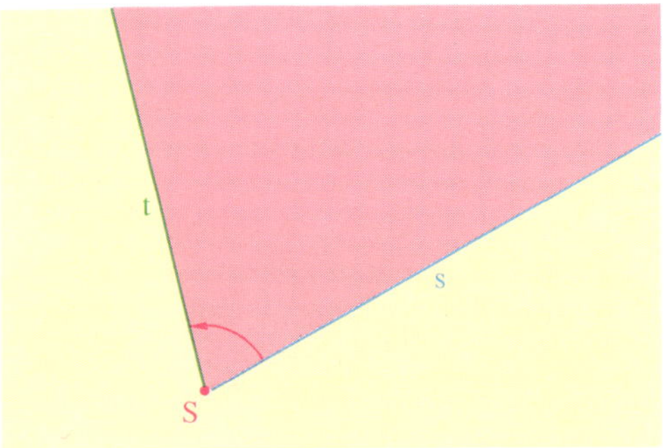

Bild 4

Ein Drehwinkel wird also von zwei Strahlen s und t gebildet, die von einem gemeinsamen Punkt S ausgehen. Die beiden Strahlen heißen **Schenkel** des Winkels, ihr gemeinsamer Anfangspunkt heißt **Scheitelpunkt** des Winkels. Der erste Schenkel s entspricht der Ausgangslage, der zweite Schenkel t der Endlage des Drehstrahls.

3. Bezeichnung von Drehwinkeln

Wie wir noch begründen werden, kann man sich in der Geometrie auf eine Drehrichtung beschränken. Es ist üblich, Linksdrehungen zu bevorzugen. Man nennt sie auch Drehungen mit **positivem Drehsinn**. Zu einer solchen Drehung gehört ein **positiv orientierter Drehwinkel**.

Sind s der erste und t der zweite Schenkel eines positiv orientierten Drehwinkels, so bezeichnen wir diesen Drehwinkel mit

$\sphericalangle$ **(s, t)**; gelesen „Drehwinkel s, t" (Bild 5).

Drehwinkel können auch durch drei verschiedene Punkte gekennzeichnet werden, durch einen Punkt A auf dem ersten Schenkel, durch den Scheitelpunkt S und durch einen Punkt B auf dem zweiten Schenkel:

$\sphericalangle$ **ASB**; gelesen „Drehwinkel A, S, B" (Bild 6).

Beachte, daß mit $\sphericalangle(s, t)$ und $\sphericalangle(t, s)$ verschiedene Drehwinkel bezeichnet werden (Bilder 5 und 7). Es gilt also $\sphericalangle(s, t) \neq \sphericalangle(t, s)$.

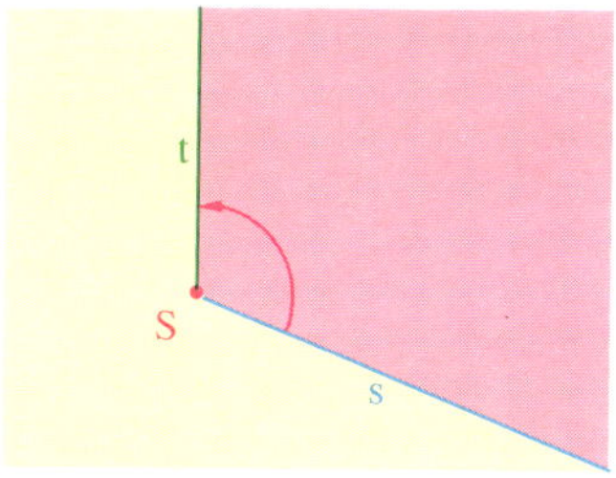

Bild 5

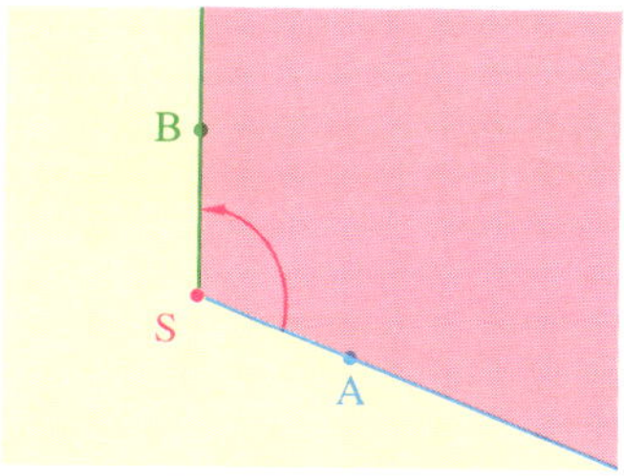

Bild 6

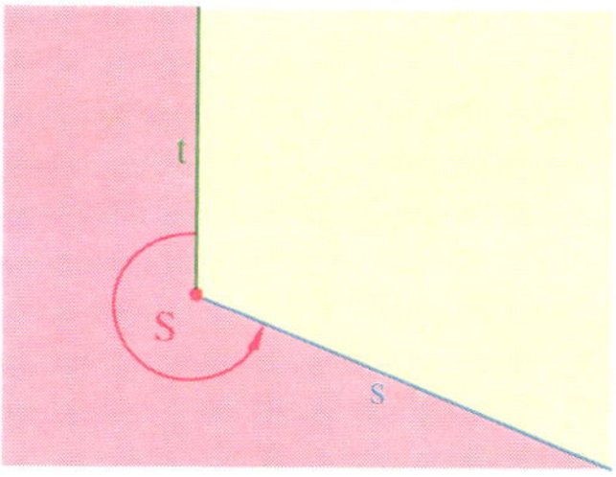

Bild 7

Aufgaben und Beispiele

Zum Einstieg

Bei einem Ausflug besteigt Barbaras Klasse einen Fernsehturm. Von der rund um den Turm führenden Plattform hat man eine gute Fernsicht. Barbara hat ein Fernrohr entdeckt, das auf einem Sockel drehbar befestigt ist (Bild 8). Sie wirft eine Münze ein und kann viele ihr bekannte Gebäude der Stadt entdecken. Nur das Schwimmbad, zu dem die Klasse anschließend gehen will, sieht sie nicht; es liegt nämlich hinter dem Turm.

Bild 8

1. Gib an, ob eine Linksdrehung, eine Rechtsdrehung oder beides möglich ist!
a) Zeiger einer Uhr
b) Tachonadel bei einem Auto
c) Schalter bei einem Backofen
d) Kurbel einer Kaffeemühle
e) Tretkurbel bei einem Fahrrad
f) Bohrer bei einer Bohrmaschine
g) Drehscheibe beim „Stromzähler"

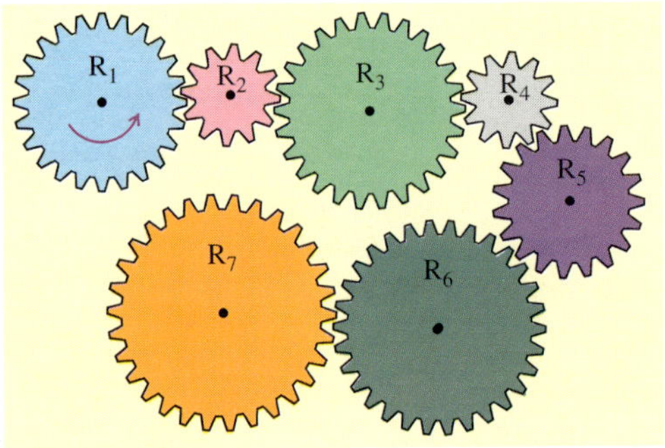

Bild 9

2. Nenne selbst drei Beispiele, bei denen die Drehrichtung wichtig ist!

3. Zeichne zwei Strahlen s und t mit einem gemeinsamen Anfangspunkt S. Nenne zwei Möglichkeiten, wie man den Strahl s drehen kann, damit er in die Lage von t kommt!

4. Zeichne drei Strahlen s_1, s_2 und s_3 mit einem gemeinsamen Anfangspunkt S und kennzeichne mit verschiedenen Farben die folgenden Drehwinkel!
a) $\sphericalangle(s_1, s_2)$ **b)** $\sphericalangle(s_2, s_1)$ **c)** $\sphericalangle(s_1, s_3)$

5. Gegeben sind A(0|0), B(6|0), C(8|4) und D(2|2). Zeichne die folgenden Drehwinkel!
a) $\sphericalangle ABC$ **b)** $\sphericalangle BCD$ **c)** $\sphericalangle BAC$ **d)** $\sphericalangle ADC$

6. Bild 9 zeigt mehrere Räder, die miteinander verbunden sind: $R_1, R_2, R_3, \ldots$. Was für Drehungen führen diese Räder aus, wenn man R_1 linksherum dreht?

II. Das Messen von Drehwinkeln

1. Die Maßeinheit Grad

Wie wir gesehen haben, können Drehwinkel verschieden groß sein; man sagt auch: Drehungen können verschiedene **Drehbeträge** haben. Um Drehwinkel messen, also Drehbeträge bestimmen zu können, benötigt man eine Maßeinheit. Hierzu geht man von einem **rechten Winkel** aus. Das ist ein Winkel, dessen Schenkel aufeinander senkrecht stehen (Bild 10).

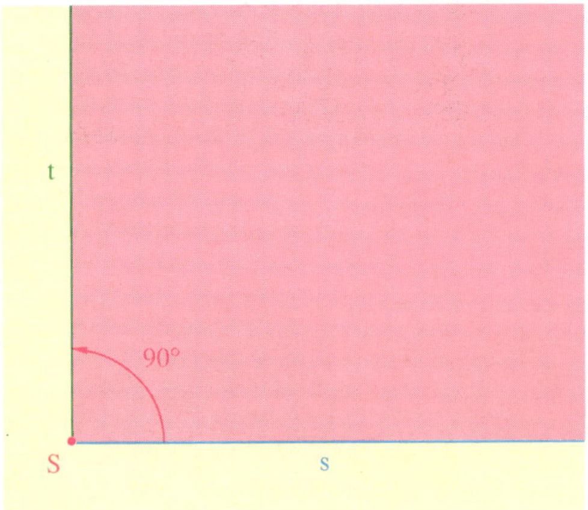

Bild 10

Bild 11

Man unterteilt einen rechten Winkel in 90 gleich große Teilwinkel (Bild 11); jeder dieser Teilwinkel hat dann das Winkelmaß **1°**, gelesen **ein Grad**.

Winkelmaße bezeichnet man mit kleinen griechischen Buchstaben:

α (Alpha), β (Beta), γ (Gamma), δ (Delta), ε (Epsilon), φ (Phi), ...

Beispiel Für den rechten Winkel in Bild 10 gilt $\alpha = 90°$.

2. Das Messen von Winkeln mit dem Geodreieck

Legen wir ein Geodreieck so an einen Schenkel eines Winkels, daß dessen Scheitelpunkt im Nullpunkt des Geodreiecks liegt und der andere Schenkel vom Geodreieck überdeckt wird, können wir unmittelbar das Winkelmaß ablesen.

Beispiele

1) Das Winkelmaß in Bild 12 beträgt 36°.
2) Das Winkelmaß in Bild 13 beträgt 119°.

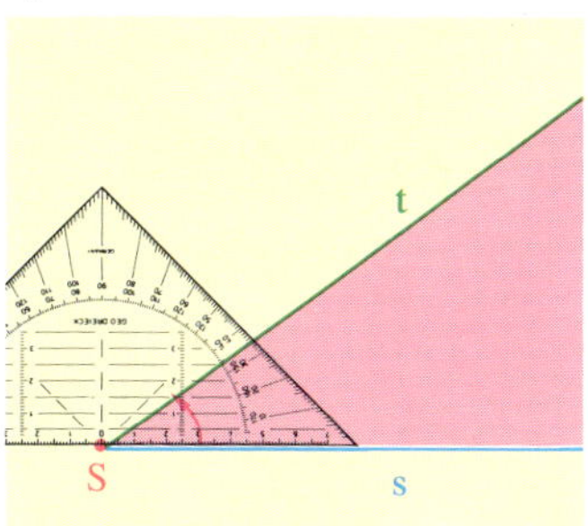

Bild 12

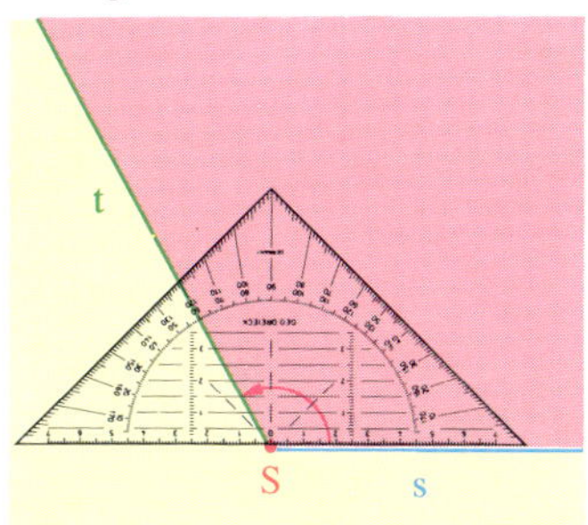

Bild 13

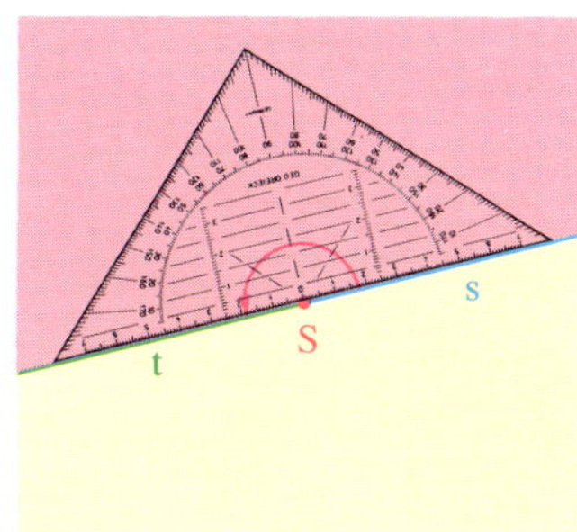

Bild 14

3. Besondere Winkel

Bilden die beiden Strahlen s und t eines Winkels eine Gerade (Bild 14), so spricht man von einem **gestreckten Winkel**. Jeder gestreckte Winkel kann in zwei rechte Winkel unterteilt werden; für seine Größe gilt also:

$\boldsymbol{\alpha = 180°}$.

Weitere besondere Winkel sind in Bild 15 angegeben.

spitzer Winkel	**stumpfer Winkel**	**überstumpfer Winkel**	**Vollwinkel**
$0° < \alpha < 90°$	$90° < \alpha < 180°$	$180° < \alpha < 360°$	$\alpha = 360°$
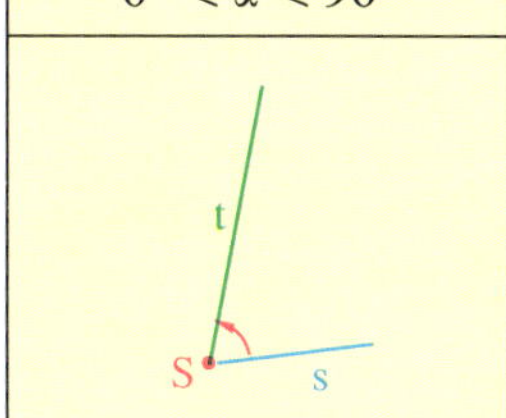	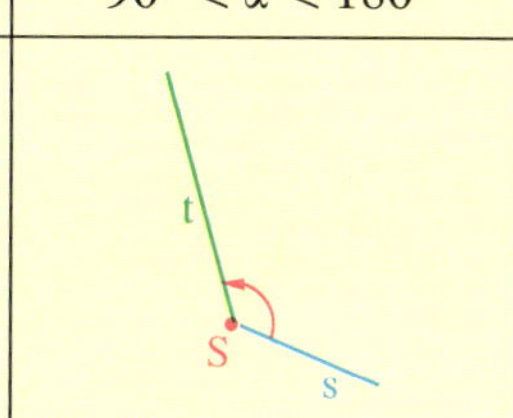	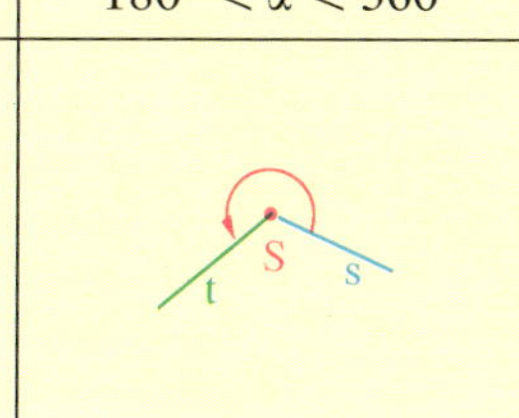	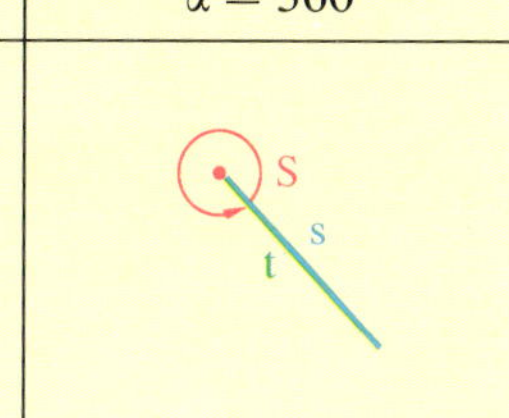

Bild 15

4. Die Einheiten Minute und Sekunde für Winkel

In vielen Fällen ist die Einheit 1° noch zu grob, um einen Winkel zu messen. In der Astronomie benötigt man beispielsweise noch feinere Unterteilungen.

Unterteilt man 1° in 60 gleiche Teile, so erhält man

1′ (gelesen: **„eine Minute“**);

unterteilt man 1′ in 60 gleiche Teile, so erhält man

1″ (gelesen: **„eine Sekunde“**).

Es gilt also folgender Zusammenhang:

$$\mathbf{1' = 60''} \quad \text{und} \quad \mathbf{1° = 60' = 3600''}.$$

Die Einheit „Minute“ wurde abgeleitet von „pars **minuta** prima“ (lat.: „der erste verminderte Teil“); die Einheit „Sekunde“ wurde abgeleitet von „pars minuta **secunda**“ (lat.: „der zweite verminderte Teil“). Die Unterteilung in 60 Teile geht auf die Babylonier zurück; sie verwendeten ein Zahlsystem mit der Grundzahl 60.

Man kann allerdings auf die Einheiten „Minute“ und „Sekunde“ ganz verzichten, indem man dezimale Maßzahlen benutzt.

Beispiele

1) $32{,}4° = 32° + 0{,}4 \cdot 60' = 32°\,24'$

2) $75°\,15' = 75° + \frac{15°}{60} = 75{,}25°$

3) $103°\,50' = 103° + \frac{50°}{60} = 103{,}8\overline{3}°$

4) $62°\,20'\,40'' = 62° + \frac{20°}{60} + \frac{40°}{3600} = 62{,}3\overline{4}°$

Aufgaben und Beispiele

Zum Einstieg

Schiffskurse bestimmt man mit einem Kompaß. Durch eine **Kompaßrose** (Bild 16) sind 32 verschiedene Himmelsrichtungen festgelegt, z. B. Nord-West (NW), Ost-Süd-Ost (OSO), West zu Süd (WzS). Zusätzlich ist auf der Kompaßrose eine **Gradskala** angebracht.

Ein Kurs von 23° bedeutet: 23° nach rechts von der Nordrichtung. Dies ist ungefähr Richtung NNO.

a) Gib die Himmelsrichtungen in Grad an!

b) Wie groß ist der Drehwinkel, wenn der Kurs eines Schiffes von ONO in positiver Drehrichtung auf WNW geändert wird?

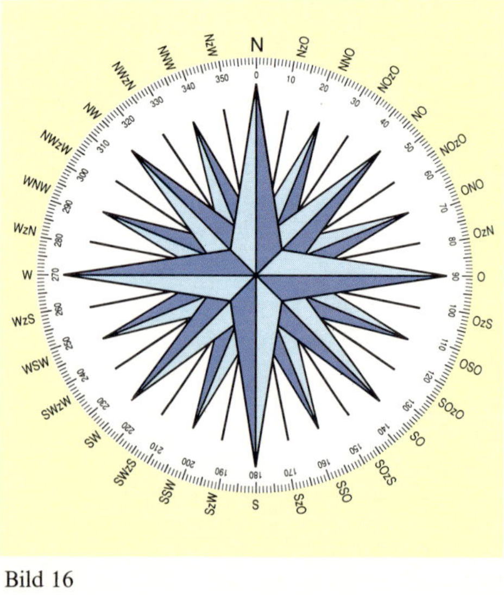

Bild 16

Drehbeträge bestimmen

1. Wie groß sind die Drehwinkel?

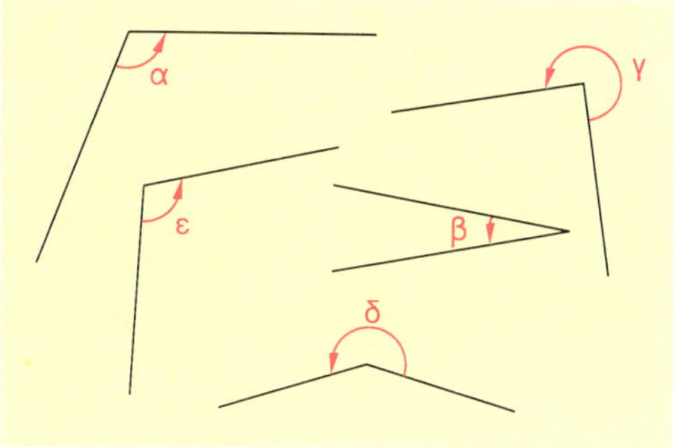

Bild 17

2. Zeichne Drehwinkel mit folgenden Maßen!

a) 30°	**b)** 60°	**c)** 90°	**d)** 150°
e) 180°	**f)** 240°	**g)** 23°	**h)** 55°
i) 168°	**j)** 203°	**k)** 312°	**l)** 189°

3. Schreibe ohne Komma!

a) 19,6°	**b)** 37,2°	**c)** 63,25°
d) 103,05°	**e)** 75,12°	**f)** 84,11°
g) 21,115°	**h)** 219,475°	**i)** 196,135°

4. Wandle in dezimale Schreibweise um!

a) 25° 9′	**b)** 191° 33′	**c)** 209° 11′ 15″
d) 319° 24′	**e)** 81° 43′	**f)** 57° 53′ 27″

Drehbeträge bei Uhren

5. Wie groß ist der Drehbetrag des großen Uhrzeigers in folgenden Zeitspannen?

a) 5 min	**b)** 10 min	**c)** 15 min
d) 45 min	**e)** 12 min	**f)** 19 min
g) 53 min	**h)** 60 min	**i)** 100 min

6. Wie groß ist der Drehbetrag des kleinen Uhrzeigers in folgenden Zeitspannen?

a) $\frac{1}{2}$ h	**b)** 2 h	**c)** 7 h	**d)** $2\frac{1}{2}$ h	**e)** $\frac{1}{4}$ h
f) $\frac{1}{3}$ h	**g)** $1\frac{3}{4}$ h	**h)** $\frac{1}{6}$ h	**i)** $4\frac{1}{4}$ h	**j)** $5\frac{1}{3}$ h

7. Wie groß ist der (kleinere) Drehwinkel zwischen den Uhrzeigern zu folgenden Zeitpunkten?

a) 12.00 Uhr	**b)** 6.00 Uhr	**c)** 9.15 Uhr
d) 11.40 Uhr	**e)** 4.44 Uhr	**f)** 11.11 Uhr

8. Bei vielen Stoppuhren dreht sich der Zeiger in 30 s genau einmal um sich selbst (Bild 18). Wie groß ist der Drehbetrag in folgenden Zeitspannen?

a) 1 s	**b)** 5 s	**c)** 30 s	**d)** 15 s	**e)** 25 s
f) 12 s	**g)** 7 s	**h)** 13 s	**i)** 28 s	**j** 35 s

Bild 18

Anwendungen

9. Ein Karussell dreht sich in 9 s einmal um die eigene Achse. Wie groß ist der Drehbetrag in folgenden Zeitspannen?

a) 1 s **b)** 2 s **c)** 3 s **d)** 5 s **e)** 8 s **f)** 12 s

10. In 24 h dreht sich die Erde einmal um die eigene Achse. Wie groß ist der Drehbetrag in folgenden Zeitspannen?

a) 1 h	**b)** 6 h	**c)** 4 h	**d)** 18 h	**e)** 36 h
f) 20 min	**g)** 10 min	**h)** 4 min	**i)** 1 min	

11. Nach einem kräftigen Stoß legt eine Billardkugel den Weg in Bild 19 zurück.

a) Was für Richtungsänderungen (Rechts- oder Linksdrehungen) treten auf?

b) Übertrage die Zeichnung in dein Heft!

c) Wie groß sind die Drehbeträge?

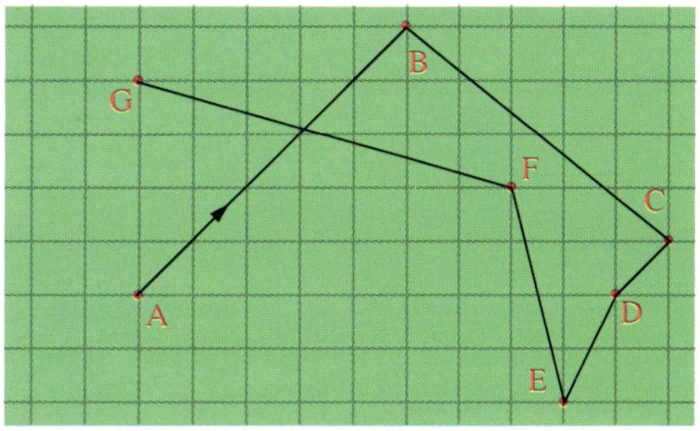

Bild 19

III. Die Beschreibung von Drehungen

1. Zur Einführung

In Bild 20 wird eine Figur, die den Buchstaben „F“ darstellt, durch eine Drehung abgebildet. Das Original ist die blaue Figur, das Bild ist die grüne Figur.

Außer den beiden Figuren sind zahlreiche Kreisbögen und Strahlen gezeichnet. Jeder Kreisbogen verbindet einen Punkt der Originalfigur mit dem entsprechenden Punkt der Bildfigur. Anfangs- und Endpunkt der Kreisbögen liegen jeweils auf einem der eingezeichneten Strahlen. Diese Strahlen haben alle einen gemeinsamen Anfangspunkt Z. Außerdem bilden der Strahl durch einen Originalpunkt und der Strahl durch den entsprechenden Bildpunkt miteinander einen rechten Winkel.

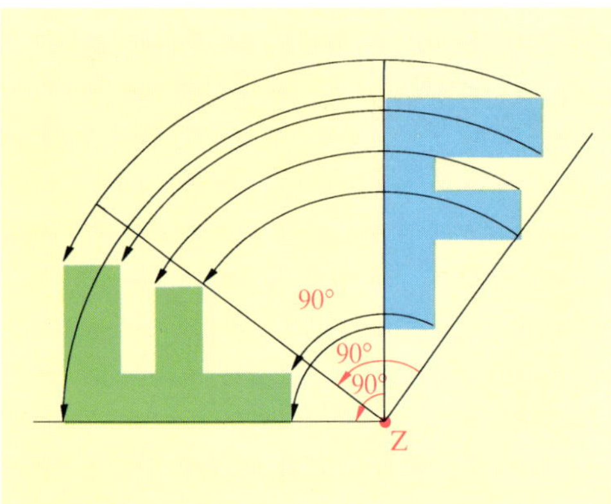

Bild 20

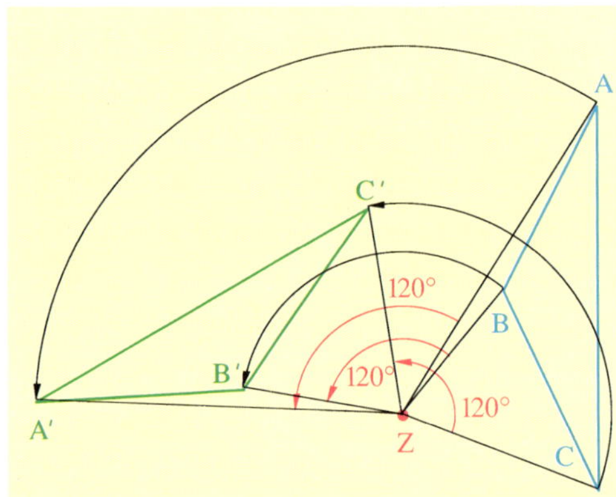

Bild 21

Wir erkennen:

1) Der Punkt Z verändert seine Lage nicht; man nennt ihn „**Zentrum** der Drehung“ oder kurz **Drehzentrum**.

2) Bei allen anderen Punkten liegen Original und Bild auf Kreisbögen mit dem Drehzentrum Z als Mittelpunkt.

3) Jeder von Z verschiedene Punkt bildet mit dem Drehzentrum Z und mit seinem Bildpunkt einen rechten Winkel, also einen Winkel von 90°.

Durch das **Zentrum Z** und den **Drehbetrag** von 90° ist die betreffende Drehung eindeutig festgelegt.

2. Konstruktion von Bildfiguren bei Drehungen

Die einführenden Überlegungen können wir auf beliebige Drehbeträge übertragen.

Beispiele

1) Zu einem Dreieck ABC ist das Bilddreieck A′B′C′ bei einer **Linksdrehung** um den Punkt Z mit dem **Drehbetrag 120°** gesucht. Dazu tragen wir zuerst in Z an die Strecke $\overline{ZA}$ einen Winkel von 120° nach links an. Der zweite Schenkel dieses Winkels schneidet den Kreis um Z durch A in A′. Entsprechend erhalten wir B′ und C′ (Bild 21).

2) In Bild 22 wird ein Dreieck ABC entsprechend durch eine **Linksdrehung** mit dem **Drehbetrag 135°** abgebildet.

3) Bild 22 zeigt außerdem, daß man das Bilddreieck A′B′C′ auch durch eine **Rechtsdrehung** um Z mit dem **Drehbetrag** 360° − 135° = **225°** erhalten kann.

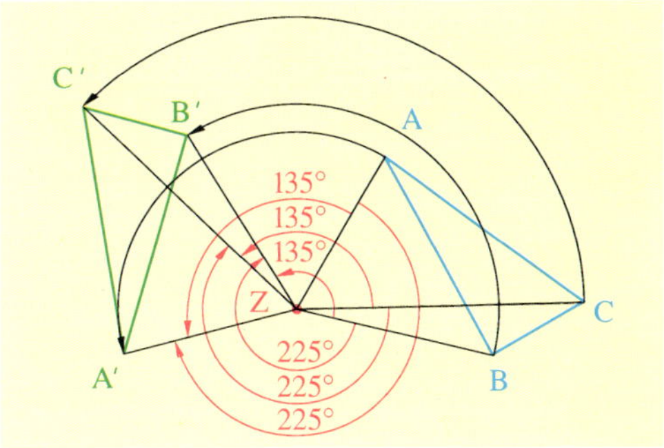

Bild 22

3. Festlegung auf Linksdrehungen

Vom Ergebnis her können wir in Bild 22 **nicht** entscheiden, wie das Dreieck ABC auf das Dreieck A′B′C′ abgebildet wurde, durch eine Linksdrehung um 135° oder durch eine Rechtsdrehung um 360° − 135° = 225°. Beide Drehungen führen zum selben Ergebnis; man kann ihre Bildfiguren nicht unterscheiden.

Bezeichnen wir allgemein den Drehbetrag mit dem kleinen griechischen Buchstaben φ (gelesen: „Phi"), so gilt entsprechend:

Eine Linksdrehung mit dem Drehzentrum Z und dem Drehbetrag φ und eine Rechtsdrehung mit dem gleichen Drehzentrum Z und dem Drehbetrag 360° − φ führen zum gleichen Ergebnis; man kann ihre Bildfiguren nicht unterscheiden. Eine entsprechende Aussage gilt für Rechtsdrehungen.

Bei Abbildungen kommt es nur auf die Originalfigur und auf die Bildfigur an. Dagegen ist es unwichtig, **wie** diese Abbildung ausgeführt wurde. Da Drehungen Abbildungen sind, ist es in der Geometrie nicht nötig, zwischen Linksdrehungen und Rechtsdrehungen zu unterscheiden.

Daher kann man die Beschreibung von Drehungen erheblich vereinfachen, indem man sich auf **eine** Art von Drehungen beschränkt. In der Geometrie ist es üblich, sich auf **Linksdrehungen** zu beschränken, das sind Drehungen gegen den Uhrzeigersinn.

Unter Drehungen werden wir künftig ausschließlich Linksdrehungen verstehen.

4. Zusammenfassung

Eine Drehung D ist durch das Drehzentrum Z und den Drehbetrag φ festgelegt. Man erhält den Bildpunkt P′ eines Punktes P, indem man die Strecke $\overline{ZP}$ um Z mit dem Drehbetrag φ nach links dreht.
P′ ist der Endpunkt der gedrehten Strecke $\overline{ZP'}$.

Wie wir bereits festgestellt haben, wird der Punkt Z selber bei einer Drehung nicht bewegt, er wird „auf sich selbst abgebildet". Einen solchen Punkt nennt man **Fixpunkt** einer Abbildung. Jede Drehung besitzt also einen Fixpunkt, nämlich das Drehzentrum. Es gilt Z′ = Z.

Für einige Drehungen gibt es besondere Namen:
Vierteldrehung ($\varphi = \frac{1}{4} \cdot 360° = 90°$), **Halbdrehung** ($\varphi = \frac{1}{2} \cdot 360° = 180°$), **Dreivierteldrehung** ($\varphi = \frac{3}{4} \cdot 360° = 270°$) und **Volldrehung** ($\varphi = 360°$).

5. Eine besondere Eigenschaft von Halbdrehungen

Bei jeder Drehung liegen Original- und Bildpunkt auf einem Kreis. Die Länge der Sehne, die diese beiden Punkte miteinander verbindet, ist gleich dem Abstand dieser Punkte voneinander. Dieser Abstand ist am größten, wenn diese Sehne durch den Mittelpunkt des Kreises geht, wenn sie also ein Durchmesser ist. Das ist genau bei einer Halbdrehung der Fall (Bild 23).

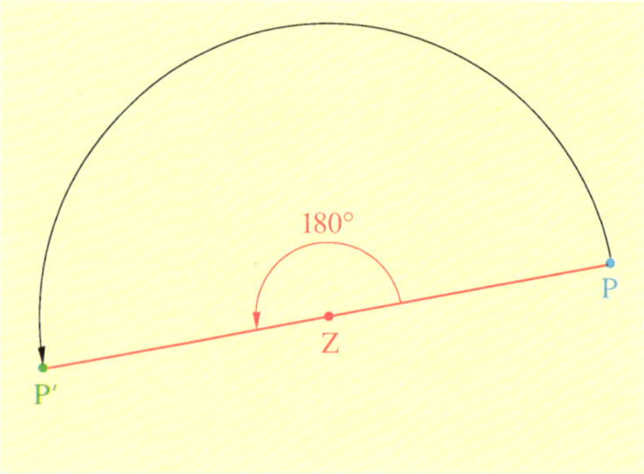

Bild 23

Allgemein gilt:

Bei einer Halbdrehung geht die Verbindungsstrecke jedes Originalpunktes P mit seinem Bildpunkt P′ durch das Drehzentrum Z und wird von Z halbiert.

Durch diese Eigenschaft unterscheiden sich die Halbdrehungen von allen anderen Drehungen.

Halbdrehungen kann man besonders einfach konstruieren. Man zeichnet von einem Originalpunkt P aus einen Strahl durch Z. Anschließend bestimmt man mit dem Zirkel oder mit dem Geodreieck auf diesem Strahl den Punkt, der von Z genauso weit entfernt ist wie P. Der so bestimmte Punkt ist P′.

Beispiel

Das Dreieck ABC soll durch eine Halbdrehung auf das Dreieck A′B′C′ abgebildet werden. Bild 24 zeigt die Ausführung dieser Konstruktion.

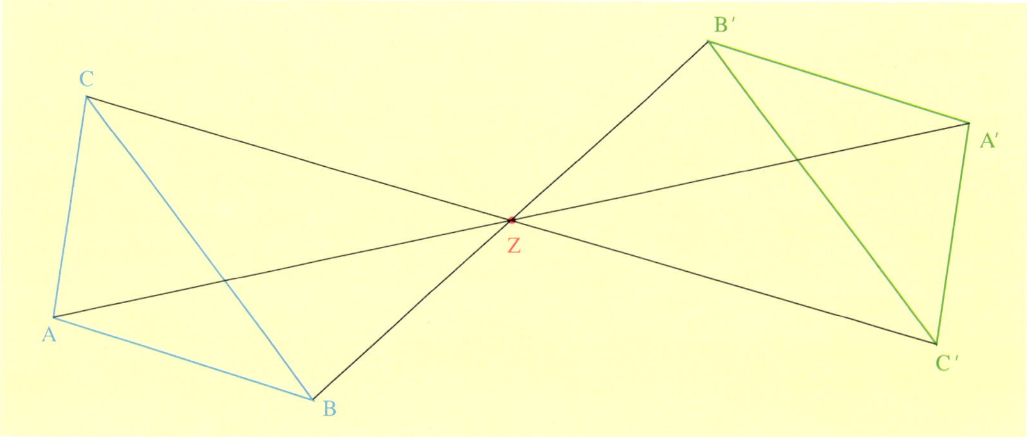

Bild 24

Aufgaben und Beispiele

Zum Einstieg

In einem Planetarium kann man die Bewegungen einzelner Sterne oder Sterngruppen sichtbar machen. Wird der Verschluß eines Fotoapparates längere Zeit geöffnet, während sich nur der große Wagen um den Polarstern bewegt, so erhält man Bild 25. Beschreibe, was du siehst!

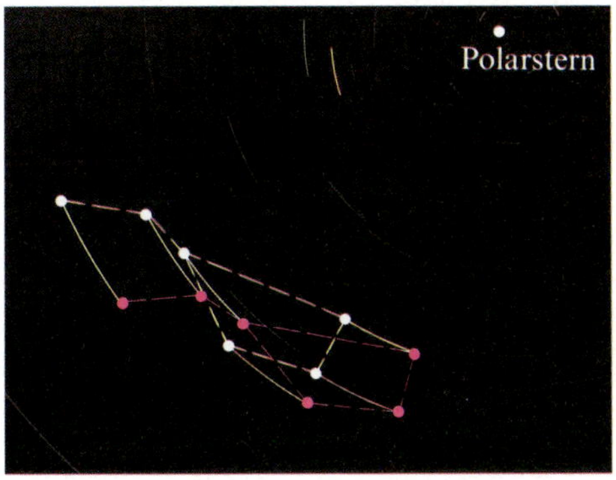

Bild 25

Drehungen

1. Zeichne ein Dreieck (ein Rechteck)! Wähle außerhalb der Figur einen Punkt Z und drehe die Figur um Z mit $\varphi = 50°$!

2. Die Punkte A(1|1), B(10|4), C(1|7) und D(12|6) werden durch Drehungen um Z(4|3) mit unterschiedlichen Drehbeträgen auf die Punkte A′(7|5), B′(10|2), C′(8|6) und D′(12|0) abgebildet.
a) Zeichne die Punkte!
b) Bestimme die Drehbeträge!

3. Bilde alle Punkte durch eine Drehung um Z mit $\varphi = 90°$ (180°, 270°) ab und bestimme die Koordinaten der Bildpunkte!
a) A(4|3,5), B(3|4,5), C(1,5|3,5), D(1|1), E(4,5|1), Z(2,5|2,5)
b) A(4,5|2,5), B(2,5|4,5), C(0,5|3,5), D(1|1), E(3|0,5), Z(3|2,5)

4. Zeichne ein Dreieck ABC und drehe es um den Punkt A mit $\varphi = 45°$ (90°; 120°)!

5. Zeichne ein Parallelogramm ABCD und drehe es um den Diagonalenschnittpunkt S (um den Punkt A) mit $\varphi = 120°$!

6. Zeichne einen Kreis K mit 3 cm Radius und auf K einen Punkt Z! Drehe den Kreis um Z mit $\varphi = 90°$ (120°, 180°)!

7. Übertrage die Figuren von Bild 26 in dein Heft und drehe sie um Z mit $\varphi = 45°$ (90°, 120°, 180°, 270°)!

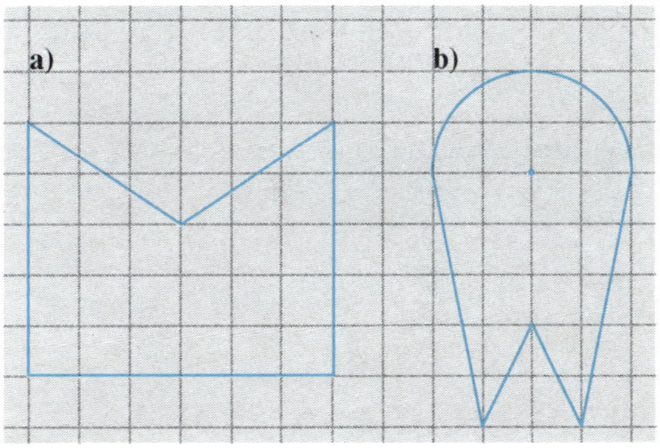

Bild 26

Halbdrehungen

8. Gegeben sind die Punkte A(1|1), B(7|3) und C(5|5). Bilde das Dreieck ABC durch eine Halbdrehung um Z ab!
a) Z(8|4) **b)** Z(4|3) **c)** Z = B **d)** Z = C
e) Z sei der Mittelpunkt von $\overline{BC}$

9. a) Zeichne ein Rechteck ABCD und sein Bild bei einer Halbdrehung um B!
b) Zeichne ein Parallelogramm ABCD und sein Bild bei einer Halbdrehung um den Mittelpunkt von $\overline{BC}$!
c) Zeichne ein Quadrat ABCD und sein Bild bei einer Halbdrehung um einen Punkt außerhalb von ABCD!

IV. Winkel in geometrischen Figuren

1. Zur Einführung

Bild 27

Bild 28

Die Bilder 27 und 28 wurden vom selben Standpunkt mit demselben Fotoapparat durch ein Zoom-Objektiv aufgenommen. Mit einem solchen Objektiv läßt sich der Winkel, der vom Fotoapparat erfaßt wird, verändern. Bei der Aufnahme von Bild 27 wurde ein sehr großer Winkel eingestellt; bei der Aufnahme von Bild 28 wurde ein sehr kleiner Winkel eingestellt. In Bild 29 sind diese Winkel mit unterschiedlichen Farben dargestellt.

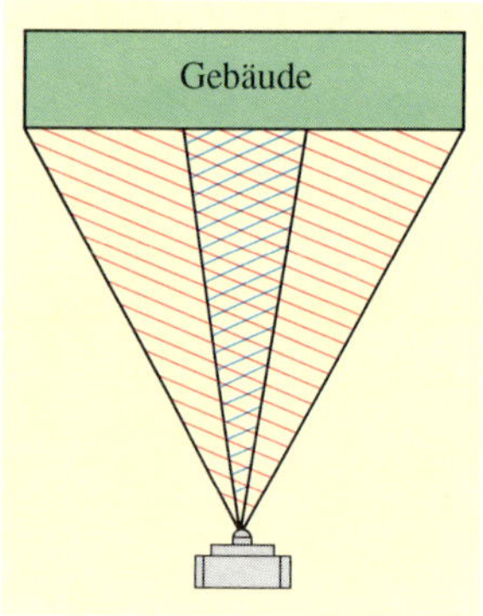

Bild 29

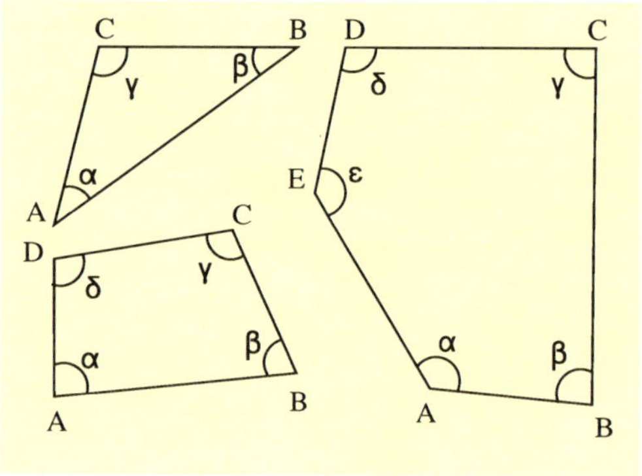

Bild 30

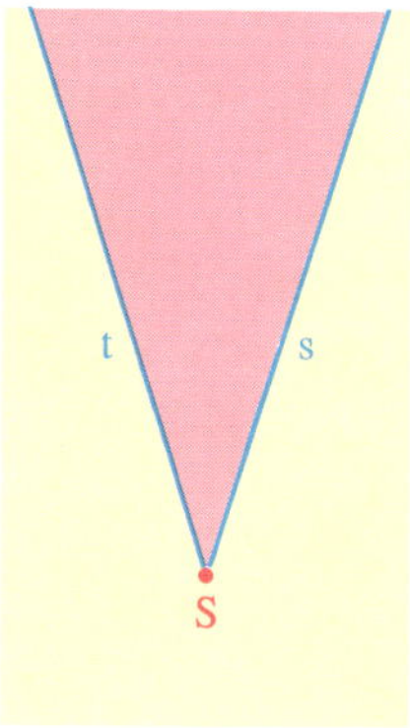

Bild 31

2. Winkel in Vielecken

Bisher sind uns Winkel nur bei Drehungen begegnet; wir haben deshalb meist von „Drehwinkeln“ gesprochen. Bei dem obigen Beispiel liegt eine ganz andere Situation vor. Der Öffnungswinkel des Objektivs hat nichts mit einer Drehung zu tun; er ist ein Winkel in einem Dreieck.

Solche Winkel treten in vielen geometrischen Figuren auf, in Dreiecken, Vierecken, Fünfecken, … (Bild 30). Bei solchen Winkeln braucht eine Drehrichtung nicht berücksichtigt zu werden; es kommt auch nicht auf die Reihenfolge der Schenkel an. Damit ein solcher Winkel **eindeutig** festgelegt ist, verstehen wir in diesem Fall unter einem Winkel den kleineren Bereich, der von den Schenkeln eingeschlossen wird (Bild 31).

3. Bezeichnung und Größe von Figurenwinkeln

In der Regel ist eine Verwechslung von Drehwinkeln und Figurenwinkeln ausgeschlossen. Aus dem Zusammenhang ergibt sich immer, was gemeint ist. Wir verwenden deshalb für Figurenwinkel die gleichen Zeichen wie für Drehwinkel: „$\sphericalangle(s, t)$" bzw. „$\sphericalangle ASB$". Im Gegensatz zu Drehwinkeln gilt allerdings für Figurenwinkel:

$$\sphericalangle(s, t) = \sphericalangle(t, s) \quad \text{bzw.} \quad \sphericalangle ASB = \sphericalangle BSA \quad \text{(Bild 32).}$$

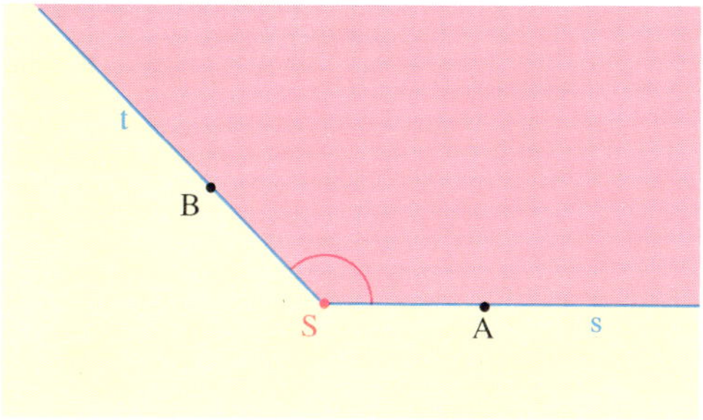

Bild 32

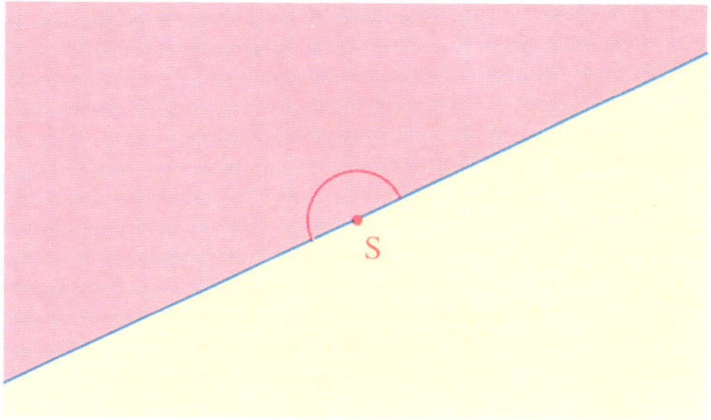

Bild 33

Für die Größe eines solchen Figurenwinkels gilt: $\mathbf{0° < \alpha \leq 180°}$.

Bei einem gestreckten Winkel muß sich aus dem Zusammenhang ergeben, welcher Winkel gemeint ist. In Bild 33 ist dieser Winkel rot unterlegt.

Beachte, daß überstumpfe Winkel durch diesen Winkelbegriff nicht erfaßt werden! Überstumpfe Winkel sind stets als Drehwinkel aufzufassen[1].

---

[1] Vergleiche Punkt 5) der Vorbemerkungen auf Seite 5!

Aufgaben und Beispiele

Zum Einstieg

Warum ist es für einen Fußballspieler schwieriger, von einer Außenposition ein Tor zu erzielen (Bild 34a) als z.B. vom Elfmeterpunkt (Bild 34b)? Bezeichne den Spieler mit S und die Torpfosten mit A und B. Zeichne für beide Situationen das Dreieck ASB und vergleiche!

Bild 34a

Bild 34b

Winkel messen und zeichnen

1. Benenne alle Winkel in den Vielecken von Bild 35!

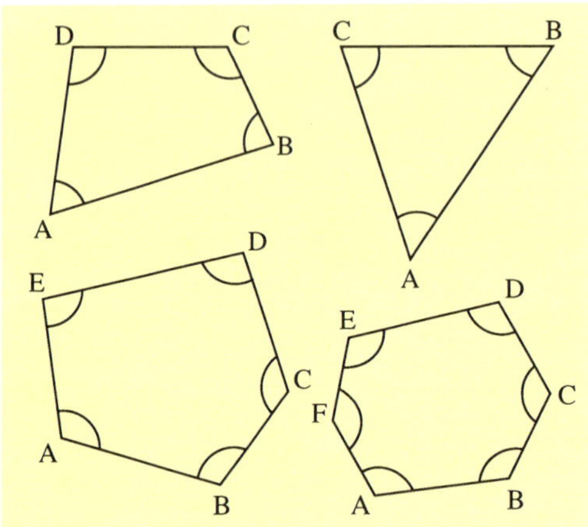

Bild 35

2. Bestimme die Winkelmaße der in Bild 35 gekennzeichneten Winkel!

3. Zeichne eine Strecke $\overline{AB}$ mit der Länge c; trage an die Strecke in A und in B zur gleichen Seite die Winkel mit den Maßen α und β an! Du erhältst dadurch ein Dreieck ABC. Bestimme das Maß γ des Winkels $\sphericalangle ACB$!

	a)	**b)**	**c)**	**d)**
c	9 cm	8 cm	10 cm	15 cm
α	50°	80°	120°	30°
β	40°	70°	40°	90°

4. Benenne alle Winkel in der Figur von Bild 36! Bestimme ihre Maße!

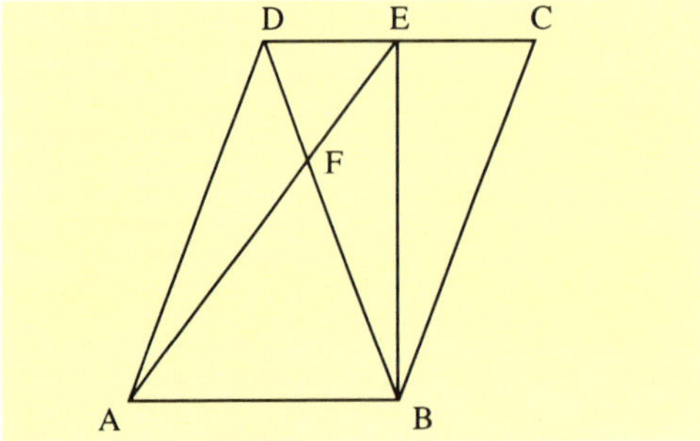

Bild 36

Kreisdiagramme

Zahlenangaben, die sich aus verschiedenen Anteilen zusammensetzen, können durch Kreisdiagramme veranschaulicht werden. Jedem Anteil entspricht ein Kreissektor.

Beispiel

6 Stunden geht Peter zur Schule, 1 Stunde macht er Hausaufgaben, 2 Stunden braucht er zum Waschen und Essen, 9 Stunden schläft er; der Rest ist Freizeit.

Ein Tag hat 24 Stunden. Einer Stunde entspricht daher ein Winkel von

$$360° : 24 = 15°.$$

Damit ergeben sich folgende Anteile:

Stunden	1	2	6	9
Winkel	15°	30°	90°	135°

Bild 37 zeigt das Kreisdiagramm.

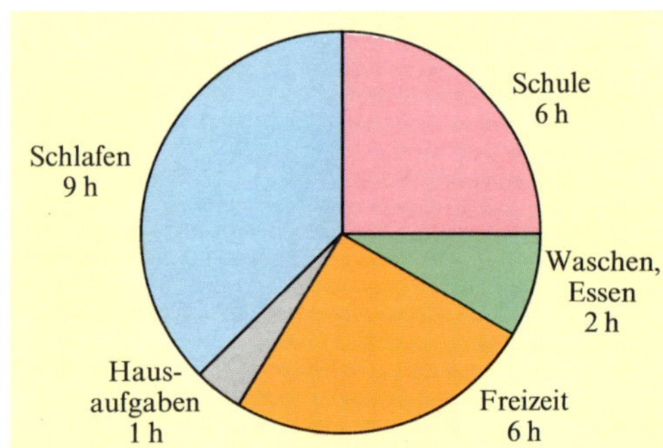

Bild 37

5. Veranschauliche folgende Zahlenangaben jeweils durch ein Kreisdiagramm!

a) Die letzte Klassenarbeit fiel so aus:

Note	1	2	3	4	5	6
Anzahl	3	4	9	8	5	1

b) Die Weltbevölkerung ist so auf die Erdteile verteilt: Afrika 628 Mio., Amerika 713 Mio., Asien 3128 Mio., Australien 26 Mio. und Europa 705 Mio.

c) 100 g Sojabohnen enthalten ungefähr 36 g Eiweiß, 24 g Fett, 21 g Kohlenhydrate, 7 g Wasser und Ballaststoffe.

V. Eigenschaften von Verschiebungen und von Drehungen

1. Zur Einführung

Bei jeder Verschiebung und bei jeder Drehung wird eine Originalfigur auf eine Bildfigur abgebildet (Bilder 38 und 39). Dabei ändert die Figur im allgemeinen ihre **Lage**.

Bild 38

Bild 39

Ändert sich außer der Lage noch etwas, wenn wir eine geometrische Figur verschieben oder drehen? Da jede geometrische Figur aus einfachen Elementen besteht, müssen wir nur überlegen, was mit diesen Elementen beim Verschieben oder Drehen geschieht.

2. Strecken

Um eine Strecke $\overline{AB}$ zu verschieben oder zu drehen, müßten wir eigentlich jeden einzelnen Punkt dieser Strecke verschieben bzw. drehen. Das ist aber gar nicht möglich, weil jede Strecke unendlich viele Punkte hat. Wir greifen deshalb einige Punkte – stellvertretend für alle anderen – aus der Strecke heraus und bilden diese Punkte durch eine Verschiebung bzw. durch eine Drehung ab (Bilder 40 und 41). Wir erkennen:

Bei jeder Verschiebung und bei jeder Drehung wird jede Strecke auf eine gleich lange Strecke abgebildet.

Bei einer Verschiebung sind Originalstrecke und Bildstrecke stets zueinander parallel. Bei einer Drehung ist das – von Ausnahmen abgesehen – nicht der Fall.

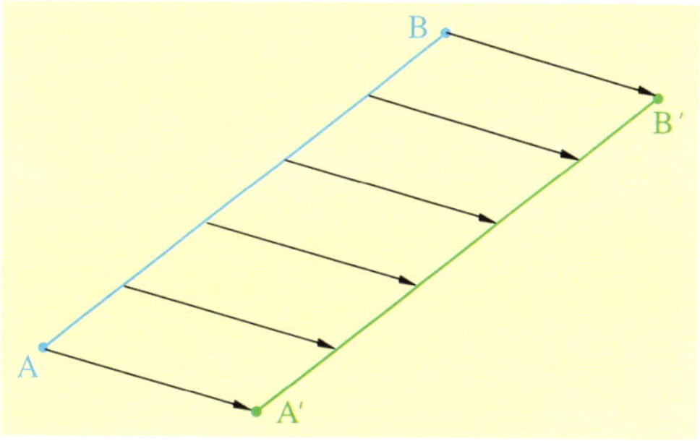

Bild 40

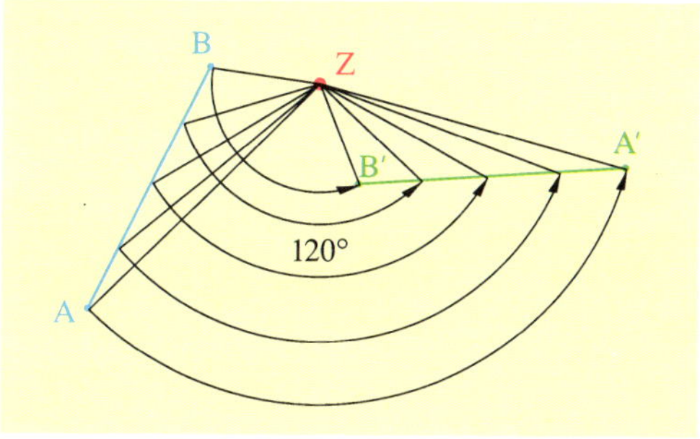

Bild 41

3. Strahlen und Geraden

Die gleiche Überlegung wie bei Strecken können wir bei Strahlen (Bild 42) und bei Geraden (Bild 43) durchführen.

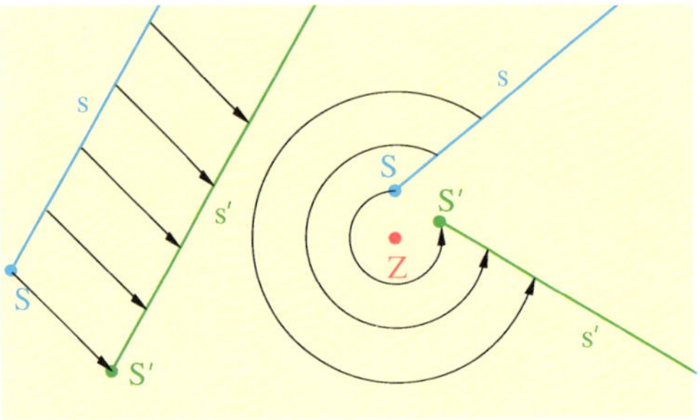

Bild 42

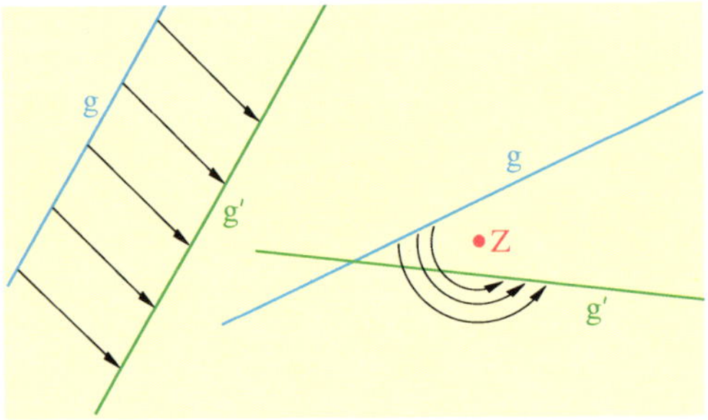

Bild 43

Wir erkennen:

Bei jeder Verschiebung und bei jeder Drehung wird jeder Strahl s auf einen Strahl s' und jede Gerade g auf eine Gerade g' abgebildet.
Bei jeder Verschiebung sind Originalfigur und Bildfigur stets zueinander parallel:

$$s' \parallel s \quad \text{bzw.} \quad g' \parallel g.$$

Bei jeder Drehung ist das – von Ausnahmen abgesehen – nicht der Fall.

4. Halbdrehungen

Bei Drehungen sind also im allgemeinen die Bilder von Strecken, Strahlen und Geraden nicht zu den Originalen parallel. Eine Ausnahme bilden die Halbdrehungen; da die Originale um 180° gedreht werden, sind die Bilder zu den Originalen parallel (Bild 44).

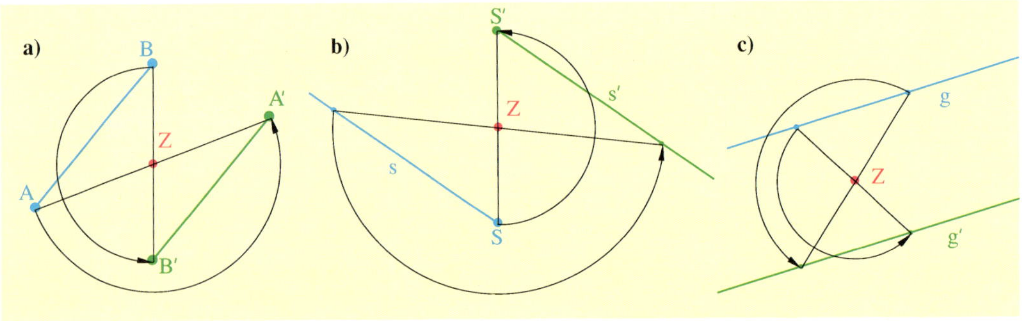

Bild 44

Es gilt also:

Bei jeder Halbdrehung wird jede Strecke $\overline{AB}$ (jede Gerade g) auf eine dazu parallele Strecke $\overline{A'B'}$ (Gerade g') abgebildet; jeder Strahl s wird auf einen dazu parallelen Strahl s' abgebildet:

$$\overline{A'B'} \parallel \overline{AB}, \quad g' \parallel g, \quad s' \parallel s.$$

5. Die Orientierung von Pfeilen bei Verschiebungen und bei Halbdrehungen

Bei allen bisher behandelten Eigenschaften gibt es keinen Unterschied zwischen Verschiebungen und Halbdrehungen; in einer Eigenschaft ist das jedoch **nicht** der Fall: Bei beiden Abbildungen wird ein Pfeil $\overrightarrow{AB}$ auf einen zu $\overrightarrow{AB}$ parallelen und gleich langen Pfeil $\overrightarrow{A'B'}$ abgebildet. Bei **Verschiebungen** sind diese Pfeile **gleich orientiert** (Bild 45), bei **Halbdrehungen** jedoch **entgegengesetzt orientiert** (Bild 46).

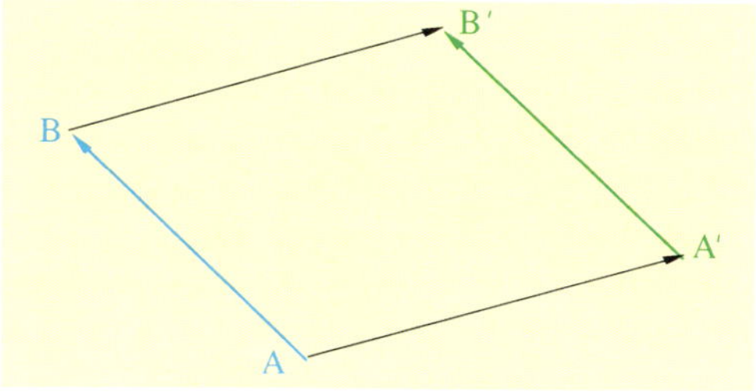

Bild 45

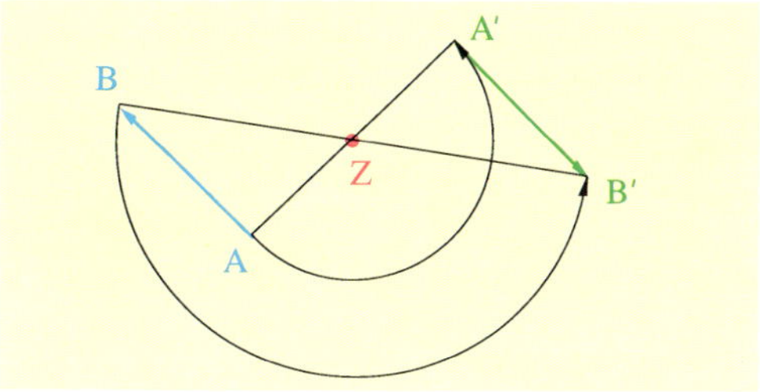

Bild 46

Allgemein gilt:

Bei einer Verschiebung wird jeder Pfeil $\overrightarrow{AB}$ auf einen dazu parallelen und gleich orientierten Pfeil $\overrightarrow{A'B'}$ abgebildet.
Bei einer Halbdrehung wird jeder Pfeil $\overrightarrow{AB}$ auf einen dazu parallelen und entgegengesetzt orientierten Pfeil $\overrightarrow{A'B'}$ abgebildet.

6. Kreise

Verschiebt oder dreht man einen Kreis K(M; r)[1], so wird der Punkt M auf den Punkt M' abgebildet. Ist P ein beliebiger Punkt des Kreises, so hat P von M den Abstand r. Dann muß aber P' von M' den gleichen Abstand r haben, da bei diesen Abbildungen Strecken auf gleich lange Strecken abgebildet werden. Das bedeutet: auch die Bildpunkte liegen auf einem Kreis; M' ist der Mittelpunkt dieses Kreises, r der Radius (Bilder 47 und 48).

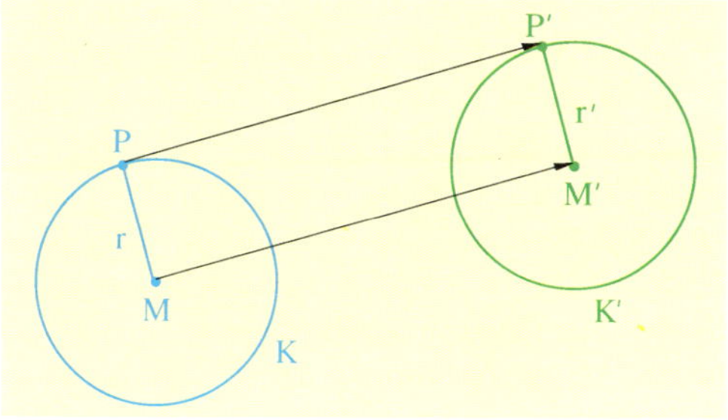

Bild 47

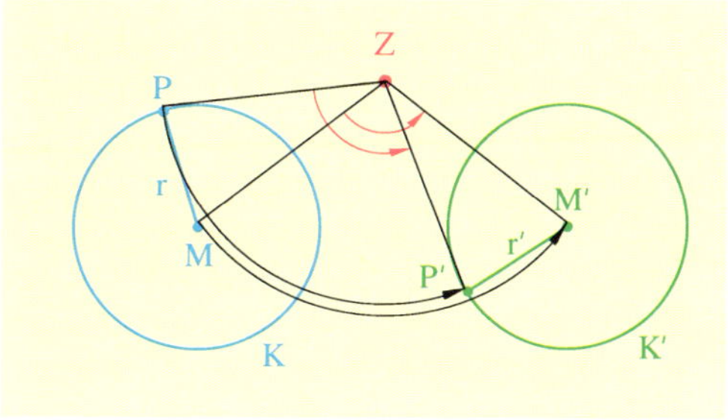

Bild 48

Bei jeder Verschiebung und bei jeder Drehung wird jeder Kreis K auf einen Kreis K' mit gleichem Radius abgebildet.

[1] K(M; r) ist der Kreis K mit dem Mittelpunkt M und dem Radius r

7. Parallelität

Verschiebt man ein Parallelogramm ABCD (Bild 49), so gilt für die Bilder seiner Seiten:

$$\overline{A'B'} \parallel \overline{AB} \quad \text{und} \quad \overline{C'D'} \parallel \overline{CD}.$$

Da ABCD ein Parallelogramm ist, gilt ferner $\overline{AB} \parallel \overline{CD}$. Dann muß aber auch gelten

$$\overline{A'B'} \parallel \overline{C'D'}.$$

Entsprechend kann man zeigen, daß gilt

$$\overline{A'D'} \parallel \overline{B'C'}.$$

Die Bildfigur ist also ebenfalls ein Parallelogramm.

Bei einer **Drehung** sind die Originalseiten im allgemeinen **nicht** zu den entsprechenden Bildseiten parallel; beispielsweise sind in Bild 50 die Seiten AB und A′B′ **nicht** zueinander parallel. Trotzdem ist auch bei einer Drehung das Bild eines Parallelogramms ABCD wieder ein Parallelogramm A′B′C′D′, wie Bild 50 zeigt.

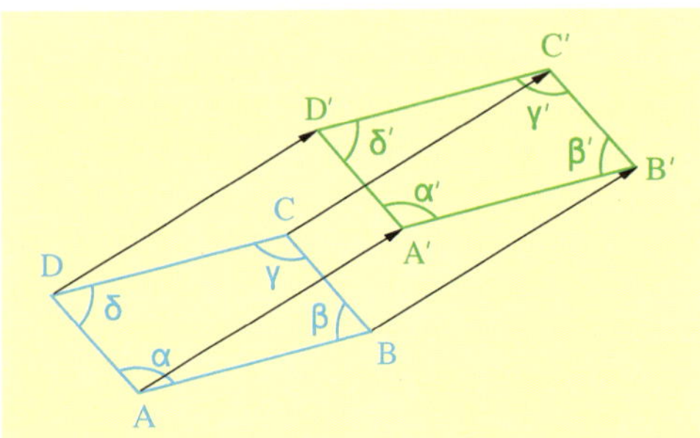

Bild 49

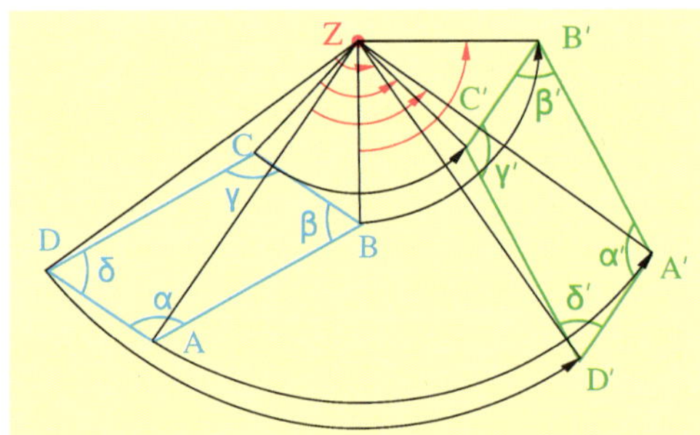

Bild 50

> Bei jeder Verschiebung und bei jeder Drehung wird jedes Parallelogramm ABCD auf ein Parallelogramm A′B′C′D′ abgebildet.

Aus dieser Aussage ergibt sich unmittelbar:

> Bei jeder Verschiebung und bei jeder Drehung werden zueinander parallele Strecken (Strahlen, Geraden) auf zueinander parallele Strecken (Strahlen, Geraden) abgebildet.

8. Winkel

Die Bilder 49 und 50 lassen eine weitere Eigenschaft erkennen; es ist

$$\alpha' = \alpha, \quad \beta' = \beta, \quad \gamma' = \gamma \quad \text{und} \quad \delta' = \delta.$$

Dies bedeutet:

> Bei einer Verschiebung oder bei einer Drehung werden Winkelmaße nicht verändert.

Aufgaben und Beispiele

Einführende Aufgaben

1. Zeichne eine Strecke $\overline{AB}$ und lege darauf drei Punkte C, D und E fest.
a) Bilde die fünf Punkte durch eine Verschiebung (Drehung, Halbdrehung) ab!
b) Wo liegen die Bildpunkte?
c) Vergleiche jeweils die Lage der Bildstrecke mit der Lage der Originalstrecke!
d) Vergleiche jeweils die Streckenlängen miteinander!

2. Zeichne einen Strahl (eine Gerade) und lege darauf fünf Punkte A, B, C, D und E fest.
a) Bilde die fünf Punkte durch eine Verschiebung (Drehung, Halbdrehung) ab!
b) Wo liegen die Bildpunkte?
c) Vergleiche jeweils die Lage der Bildfigur mit der Lage der Originalfigur!

3. Zeichne einen Kreis K(M; 3,5 cm) und lege auf K fünf Punkte A, B, C, D, E fest!
a) Verschiebe M, A, B, C, D und E durch eine Verschiebung mit dem Vektor $\begin{pmatrix} 5 \\ -4 \end{pmatrix}$!
b) Zeichne um M′ den Kreis K′ durch A′!
c) Wo liegen die Punkte B′, C′, D′ und E′?
d) Welchen Radius hat der Kreis K′?

4. Verfahre wie in Aufgabe 3; zeichne zusätzlich einen Punkt Z außerhalb von K und ersetze die Verschiebung durch
a) eine Drehung um Z mit $\varphi = 120°$;
b) eine Halbdrehung um Z!

5. Zeichne einen Winkel $\sphericalangle(s, t)$ mit dem Scheitelpunkt S. Lege auf s drei Punkte A, B, C und auf t drei Punkte D, E, F fest!
a) Bilde A, B, C, D, E, F und S durch eine Verschiebung (Drehung, Halbdrehung) ab!
b) Wo liegen die Bildpunkte?
c) Vergleiche die Winkelmaße von Original und Bild miteinander!

6. Bilde zwei parallele Geraden g und h durch eine Verschiebung (Drehung, Halbdrehung) ab! Was fällt dir auf?

7. a) Bilde einen Pfeil $\overline{AB}$ durch eine Verschiebung (Drehung, Halbdrehung) ab!
b) Vergleiche Länge, Richtung und Orientierung von Originalpfeil und Bildpfeil miteinander!

8. Bilde das Dreieck ABC durch eine Drehung um Z mit dem Drehbetrag φ ab!
a) A(3|5), B(7|2), C(0|1), Z(5|6), $\varphi = 126{,}9°$
b) A(7|4), B(0|0), C(4|6), Z(2|3), $\varphi = 67{,}4°$
c) A(5|3), B(8|4), C(2|7), Z(7|7), $\varphi = 233{,}1°$

9. Verschiebe das Dreieck ABC aus Aufgabe 8 mit $\vec{v} = \begin{pmatrix} 2 \\ 7 \end{pmatrix}$ $\left(\vec{v} = \begin{pmatrix} 5 \\ 0 \end{pmatrix}, \vec{v} = \begin{pmatrix} 3 \\ 4 \end{pmatrix}\right)$!

10. Vergleiche die Längen aller Strecken (die Maße aller Winkel) im Dreieck ABC von Aufgabe 8 (9) mit den Längen ihrer Bildstrecken (den Maßen ihrer Bildwinkel)!

Weiterführende Aufgaben

11. Bei welchen Verschiebungen (Drehungen) ändert sich die Lage einer Figur nicht?

12. Gibt es außer den Halbdrehungen noch weitere Drehungen, bei denen eine Strecke zu ihrer Bildstrecke parallel ist? Dabei sollen Strecken auch dann als parallel gelten, wenn sie übereinstimmen.

13. Zeichne eine Strecke $\overline{AB}$ und einen Punkt A′ als Bildpunkt von A.
a) Wie kann man bei einer Halbdrehung B′ finden, ohne das Drehzentrum Z zu kennen?
b) Wie kann man Z finden?

14. a) Zeichne ein Parallelogramm ABCD und bilde es durch eine Verschiebung (Drehung, Halbdrehung) ab!
b) Wie kann man D′ bestimmen, ohne D abzubilden, wenn man bereits A, B und C abgebildet hat?

§ 13 Spiegelungen

I. Der Begriff der Spiegelung

1. Zur Einführung

Peter fährt mit seiner Mutter über die Autobahn. Durch das Rückfenster des Wagens sieht er einen Lieferwagen (Bild 1), der hinter ihnen herfährt. „Was für komische Wörter stehen denn auf dem Lieferwagen?" fragt Peter. Seine Mutter sieht kurz in den Rückspiegel (Bild 2) und meint dann: „Was soll denn daran komisch sein?"

Bild 1

Bild 2

Die Aufschrift auf dem Lieferwagen ist in Spiegelschrift angebracht; darum erscheint sie Peter so komisch. Seine Mutter kann jedoch die Schrift im Rückspiegel richtig lesen. Eigentlich hätte sie sich darüber wundern müssen.

2. Spiegelschriften

Gelegentlich schreiben Menschen einen Text spiegelbildlich, um dadurch anderen das Lesen ihrer Texte zu erschweren oder um als Linkshänder den Text beim Schreiben nicht zu verdecken. Leonardo da Vinci[1)] (Bild 3) hat fast immer spiegelbildlich geschrieben. Um ein spiegelbildlich geschriebenes Wort richtig lesen zu können, stellt man einen Taschenspiegel, eine Glasplatte oder auch ein Plastiklineal wie in Bild 4 neben dem Wort auf.

Bild 3

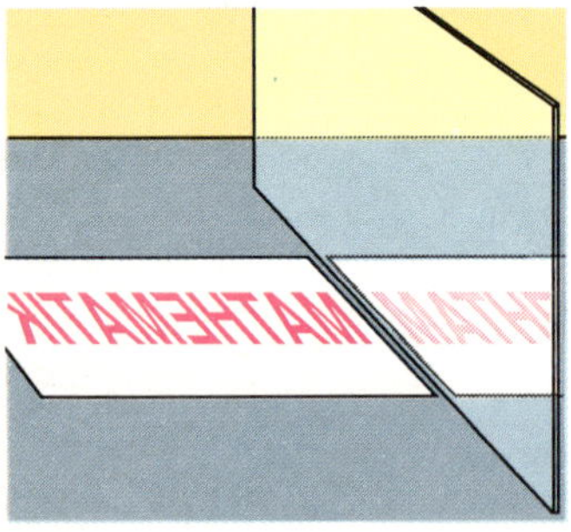

Bild 4

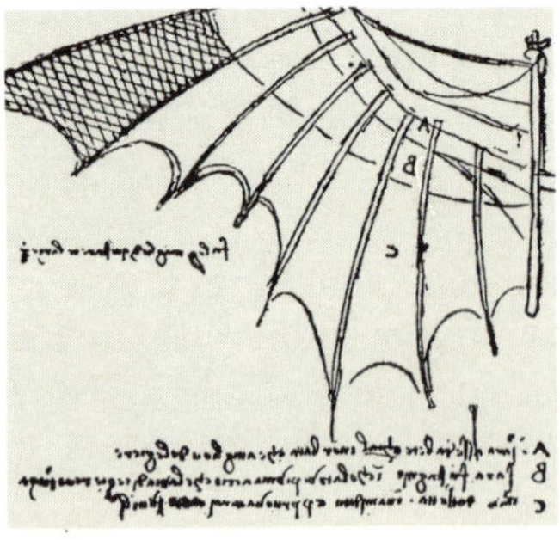

Bild 5

[1)] Leonardo da Vinci (1452 bis 1519), Künstler, Erfinder und Wissenschaftler; lebte in Italien und in Frankreich.

Bild 5 zeigt einen Text von Leonardo da Vinci. Der Text enthält Erläuterungen zu dem abgebildeten künstlichen Flügel aus Holz, Stoff und Federn, den Leonardo da Vinci um 1500 konstruierte.

Da der Text italienisch geschrieben ist, wirst du ihn wahrscheinlich nicht lesen können. Aber auch so ist deutlich erkennbar, daß der Text spiegelbildlich geschrieben ist. Achte besonders auf die im Text auftretenden Großbuchstaben!

3. Wörter oder Figuren an einer Glasplatte spiegeln

Um ein Wort spiegelbildlich zu schreiben, kann man eine durchsichtige Platte mit spiegelnder Oberfläche danebenstellen und das dahinter sichtbare Bild nachzeichnen (Bild 6).

Bild 6

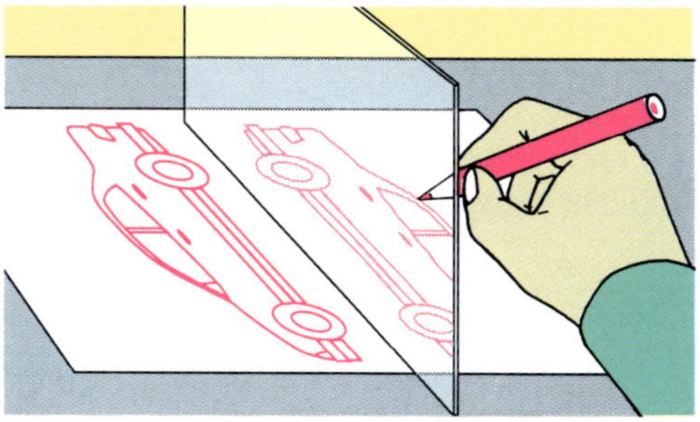

Bild 7

Eine solche **Spiegelung** kann man nicht nur mit Wörtern bzw. Buchstaben ausführen. Man kann vielmehr jede ebene Figur spiegeln. Ein **Beispiel** zeigt Bild 7.

4. Wodurch ist eine Spiegelung festgelegt?

Man kann eine Figur auch spiegeln, ohne eine durchsichtige Platte zu benutzen.

Beispiel

Wir zeichnen ein Viereck ABCD und legen durch eine Gerade a die Lage des Spiegels fest. Dann bestimmen wir zunächst wie in den Bildern 6 und 7 mit Hilfe einer durchsichtigen Platte das Bildviereck A′B′C′D′ (Bild 8). Bild 9 zeigt das Zeichenblatt nach Ausführung der Spiegelung. Dabei sind zusätzlich die Strecken $\overline{AA'}$, $\overline{BB'}$ und $\overline{DD'}$ gezeichnet. Wir erkennen in Bild 9:

1) Die Strecken $\overline{AA'}$, $\overline{BB'}$ und $\overline{DD'}$ stehen senkrecht auf der Geraden a.
2) Die Strecken $\overline{AA'}$, $\overline{BB'}$ und $\overline{DD'}$ werden durch die Gerade a halbiert.
3) Da C auf der Geraden liegt, ist $C' = C$.

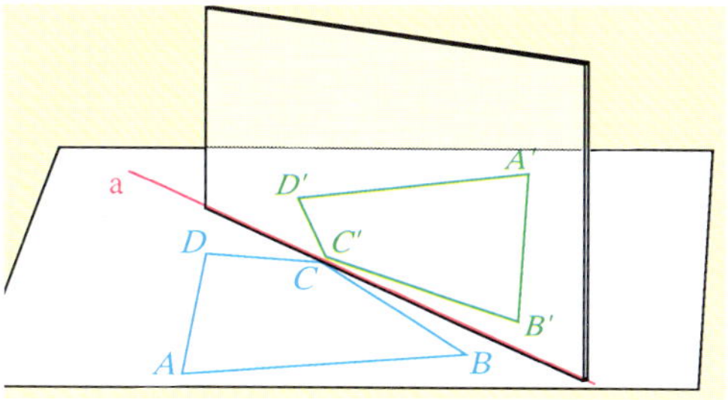

Bild 8

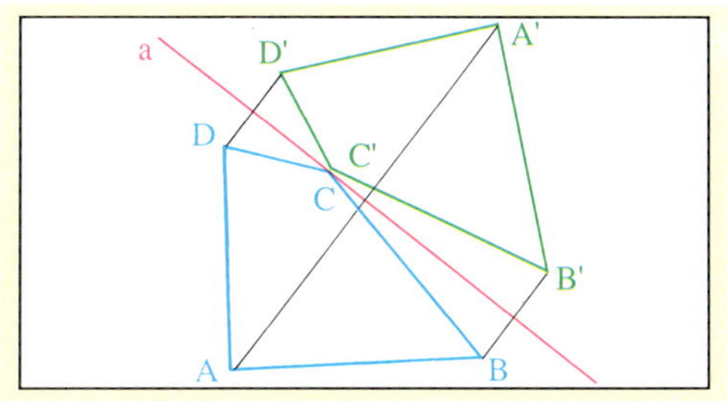

Bild 9

Die Gerade a nennt man **Spiegelungsachse**. Durch die Spiegelungsachse a ist die Spiegelung bereits festgelegt. Man nennt diese Abbildung deshalb auch **Achsenspiegelung**. Sofern keine Verwechslung zu befürchten ist, sagen wir statt „Achsenspiegelung“ meist nur kurz **„Spiegelung“**.

Wir fassen zusammen:

Eine Spiegelung S ist durch die Spiegelungsachse a festgelegt.

Liegt ein Punkt P auf der Spiegelungsachse a, so stimmt er mit seinem Bildpunkt P′ überein: $P' = P$.

Liegt ein Punkt P nicht auf der Spiegelungsachse a, so steht die Strecke $\overline{PP'}$ auf a senkrecht und wird von a halbiert.

Da die Punkte der Spiegelungsachse auf sich selbst abgebildet werden, nennt man sie auch **Fixpunkte** der Spiegelung. Da alle Punkte der Spiegelungsachse Fixpunkte sind, sagt man auch, die Achse sei eine **Fixpunktgerade**.

Die Spiegelung einer Figur läßt sich besonders einfach mit dem Geodreieck ausführen. Man legt dazu das Geodreieck so an, daß die Spiegelungsachse mit der Senkrechten im Nullpunkt zusammenfällt und die lange Kante durch den Originalpunkt geht (Bild 10).

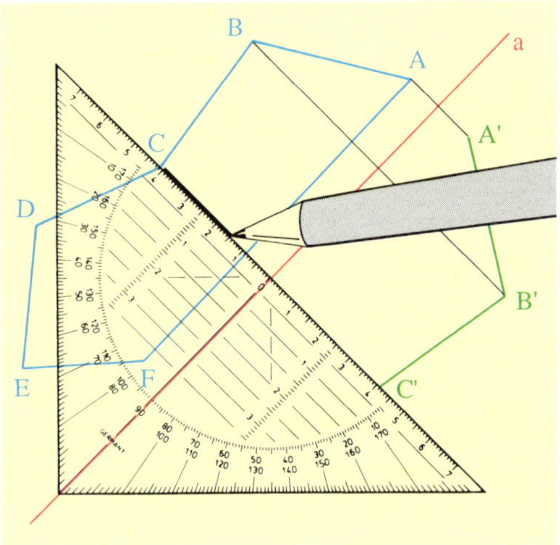

Bild 10

5. Punktspiegelungen

Die Spiegelungsachse spielt bei den Achsenspiegelungen eine ähnliche Rolle wie das Drehzentrum bei den Halbdrehungen. Beide halbieren die Verbindungsstrecke eines Punktes mit seinem Bildpunkt. Man nennt die Halbdrehungen deshalb auch **Punktspiegelungen**.

6. Spiegeln durch Falten

Die „Klecksbilder“ in Bild 11 und die Figurenketten in Bild 12 enthalten Figuren und ihre Spiegelbilder, die durch Falten entstanden sind. Die roten Geraden deuten die Faltkanten an; diese Faltkanten sind die Spiegelungsachsen.

Bild 11

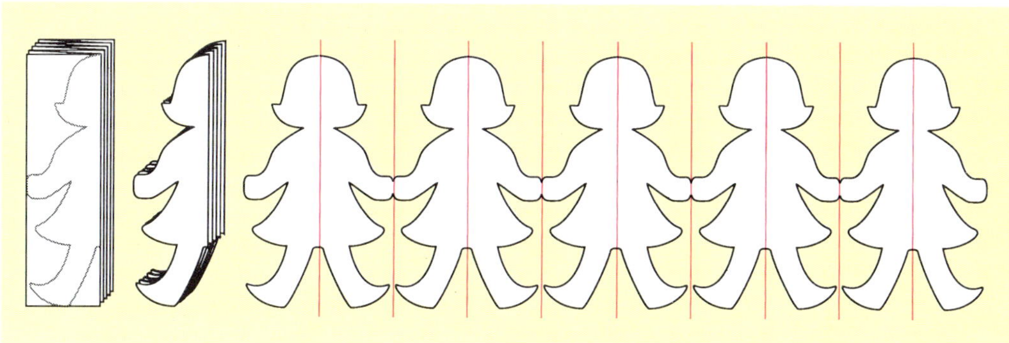

Bild 12

Aufgaben und Beispiele

Zum Einstieg

Wie kann man das linke und das rechte „Gesicht" aus dem mittleren erhalten?

Bild 13

Buchstaben und Wörter spiegeln

1. Zeichne alle Zeichen in der hier angegebenen Form in dein Heft! Zeichne zu jedem Zeichen sein Spiegelbild!

A B C D E F G H I J K L M
N O P Q R S T U V W X Y Z
1 2 3 4 5 6 7 8 9 0

2. Bei welchen Zeichen in Aufgabe 1 kann man das Spiegelbild nur durch seine Lage vom Original unterscheiden?

3. Bei welchen Wörtern kann man ein Spiegelbild nur durch seine Lage vom Original unterscheiden? Warum stimmen die anderen Wörter nicht mit ihrem Spiegelbild überein?

a) ANNA **b)** AHA **c)** MAMA **d)** IMI **e)** ATA

4. Schreibe in Spiegelschrift!

a) EIFEL **b)** LAGE **c)** HAUT
d) SUMME **e)** MAI **f)** NEGER
g) MUT **h)** SPIEL **i)** RENTNER

Beispiel

In Bild 14 wird das Wort „WALZE" gespiegelt. Die Spiegelungsachse liegt in Bild 14a in Schreibrichtung und in Bild 14b senkrecht zur Schreibrichtung.

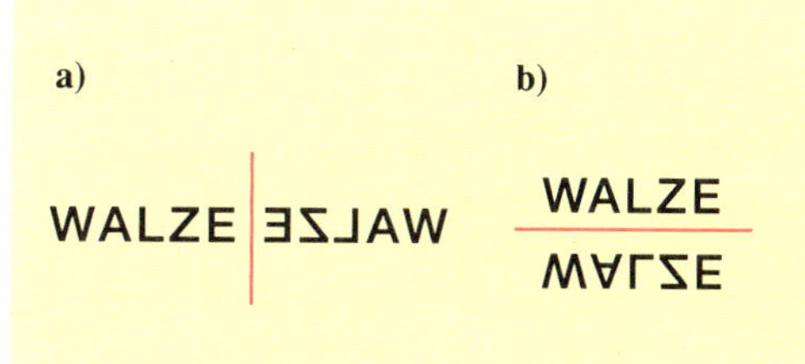

Bild 14

5. Schreibe in Spiegelschrift!
a) RELIEFPFEILER
b) EIN ESEL LESE NIE
c) EIN NEGER MIT GAZELLE ZAGT IM REGEN NIE

Spiegelbilder zeichnen

6. Zeichne ein Dreieck ABC und eine Spiegelungsachse a! Konstruiere das Bilddreieck A′B′C′!
a) a soll das Dreieck ABC nicht schneiden.
b) a soll durch A aber durch keinen weiteren Punkt des Dreiecks ABC gehen.
c) a soll das Dreieck ABC in zwei Punkten schneiden, die keine Eckpunkte sind.
d) a soll das Dreieck ABC in B und in einem weiteren Punkt schneiden.
e) a soll durch B und durch C gehen.

7. Spiegele das Dreieck ABC an der Achse durch P und Q!

	A	B	C	P	Q
a)	(4|5)	(1|3)	(0|7)	(0|0)	(4|4)
b)	(5|3)	(2|4)	(1|1)	(6|3)	(5|4)
c)	(5|8)	(0|5)	(8|3)	(4|4)	(12|2)
d)	(1|6)	(4|0)	(6|3)	(3|0)	(3|6)
e)	(9|2)	(3|0)	(0|4)	(5|4)	(1|6)

8. Spiegele die Figuren in Bild 15 an der Achse durch A und B!

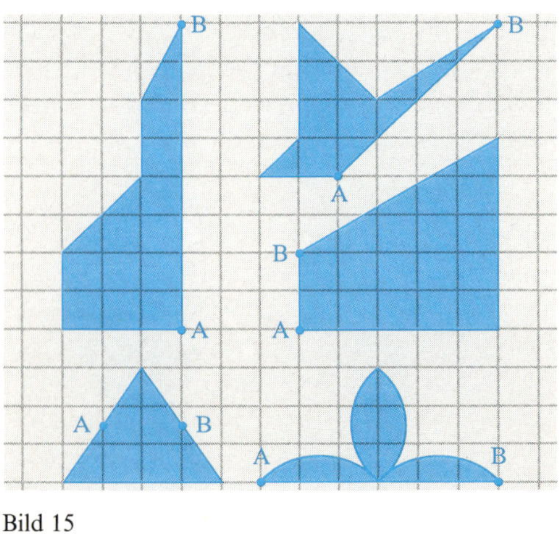

Bild 15

Spiegelungsachsen finden

9. Zeichne zwei Punkte A und A′!
a) Durch welchen Punkt P der Strecke AA′ muß die Spiegelungsachse a gehen, damit A auf A′ abgebildet wird?
b) Welche Gerade durch P ist die Spiegelungsachse a?
c) Beschreibe, wie man die Spiegelungsachse findet, wenn A und A′ gegeben sind!

10. Zeichne ein Dreieck ABC und einen Punkt A′; konstruiere die Spiegelungsachse a und das Bilddreieck A′B′C′!
a) A′ liegt innerhalb des Dreiecks ABC.
b) A′ liegt außerhalb des Dreiecks ABC.

11. Zeichne das Viereck ABCD und sein Spiegelbild!

	A	B	C	D	A′
a)	(0|0)	(7|1)	(4|5)	(1|4)	(10|10)
b)	(1|4)	(5|2)	(6|6)	(4|8)	(5|0)

12. Bestimme eine Spiegelung, durch die jeweils ein Eckpunkt einer blauen Figur in Bild 16 auf einen Eckpunkt der entsprechenden grünen Figur abgebildet wird! Bildet diese Spiegelung die gesamte blaue Figur auf die entsprechende grüne Figur ab?

Bild 16

Zum Nachdenken und zur Vertiefung

13. Spiegele die Figuren in Bild 17 an der Achse a_1! Spiegele dann die Bildfiguren an der Achse a_2!

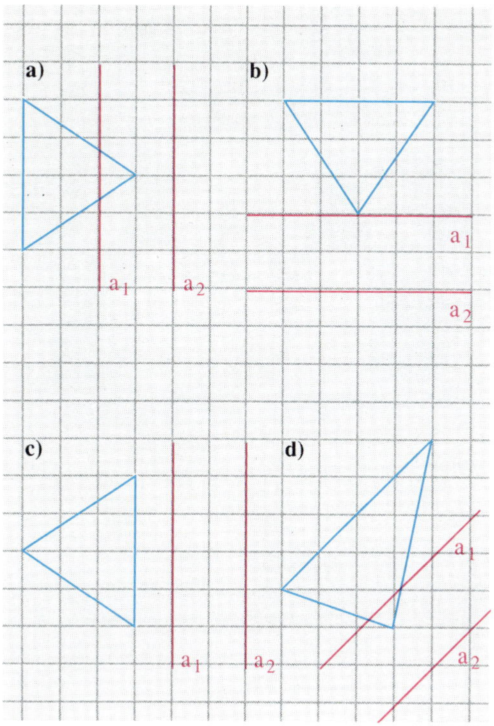

Bild 17

14. Gegeben sind die Punkte A(5|4), B(3|0), C(0|9), Z(5|5) und P(8|2).
a) Bilde das Dreieck ABC durch eine Spiegelung ab, deren Achse a durch P und Z geht! Nenne die Bildpunkte A_1, B_1 und C_1.
b) Bilde das Dreieck ABC durch eine Punktspiegelung mit dem Zentrum Z ab! Nenne die Bildpunkte A_2, B_2 und C_2.
c) Vergleiche die beiden Bilddreiecke $A_1B_1C_1$ und $A_2B_2C_2$ miteinander!

15. Welche Aussagen kann man über die Strecke $\overline{AA'}$ machen bei einer
a) Punktspiegelung; **b)** Achsenspiegelung?

16. Falte ein Blatt Papier mehrfach und schneide dann eine Figur aus dem gefalteten Block!

Beispiel

Bild 12 auf Seite 227 zeigt, wie du vorgehen mußt. Bild 18 zeigt dir außerdem Muster für entsprechende Figuren.

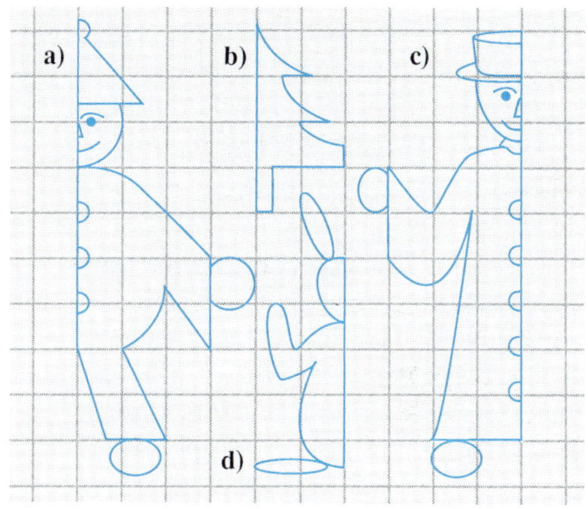

Bild 18

17. Falte die in Aufgabe 16 hergestellte Figurenkette auseinander und beantworte dann folgende Fragen!
a) Welche Geraden können als Spiegelungsachsen angesehen werden?
b) Überlege für jede dieser Achsen, welches die Original- und welches die Bildfigur ist!

18. Falte ein Blatt Papier mehrfach, so daß alle Faltkanten durch einen Punkt laufen (Bild 19)! Übertrage dann eine beliebige Figur auf den Block und schneide sie aus!
a) Wo liegen die Spiegelungsachsen?
b) Welches sind die Originale, welches die Bilder?

Bild 19

II. Eigenschaften von Spiegelungen

1. Zur Einführung

Wie bei jeder Verschiebung und bei jeder Drehung wird auch bei jeder Spiegelung eine Figur, das Original, auf eine andere Figur, das Bild, abgebildet. Dabei ändert die Figur ihre **Lage** (Bild 20).

Offensichtlich kann man die Originalfigur nicht durch eine Verschiebung oder durch eine Drehung in die neue Lage bringen. Wir erkennen: Beim Spiegeln hat sich nicht nur – wie beim Verschieben und beim Drehen – die Lage verändert. Die Figur hat auch ihr Aussehen verändert: Was vorher links war, ist jetzt rechts – und umgekehrt.

Wir wollen überlegen, was sich außer der Lage ändert, wenn wir eine geometrische Figur spiegeln.

Bild 20

2. Strecken, Strahlen und Geraden

Um eine Strecke $\overline{AB}$ zu spiegeln, müßten wir eigentlich jeden einzelnen Punkt der Strecke spiegeln. Das ist aber gar nicht möglich, weil jede Strecke unendlich viele Punkte hat. Um herauszufinden, was mit der Strecke insgesamt geschieht, greifen wir sechs Punkte – stellvertretend für alle anderen – aus der Strecke $\overline{AB}$ heraus und bilden diese Punkte durch eine Spiegelung ab (Bild 21).

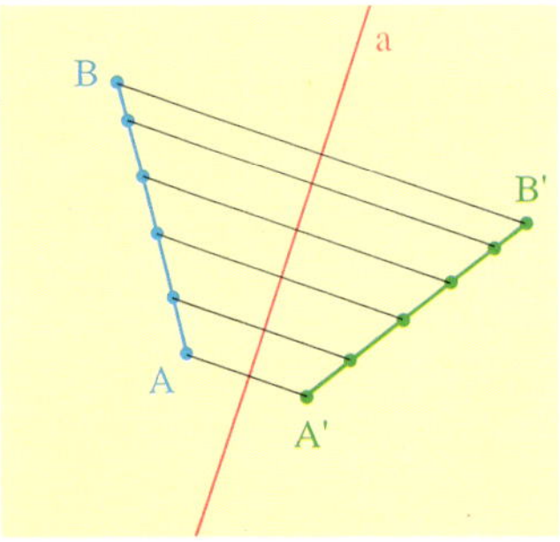

Bild 21

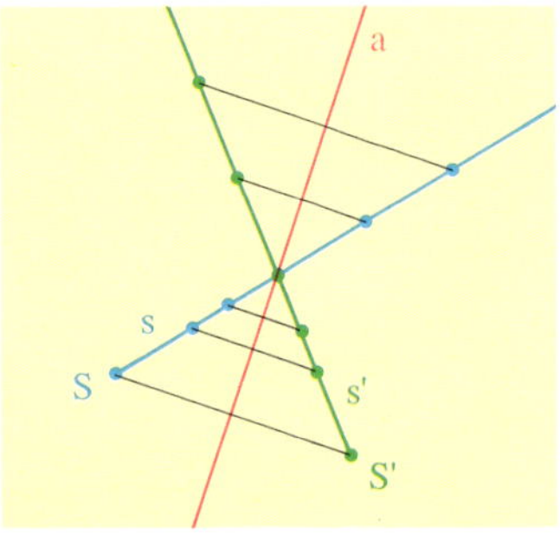

Bild 22

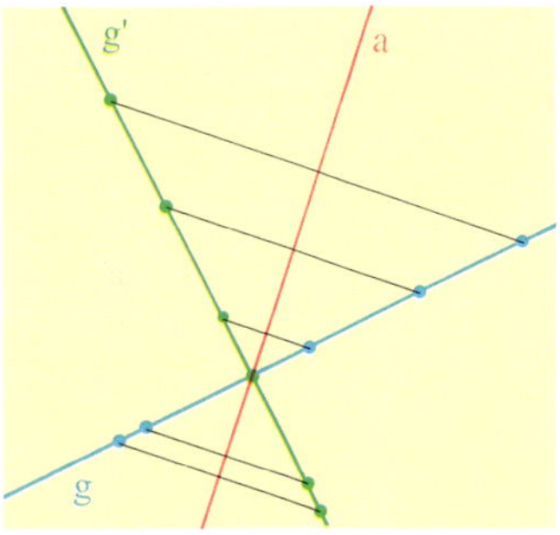

Bild 23

Entsprechend verfahren wir mit Strahlen (Bild 22) und mit Geraden (Bild 23). Wir erkennen:

Bei jeder Spiegelung wird jede Strecke $\overline{AB}$ auf eine gleich lange Strecke $\overline{A'B'}$, jeder Strahl s auf einem Strahl s' und jede Gerade g auf eine Gerade g' abgebildet.

Wie die Bilder 21 bis 23 zeigen, sind die Bilder von Strecken, Strahlen und Geraden im allgemeinen nicht parallel zu den Originalen.

3. Sind Original und Bild parallel?

Bild 24 zeigt, daß nur in Sonderfällen das Bild einer Geraden parallel zum Original ist. Im allgemeinen sind Original und Bild **nicht** zueinander parallel. Das gilt auch für Strecken und Strahlen.

Bild 24 zeigt ferner, daß es für die Lage einer Geraden und ihrer Bildgeraden drei verschiedene Möglichkeiten gibt:

1) Geraden, die parallel zur Spiegelungsachse sind, werden auf eine parallele Gerade abgebildet.

2) Geraden, die weder parallel noch senkrecht zur Spiegelungsachse sind, schneiden ihre Bildgerade in genau einem Punkt; dieser Punkt liegt auf der Achse.

3) Geraden, die senkrecht zur Spiegelungsachse sind, fallen mit ihrer Bildgeraden zusammen; sie sind „**Fixgeraden**" der Abbildung.

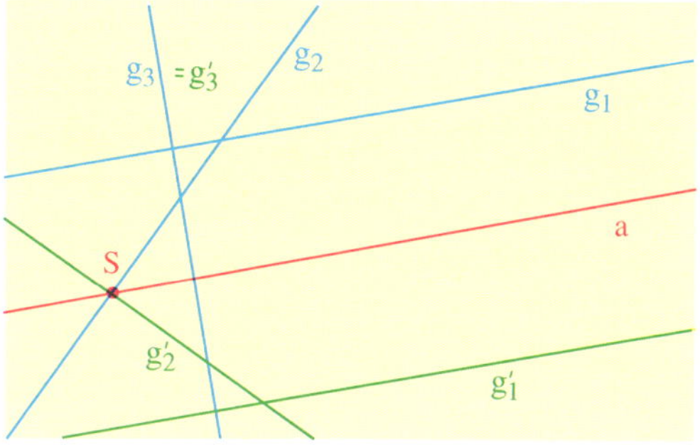

Bild 24

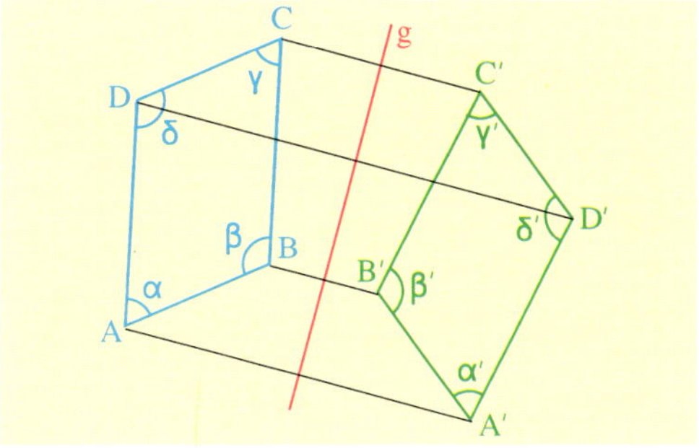

Bild 25

4. Die Parallelität bleibt erhalten

Obwohl die Bilder von Strecken, Strahlen und Geraden nur in Sonderfällen zu den Originalen parallel sind, ist das Bild eines Parallelogramms ABCD wieder ein Parallelogramm A′B′C′D′, wie Bild 25 zeigt.

Bei jeder Spiegelung wird ein Parallelogramm ABCD auf ein Parallelogramm A′B′C′D′ abgebildet.

Aus dieser Aussage ergibt sich unmittelbar:

Bei jeder Spiegelung werden zueinander parallele Strecken (Strahlen, Geraden) auf zueinander parallele Strecken (Strahlen, Geraden) abgebildet.

5. Winkel

Das Bild 25 läßt eine weitere Eigenschaft von Spiegelungen erkennen: Die Winkelmaße werden durch die Abbildungen nicht verändert; es ist

$$\alpha' = \alpha, \quad \beta' = \beta, \quad \gamma' = \gamma \quad \text{und} \quad \delta' = \delta.$$

Dies bedeutet:

Bei einer Spiegelung werden Winkelmaße nicht verändert.

6. Die Orientierung von Figuren

Bei einem Dreieck kann man die Reihenfolge der Eckpunkte auf zwei verschiedene Arten festlegen. In Bild 26 durchläuft man die Reihenfolge gegen den Uhrzeigersinn, also linksherum; man sagt deshalb, das Dreieck ABC ist **linksorientiert**. In Bild 27 durchläuft man die Reihenfolge im Uhrzeigersinn, also rechtsherum; man sagt deshalb, das Dreieck ABC ist **rechtsorientiert**. Man sagt ferner: die Dreiecke in den Bildern 26 und 27 sind **entgegengesetzt orientiert**.

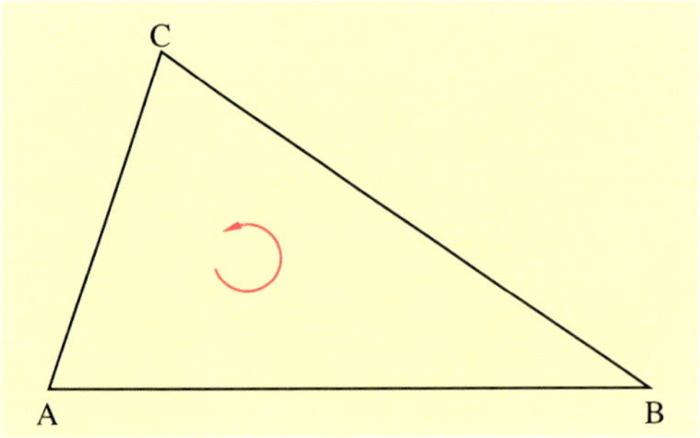

Bild 26

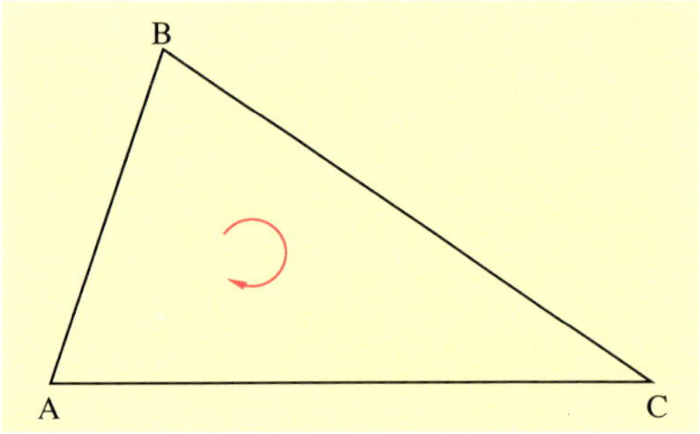

Bild 27

Die Bilder 28 bis 30 zeigen, was bei einer Verschiebung, einer Drehung oder einer Spiegelung aus einem linksorientierten oder aus einem rechtsorientierten Dreieck wird.

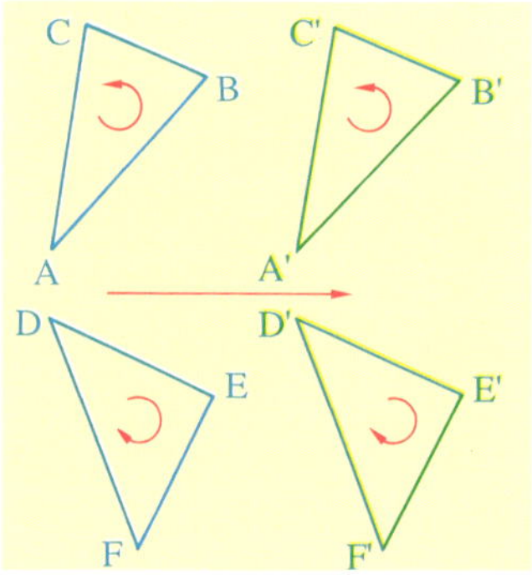

Bild 28

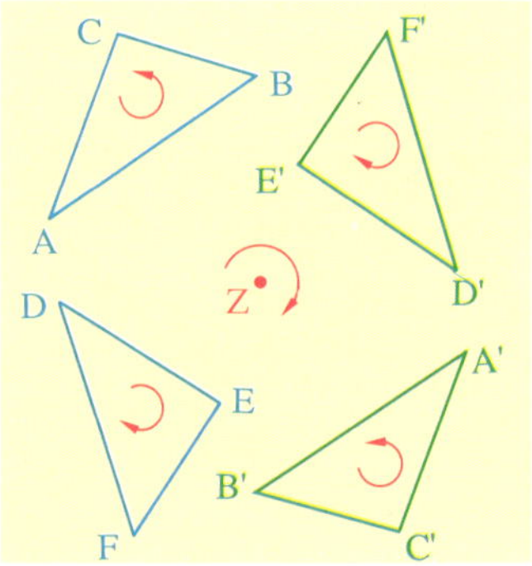

Bild 29

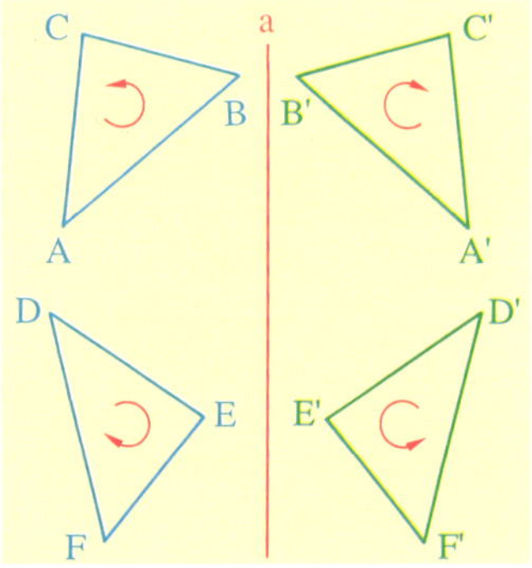

Bild 30

Wir erkennen, daß sich die Orientierung von Dreiecken bei einer Spiegelung ändert, bei einer Verschiebung oder bei einer Drehung aber nicht.

Auch andere Figuren können linksorientiert oder rechtsorientiert sein. Wie bei Dreiecken gilt für beliebige Figuren:

Bei einer Verschiebung oder einer Drehung ändert sich die Orientierung von Figuren nicht. Dagegen ändert sich die Orientierung von Figuren bei einer Spiegelung.

Beachte: Da Punktspiegelungen Drehungen sind, ändert sich die Orientierung von Figuren bei einer solchen Abbildung nicht.

7. Kreise

Spiegelt man einen Kreis K mit dem Mittelpunkt M und dem Radius r, so wird der Punkt M auf den Punkt M′ abgebildet. Ist P ein beliebiger Punkt des Kreises, so hat P von M den Abstand r. Dann muß aber P′ von M′ den gleichen Abstand r haben, da sich bei einer Spiegelung die Streckenlänge nicht ändert. Das bedeutet: Auch die Bildpunkte liegen auf einem Kreis; M′ ist der Mittelpunkt dieses Kreises, r′ der Radius, dabei ist r′ = r (Bild 31).

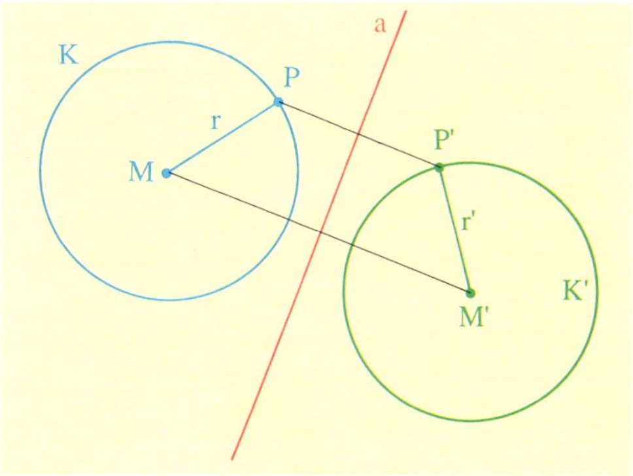

Bild 31

Bei jeder Spiegelung wird jeder Kreis K auf einen Kreis K′ mit gleichem Radius abgebildet.

Aufgaben und Beispiele

Eigenschaften der Spiegelungen

1. a) Das Quadrat ABCD wird durch eine Spiegelung so auf sich abgebildet, daß A′ = B ist. Worauf werden B, C und D abgebildet?
b) Bestimme die Spiegelungsachse!
c) Löse a) und b) für den Fall, daß A′ = C (A′ = D) ist!

2. Gibt es eine Spiegelung eines Quadrates ABCD auf sich, so daß A′ = C, B′ = D, C′ = A und D′ = B ist?

3. Zeichne eine Spiegelungsachse a und eine Strecke $\overline{AB}$, die ganz auf einer Seite von a liegt. Markiere auf $\overline{AB}$ beliebig drei Punkte C, D und E. Spiegele A, B, C, D und E an a! Wo liegen die Bildpunkte?

4. Zeichne eine Spiegelungsachse a und eine Gerade g, die a schneidet!
a) Konstruiere die Bildgerade g′! Welchen Punkt von g′ braucht man nicht zu konstruieren, da er bereits gegeben ist?
b) Miß den kleinsten Winkel, den g mit a bildet, und vergleiche ihn mit dem entsprechenden Winkel, den g′ mit a bildet!

5. a) Bilde die Figuren von Bild 32 durch eine Spiegelung an der Achse a ab!
b) Welche Bildstrecken sind parallel zu ihren Originalstrecken?
c) Wie muß eine Strecke liegen, damit sie beim Spiegeln auf eine parallele Strecke oder auf sich selbst abgebildet wird?

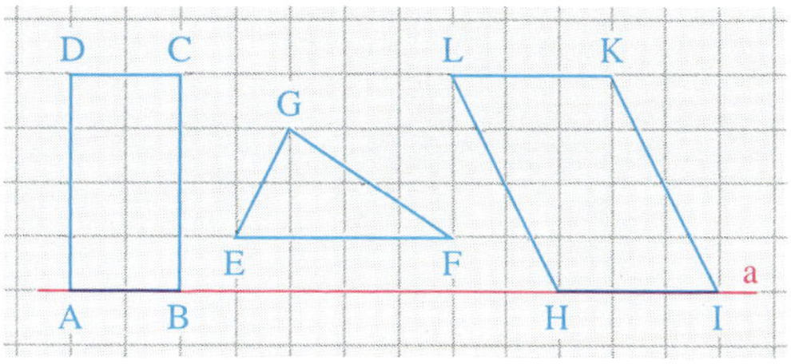

Bild 32

6. Zeichne eine Spiegelungsachse a und spiegele den Kreis K(M; r) an a!
a) a soll außerhalb von K liegen.
b) a soll K in einem Punkt berühren.
c) a soll K in zwei Punkten schneiden.
d) a soll durch M gehen.

7. Zeichne eine Achse a und zwei zueinander parallele Geraden g und h!
a) Spiegele die Geraden an a!
b) Wie liegen die Bildgeraden zueinander?

8. Zeichne eine Achse a, einen Punkt A, der auf a liegt, und einen Punkt P, der nicht auf a liegt!
a) Zeichne den Strahl s(A, P) und spiegele ihn an a!
b) Miß die Winkel, die s mit a bildet und vergleiche sie mit den entsprechenden Winkeln, die s′ mit a bildet!

9. Zeichne ein linksorientiertes Sechseck ABCDEF und verbinde A mit C, C mit F und F mit D!
a) Welche Dreiecke enthält das Sechseck und wie sind die Dreiecke orientiert?
b) Zeichne eine Gerade außerhalb des Sechsecks und spiegele es an dieser Geraden!
c) Welche Orientierung haben die Bilddreiecke und das Bildsechseck?
d) Welche Orientierung haben die Vierecke AFDC und A′F′D′C′?

10. Zeichne einen Kreis K(M; 3 cm) und eine Gerade a außerhalb von K! Spiegele M sowie fünf Punkte A, B, C, D und E des Kreises an a! Wo liegen die Bildpunkte?

Vergleich von Abbildungen

11. Gegeben sind A(5|2), B(8|0), C(14|9), P(9|7), Q(2|0), Z(7|5), $\varphi = 67{,}4°$ und $\vec{v} = \begin{pmatrix} -3 \\ 4 \end{pmatrix}$ [A(1|3), B(5|1), C(7|5), P(0|8), Q(4|4), Z(6|8), $\varphi = 53{,}1°$ und $\vec{v} = \begin{pmatrix} 3 \\ 5 \end{pmatrix}$].
a) Bilde das Dreieck ABC durch eine Verschiebung mit dem Vektor $\vec{v}$ ab, und nenne das Bilddreieck $A_1B_1C_1$!
b) Bilde das Dreieck ABC durch eine Drehung um Z mit dem Drehbetrag φ ab, und nenne das Bilddreieck $A_2B_2C_2$!
c) Bilde das Dreieck ABC durch eine Punktspiegelung an Z ab, und nenne das Bilddreieck $A_3B_3C_3$!
d) Bilde das Dreieck ABC durch eine Spiegelung an der Geraden g(P, Q) ab, und nenne das Bilddreieck $A_4B_4C_4$!

12. Gib bei den einzelnen Abbildungen in Aufgabe 11 die Bilder folgender Figuren an, und vergleiche sie mit ihren Originalen!

a) $\sphericalangle$ABC	**b)** $\sphericalangle$BAC	**c)** $\sphericalangle$ACB
d) ABC	**e)** g(B, C)	**f)** g(A, C)
g) $\overline{AB}$	**h)** s(A, B)	**i)** s(B, A)
j) g(A, B)	**k)** s(A, C)	**l)** $\overline{AC}$

13. Untersuche die Orientierung aller Dreiecke aus Aufgabe 11. Vergleiche jeweils die Orientierung des Bilddreiecks mit der des Originals!

Spiegelungen beim Billardspiel

14. Bei einem Billardspiel soll eine Kugel K_1 zuerst an eine der vier Banden und erst anschließend auf die Kugel K_2 prallen. Übertrage Bild 33 in dein Heft und führe die Konstruktionen für alle Banden aus!

Beispiel

Die Stoßrichtung kann man durch eine Spiegelung ermitteln (Bild 33). Dazu wählt man die Bande als Spiegelungsachse a und spiegelt daran die Kugel K_2. Durch die Strecke $\overline{K_1K_2'}$ ist die Stoßrichtung bestimmt.

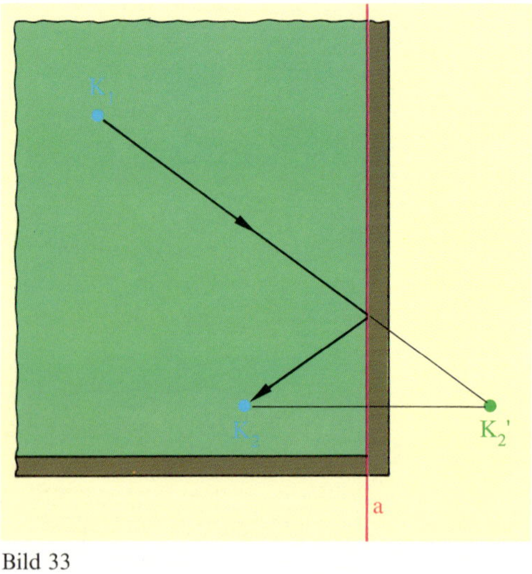

Bild 33

15. Manchmal muß die Kugel K_1 auch zuerst an zwei Banden prallen und darf dann erst die Kugel K_2 treffen. Führe eine solche Konstruktion durch für
a) zwei zueinander senkrechte Banden;
b) zwei zueinander parallele Banden!

Beispiel

Eine Lösung, bei der zwei Spiegelungen an den zueinander senkrechten Achsen a und b auszuführen sind, zeigt Bild 34.

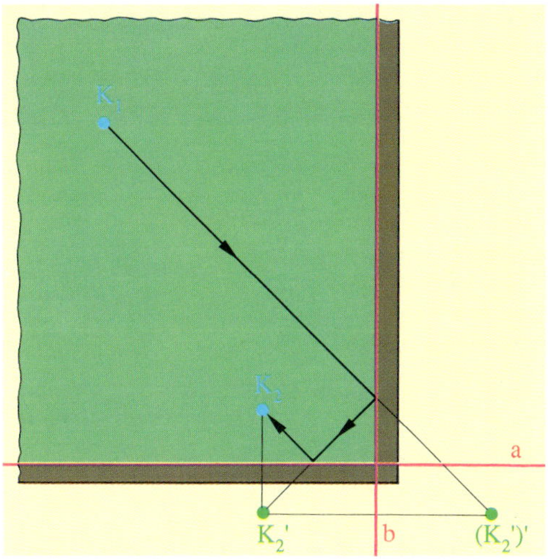

Bild 34

16. Beim Dreibandbillard muß die Kugel K_1 zunächst auf drei verschiedene Banden prallen und darf dann erst auf die Kugel K_2 treffen. Wie müßte in diesem Fall die Stoßrichtung konstruiert werden?

Spiegelung von Lichtstrahlen

17. Bild 33 auf Seite 234 kann auch so gedeutet werden: Ein Lichtstrahl geht von K_1 aus und wird durch den Spiegel a so abgelenkt, daß er auf den Punkt K_2 trifft. Um das zu erreichen, muß man nur den Lichtstrahl auf das Spiegelbild K_2' richten.
Ein von P ausgehender Lichtstrahl (Bild 35) ist bis zum Auftreffen auf den Spiegel a_1 gezeichnet. Konstruiere den weiteren Verlauf des Lichtweges! Was fällt dir auf?

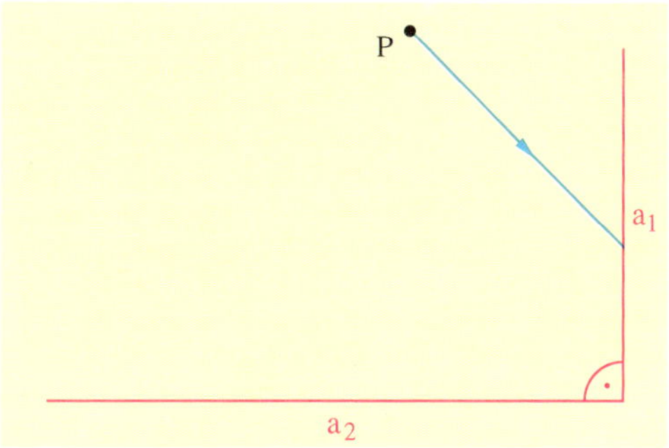

Bild 35

18. Ein Lichtstrahl soll von P aus nacheinander an a_1, a_2 und a_3 reflektiert werden, so daß er wieder durch P geht (Bild 36).

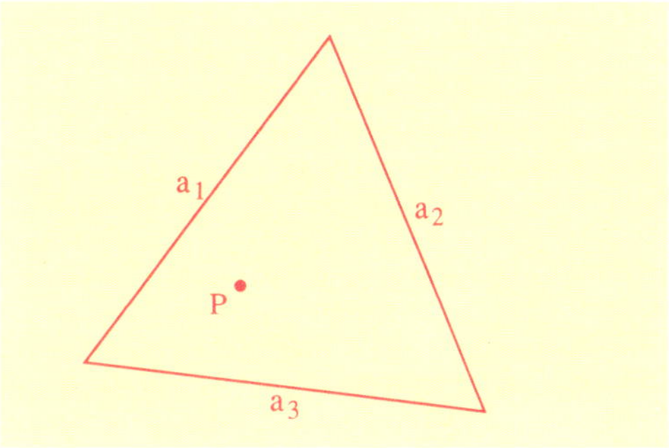

Bild 36

Konstruktionen mit dem Lineal

19. a) Durch eine Spiegelung an der Achse a durch P(3|2) und Q(6|5) wird der Punkt A(3|8) auf den Punkt A′(9|2) abgebildet. Konstruiere das Spiegelbild von B(2|3), indem du **nur** mit dem Lineal die Geraden g(A, B) und g(A′, B) sowie ihre Spiegelbilder zeichnest!
b) Warum kann man mit dieser Methode nicht das Bild von C(1|6) konstruieren?

20. Gegeben sind die Punkte A(1|4,5) und B(5,5|3) sowie A′(6|9,5) und B′(7,5|5).
a) Konstruiere **nur** mit dem Lineal die Spiegelungsachse a!
b) Wie müssen die Punkte A, B, A′ und B′ liegen, damit die Konstruktion möglich ist?

III. Verkettung von Spiegelungen

1. Zur Einführung

Petra schaut in zwei Spiegel, die über Eck stehen (Bild 37). In beiden Spiegeln sieht sie sich mehrfach. Ihr fällt auf, daß die Schrift auf ihrem T-Shirt bei einigen Spiegelbildern sogar richtig zu sehen ist.

In beiden Spiegeln wird nicht nur Petra, sondern auch der andere Spiegel und damit Petras Spiegelbild gespiegelt. Auf Petras Spiegelbild ist die Schrift selbstverständlich seitenverkehrt. Wird dieses Spiegelbild erneut gespiegelt, so erhält man wieder die richtige Schrift.

Bild 37

Bei diesem Beispiel wurden zwei Spiegelungen hintereinander ausgeführt. Man sagt auch: Zwei Spiegelungen wurden miteinander **verkettet**.

2. Verkettung bei parallelen Spiegelungsachsen

Auch Geradenspiegelungen kann man miteinander verketten. Bild 38 zeigt ein Dreieck ABC (blau), das durch eine Spiegelung an der Achse a auf das Dreieck A'B'C' (grün) abgebildet wird. Dieses Dreieck wird durch eine Spiegelung an der zu a parallelen Achse b auf das Dreieck A''B''C'' (rot) abgebildet.

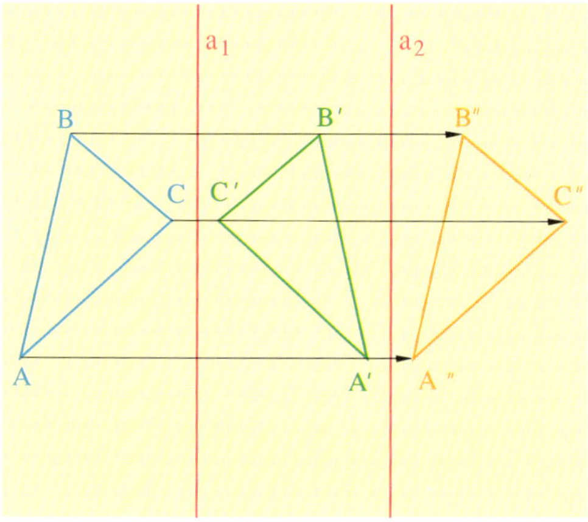

Bild 38

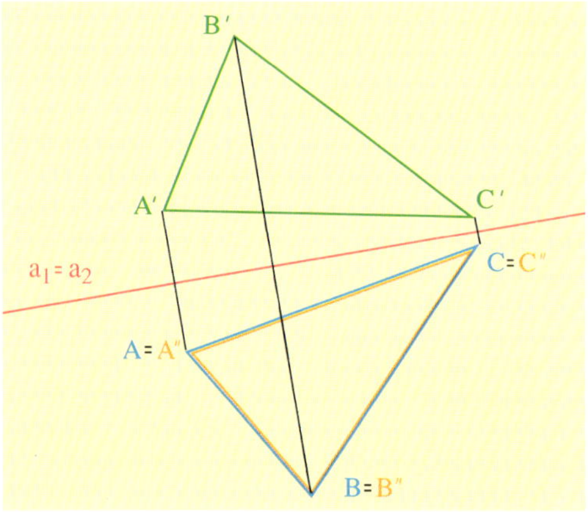

Bild 39

In Bild 38 wurden zusätzlich die Pfeile $\overrightarrow{AA''}$, $\overrightarrow{BB''}$ und $\overrightarrow{CC''}$ eingezeichnet. Man erkennt, daß diese Pfeile gleich lang, parallel und gleich orientiert sind. Man kann deshalb das Dreieck ABC auch unmittelbar durch eine Verschiebung auf das Dreieck A''B''C'' abbilden.

Durch die Verkettung zweier Spiegelungen an parallelen Spiegelungsachsen ergibt sich eine Verschiebung senkrecht zu den Achsen.

Ein Sonderfall liegt vor, wenn die beiden Spiegelungsachsen zusammenfallen. In diesem Fall wird eine Spiegelung mit sich selbst verkettet. Durch die zweite Spiegelung wird das Dreieck A′B′C′ wieder auf das ursprüngliche Dreieck ABC abgebildet (Bild 39); es ist also

$$A''B''C'' = ABC.$$

Man nennt diese Abbildung **identische Abbildung**.

3. Verkettung bei sich schneidenden Spiegelungsachsen

Bild 40 zeigt ein Dreieck ABC (blau), das durch eine Spiegelung an der Achse a auf das Dreieck A′B′C′ (grün) abgebildet wird. Dieses Dreieck wird durch eine Spiegelung an der Achse b auf das Dreieck A″B″C″ (rot) abgebildet. Die beiden Spiegelungsachsen a und b schneiden sich im Punkt S.

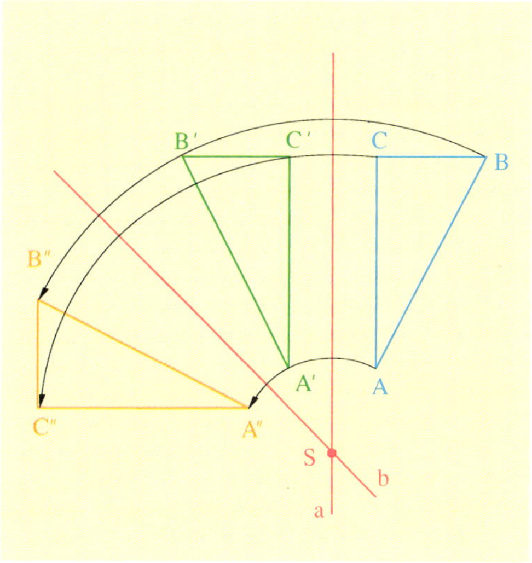

Bild 40

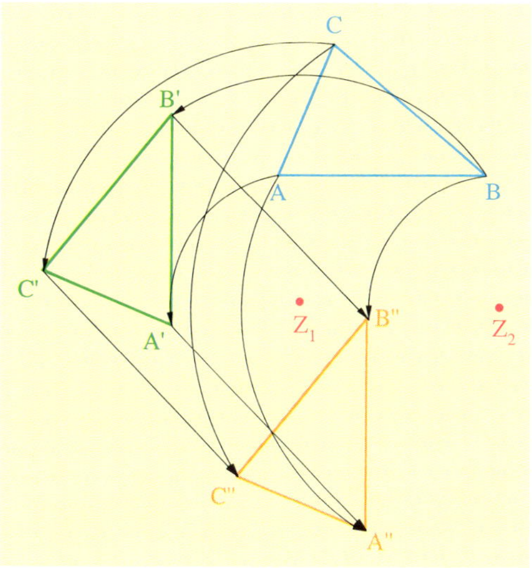

Bild 41

In Bild 40 wurden zusätzlich die Kreisbögen um S durch A, B und C eingezeichnet. Man erkennt, daß diese Kreisbögen auch durch A″, B″ und C″ gehen. Außerdem sind die Winkel ∢ASA″, ∢BSB″ und ∢CSC″ gleich groß. Man kann deshalb das Dreieck ABC auch unmittelbar durch eine Drehung um S auf das Dreieck A″B″C″ abbilden.

Durch die Verkettung zweier Spiegelungen an sich schneidenden Spiegelungsachsen ergibt sich eine Drehung um den Schnittpunkt der Spiegelungsachsen.

Man kann auch zwei Verschiebungen oder zwei Drehungen miteinander verketten. Außerdem kann man auch Verschiebungen, Drehungen und Spiegelungen miteinander verketten.

Beispiel

Das blaue Dreieck in Bild 41 wird durch eine Drehung um Z_1 auf das grüne Dreieck abgebildet. Das grüne Dreieck wird durch eine Verschiebung auf das rote Dreieck abgebildet. Man kann das blaue Dreieck auch unmittelbar durch eine Drehung um Z_2 auf das rote Dreieck abbilden.

Aufgaben und Beispiele

1. Zeichne das Dreieck ABC, die Gerade a_1 durch P und Q sowie die Gerade a_2 durch R und S. Spiegele Dreieck ABC zunächst an a_1! Spiegele dann das Bilddreieck A′B′C′ an a_2! Vergleiche Dreieck ABC mit Dreieck A″B″C″! Gibt es eine Abbildung, die ABC unmittelbar auf A″B″C″ abbildet?

	a)	b)	c)	d)
A	(0|2)	(1|4)	(1|6)	(4|2)
B	(2|1)	(3|3)	(2|3)	(8|0)
C	(3|5)	(4|5)	(3|6)	(6|6)
P	(3|0)	(5|3)	(6|3)	(8|1)
Q	(3|6)	(0|3)	(0|3)	(8|6)
R	(6|0)	(5|4)	(1|6)	(7|7)
S	(6|6)	(6|2)	(6|1)	(6|4)

	e)	f)	g)	h)
A	(0|4)	(1|0)	(1|4)	(4|3)
B	(2|0)	(2|2)	(3|5)	(5|0)
C	(6|2)	(0|3)	(6|1)	(10|5)
P	(5|6)	(3|4)	(0|3)	(1|7)
Q	(6|5)	(4|1)	(1|3)	(7|9)
R	(7|6)	(5|3)	(1|5)	(0|10)
S	(8|3)	(6|0)	(6|5)	(2|10)

2. Wiederhole Aufgabe 1, indem du zuerst an a_2 und dann an a_1 spiegelst!

3. a) Wann ergibt die Verkettung zweier Spiegelungen bei Aufgabe 1 eine Verschiebung?
b) Welche Richtung hat in diesen Fällen der Verschiebungsvektor?
c) Vergleiche die Länge des Verschiebungsvektors mit dem Abstand der Geraden a_1 und a_2 voneinander!

4. a) Wann ergibt die Verkettung zweier Spiegelungen bei Aufgabe 1 eine Drehung?
b) Welcher Zusammenhang besteht zwischen a_1, a_2 und Z?
c) Vergleiche den Drehwinkel mit den Winkeln, die die Spiegelungsachsen a_1 und a_2 miteinander bilden!

5. Zeichne zwei parallele Geraden a_1 und a_2 mit dem Abstand 2 cm sowie Punkte, die von a_1 und von a_2 folgende Abstände (in cm) haben:

	A	B	C	D	E	F	G
von a_1	1	3	0	4	2	2	3
von a_2	3	5	2	6	4	0	1

a) Spiegele die Punkte A bis G zunächst an a_1 und dann an a_2!
b) Vergleiche die Abstände der Punkte A, B, C, … zu den Punkten A″, B″, C″, … mit dem Abstand der Spiegelungsachsen!
c) Löse a) und b), indem du zuerst an a_2 und dann an a_1 spiegelst!

6. Zeichne zwei Geraden a_1 und a_2, die sich unter einem Winkel von 60° (90°, 45°) schneiden! Hierdurch entstehen vier Winkelfelder und vier Halbgeraden. Zeichne in jedes Winkelfeld und auf jede Halbgerade je einen Punkt (A bis H)!
a) Spiegele die Punkte A bis H zuerst an a_1 und dann an a_2!
b) Durch welche Drehung kann man A bis H unmittelbar auf A″ bis H″ abbilden?

7. Das Dreieck ABC mit A(0|0), B(3|0) und C(1|3) soll durch die Verkettung zweier Spiegelungen auf dasselbe Dreieck abgebildet werden wie durch die Verschiebung mit dem Vektor $\vec{v} = \begin{pmatrix} 8 \\ 8 \end{pmatrix}$. a_1 sei die Gerade durch P und Q. Bestimme die zweite Spiegelungsachse a_2!
a) P(6|0); Q(0|6) **b)** P(8|0); B(0|8)

8. Das Dreieck ABC mit A(0|2), B(1|0) und C(2|3) soll durch die Verkettung zweier Spiegelungen auf dasselbe Dreieck abgebildet werden wie durch die Drehung um Z(3|5) mit $\varphi = 90°$. a_1 sei die Gerade durch P und Z. Bestimme die zweite Spiegelungsachse a_2!
a) P(0|5) **b)** P(0|8) **c)** P(3|0)

Stichwortverzeichnis

Bildnachweis

Archiv für Kunst und Geschichte, Berlin: S.51, 224
W. Berberich/Systemedia: S. 115
Bildarchiv Preußischer Kulturbesitz, Berlin: S. 224 (Bild 4)
© 1938 M.C. Escher, Cordon Art, Baarn/Holland: S. 192 (Bild 2 und 3)
Deutsche Presse-Agentur, Frankfurt/Main: S. 115, 125, 148
Willi Giehl, Hagen: S. 112
© Heiner Hesse, Arcegno/Schweiz („Original und Fälschung", HÖRZU, Springer Verlag AG, Hamburg): S. 196 (Bild 16 und 17)
Horstmüller GmbH, Düsseldorf: S. 13, 139
Mercedes-Benz AG, Stuttgart: S. 100
Jens Schacht, Düsseldorf: 47 (Bild 3 und 4), 50 (Bild 11 – 13), 54, 55 (Bild 22 – 24), 58, 59, 80, 117, 162, 168, 182, 194, 199
Sven Simon Fotoagentur GmbH, Essen: S. 140, 154, 168
Dr. Vehrenberg KG, Düsseldorf (Foto: Koch): S. 215
Rudolf Wittner GmbH & Co., Isny: S.37

Alle übrigen Fotos: Chris Berten, Düsseldorf